정답이 보이는
# 운전면허 필기
# 학과시험문제은행

## 1 · 2종 공통

한국한국도로교통공단 제공

카페 닉네임 기입란

# 교통안전표지 일람표

## 주의표지

| +자형교차로 | T자형교차로 | Y자형교차로 | ㅏ자형교차로 | ㅓ자형교차로 | 우선도로 | 우합류도로 | 좌합류도로 | 회전형교차로 | 철목건널목 | 우로굽은도로 | 좌로굽은도로 | 우좌로굽은도로 |
|---|---|---|---|---|---|---|---|---|---|---|---|---|

| 좌우로굽은도로 | 2방향통행 | 오르막경사 | 내리막경사 | 도로폭이좁아짐 | 우측차로없어짐 | 좌측차로없어짐 | 우측방통행 | 양측방통행 | 중앙분리대시작 | 중앙분리대끝남 | 신호기 | 미끄러운도로 | 강변도로 |
|---|---|---|---|---|---|---|---|---|---|---|---|---|---|

| 노면고르지못함 | 과속방지턱 | 낙석도로 | 횡단보도 | 어린이보호 | 자전거 | 도로공사중 | 비행기 | 횡풍 | 터널 | 교량 | 야생동물보호 | 위험 | 상습정체구간 |
|---|---|---|---|---|---|---|---|---|---|---|---|---|---|

## 규제표지

| 통행금지 | 자동차통행금지 | 화물자동차통행금지 | 승합자동차통행금지 | 이륜자동차 및 원동기장치자전거통행금지 | 자동차·이륜자동차 및 원동기장치자전거 통행금지 | 경운기·트랙터 및 손수레 통행금지 | 자전거통행금지 | 진입금지 | 직진금지 | 우회전금지 | 좌회전금지 | 유턴금지 |
|---|---|---|---|---|---|---|---|---|---|---|---|---|

| 앞지르기금지 | 주정차금지 | 주차금지 | 차중량제한 | 차높이제한 | 차폭제한 | 차간거리확보 | 최고속도제한 | 최저속도제한 | 서행 | 일시정지 | 양보 | 보행자보행금지 | 위험물적재차량 통행금지 |
|---|---|---|---|---|---|---|---|---|---|---|---|---|---|
| | | | 5.5t | 3.5m | 2.2m | 50m | 50 | 30 | 천천히 SLOW | 정지 STOP | 양보 YIELD | | |

## 지시표지

| 자동차전용도로 | 자전거전용도로 | 자전거 및 보행자 겸용도로 | 회전교차로 | 직진 | 우회전 | 좌회전 | 직진 및 우회전 | 직진 및 좌회전 | 좌회전 및 유턴 | 좌우회전 | 유턴 | 양측방통행 |
|---|---|---|---|---|---|---|---|---|---|---|---|---|

| 우측면통행 | 좌측면통행 | 진행방향별 통행구분 | 우회로 | 자전거 및 보행자 통행구분 | 자전거전용차로 | 주차장 | 자전거주차장 | 보행자전용도로 | 횡단보도 | 노인보호 | 어린이보호 | 장애인보호 | 자전거횡단도 |
|---|---|---|---|---|---|---|---|---|---|---|---|---|---|

| | 일방통행 | | 비보호좌회전 | 버스전용차로 | 다인승전용 차량전용차로 | 통행우선 | 자전거나란히 통행허용 |
|---|---|---|---|---|---|---|---|

## 보조표지

| 거리 | 구역 | 일자 | 시간 |
|---|---|---|---|
| 100m 앞 부터 | 여기부터 500m | 시내전역 | 08:00~20:00 |
| (일요일·공휴일제외) | | | |

| 시간 | 신호등화 상태 | 전방우선도로 | 안전속도 | 기상상태 | 노면상태 | 교통규제 | 통행규제 | 차량한정 | 통행주의 | 충돌주의 | 표지설명 | 구간시작 | 구간내 |
|---|---|---|---|---|---|---|---|---|---|---|---|---|---|
| 1시간 이내 차둘수있음 | 적신호시 | 앞에 우선도로 | 안전속도 30 | 안개지역 | | 차로엄수 | 건너가지 마시오 | 승용차에 한함 | 속도를줄이시오 | 충돌주의 | 터널길이 258m | 구간시작 200m | 구간내 400m |

| 구간끝 | 우방향 | 좌방향 | 전방 | 중량 | 노폭 | 거리 | 해제 | 견인지역 |
|---|---|---|---|---|---|---|---|---|
| 구간끝 600m | → | ← | 전방 50M | 3.5t | 3.5m | 100m | 해제 | 견인지역 |

## 표지판 종류

| 주의 | 규제 | 지시 | 보조 |
|---|---|---|---|

· 주의 표지(△) : 도로의 형상, 상태 등의 도로 환경 및 위험물, 주의사항 등 미연에 알려 안전조치 및 예비동작을 할 수 있도록 함
· 규제 표지(○) : 도로교통의 안전을 목적으로 위한 각종 제한, 금지, 규제사항을 알림(통행금지, 통행제한, 금지사항)
· 지시 표지(●) : 도로교통의 안전 및 원활한 흐름을 위한 도로이용자에게 지시하고 따르도록 함(통행방법, 통행구분, 기타)

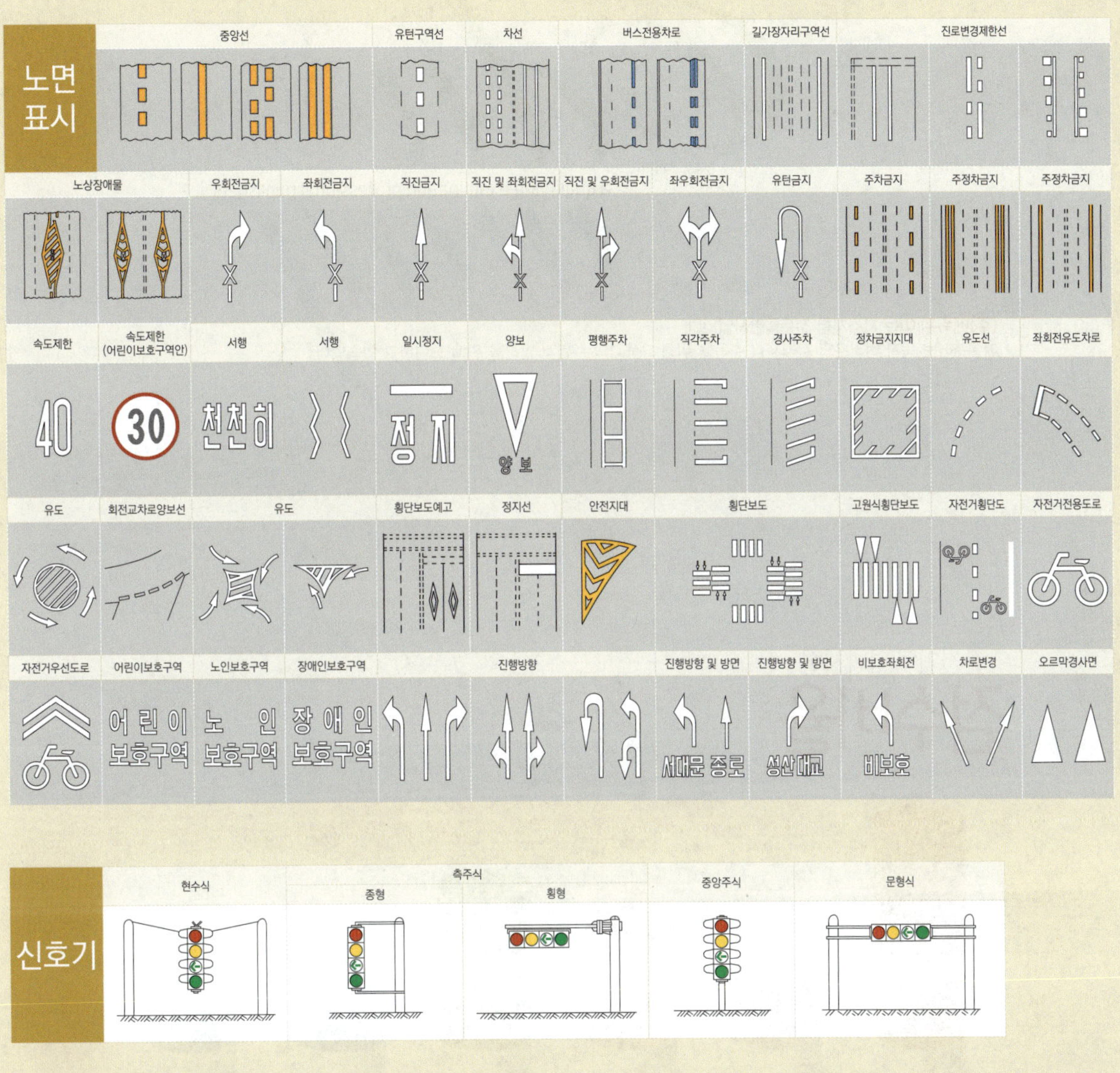

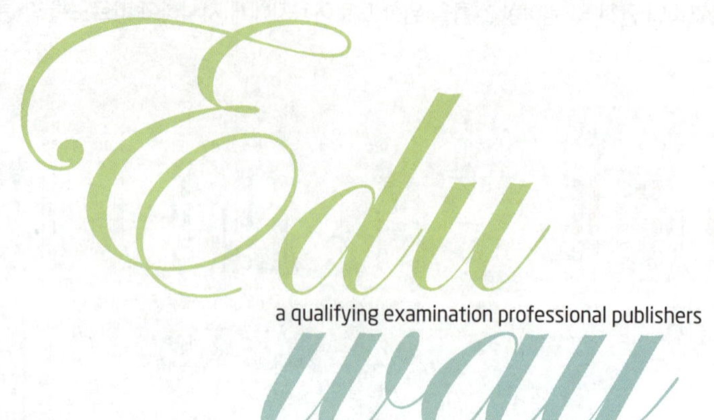



(주)에듀웨이는 자격시험 전문출판사입니다.
에듀웨이는 독자 여러분의 자격시험 취득을 위해 고품격의 수험서 발간을 위해 노력하고 있습니다.

운전면허 학과시험

# 점수비율

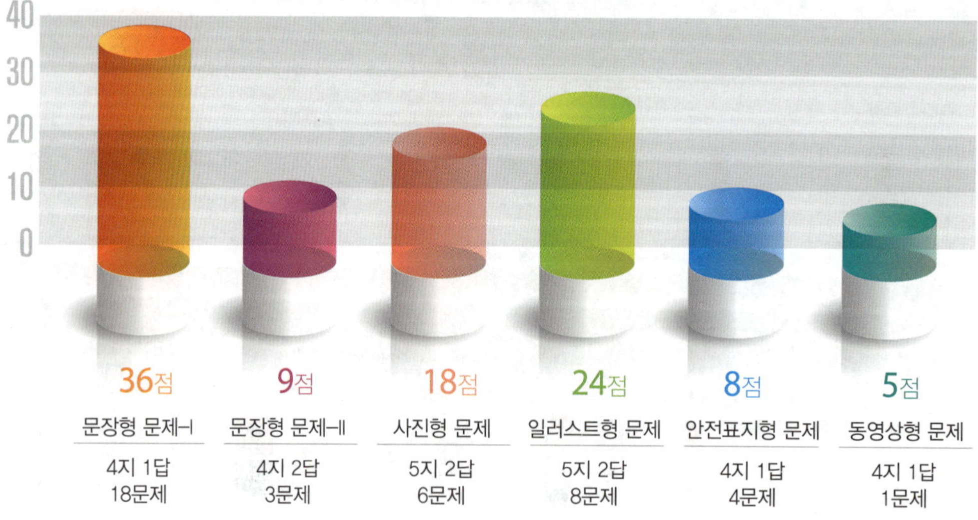

**기**출문제만

**분**석하고

**파**악해도

반드시 합격한다!

1종보통과 2종보통 운전면허 학과시험은 만 18세 이상이면 누구나 응시할 수 있는 자격이 주어집니다. 학과시험 문제가 문제은행 형태로 바뀌면서 도로교통법, 도로 주행, 자동차 관리, 안전운전 등에 대한 기본적인 지식 없이 단순히 문제와 답만 외우는 것만으로도 충분히 합격할 수 있게 된 셈입니다.

2016년 통계에 따르면 1종의 합격률은 약 84%, 2종은 약 88%를 보이고 있어 합격률이 매우 높은 편입니다. 문제은행 방식의 시험은 실제 시험에서 똑같이 출제되므로 이 장점을 최대한 살려 공부하는 것이 중요합니다.

운전면허 학과시험을 준비하는 수험생 모두 손쉽게 공부할 수 있도록 에듀웨이 R&D연구소 집필진이 심혈을 기울여 만든 이 책의 특징은 다음과 같습니다.

### 이 책의 특징

첫째, 한국도로교통공단에서 제공하는 1,000문항을 내용별로 재분류하여 체계적으로 공부할 수 있게 하였습니다. 운전면허 학과시험문제는 문장형 문제, 사진형 문제, 일러스트형 문제, 동영상형 문제 4가지 유형의 문제로 출제되는데, 문장형 문제를 27개의 세부항목으로 재분류하여 체계적인 학습이 가능하도록 하였습니다.

둘째, 문제 해설과는 별도로 문제마다 '**정답이 보이는 핵심키워드**'를 추출하여 문제와 정답의 핵심 키워드만 읽으면 쉽게 암기할 수 있도록 하였습니다.

셋째, 시험 보기 전 마지막 자투리 시간을 최대한 활용하여 합격률을 한층 더 높일 수 있게 하였습니다. 시험장으로 이동하거나 시험장에서 대기하는 동안 부록으로 제공하는 '**핵심 요약정리 노트**'으로 마지막으로 점검할 수 있도록 하였습니다.

넷째, **문제의 난이도에 따라 ★을 1~3개로 분류**하였습니다. ★는 일반상식으로도 충분히 풀 수 있는 문제입니다. "이런 문제도 출제되는구나" 생각하면서 한 번만 읽고 넘어가면 되는 문제입니다. ★★는 일반적인 난이도의 문제이며, ★★★는 난이도가 좀 있는 문제이므로 이 문제들을 집중적으로 공부하시면 누구나 쉽게 합격할 수 있습니다.

이 책으로 공부하시는 여러분 모두에게 합격의 영광이 있기를 기원하며 책을 출판하는데 도와주신 (주)에듀웨이 임직원, 편집 담당자, 디자인 실장님에게 지면을 빌어 감사드립니다.

(주)에듀웨이 R&D연구소(자동차부문) 드림

한 눈에 살펴보는
자격취득과정
License Acquisition Process

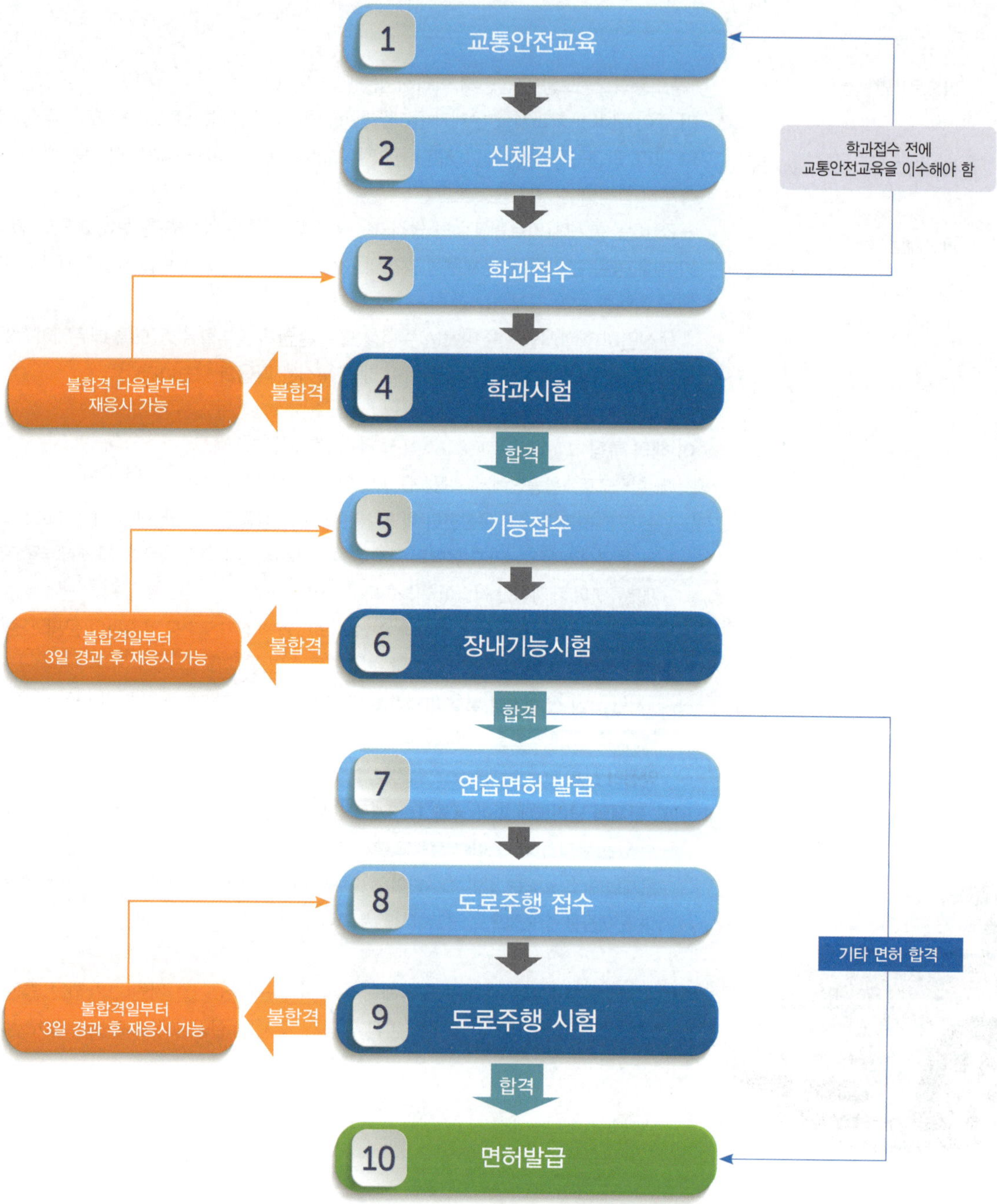

1 교통안전교육
2 신체검사
3 학과접수
4 학과시험
5 기능접수
6 장내기능시험
7 연습면허 발급
8 도로주행 접수
9 도로주행 시험
10 면허발급
학과접수 전에
교통안전교육을 이수해야 함
불합격 다음날부터
재응시 가능
불합격
합격
불합격일부터
3일 경과 후 재응시 가능
불합격
합격
기타 면허 합격
불합격일부터
3일 경과 후 재응시 가능
불합격
합격

학과시험 전까지 면허시험장 내 교통안전교육장 또는 교통안전교육기관으로 지정된 장소(자동차전 문학원)에서 실시

| 항목 | 교통안전교육 | 운전면허취소자 안전교육 |
| --- | --- | --- |
| 교육대상 | 운전면허를 신규로 취득하고자하는 사람 | 면허취소 후 재취득하고자하는 사람 |
| 교육시간 | 학과시험 전까지 1시간 | 학과시험 전까지 6시간(강의 5시간, 시청각 1시간) |
| 교육장소 | 면허시험장 내 교육장에서교육 가능 | 한국도로교통공단 교육장소 및 면허시험장 내 교육장에서 가능<br>※ 취소자 안전교육은 면허시험장마다 교육 실시여부 및 일정이 상이하므로 방문 전 확인바랍니다. |
| 교육내용 | 시청각교육 | 취소사유별 : 법규취소자반, 음주취소자반 |
| 준비물 | 수수료(무료), 신분증 | 수수료(30,000원), 신분증 |

**'e-운전면허 교통안전교육' 온라인 사전접수** (https://dls.koroad.or.kr/)
- 'e-운전면허'에서는 예약, 접수, 조회만 가능한 운전면허 온라인 시스템입니다.
- 교통안전교육 사전예약접수는 온라인으로만 가능하며, 당일 교육의 온라인 사전예약접수는 불가합니다.
- e-운전면허 홈페이지는 모바일 환경을 지원하지 않습니다.

| 시험장명 | 교통안전교육 접수가능 인원수 | | 시험장명 | 교통안전교육 접수가능 인원수 | |
| --- | --- | --- | --- | --- | --- |
| | 일반자동차 | 이륜자동차 | | 일반자동차 | 이륜자동차 |
| 서부 | 160 | 58 | 도봉 | 45 | 8 |
| 강남 | 0 | 17 | 강서 | 117 | 28 |
| 부산북부 | 124 | 0 | 부산남부 | 151 | 0 |
| 인천 | 138 | 0 | 대구 | 27 | 0 |
| 울산 | 33 | 0 | 대전 | 96 | 0 |

## 신체검사

| 항목 | 내용 |
| --- | --- |
| 장소 | 시험장 내 신체검사실 또는 병원<br>※ 문경, 태백, 강릉시험장은 신체검사실이 없으므로 병원에서 검사를 받고 와야함 |
| 수수료 | • 시험장 내 신체검사실 : 1종대형/특수면허 7,000원, 기타면허 6,000원<br>• 병원 : 병원마다 수수료가 다름<br>※ 건강검진결과내역서 등 제출 시 신체검사비 무료(1종보통, 7년 무사고만 해당)<br>※ 신체검사비는 시험장 내 신체검사장 외의 병원인 경우 일반의료수가에 따름<br>※ 국민건강보험공단의 건강검진 및 징병신체검사(신청일로부터 2년 이내)를 받은 경우는 운전면허시험장 또는 경찰서에서 본인이 정보이용동의서 작성 시 별도의 건강검진결과내역서 제출 및 신체검사를 받지 않아도 됩니다. |

### 지역별 운전면허시험장 및 지역 병원 검색

• 한국도로교통공단 운전면허시험장 홈페이지(dl.koroad.or.kr) 상단에 '**운전면허시험장**'에서 각 지역별 시험장을 확인할 수 있습니다.

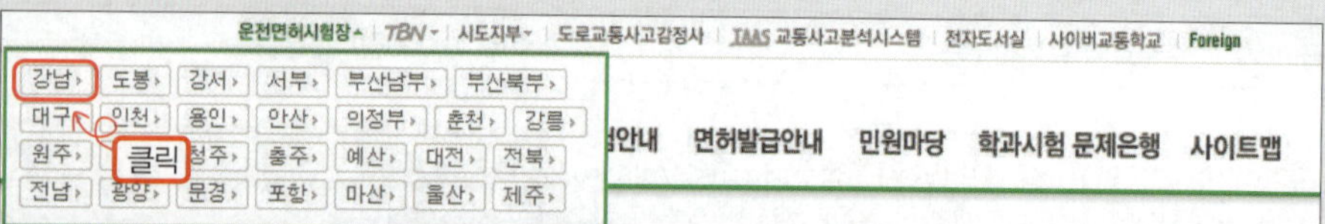


• 인근 지역 신체검사 병원을 검색하려면 원하는 지역(예 강남)을 클릭하면 해당 면허시험장(예 강남 면허시험장) 홈페이지에 접속됩니다. 홈페이지 좌측 하단의 신체검사서 발급기관()을 클릭하면 발급기관 정보를 확인할 수 있습니다.



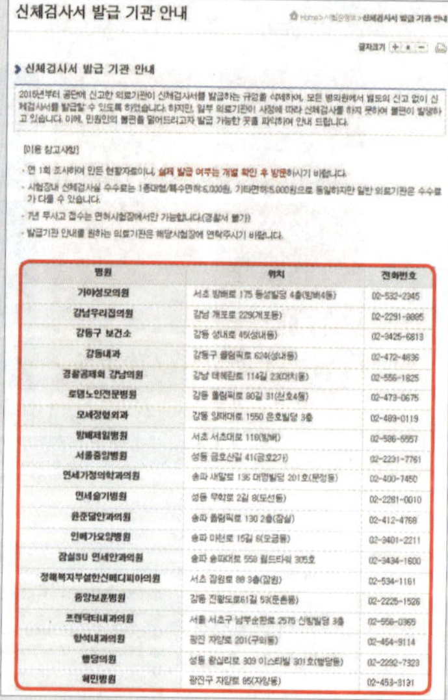

# 신체검사서 발급 기관 안내

**▶ 신체검사서 발급 기관 안내**

2015년부터 공단에 신고한 의료기관이 신체검사서를 발급하는 규정을 삭제하여, 모든 병의원에서 별도의 신고 없이 신체검사서를 발급할 수 있도록 하였습니다. 하지만, 일부 의료기관이 사정에 따라 신체검사를 하지 못하여 불편이 발생하고 있습니다. 이에, 민원인의 불편을 덜어드리고자 발급 가능한 곳을 파악하여 안내 드립니다.

[이용 참고사항]

- 연 1회 조사하여 만든 현황자료이니, 실제 발급 여부는 개별 확인 후 방문하시기 바랍니다.
- 시험장내 신체검사실 수수료는 1종대형/특수면허6,000원, 기타면허5,000원으로 동일하지만 일반 의료기관은 수수료가 다를 수 있습니다.
- 7년 무사고 접수는 면허시험장에서만 가능합니다(경찰서 불가).
- 발급기관 안내를 원하는 의료기관은 해당시험장에 연락주시기 바랍니다.

| 병원 | 위치 | 전화번호 |
| --- | --- | --- |
| 가야성모의원 | 서초 방배로 175 동성빌딩 4층(방배4동) | 02-532-2345 |
| 강남우리집의원 | 강남 개포로 229(개포동) | 02-2291-8895 |
| 강동구 보건소 | 강동 성내로 45(성내동) | 02-3425-6813 |
| 강동내과 | 강동구 올림픽로 624(성내동) | 02-472-4836 |
| 경찰공제회 강남의원 | 강남 테헤란로 114길 23(대치동) | 02-556-1825 |
| 토명노인전문병원 | 강동 올림픽로 80길 31(천호4동) | 02-473-0675 |
| 모세정형외과 | 강동 양재대로 1550 운호빌딩 3층 | 02-489-0119 |
| 방배제일병원 | 서초 서초대로 116(방배) | 02-586-5557 |
| 서울중앙병원 | 성동 금호산길 41(금호2가) | 02-2231-7761 |
| 연세가정의학과의원 | 송파 새말로 136 대명빌딩 201호(문정동) | 02-400-7450 |
| 연세술기병원 | 성동 무학로 2길 8(도선동) | 02-2281-0010 |
| 한준달안과의원 | 송파 올림픽로 130 2층(잠실) | 02-412-4768 |
| 인애가요양병원 | 송파 마천로 15길 6(오금동) | 02-3401-2211 |
| 잠실SU 연세안과의원 | 송파 송파대로 558 월드타워 305호 | 02-3434-1600 |
| 정해복지부설한신메디피아의원 | 서초 잠원로 88 3층(잠원) | 02-534-1161 |
| 중앙보훈병원 | 강동 진황도로61길 53(둔촌동) | 02-2225-1526 |
| 프랜닥터내과의원 | 서울 서초구 남부순환로 2575 신방빌딩 3층 | 02-556-0365 |
| 한석내과의원 | 광진 자양로 201(구의동) | 02-454-9114 |
| 행당의원 | 성동 황십리로 309 이스타빌 301호(행당동) | 02-2292-7323 |
| 해민병원 | 광진구 자양로 95(자양동) | 02-453-3131 |



## 학과접수

| 항목 | 내용 |
| --- | --- |
| 준비물 | • 응시원서 (각 시험장 접수장소에 비치)<br>• 6개월 이내 촬영한 칼라사진(3.5×4.5cm) 3매<br>• 신분증 |
| 수수료 | • 1 · 2종 보통 : 10,000원<br>• 원동기 : 8,000원 |

## 04 기능접수

| 항목 | 내용 | 비고 |
|---|---|---|
| 준비물 | • 응시원서<br>• 신분증<br>※ 대리접수 시 대리인 신분증 및 위임자의 위임장(받기) 추가 첨부 | |
| 수수료 | • 대형/특수 : 25,000원<br>• 1·2종 보통 : 25,000원<br>• 2종 소형 : 14,000원<br>• 원동기 : 10,000원 | 1종 특수 : 대형견인차/<br>구난차/소형견인차 |

## 05 연습면허발급

연습운전면허란 도로주행 연습을 할 수 있도록 허가해 준 면허증입니다.

| 항목 | 내용 | 비고 |
|---|---|---|
| 발급대상 | • 제 1·2종 보통면허시험 응시자로 적성검사, 학과시험, 장내기능 시험<br>(전문학원 수료자는 기능검정)에 모두 합격한 자<br>※ 연습면허 교환발급 유효기간 산정안내– 최초 1종 연습면허 소지자가 2종 연습면허로<br>격하하여 교환 발급 시, 최초 발급받은 연습면허 잔여기간을 유효기간으로 하는 연습면허가<br>발급됩니다. | 유효기간 : 1년 |
| 수수료 | 4,000원 | |

## 06 도로주행접수

연습운전면허증 소지자로서 도로주행 시험을 치르기 위해 응시일자와 응시교시를 지정 받습니다.

| 항목 | 내용 | 비고 |
|---|---|---|
| 준비물 | • 응시원서(연습면허 부착)<br>• 신분증 ※ 대리접수 시는 대리인 신분증 및 위임자의 위임장 추가 첨부 | 면허증 소지자의 경우<br>면허증 지참 |
| 수수료 | 30,000원 | |

## 07 본면허 발급

각 응시종별(1종 대형, 1종 보통, 1종 특수, 2종 보통, 2종 소형, 2종원동기장치 자전거)에 따른 응시 과목을 최종 합격 하였을 경우 교부합니다.

| 항목 | 내용 |
|---|---|
| 발급대상 | • 1·2종 보통면허 : 연습면허 취득 후 도로주행시험(운전전문학원 졸업자는 도로주행 검정)에 합격한 자에<br>한해 발급<br>• 기타 면허 : 학과시험 장내기능시험에 합격한 자에 대하여 발급 |
| 발급장소 | 운전면허시험장 |

| 구비서류 | • 최종합격한 응시원서 |
|---|---|
| | • 수수료 : 운전면허증(국문 · 영문)_ 10,000원 / 모바일 운전면허증(국문 · 영문)_ 15,000원 |
| | • 6개월 이내 촬영한 칼라사진 3.5×4.5cm (3×4cm 가능) 1매 |
| | • 신분증   ※ 대리 시는 대리인 신분증 및 위임자의 위임장 첨부 |

## 08 시험자격연령 및 신체검사기준

| 면허종류 | 자격 |
|---|---|
| 1종대형, 1종특수면허 | 19세 이상으로 1 · 2종 보통면허 취득 후 1년 이상인자 |
| 1종 · 2종보통, 2종소형면허 | 18세 이상인 자 |
| 2종 원동기장치 자전거면허 | 16세 이상인 자 |
| 1종, 2종 장애인면허 | 장애인 운동능력측정시험 합격자, 1종을 취득하기 위해서는 1종에 부합되는 합격자 |
| 신체검사기준 : 시력<br>(교정 시력 포함, 안경 착용) | • 제1종 면허 : 두 눈을 동시에 뜨고 잰 시력 0.8 이상, 두 눈의 시력이 각각 0.5 이상<br>　※ 단, 한쪽 눈을 보지 못할 경우 다른 쪽 눈의 시력 0.8 이상, 수직 시야 20°, 수평 시야 120° 이상,<br>　　중심 시야 20° 내 암점 또는 반맹이 없어야 함<br>• 제2종 면허 : 두 눈을 동시에 뜨고 잰 시력이 0.5 이상<br>　※ 단, 한쪽 눈을 보지 못하는 사람은 다른 쪽 눈의 시력이 0.6 이상이어야 함 |

## 09 응시결격사유

1. 18세 미만인 사람 (원동기장치 자전거는 16세 미만)
2. 정신질환자, 뇌전증 환자
3. 듣지 못하는 사람 (제1종 대형 · 특수 운전면허에 한함), 앞을 보지 못하는 사람, 그밖에 대통령령으로 정하는 신체 장애인
4. 양쪽 팔의 팔꿈치관절 이상을 잃은 사람이나 양쪽 팔을 쓸 수 없는 사람 (신체장애 정도에 적합하게 제작된 자동차를 정상운전 가능한 경우는 제외)
5. 마약, 대마, 향정신성의약품 또는 알콜중독자
6. 제1종 대형면허 또는 제1종 특수면허를 받고자 하는 사람이 19세 미만이거나 자동차 등(2륜 자동차와 원동기장치자전거를 제외)의 운전경험이 1년 미만인 사람

## 10 응시제한

운전면허 행정처분시 또는 기타 도로교통법 위반시 이의 경중에 따라 일정 기간 응시하지 못하게 하는 제도입니다.

| 제한기간 | 사유 |
|---|---|
| 5년 제한 | 무면허, 음주운전, 약물복용, 과로운전, 공동위험행위 중 사상사고 야기 후 필요한 구호조치를 하지 않고 도주 |
| 4년 제한 | 5년 제한 이외의 사유로 사상사고 야기후 도주 |
| 3년 제한 | • 음주운전을 하다가 3회 이상 교통사고를 야기<br>• 자동차 이용 범죄, 자동차 강 · 절취한 자가 무면허로 운전 |

| 제한기간 | 사유 |
| --- | --- |
| 2년 제한 | • 3회 이상 무면허운전<br>• 운전면허시험 대리응시를 한 경우(원동기면허 포함)<br>• 공동위험행위로 2회 이상으로 면허취소 시<br>• 부당한 방법으로 면허 취득 또는 이용, 운전면허시험 대리응시<br>• 다른 사람의 자동차 강·절취한 자<br>• 음주운전 2회 이상 측정불응 2회 이상인 자<br>• 운전면허시험, 전문학원 강사자격시험 등에서 부정행위를 하여 해당 시험이 무효로 처리된 자 |
| 1년 제한 | • 무면허 운전<br>• 공동위험행위로 운전면허가 취소된 자가 원동기면허를 취득하고자 하는 경우<br>• 자동차를 이용해 범죄를 저지른 자<br>• 2년 제한 이외의 사유로 면허가 취소된 경우 |
| 6개월 제한 | 단순음주, 단순무면허, 자동차이용범죄로 면허취소 후 원동기면허를 취득하고자 하는 경우 |
| 바로 면허시험에 응시 가능한 경우 | • 적성검사 또는 면허갱신 미필자<br>• 2종에 응시하는 1종면허 적성검사 불합격자 |

## 11 시험면제

표에서 ●표시가 없는 곳이 면제된 과목입니다.

| 대상자 | 받고자하는 면허 | 신체검사 | 학과시험 |
| --- | --- | :---: | :---: |
| 국내면허 인정국가의 권한있는 기관에서 교부한 운전면허증 소지자 | 제 2종보통면허 | ● | |
| 국내면허 불인정국가의 권한있는 기관에서 교부한 운전면허증 소지자 | 제 2종보통면허 | ● | ● |
| 군복무 중 6월 이상 운전 경력자 | 제 1·2종보통면허 | ● | |
| | 제 1·2종보통면허 외 | ● | |
| 적성검사·면허갱신을 하시 않아 면허 취소 후 5년 이내에 재응시하는 사람 | 취소된 면허와 동일한 1종류의 면허 | ● | ● |
| 제1종 대형면허 소지자 | 제1종 대형면허, 제1·2종 소형면허 | | |
| 제1종 특수면허 소지자 | 제1종 대형면허, 제1·2종 소형면허, 제1 보통면허 | | |
| 제1종 보통면허 소지자 | 제1종 대형면허·특수면허 | ● | |
| | 제1·2종 소형면허 | | |
| 제2종 보통면허 소지자 | 제1종 특수·대형·소형면허 | ● | |
| | 제2종 소형면허 | | |
| | 제1종 보통면허 | ● | |
| 제2종 소형면허 또는 원동기장치 자전거면허 소지자 | 제2종 보통면허 | | ● |
| 원동기장치 자전거면허 소지자 | 제2종 소형면허 | | |
| 제2종 보통면허 소지자가 면허신청 일로부터 소급하여 7년간 교통사고를 일으킨 사실이 없는 사람 | 제1종 보통면허 | ● | |
| 제1종운전면허 소지자가 신체장애 등으로 제1종 운전면허 적성기준에 미달된 자 | 제2종 운전면허 | ● | |

| 대상자 | 받고자하는 면허 | 신체검사 | 학과시험 |
|---|---|:---:|:---:|
| 타인에게 운전면허 대여로 취소된 사람, 무등록차량을 운전하여 취소된 사람 | 취소된 면허와 동일한 1종류의 면허 | ● | ● |
| 탈북자 중 이북지역에서 운전면허를 받은 사실을 통일부 장관이 확인서를 첨부하여 운전면허시험 기관장에게 통지한 사람 | 제2종 보통면허 | ● | ● |

## 12  학과시험

현재 운전면허 학과시험은 컴퓨터로 시험을 실시합니다. 모니터의 문제를 보고, 마우스로 클릭(또는 손가락으로 스크린을 터치)하여 정답을 선택하며, 모든 문제를 풀고 종료를 하면 합격여부를 바로 알 수 있습니다.

| 면허 종별 | 1종 대형, 특수(대형견인, 소형견인, 구난차) | 1종 보통 | 2종 보통 | 2종 소형 (125cc 초과 이륜자동차) | 2종 원동기 장치자전거 (125cc 이하) |
|---|---|---|---|---|---|
| 합격기준 | 70점 이상 시 합격 | | 60점 이상 시 합격 | | |
| 시험자격 | 19세 이상 1 · 2종 보통 면허 취득 후 1년 경과한 자 | 18세 이상 | | | 16세 이상 |
| 시험 시간 | 40분 | | | | |
| 수수료 | 10,000원 | | | | 8,000원 |
| 시험유형 | 객관식(선다형) | | | | |
| 준비물 | • 응시원서(신체검사 완료 또는 건강검진결과서 조회 · 제출)<br>• 6개월 이내 촬영한 칼라사진 3.5×4.5cm(3×4cm 가능) 3매<br>• 신분증 | | | | |
| 시험내용 | 안전운전에 필요한 교통법규 등 공개된 학과시험 문제은행 중 40문제 출제 | | | | |
| 결과발표 | • 시험 종료 즉시 컴퓨터 모니터에 획득 점수 및 합격 여부 표시<br>• 합격 또는 불합격도장이 찍힌 응시원서를 돌려받아 본인이 보관 | | | | |
| 주의사항 | • 학과시험 최초응시 일로부터 1년 이내 학과시험에 합격하여야 함<br>• 학과시험 합격일로부터 1년 이내 기능시험에 합격하여야 함<br>  (1 · 2종 보통 응시자의 경우 연습운전면허 발급까지 받아야 함)<br>• 1년경과 시 기존 원서 폐기 후 학과시험부터 신규 접수해야 함(이때, 교통안전교육 재수강은 불필요) | | | | |
| 응시가능 언어 | 한국어, 영어, 중국어, 베트남어 | | | | |
| 비문해자를 위한 PC학과시험 | • 시험문제와 보기를 음성으로 들을 수 있는 PC학과 시험시간 총 80분<br>• 민원실에서 접수 시 신청 가능 | | | | |
| 청각장애인을 위한 수화 PC학과시험 | • 청각장애인이면서 비문해자를 위한 수화로 보는 PC학과 시험시간 총 80분<br>• 민원실에서 접수 시 신청 가능 | | | | |

※ 전국 운전면허시험장에서 평일 09:00~17:00에 응시 가능합니다.

※ PC학과시험은 당일 접수하여 당일 응시하므로 별도로 예약할 필요가 없습니다.

※ 불합격자는 불합격 다음 날에 응시가능

수시로 현재 [안 푼 문제 수]와 [남은 시간]를 확인하여 시간 분배합니다. 또한 답안 제출 전에 [수험번호], [수험자명], [안 푼 문제 수]를 확인합니다.

문제를 모두 푼 후 만약 상단의 문제 중 □ 표기가 있다면 정답 체크가 되지 않은 것이므로 문제번호를 누르면 해당 화면으로 이동됩니다.

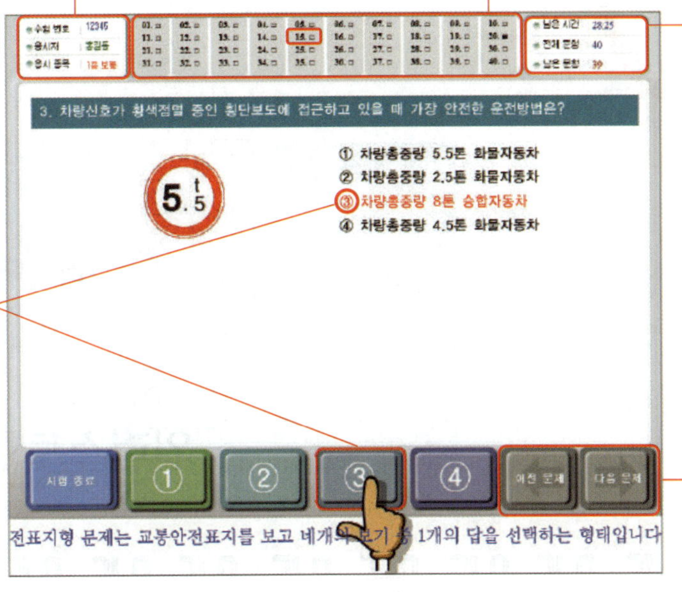


정답을 표기하려면 문제의 보기를 클릭하거나 아래 해당 버튼을 클릭합니다.

답을 선택하지 않은 문제가 있으면 그림과 같이 우측 상단에 '남은 문항'에 숫자가 표기되므로 종료 버튼을 누르기 전에 남은 문항수가 '0'으로 되어 있는지 확인합니다. 또한 남은 시간을 수시로 확인하여 시간 배분을 잘 해야 합니다.

답을 표기한 후 문제를 이동하려면 우측 하단에 위치한 [이전 문제] 또는 [다음 문제] 버튼을 클릭합니다.

모든 문제에 답을 표기하고 시험을 종료하려면 ❶ 좌측 하단의 [시험 종료] 버튼을 클릭합니다. ❷ 우측 그림과 같이 나타난 경고창에서 [시험 종료] 버튼을 클릭합니다. ❸ 그러면 자동으로 합격, 불합격 여부를 바로 확인할 수 있습니다.

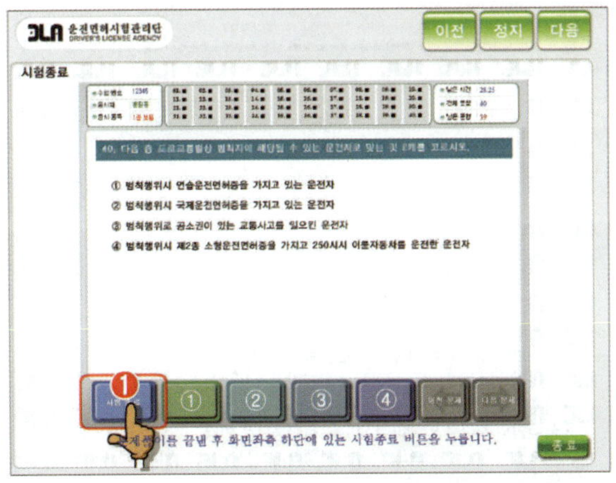

**출제 문항수와 점수 표기**

**유형별 핵심포인트**

해당 유형문제의 분석·흐름을 파악하여 학습 방향을 제시하고, 중점적으로 학습해야 할 내용을 기술하여 수험생들이 학습의 강약을 조절할 수 있도록 하였습니다.

---

① 보행자의 횡단이 끝나가므로 그대로 통과한다.
② 반대차의 전조등에 현혹되지 않도록 하고 보행자에 주의한다.
③ 전조등을 상하로 움직여 보행자에게 주의를 주며 통과한다.
④ 서행하며 횡단보도 앞에서 일시정지하여야 한다.
⑤ 시야 확보를 위해 상향등을 켜고 운전한다.

야간운전의 특징 및 주의사항
· 주간보다 주의력을 더 집중하고 감속
· 시야가 전조등 범위로 좁아져서 가시거리가 떨어짐
· 마주 오는 차의 전조등에 의해 눈이 부셔 시야가 흐트러질 수 있음
· 상대방의 시야를 방해하지 않도록 하향등으로 변경
· 신호등이 없는 횡단보도 전에는 서행하며, 정지 전에는 일시정지하여 보행자의 안전에 주의

정답이 보이는 **핵심키워드** | 야간 횡단보도 앞 안전 운전 →
② 보행자 주의, ④ 일시정지

**30** 비오는 날 횡단보도에 접근하고 있다. 다음 상황에서 가장 안전한 운전방법 2가지는?

① 물방울이나 습기로 전방을 보기 어렵기 때문에 신속히 통과한다.
② 비를 피하기 위해 서두르는 보행자를 주의한다.
③ 차의 접근을 알리기 위해 경음기를 계속해서 사용하며 진행한다.
④ 우산에 가려 차의 접근을 알아차리지 못하는 보행자를 주의한다.
⑤ 빗물이 고인 곳을 통과할 때는 미끄러질 위험이 있으므로 급제동하여 정차한 후 통과한다.

비오는 날 횡단보도 부근의 보행자의 특성은 비에 젖고 싫기 싫어 서두르고 발밑에만 신경을 쓴다. 또한 우산을 앞 상체에 낮게 숙이게 가려 주변을 보기가 어렵다. 특히 많이 고인 곳을 통과할 때에는 미끄러지기 쉬워 속도를 줄이고 서행으로 통과하되 급제동하여서는 아니 된다.

정답이 보이는 **핵심키워드** | 빗물 횡단보도 앞 안전 운전 →
② 보행자 주의, ④ 우산 보행자 주의

**31** 편도 2차로 오르막 커브 길에서 가장 안전한 운전 방법 2가지는?

① 앞차와의 거리를 충분히 유지하면서 진행한다.
② 앞차의 속도가 느릴 때는 2대의 차량을 동시에 앞지른다.
③ 커브길에서의 원심력에 대비해 속도를 높인다.
④ 전방 1차로 차량의 차로 변경이 예상되므로 속도를 줄인다.
⑤ 전방 1차로 차량의 차로 변경이 예상되므로 속도를 높인다.

차로를 변경하기 전 후측방 진행여부를 확인하고 앞차와의 거리를 충분히 유지한다.

정답이 보이는 **핵심키워드** | 오르막 커브길 안전 운전 →
① 안전 거리, ② 감속

**32** 다음과 같은 지방 도로를 주행 중이다. 가장 안전한 운전 방법 2가지는?

① 언제든지 정지할 수 있는 속도로 주행한다.
② 반대편 도로에 차량이 없으므로 전조등으로 경고하면서 그대로 진행한다.
③ 전방 우측 도로에서 차량 진입이 예상되므로 속도를 줄이는 등 후속 차량에도 이에 대비토록 한다.
④ 전방 우측 도로에서 진입하고자 하는 차량이 우선



**가독성을 높인 해설+정답이 보이는 핵심키워드**

다른 교재와 달리 긴 문장의 해설을 보다 쉽게 볼 수 있도록 간략하게 정리하였습니다. 해당 문제의 핵심키워드를 수록하여 쉽게 연상되도록 하였으며, 아래에 바로 정답을 표기하여 바로 알 수 있도록 하였습니다.

## 평가모의고사

유형별 문제에서 4지 1답형 문장형에서 17문제, 4지 2답형 문장형에서 4문제, 안전표지형 문제에서 5문제, 사진형 문제에서 6문제, 일러스트형 문제에서 7문제, 동영상 문제에서 1문제가 출제됩니다. 평가모의고사에서는 어떤 식으로 출제되는지를 임의 문제를 추출하여 평가해보도록 하였습니다.

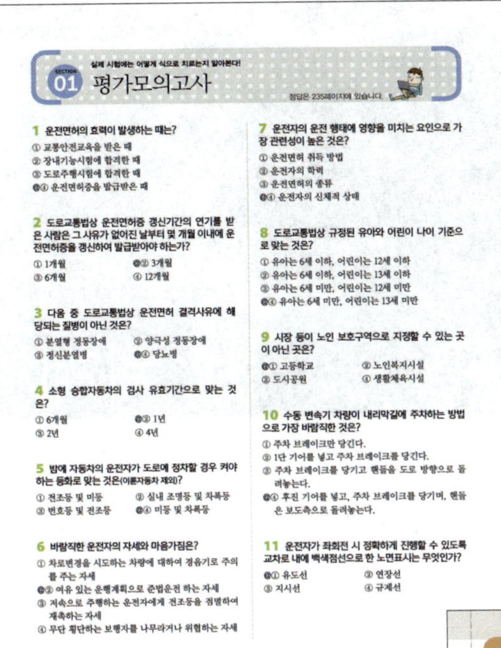

## 핵심 요약정리 노트

학과시험을 위해 운전면허 학과이론을 모두 학습할 필요는 없습니다. '핵심 요약정리'에서는 유형별 공개문제의 내용만 한 눈에 쉽게 알 수 있도록 핵심 키워드만 뽑아 빠른 시간 내에 내용을 정리할 수 있도록 하였습니다. 이 부분만 따로 오려서 언제 어디서나 짜투리 시간에 활용하시기 바랍니다.

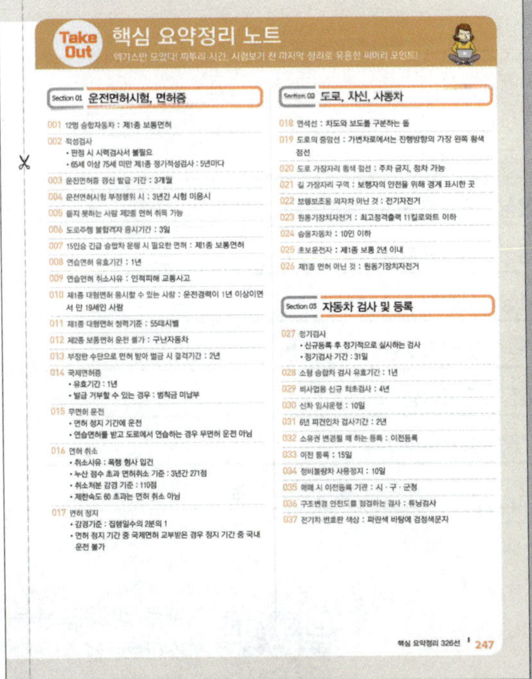

# Con tents

차례

*Driver's License Test*

- 머리말
- 한 눈에 살펴보는 자격취득과정
- 이 책의 구성

새로 업데이트된 문제를 에듀웨이 카페(자료실)에서 확인하세요!
스마트폰을 이용하여 아래 QR코드를 확인하거나, 카페에 방문하여 '카페 메뉴 > 자료실 > 운전면허(1·2종공통)'에서 다운받을 수 있습니다.

문 제 유 형

# 01

18문제 2점

# 문장형 - I

**4지 1답** | 4개의 보기 중에 1개의 답을 찾는 문제

문장형 문제는 총 580문제 중 18문제가 출제되며, 문제당 2점씩 총 36점을 획득할 수 있습니다. 운전에 필요한 기능 및 적성, 도로교통법에 관한 지식, 자동차 관리 방법, 친환경 경제운전에 관한 내용에서 골고루 출제됩니다.

별(★)이 한 개인 문제는 상식적인 문제이므로 한 번 읽고 넘어가고, 2개 이상 난이도가 높은 문제는 좀더 집중하도록 합니다.

**1** 승차정원이 12명인 승합자동차를 도로에서 운전하려고 한다. 운전자가 취득해야하는 운전면허의 종류는?

① 제1종 대형견인차면허
② 제1종 구난차면허
③ 제1종 보통면허
④ 제2종 보통면허

제1종 보통면허로 승차정원 15명 이하의 승합자동차 운전이 가능하다. ①, ②, ④는 승차정원 10명 이하의 승합자동차 운전이 가능하다.

정답이 보이는
**핵심키워드** | 12명 승합자동차 → ③ 1종 보통

**2** 다음 중 운전자가 단속 경찰공무원 등에 대한 폭행을 하여 형사 입건된 때 처분으로 맞는 것은?

① 벌점 40점을 부과한다.
② 벌점 100점을 부과한다.
③ 운전면허를 취소 처분한다.
④ 즉결심판을 청구한다.

단속하는 경찰공무원 등 및 시·군·구 공무원을 폭행하여 형사 입건된 때 운전면허를 취소 처분한다.

정답이 보이는
**핵심키워드** | 경찰 폭행 형사입건 시 처분 → ③ 면허 취소

**3** 도로교통법상 제2종 보통면허로 운전할 수 없는 차는?

① 구난자동차
② 승차정원 10인 미만 승합자동차
③ 승용자동차
④ 적재중량 2.5톤의 화물자동차

정답이 보이는
**핵심키워드** | 제2종 보통면허 운전 불가 → ① 구난자동차

**4** 다음 중 도로교통법상 영문 운전면허증을 발급 받을 수 없는 사람은?

① 운전면허시험에 합격하여 운전면허증을 신청하는 경우
② 운전면허 적성검사에 합격하여 운전면허증을 신청하는 경우
③ 외국면허증을 국내면허증으로 교환 발급 신청하는 경우
④ 연습운전면허증으로 신청하는 경우

연습운전면허 소지자는 영문운전면허증 발급 대상이 아니다.

정답이 보이는
**핵심키워드** | 영문 면허증 발급 불가 → ④ 연습운전면허증

**5** 제1종 운전면허를 발급받은 65세 이상 75세 미만인 사람(한쪽 눈만 보지 못하는 사람은 제외)은 몇 년마다 정기적성검사를 받아야 하나?

① 3년마다
② 5년마다
③ 10년마다
④ 15년마다

제1종 운전면허를 발급받은 65세 이상 75세 미만인 사람은 5년마다 정기적성검사를 받아야 한다.

정답이 보이는
**핵심키워드** | 제1종 65세 이상 75세 미만 정기적성검사 → ② 5년마다

**6** 도로교통법상 적성검사 기준을 갖추었는지를 판정하는 서류가 아닌 것은?

① 국민건강보험법에 따른 건강검진 결과통보서
② 의료법에 따라 의사가 발급한 진단서
③ 병역법에 따른 병역판정 신체검사 결과 통보서
④ 대한 안경사협회장이 발급한 시력검사서

적성검사 기준을 판정하는 서류에 시력검사서는 포함되지 않는다.

정답이 보이는
**핵심키워드** | 적성검사 기준 판정 서류 아닌 것 → ④ 시력검사서

**7** 다음 중 고압가스안전관리법령상 수소자동차 운전자의 안전교육(특별교육)에 대한 설명 중 잘못된 것은?

① 수소승용자동차 운전자는 특별교육 대상이 아니다.
② 수소대형승합자동차(승차정원 36인승 이상) 신규 종사하려는 운전자는 특별교육 대상이다.
③ 수소자동차 운전자 특별교육은 한국가스안전공사에서 실시한다.
④ 여객자동차운수사업법에 따른 대여사업용자동차를 임차하여 운전하는 운전자도 특별교육 대상이다.

정답이 보이는
**핵심키워드** | 수소자동차 안전교육 틀린 것 → ④ 대여사업용자동차

**8** 다음 중 도로교통법상 운전면허증 갱신발급이나 정기 적성검사의 연기 사유가 아닌 것은?

① 해외 체류 중인 경우
② 질병으로 인하여 거동이 불가능한 경우
③ 군인사법에 따른 육·해·공군 부사관 이상의 간부로 복무중인 경우
④ 재해 또는 재난을 당한 경우

운전면허증 갱신발급 및 정기 적성검사 연기 사유
• 해외에 체류 중인 경우
• 재해 또는 재난을 당한 경우
• 질병이나 부상으로 인하여 거동이 불가능한 경우
• 법령에 따라 신체의 자유를 구속당한 경우
• 군 복무 중인 경우
• 그 밖에 사회통념상 부득이하다고 인정할 만한 상당한 이유가 있는 경우

정답이 보이는
**핵심키워드** | 면허증 갱신 사유 아닌 것 → ③ 군인 간부

**9** 도로교통법상 운전면허증 갱신기간의 연기를 받은 사람은 그 사유가 없어진 날부터 (     ) 이내에 운전면허증을 갱신하여 발급받아야 한다. (   )에 기준으로 맞는 것은?

① 1개월
② 3개월
③ 6개월
④ 12개월

운전면허증 갱신기간의 연기를 받은 사람은 그 사유가 없어진 날부터 3개월 이내에 운전면허증을 갱신하여 발급받아야 한다.

정답이 보이는
**핵심키워드** | 운전면허증 갱신 발급 → ② 3개월

**10** 다음 중 제2종 보통면허를 취득할 수 있는 사람은?

① 한쪽 눈은 보지 못하나 다른 쪽 눈의 시력이 0.5인 사람
② 붉은색, 녹색, 노란색의 색채 식별이 불가능한 사람
③ 17세인 사람
④ 듣지 못하는 사람

제2종 운전면허는 18세 이상으로, 두 눈을 동시에 뜨고 잰 시력이 0.5 이상(한쪽 눈을 보지 못하는 사람은 다른 쪽 눈의 시력이 0.6 이상)의 시력이 있어야 한다. 또한 붉은색, 녹색 및 노란색의 색채 식별이 가능해야 하나 듣지 못해도 취득이 가능하다.

정답이 보이는
**핵심키워드** | 제2종면허 취득 → ④ 듣지 못하는 사람

**11** 도로교통법상 승차정원 15인승의 긴급 승합자동차를 처음 운전하려고 할 때 필요한 조건으로 맞는 것은?

① 제1종 보통면허, 교통안전교육 3시간
② 제1종 특수면허(대형견인차), 교통안전교육 2시간
③ 제1종 특수면허(구난차), 교통안전교육 2시간
④ 제2종 보통면허, 교통안전교육 3시간

승차정원 15인승의 승합자동차는 1종 대형면허 또는 1종 보통면허가 필요하고 긴급자동차 업무에 종사하는 사람은 신규(3시간) 및 정기교통안전교육(2시간)을 받아야 한다.

정답이 보이는
**핵심키워드** | 15인승 긴급 승합차 → ① 제1종 보통, 안전교육 3시간

**12** 차마의 운전자가 도로의 좌측으로 통행할 수 없는 경우로 맞는 것은?

① 안전표지 등으로 앞지르기를 제한하고 있는 경우
② 도로가 일방통행인 경우
③ 도로 공사 등으로 도로의 우측 부분을 통행할 수 없는 경우
④ 도로의 우측 부분의 폭이 차마의 통행에 충분하지 아니한 경우

안전표지 등으로 앞지르기를 제한하고 있는 경우 도로의 좌측으로 통행할 수 없다.

정답이 보이는
**핵심키워드** | 좌측 통행 안되는 경우 → ① 안전표지 앞지르기 제한

**13** 도로교통법상 연습운전면허의 유효 기간은?

① 받은 날부터 6개월
② 받은 날부터 1년
③ 받은 날부터 2년
④ 받은 날부터 3년

연습운전면허는 그 면허를 받은 날부터 1년 동안 효력을 가진다.

정답이 보이는
**핵심키워드** | 연습면허 유효기간 → ② 1년

**14** 도로교통법상 운전면허의 조건 부과기준 중 운전면허증 기재방법으로 바르지 않는 것은?

① A: 수동변속기
② E: 청각장애인 표지 및 볼록거울
③ G: 특수제작 및 승인차
④ H: 우측 방향지시기

A는 자동변속기, B는 의수, C는 의족, D는 보청기, E는 청각장애인 표지 및 볼록거울, F는 수동제동기ㆍ가속기, G는 특수제작 및 승인차, H는 우측 방향지시기, I는 왼쪽 엑셀레이터이다.

정답이 보이는
**핵심키워드** | 운전면허증 기재방법 틀린 것 → ① A: 수동변속기

★★
**15** 75세 이상인 사람이 받아야 하는 교통안전교육에 대한 설명으로 틀린 것은?

① 75세 이상인 사람에 대한 교통안전교육은 도로교통공단에서 실시한다.
② 운전면허증 갱신일에 75세 이상인 사람은 갱신기간 이내에 교육을 받아야 한다.
③ 75세 이상인 사람이 운전면허를 처음 받으려는 경우 교육시간은 1시간이다.
④ 교육은 강의ㆍ시청각ㆍ인지능력 자가진단 등의 방법으로 2시간 실시한다.

75세 이상인 사람이 운전면허를 처음 받으려는 경우 교육시간은 2시간이다.

정답이 보이는
**핵심키워드** | 75세 이상 교통안전교육 틀린 것 →
③ 교육시간 1시간

★★
**16** 시ㆍ도경찰청장이 발급한 국제운전면허증의 유효기간은 발급 받은 날부터 몇 년인가?

① 1년　　　② 2년
③ 3년　　　④ 4년

국제운전면허증의 유효기간은 발급 받은 날부터 1년이다.

정답이 보이는
**핵심키워드** | 국제면허증 유효기간 → ① 1년

★★
**17** 다음 중 총중량 1.5톤 피견인 승용자동차를 4.5톤 화물자동차로 견인하는 경우 필요한 운전면허에 해당하지 않은 것은?

① 제1종 대형면허 및 소형견인차면허
② 제1종 보통면허 및 대형견인차면허
③ 제1종 보통면허 및 소형견인차면허
④ 제2종 보통면허 및 대형견인차면허

총중량 750킬로그램을 초과하는 3톤 이하의 피견인 자동차를 견인하기 위해서는 견인하는 자동차를 운전할 수 있는 면허와 소형견인차면허 또는 대형견인차면허를 가지고 있어야 한다.

정답이 보이는
**핵심키워드** | 1.5톤 피견인 승용자동차 → ④ 제2종

★★
**18** 도로교통법령상 한쪽 눈을 보지 못하는 사람이 제1종 보통면허를 취득하려는 경우 다른 쪽 눈의 시력이 (　) 이상, 수평시야가 (　)도 이상, 수직시야가 20도 이상, 중심시야 20도 내 암점과 반맹이 없어야 한다. (　)안에 기준으로 맞는 것은?

① 0.5, 50　　　　② 0.6, 80
③ 0.7, 100　　　　④ 0.8, 120

정답이 보이는
**핵심키워드** | 한쪽 눈을 보지 못하는 사람 제1종 면허 →
④ 0.8, 120

★★
**19** 다음 중 도로교통법상 제1종 대형면허 시험에 응시할 수 있는 기준은? (이륜자동차 운전경력은 제외)

① 운전경력이 6개월 이상이면서 만 18세인 사람
② 운전경력이 1년 이상이면서 만 18세인 사람
③ 운전경력이 6개월 이상이면서 만 19세인 사람
④ 운전경력이 1년 이상이면서 만 19세인 사람

제1종 대형면허는 운전경력이 1년 이상(이륜자동차 운전경력은 제외) 및 만 19세 이상인 자만 받을 수 있다.

정답이 보이는
**핵심키워드** | 제1종 대형면허 응시 → ④ 경력 1년 만 19세

★★
**20** 긴급자동차를 운전하는 사람을 대상으로 실시하는 정기 교통안전교육은 (　)년마다 받아야 한다. (　)안에 맞는 것은?

① 1　　　② 2　　　③ 3　　　④ 5

정기 교통안전교육은 긴급자동차를 운전하는 사람을 대상으로 3년마다 정기적으로 실시하는 교육이다.

정답이 보이는
**핵심키워드** | 정기 교통안전교육 → ③ 3년

**★★**
**21** 도로교통법령상 해외 출국 시, 운전면허 적성검사 연기에 대한 설명으로 틀린 것은?

① 출국 전 적성검사 연기 신청서를 제출해야 한다.
② 출국 후에는 대리인이 대신하여 적성검사 연기 신청을 할 수 없다.
③ 적성검사 연기 신청 시, E-티켓과 같은 출국 사실을 증명할 수 있는 서류를 제출해야 한다.
④ 적성검사 연기 신청이 승인된 경우, 귀국 후 3개월 이내에 적성검사를 받아야 한다.

출국 후에는 대리인이 대신하여 적성검사 연기 신청을 할 수 있다.

정답이 보이는
**핵심키워드** | 해외 출국 적성검사 연기 틀린 것 → ② 대리인

**★★**
**22** 도로주행시험에 불합격한 사람은 불합격한 날부터 (     )이 지난 후에 다시 도로주행시험에 응시할 수 있다. (   )에 기준으로 맞는 것은?

① 1일
② 3일
③ 5일
④ 7일

도로주행시험에 불합격한 사람은 불합격한 날부터 3일 이상 지나야 다시 도로주행시험에 응시할 수 있다.

정답이 보이는
**핵심키워드** | 도로주행 불합격자 응시기간 → ② 3일

**★★**
**23** 도로교통법령상 운전면허증 발급에 대한 설명으로 옳지 않은 것은?

① 운전면허시험 합격일로부터 30일 이내에 운전면허증을 발급받아야 한다.
② 영문운전면허증을 발급받을 수 없다.
③ 모바일운전면허증을 발급받을 수 있다.
④ 운전면허증을 잃어버린 경우에는 재발급 받을 수 있다.

정답이 보이는
**핵심키워드** | 운전면허증 발급 틀린 것 → ② 영문운전면허증

**★★**
**24** 승차정원이 11명인 승합자동차로 총중량 780킬로그램의 피견인자동차를 견인하고자 한다. 운전자가 취득해야하는 운전면허의 종류는?

① 제1종 보통면허 및 소형견인차면허
② 제2종 보통면허 및 제1종 소형견인차면허
③ 제1종 보통면허 및 구난차면허
④ 제2종 보통면허 및 제1종 구난차면허

총중량 750킬로그램을 초과하는 3톤 이하의 피견인자동차를 견인하기 위해서는 견인하는 자동차를 운전할 수 있는 면허와 제1종 소형견인차면허 또는 대형견인차면허를 가지고 있어야 한다.

정답이 보이는
**핵심키워드** | 780킬로그램 자동차 견인 →
① 제1종 보통 및 소형견인차면허

**★★**
**25** 다음 중 수소대형승합자동차(승차정원 35인승 이상)를 신규로 운전하려는 운전자에 대한 특별교육을 실시하는 기관은?

① 한국가스안전공사
② 한국산업안전공단
③ 한국도로교통공단
④ 한국도로공사

정답이 보이는
**핵심키워드** | 수소대형승합자동차 교육 → ① 한국가스안전공사

**★★**
**26** 도로교통법상 교통법규 위반으로 운전면허 효력정지처분을 받을 가능성이 있는 사람이 특별교통안전권장교육을 받고자 하는 경우 누구에게 신청하여야 하는가? (음주운전 제외)

① 한국도로교통공단 이사장
② 주소지 지방자치단체장
③ 운전면허 시험장장
④ 시·도경찰청장

정답이 보이는
**핵심키워드** | 특별교통안전 권장교육 신청 → ④ 경찰청장

**★★**
**27** 다음은 도로교통법상 운전면허증을 발급 받으려는 사람의 본인여부 확인 절차에 대한 설명이다. 틀린 것은?

① 주민등록증을 분실한 경우 주민등록증 발급신청 확인서로 가능하다.
② 신분증명서 또는 지문정보로 본인여부를 확인 할 수 없으면 시험에 응시할 수 없다.
③ 신청인의 동의 없이 전자적 방법으로 지문정보를 대조하여 확인할 수 있다.
④ 본인여부 확인을 거부하는 경우 운전면허증 발급을 거부할 수 있다.

> 신분증명서를 제시하지 못하는 사람은 신청인이 원하는 경우 전자적 방법으로 지문정보를 대조하여 본인 확인할 수 있다.

🎯 정답이 보이는
**핵심키워드** | 본인 확인 틀린 것 → ③ 동의없이 지문 대조

**★★**
**28** 운전면허시험 부정행위로 그 시험이 무효로 처리된 사람은 그 처분이 있는 날부터 (　)간 해당시험에 응시하지 못한다. (　)안에 기준으로 맞는 것은?

① 2년　　　② 3년　　　③ 4년　　　④ 5년

> 부정행위로 시험이 무효로 처리된 사람은 그 처분이 있는 날부터 2년간 해당시험에 응시하지 못한다.

🎯 정답이 보이는
**핵심키워드** | 시험 부정행위 → ① 2년

**★★**
**29** 도로교통법령상 음주운전 방지장치 부착 조건부 운전면허 취득대상에 해당하지 않는 것은?

① 음주운전 위반한 사람이 5년 이내 술에 취한 상태에서 원동기장치자전거를 운전하여 면허취소 처분을 받은 경우
② 음주운전 위반한 사람이 3년 이내 술에 취한 상태에서 개인형 이동장치를 운전하여 면허취소 처분을 받은 경우
③ 음주운전 위반한 사람이 5년 이내 술에 취한 상태에서 경찰공무원의 음주측정에 응하지 아니하여 면허취소 처분을 받은 경우
④ 음주운전 위반한 사람이 3년 이내 술에 취한 상태에서 음주측정방해행위로 면허취소 처분을 받은 경우

🎯 정답이 보이는
**핵심키워드** | 음주운전 방지장치 조건부 아닌 것 → ② 음주운전 위반 후 3년 이내 개인형 이동장치 운전

**★★★**
**30** 운전면허 취소 사유에 해당하는 것은?

① 정기 적성검사 기간 만료 다음 날부터 적성검사를 받지 아니하고 6개월을 초과한 경우
② 운전자가 단속 공무원(경찰공무원, 시·군·구 공무원)을 폭행하여 불구속 형사 입건된 경우
③ 자동차 등록 후 자동차 등록번호판을 부착하지 않고 운전한 경우
④ 제2종 보통면허를 갱신하지 않고 2년을 초과한 경우

> ① 1년을 초과한 경우
> ② 형사 입건된 경우
> ③ 자동차 관리법에 따라 등록되지 아니하거나 임시 운행 허가를 받지 아니한 자동차를 운전한 경우에 운전면허가 취소되며, 등록을 하였으나 등록번호판을 부착하지 않고 운전한 것은 면허 취소 사유가 아니다.

🎯 정답이 보이는
**핵심키워드** | 면허 취소사유 → ② 폭행 형사 입건

**★★**
**31** 누산 점수 초과로 인한 운전면허 취소 기준으로 옳은 것은?

① 1년간 100점 이상
② 2년간 191점 이상
③ 3년간 271점 이상
④ 5년간 301점 이상

> 1년간 121점 이상, 2년간 201점 이상, 3년간 271점 이상이면 면허를 취소한다.

🎯 정답이 보이는
**핵심키워드** | 누산 점수 초과 면허취소 → ③ 3년간 271점

**★★**
**32** 운전면허 행정처분에 대한 이의 신청을 하여 이의 신청이 받아들여질 경우, 취소처분에 대한 감경 기준으로 맞는 것은?

① 처분벌점 90점으로 한다.
② 처분벌점 100점으로 한다.
③ 처분벌점 110점으로 한다.
④ 처분벌점 120점으로 한다.

> 위반행위에 대한 처분기준이 운전면허의 취소처분에 해당하는 경우에는 해당 위반행위에 대한 처분벌점을 110점으로 하고, 운전면허의 정지처분에 해당하는 경우에는 처분 집행일수의 2분의 1로 감경한다.

🎯 정답이 보이는
**핵심키워드** | 취소처분 감경 기준 → ③ 110점

**33** 다음 수소자동차 운전자 중 고압가스관리법령상 특별교육 대상으로 맞는 것은?

① 수소승용자동차 운전자
② 수소대형승합자동차(승차정원 36인승 이상) 운전자
③ 수소화물자동차 운전자
④ 수소특수자동차 운전자

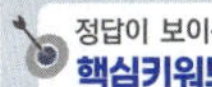
정답이 보이는
**핵심키워드** | 수소자동차 특별교육 대상 → ② 수소대형승합

**34** 다음 중 운전면허 취소 사유가 아닌 것은?

① 정기 적성검사 기간을 1년 초과한 경우
② 보복운전으로 구속된 경우
③ 제한속도를 시속 100킬로미터 초과하여 2회 운전한 경우
④ 다른 사람의 자동차를 훔쳐서 이를 운전한 경우

제한속도를 시속 100킬로미터 초과하여 3회 운전한 경우 운전면허 취소 사유가 된다.

정답이 보이는
**핵심키워드** | 면허 취소 아닌 것 → ③ 제한속도 100 초과

**35** 도로교통법령상 고령자 면허 갱신 및 적성검사의 주기가 3년인 사람의 연령 기준으로 맞는 것은?

① 만 65세 이상　　② 만 70세 이상
③ 만 75세 이상　　④ 만 80세 이상

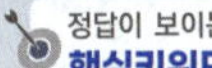
정답이 보이는
**핵심키워드** | 고령자 면허 갱신 3년 → ③ 75세

**36** 도로교통법령상 영문운전면허증에 대한 설명으로 옳지 않은 것은? (제네바협약 또는 비엔나협약 가입국으로 한정)

① 영문운전면허증 인정 국가에서 운전할 때 별도의 번역공증서 없이 운전이 가능하다.
② 영문운전면허증 인정 국가에서는 체류기간에 상관없이 사용할 수 있다.
③ 영문운전면허증 불인정 국가에서는 한국운전면허증, 국제운전면허증, 여권을 지참해야 한다.
④ 운전면허증 뒤쪽에 영문으로 운전면허증의 내용을 표기한 것이다.

정답이 보이는
**핵심키워드** | 영문운전면허증 틀린 것 →
② 체류기간 상관없이 사용



**1** 다음 중 도로교통법에서 규정하고 있는 "연석선" 정의로 맞는 것은?

① 차마의 통행방향을 명확하게 구분하기 위한 선
② 자동차가 한 줄로 도로의 정하여진 부분을 통행하도록 한 선
③ 차도와 보도를 구분하는 돌 등으로 이어진 선
④ 차로와 차로를 구분하기 위한 선

연석선이란 차도와 보도를 구분하는 돌 등으로 이어진 선을 말한다.

정답이 보이는
**핵심키워드** | 연석선의 정의 → ③ 차도와 보도를 구분하는 돌

**2** 도로의 중앙선과 관련된 설명이다. 맞는 것은?

① 황색실선이 단선인 경우는 앞지르기가 가능하다.
② 가변차로에서는 신호기가 지시하는 진행방향의 가장 왼쪽에 있는 황색 점선을 말한다.
③ 편도 1차로의 지방도에서 버스가 승하차를 위해 정차한 경우에는 황색실선의 중앙선을 넘어 앞지르기 할 수 있다.
④ 중앙선은 도로의 폭이 최소 4.75미터 이상일 때부터 설치가 가능하다.

복선이든 단선이든 넘을 수 없고 버스가 승하차를 위해 정차한 경우에는 앞지르기를 할 수 없다. 또한 중앙선은 도로 폭이 6미터 이상인 곳에 설치한다.

정답이 보이는
**핵심키워드** | 중앙선 → ② 가변차로에서는 진행방향의 가장 왼쪽 황색 점선

**3** 다음은 도로의 가장자리에 설치한 황색 점선에 대한 설명이다. 가장 알맞은 것은?

① 주차와 정차를 동시에 할 수 있다.
② 주차는 금지되고 정차는 할 수 있다.
③ 주차는 할 수 있으나 정차는 할 수 없다.
④ 주차와 정차를 동시에 금지한다.

황색 점선으로 설치한 가장자리 구역선의 의미는 주차는 금지되고 정차는 할 수 있다는 의미이다.

정답이 보이는
**핵심키워드** | 도로 가장자리 황색 점선 →
② 주차 금지, 정차 가능

★★
## 4 초보운전자에 관한 설명 중 옳은 것은?

① 원동기장치자전거 면허를 받은 날로부터 1년이 지나지 않은 경우를 말한다.
② 연습 운전면허를 받은 날로부터 1년이 지나지 않은 경우를 말한다.
③ 처음 운전면허를 받은 날로부터 2년이 지나기 전에 취소되었다가 다시 면허를 받는 경우 취소되기 전의 기간을 초보운전자 경력에 포함한다.
④ 처음 제1종 보통면허를 받은 날부터 2년이 지나지 않은 사람은 초보운전자에 해당한다.

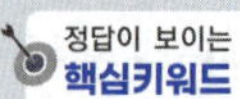


★★
## 5 도로 우측 부분의 폭이 6미터가 되지 아니하는 도로에서 다른 차를 앞지르기할 수 있는 경우로 맞는 것은?

① 도로의 좌측 부분을 확인할 수 없는 경우
② 반대 방향의 교통을 방해할 우려가 있는 경우
③ 앞차가 저속으로 진행하고, 다른 차와 안전거리가 확보된 경우
④ 안전표지 등으로 앞지르기를 금지하거나 제한하고 있는 경우

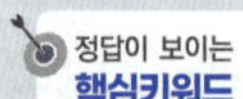


★★
## 6 도로교통법상 보도와 차도의 구분이 없는 도로에 차로를 설치하는 때 보행자가 안전하게 통행할 수 있도록 그 도로의 양쪽에 설치하는 것은?

① 안전지대
② 진로변경제한선 표시
③ 갓길
④ 길가장자리구역

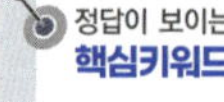


★★
## 7 도로교통법상 전용차로의 종류가 아닌 것은?

① 버스 전용차로
② 다인승 전용차로
③ 자동차 전용차로
④ 자전거 전용차로

전용차로의 종류 : 버스 전용차로, 다인승 전용차로, 자전거 전용차


★★
## 8 도로교통법령상 도로의 구간 또는 장소에 설치하는 노면표시의 색채에 대한 설명으로 맞는 것은?

① 중앙선 표시, 노상 장애물 중 도로중앙장애물 표시는 백색이다.
② 버스전용차로 표시, 안전지대 표시는 황색이다.
③ 소방시설 주변 정차·주차금지 표시는 적색이다.
④ 주차 금지표시, 정차·주차금지 표시 및 안전지대는 적색이다.

① 중앙선은 노란색, 안전지대 노란색이나 흰색이다.
② 버스전용차로 표시는 파란색이다.
④ 주차 금지 표시 및 정차·주차 금지 표시는 노란색이다.


★★
## 9 운행기록계를 설치하지 않은 견인형 특수자동차(화물자동차 운수사업법에 따른 자동차에 한함)를 운전한 경우 운전자 처벌 규정은?

① 과태료 10만원
② 범칙금 10만원
③ 과태료 7만원
④ 범칙금 7만원

**★★**
**10** 도로교통법령상 용어의 정의에 대한 설명으로 맞는 것은?

① "자동차전용도로"란 자동차만이 다닐 수 있도록 설치된 도로를 말한다.
② "자전거도로"란 안전표지, 위험방지용 울타리나 그와 비슷한 인공구조물로 경계를 표시하여 자전거만 통행할 수 있도록 설치된 도로를 말한다.
③ "자동차등"이란 자동차와 우마를 말한다.
④ "자전거등"이란 자전거와 전기자전거를 말한다.

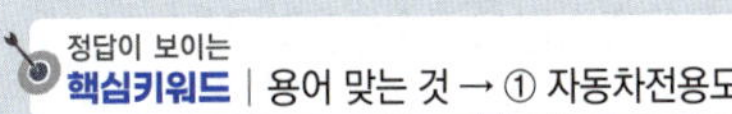
정답이 보이는 **핵심키워드** | 용어 맞는 것 → ① 자동차전용도로

**★★**
**11** 도로교통법상 보행보조용 의자차(식품의약품 안전처장이 정하는 의료기기의 규격)로 볼 수 없는 것은?

① 수동휠체어
② 전동휠체어
③ 의료용 스쿠터
④ 전기자전거

정답이 보이는 **핵심키워드** | 보행보조 의자차 아닌 것 → ④ 전기자전거

**★★**
**12** 가변형 속도제한 구간에 대한 설명으로 옳지 않은 것은?

① 상황에 따라 규정 속도를 변화시키는 능동적인 시스템이다.
② 규정 속도 숫자를 바꿔서 표현할 수 있는 전광표지판을 사용한다.
③ 가변형 속도제한 표지로 최고속도를 정한 경우에는 이에 따라야 한다.
④ 가변형 속도제한 표지로 정한 최고속도와 안전표지 최고속도가 다를 때는 안전표지 최고속도를 따라야 한다.

가변형 속도제한 표지로 최고속도를 정한 경우에는 이에 따라야 하며 가변형 속도제한 표지로 정한 최고속도와 그 밖의 안전표지로 정한 최고속도가 다를 때에는 가변형 속도제한 표지에 따라야 한다.

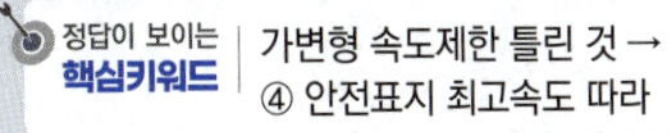
정답이 보이는 **핵심키워드** | 가변형 속도제한 틀린 것 →
④ 안전표지 최고속도 따라

**★★**
**13** 다음 중 도로교통법상 자동차가 아닌 것은?

① 승용자동차
② 원동기장치자전거
③ 특수자동차
④ 승합자동차

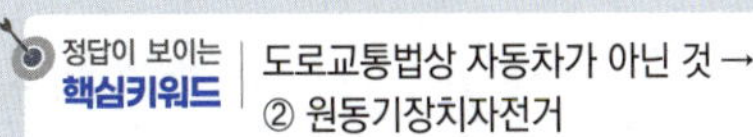
정답이 보이는 **핵심키워드** | 도로교통법상 자동차가 아닌 것 →
② 원동기장치자전거

**★★**
**14** 다음 중 도로교통법상 원동기장치자전거에 대한 설명으로 옳은 것은?

① 모든 이륜자동차를 말한다.
② 자동차 관리법에 의한 250시시 이하의 이륜자동차를 말한다.
③ 배기량 150시시 이상의 원동기를 단 차를 말한다.
④ 전기를 동력으로 사용하는 경우는 최고정격출력 11킬로와트 이하의 원동기를 단 차(전기자전거 제외)를 말한다.

정답이 보이는 **핵심키워드** | 원동기장치자전거 → ④ 전기 동력 11 킬로와트

**★★**
**15** 자동차관리법령상 승용자동차는 몇 인 이하를 운송하기에 적합하게 제작된 자동차인가?

① 10인
② 12인
③ 15인
④ 18인

승용자동차는 10인 이하를 운송하기에 적합하게 제작된 자동차이다.

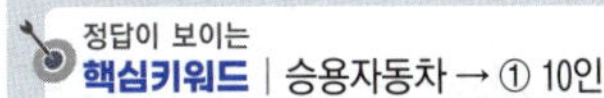
정답이 보이는 **핵심키워드** | 승용자동차 → ① 10인

**1** 자동차관리법령상 자동차 소유자가 받아야 하는 자동차 검사의 종류가 아닌 것은?

① 수리검사　　　　　② 특별검사
③ 튜닝검사　　　　　④ 임시검사

자동차 소유자는 국토교통부장관이 실시하는 신규검사, 정기검사, 튜닝검사, 임시검사, 수리검사를 받아야 한다.

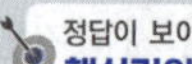
정답이 보이는
**핵심키워드** | 자동차 검사의 종류가 아닌 것 → ② 특별검사

**2** 자동차관리법령상 자동차의 정기검사의 기간은 검사유효기간 만료일 전 (　)일부터 후 (　)일 까지다. (　)에 기준으로 맞는 것은?

① 90일, 31일　　　　② 80일, 41일
③ 60일, 51일　　　　④ 50일, 61일

정답이 보이는
**핵심키워드** | 정기검사 기간 → ① 90일, 31일

**3** 자동차관리법령상 비사업용 소형 승합자동차(2001년 이후 등록된 차령이 4년 초과)의 검사 유효기간으로 맞는 것은?

① 6개월　　　　　　② 1년
③ 2년　　　　　　　④ 4년

경형, 소형의 승합 및 화물자동차의 검사유효기간은 1년이다.

정답이 보이는
**핵심키워드** | 소형 승합차 검사 → ② 1년

**4** 비사업용 신규 승용자동차의 최초검사 유효기간은?

① 1년　　　　　　　② 2년
③ 4년　　　　　　　④ 5년

비사업용 승용자동차 및 피견인자동차의 최초 검사유효기간은 5년이다.

정답이 보이는
**핵심키워드** | 비사업용 신규 최초검사 → ④ 5년

**5** 자동차관리법령상 신차 구입 시 임시운행 허가 유효기간의 기준은?

① 10일 이내　　　　② 15일 이내
③ 20일 이내　　　　④ 30일 이내

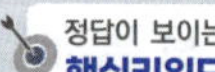
정답이 보이는
**핵심키워드** | 신차 임시운행 → ① 10일

**6** 자동차관리법령상 비사업용 소형 화물자동차(차령이 4년 이하)의 검사 유효기간으로 맞는 것은?

① 6개월　　　　　　② 1년
③ 2년　　　　　　　④ 4년

비사업용 경형 · 소형 화물자동차의 검사 유효기간(차령 4년 이하)은 2년이다.

정답이 보이는
**핵심키워드** | 4년 이하 소형 화물차 검사기간 → ③ 2년

**7** 자동차관리법령상 자동차 소유권이 상속 등으로 변경될 경우 하는 등록의 종류는?

① 신규등록　　　　　② 이전등록
③ 변경등록　　　　　④ 말소등록

정답이 보이는
**핵심키워드** | 소유권 변경 → ② 이전등록

**8** 자동차관리법령상 자동차를 이전 등록하고자 하는 자는 매수한 날부터 (　) 이내에 등록해야 한다. (　)에 기준으로 맞는 것은?

① 15일　　　　　　　② 20일
③ 30일　　　　　　　④ 40일

정답이 보이는
**핵심키워드** | 이전 등록 → ① 15일

**9** 다음 중 자동차관리법령에 따른 자동차 변경등록 사유가 아닌 것은?

① 자동차의 사용본거지를 변경한 때
② 자동차의 차대번호를 변경한 때
③ 소유권이 변동된 때
④ 법인의 명칭이 변경된 때

자동차 소유권의 변동이 된 때에는 이전등록을 하여야 한다.

정답이 보이는
**핵심키워드** | 변경등록 아닌 것 → ③ 소유권 변동

---

**10** 도로교통법상 정비불량차량 발견 시 (  )일의 범위 내에서 그 사용을 정지시킬 수 있다. (  ) 안에 기준으로 맞는 것은?

① 5　　　② 7　　　③ 10　　　④ 14

정답이 보이는
**핵심키워드** | 정비불량차 사용정지 → ③ 10일

---

**11** 다음 중 자동차를 매매한 경우 이전등록 담당기관은?

① 도로교통공단　　　② 시·군·구청
③ 한국교통안전공단　　　④ 시·도경찰청

정답이 보이는
**핵심키워드** | 매매 시 이전등록 기관 → ② 시·군·구청

---

**12** 비사업용 및 대여사업용 전기자동차와 수소 연료전지자동차(하이브리드 자동차 제외) 전용번호판 색상으로 맞는 것은?

① 황색 바탕에 검정색 문자
② 파란색 바탕에 검정색 문자
③ 감청색 바탕에 흰색 문자
④ 분홍빛 흰색 바탕에 보랏빛 검정색 문자

• 일반용 : 분홍빛 흰색 바탕에 보랏빛 검정색 문자
• 외교용 : 감청색 바탕에 흰색 문자
• 자동차운수사업 : 황색 바탕에 검정색 문자
• 이륜자동차번호판 : 흰색 바탕에 청색 문자
• 전기자동차번호판 : 파란색 바탕에 검정색 문자

정답이 보이는
**핵심키워드** | 전기차 번호판 색상→② 파란색 바탕에 검정색 문자

---

## 04 신호등 등화

**1** 도로교통법상 적색등화 점멸일 때 의미는?

① 차마는 다른 교통에 주의하면서 서행하여야 한다.
② 차마는 다른 교통에 주의하면서 진행할 수 있다.
③ 차마는 안전표지에 주의하면서 후진할 수 있다.
④ 차마는 정지선 직전에 일시정지한 후 다른 교통에 주의하면서 진행할 수 있다.

정답이 보이는
**핵심키워드** | 적색등화 점멸 → ④ 정지선 직전에 일시정지 후 진행

---

**2** 밤에 자동차(이륜자동차 제외)의 운전자가 고장 그 밖의 부득이한 사유로 도로에 정차할 경우 켜야 하는 등화로 맞는 것은?

① 전조등 및 미등
② 실내 조명등 및 차폭등
③ 번호등 및 전조등
④ 미등 및 차폭등

정답이 보이는
**핵심키워드** | 야간 도로에 정차 시 등화 → ④ 미등, 차폭등

---

**3** 도로교통법상 4색 등화의 가로형 신호등 배열 순서로 맞는 것은?

① 우로부터 적색 → 녹색화살표 → 황색 → 녹색
② 좌로부터 적색 → 황색 → 녹색화살표 → 녹색
③ 좌로부터 황색 → 적색 → 녹색화살표 → 녹색
④ 우로부터 녹색화살표 → 황색 → 적색 → 녹색

정답이 보이는
**핵심키워드** | 4색 등화 가로형 신호등 배열순서 → ② 좌로부터 적색, 황색, 녹색화살표, 녹색

**1** 운전자가 갖추어야 할 올바른 자세로 가장 맞는 것은?

① 소통과 안전을 생각하는 자세
② 사람보다는 자동차를 우선하는 자세
③ 다른 차보다는 내 차를 먼저 생각하는 자세
④ 교통사고는 준법운전보다 운이 좌우한다는 자세

자동차보다 사람이 우선, 나보다는 다른 차를 우선, 사고발생은 운보다는 준법운전이 좌우한다.

정답이 보이는
**핵심키워드** | 운전자의 자세 → ① 소통과 안전

**2** 도로교통법령상 개인형 이동장치의 승차정원에 대한 설명으로 틀린 것은?

① 전동킥보드의 승차정원은 1인이다.
② 전동이륜평행차의 승차정원은 1인이다.
③ 전동기의 동력만으로 움직일 수 있는 자전거의 경우 승차정원은 1인이다.
④ 승차정원을 위반한 경우 범칙금 4만원을 부과한다.

전동기의 동력만으로 움직일 수 있는 자전거의 경우 승차정원은 2명이다.

정답이 보이는
**핵심키워드** | 개인형 이동장치 승차정원 틀린 것 →
③ 전동기 자전거 1인

**3** 다음 중 운전자의 올바른 마음가짐으로 가장 바람직하지 않은 것은?

① 교통상황은 변경되지 않으므로 사전운행 계획을 세울 필요는 없다.
② 차량용 소화기를 차량 내부에 비치하여 화재발생에 대비한다.
③ 차량 내부에 휴대용 라이터 등 인화성 물건을 두지 않는다.
④ 초보운전자에게 배려운전을 한다.

정답이 보이는
**핵심키워드** | 운전자 마음가짐 아닌 것 → ① 무계획

**4** 다음 중 자동차(이륜자동차 제외) 좌석안전띠 착용에 대한 설명으로 맞는 것은?

① 13세 미만 어린이가 좌석안전띠를 미착용하는 경우 운전자에 대한 과태료는 10만원이다.
② 13세 이상의 동승자가 좌석안전띠를 착용하지 않은 경우 운전자에 대한 과태료는 3만원이다.
③ 일반도로에서는 운전자와 조수석 동승자만 좌석안전띠 착용 의무가 있다.
④ 전 좌석안전띠 착용은 의무이나 3세 미만 영유아는 보호자가 안고 동승이 가능하다.

동승자가 13세 미만인 경우 과태료 6만원, 13세 이상인 경우 과태료 3만원

정답이 보이는
**핵심키워드** | 좌석안전띠 → ② 13세 이상 동승자 3만원

**5** 도로교통법상 연석선, 안전표지나 그와 비슷한 인공구조물로 경계를 표시하여 보행자가 통행할 수 있도록 한 도로의 부분은?

① 보도
② 길가장자리구역
③ 횡단보도
④ 자전거횡단도

보도란 연석선, 안전표지나 그와 비슷한 인공구조물로 경계를 표시하여 보행자가 통행할 수 있도록 한 도로의 부분을 말한다.

정답이 보이는
**핵심키워드** | 보행자 통행 도로 → ① 보도

**6** 교통사고를 예방하기 위한 운전자세로 맞는 것은?

① 방향지시등으로 진행방향을 명확히 알린다.
② 급조작과 급제동을 자주한다.
③ 나에게 유리한 쪽으로 추측하면서 운전한다.
④ 다른 운전자의 법규위반은 반드시 보복한다.

급조작과 급제동을 하여서는 안 되며, 상대방에 대한 배려운전과 정확한 법규 이해가 필요하다.

정답이 보이는
**핵심키워드** | 운전자세 → ① 방향지시등으로 진행방향 알림

**7** ★ 자동차 운전자가 신호등이 없는 횡단보도를 통과할 때 가장 안전한 운전 방법은?

① 횡단하는 사람이 없다 하더라도 전방과 그 주변을 잘 살피며 감속한다.
② 횡단하는 사람이 없으므로 그대로 진행한다.
③ 횡단하는 사람이 없을 때 빠르게 지나간다.
④ 횡단하는 사람이 있을 수 있으므로 경음기를 울리며 그대로 진행한다.

> 신호등이 없는 횡단보도에서는 혹시 모르는 보행자를 위하여 전방을 잘 살피고 감속하여야 한다.

> 정답이 보이는
> **핵심키워드** | 신호등이 없는 횡단보도 통과 →
> ① 전방 살피며 감속

**8** ★★ 다음 중 도로교통법상 의료용 전동휠체어가 통행할 수 없는 곳은?

① 자전거전용도로
② 길가장자리구역
③ 보도
④ 도로의 가장자리

> 보행자는 보도와 차도가 구분된 도로에서는 언제나 보도로 통행하여야 한다. 다만, 차도를 횡단하는 경우, 도로공사 등으로 보도의 통행이 금지된 경우나 그 밖의 부득이한 경우에는 그러하지 아니하다.

> 정답이 보이는
> **핵심키워드** | 의료용 전동휠체어 통행 불가 →
> ① 자전거전용도로

**9** ★ 다음 중 운전자 등이 차량 승하차 시 주의사항으로 맞는 것은?

① 타고 내릴 때는 뒤에서 오는 차량이 있는지를 확인한다.
② 문을 열 때는 완전히 열고나서 곧바로 내린다.
③ 뒷좌석 승차자가 하차할 때 운전자는 전방을 주시해야 한다.
④ 운전석을 일시적으로 떠날 때에는 시동을 끄지 않아도 된다.

> 운전자 등이 타고 내릴 때는 뒤에서 오는 차량이 있는지를 확인한다.

> 정답이 보이는
> **핵심키워드** | 승하차시 주의사항 → ① 뒤 차량 확인

**10** ★ 다음 중 자동차에 부착된 에어백의 구비조건으로 가장 거리가 먼 것은?

① 높은 온도에서 인장강도 및 내열강도
② 낮은 온도에서 인장강도 및 내열강도
③ 파열강도를 지니고 내마모성, 유연성
④ 운전자와 접촉하는 충격에너지 극대화

> 정답이 보이는
> **핵심키워드** | 에어백의 구비조건 아닌 것 → ④ 충격 극대화

**11** ★ 차의 운전자가 보도를 횡단하여 건물 등에 진입하려고 한다. 운전자가 해야 할 순서로 올바른 것은?

① 서행 → 방향지시등 작동 → 신속 진입
② 일시정지 → 경음기 사용 → 신속 진입
③ 서행 → 좌측과 우측부분 확인 → 서행 진입
④ 일시정지 → 좌측과 우측부분 확인 → 서행 진입

> 정답이 보이는
> **핵심키워드** | 건물 진입 순서 → ④ 일시정지 → 좌우확인

**12** ★★ 다음 중 도로교통법상 대각선 횡단보도의 보행 신호가 녹색등화일 때 차마의 통행방법으로 옳은 것은?

① 직진하려는 때에는 정지선의 직전에 정지하여야 한다.
② 보행자가 없다면 속도를 높여 우회전할 수 있다.
③ 보행자가 없다면 속도를 높여 좌회전할 수 있다.
④ 보행자가 횡단하지 않는 방향으로는 진행할 수 있다.

> 정답이 보이는
> **핵심키워드** | 대각선 횡단보도 녹색 → ① 정지

**13** ★ 자율주행자동차 운전자의 마음가짐으로 바르지 않은 것은?

① 자율주행자동차이므로 술에 취한 상태에서 운전해도 된다.
② 과로한 상태에서 자율주행자동차를 운전하면 아니 된다.
③ 자율주행자동차라 하더라도 향정신성의약품을 복용하고 운전하면 아니 된다.
④ 자율주행자동차의 운전 중에 휴대용 전화 사용이 가능하다.

> 정답이 보이는
> **핵심키워드** | 운전자 마음가짐 아닌 것 → ① 음주운전

**14** 다음 중 도로교통법상 보행자의 도로 횡단 방법에 대한 설명으로 잘못된 것은?

① 모든 차의 바로 앞이나 뒤로 횡단하여서는 아니 된다.
② 지체장애인의 경우라도 반드시 도로 횡단 시설을 이용하여 도로를 횡단하여야 한다.
③ 안전표지 등에 의하여 횡단이 금지되어 있는 도로의 부분에서는 그 도로를 횡단하여서는 아니 된다.
④ 횡단보도가 설치되어 있지 아니한 도로에서는 가장 짧은 거리로 횡단하여야 한다.

> 도로 횡단시설을 이용할 수 없는 지체장애인은 다른 교통에 방해가 되지 않는 방법으로 도로 횡단시설을 이용하지 않고 도로를 횡단할 수 있다.

 정답이 보이는
**핵심키워드** | 보행자 도로 횡단 잘못된 것 →
② 지체장애인 도로 횡단 시설 이용

**15** 주행 중 브레이크가 작동되는 운전행동과정을 올바른 순서로 연결한 것은?

① 위험인지 → 상황판단 → 행동명령 → 브레이크작동
② 위험인지 → 행동명령 → 상황판단 → 브레이크작동
③ 상황판단 → 위험인지 → 행동명령 → 브레이크작동
④ 행동명령 → 위험인지 → 상황판단 → 브레이크작동

정답이 보이는
**핵심키워드** | 운전행동과정 순서 → ① 위험인지 → 상황판단

**16** 다음 중 도로교통법상 횡단보도가 없는 도로에서 보행자의 가장 올바른 횡단방법은?

① 통과차량 바로 뒤로 횡단한다.
② 차량통행이 없을 때 빠르게 횡단한다.
③ 횡단보도가 없는 곳이므로 아무 곳이나 횡단한다.
④ 도로에서 가장 짧은 거리로 횡단한다.

> 보행자는 횡단보도가 설치되어 있지 아니한 도로에서는 가장 짧은 거리로 횡단하여야 한다.

정답이 보이는
**핵심키워드** | 횡단보도 없는 도로에서 보행자 →
④ 도로에서 가장 짧은 거리로 횡단

**17** 다음 중 운전자의 올바른 운전행위로 가장 적절한 것은?

① 졸음운전은 교통사고 위험이 있어 갓길에 세워두고 휴식한다.
② 초보운전자는 고속도로에서 앞지르기 차로로 계속 주행한다.
③ 교통단속용 장비의 기능을 방해하는 장치를 장착하고 운전한다.
④ 교통안전 위험요소 발견 시 비상점멸등으로 주변에 알린다.

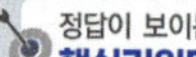 정답이 보이는
**핵심키워드** | 올바른 운전 행위 → ④ 위험 발견 시 비상점멸등

**18** 다음 중 운전자의 올바른 마음가짐으로 가장 적절하지 않은 것은?

① 정속주행 등 올바른 운전습관을 가지려는 마음
② 정체되는 도로에서 갓길(길가장자리)로 통행하려는 마음
③ 교통법규는 서로간의 약속이라고 생각하는 마음
④ 자동차의 빠른 소통보다는 보행자를 우선으로 생각하는 마음

 정답이 보이는
**핵심키워드** | 올바른 마음가짐 틀린 것 → ② 갓길 통행

**19** 다음 중 운전자의 올바른 운전습관으로 가장 바람직하지 않은 것은?

① 자동차 주유 중에는 엔진시동을 끈다.
② 긴급한 상황을 제외하고 급제동하여 다른 차가 급제동하는 상황을 만들지 않는다.
③ 위험상황을 예측하고 방어운전하기 위하여 규정속도와 안전거리를 모두 준수하며 운전한다.
④ 타이어공기압은 계절에 관계없이 주행 안정성을 위하여 적정량보다 10% 높게 유지한다.

 정답이 보이는
**핵심키워드** | 운전습관 틀린 것 → ④ 계절에 관계없이 높게

**20** 도로교통법상 보행신호등이 점멸할 때 올바른 횡단방법이 아닌 것은?

① 보행자는 횡단을 시작하여서는 안 된다.
② 횡단하고 있는 보행자는 신속하게 횡단을 완료하여야 한다.
③ 횡단을 중지하고 보도로 되돌아와야 한다.
④ 횡단을 중지하고 그 자리에서 다음 신호를 기다린다.

보행 신호등이 녹색 등화의 점멸일 경우 보행자는 횡단을 시작하여서는 아니 되고, 횡단하고 있는 보행자는 신속하게 횡단을 완료하거나 그 횡단을 중지하고 보도로 되돌아와야 한다.

정답이 보이는
**핵심키워드** | 보행신호등 점멸 시 횡단방법 아닌 것 →
④ 그 자리에서 다음 신호 대기

**21** 승용자동차에 영유아와 동승하는 경우 운전자의 행동으로 가장 올바른 것은?

① 운전석 옆좌석에 성인이 영유아를 안고 좌석안전띠를 착용한다.
② 운전석 뒷좌석에 영유아가 착석한 경우 유아보호용 장구 없이 좌석안전띠를 착용하여도 된다.
③ 운전 중 영유아가 보채는 경우 이를 달래기 위해 운전석에서 영유아와 함께 좌석안전띠를 착용한다.
④ 영유아가 탑승하는 경우 도로를 불문하고 유아보호용 장구를 장착한 후에 좌석안전띠를 착용시킨다.

정답이 보이는
**핵심키워드** | 영유아 동승 → ④ 유아보호용 장구 장착

**22** 도로교통법령상 양보 운전에 대한 설명 중 가장 알맞은 것은?

① 계속하여 느린 속도로 운행 중일 때에는 도로 좌측 가장자리로 피하여 차로를 양보한다.
② 긴급자동차가 뒤따라올 때에는 신속하게 진행한다.
③ 신호등 없는 교차로에 동시에 들어가려고 하는 차의 운전자는 좌측도로의 차에 진로를 양보하여야 한다.
④ 양보표지가 설치된 도로의 주행 차량은 다른 도로의 주행 차량에 차로를 양보하여야 한다.

긴급자동차가 뒤따라오는 경우에도 차로를 양보하여야 한다. 또한 교차로에서는 통행 우선순위에 따라 통행을 하여야 하며, 양보표지가 설치된 도로의 차량은 다른 차량에게 차로를 양보하여야 한다.

정답이 보이는
**핵심키워드** | 양보운전 → ④ 양보표지 설치 도로 차로 양보

**23** 다음 중 운전자의 올바른 운전행위로 가장 바람직하지 않은 것은?

① 제한속도 내에서 교통흐름에 따라 운전한다.
② 초보운전인 경우 고속도로에서 갓길을 이용하여 교통흐름을 방해하지 않는다.
③ 도로에서 자동차를 세워둔 채 다툼행위를 하지 않는다.
④ 연습운전면허 소지자는 법규에 따른 동승자와 동승하여 운전한다.

정답이 보이는
**핵심키워드** | 올바른 운전 아닌 것 → ② 초보운전 갓길

**24** 도로교통법령상 개인형 이동장치에 대한 규정과 안전한 운전방법으로 틀린 것은?

① 운전자는 밤에 도로를 통행할 때에는 전조등과 미등을 켜야 한다.
② 개인형 이동장치 중 전동킥보드의 승차정원은 1인이므로 2인이 탑승하면 안된다.
③ 개인형 이동장치는 전동이륜평행차, 전동킥보드, 전기자전거, 전동휠, 전동스쿠터 등 개인이 이동하기에 적합한 이동장치를 포함하고 있다.
④ 전동기의 동력만으로 움직일 수 있는 자전거의 경우 승차정원은 2인이다.

정답이 보이는
**핵심키워드** | 개인형 이동장치 틀린 것 → ③ 스쿠터 포함

**25** 교통약자의 이동편의 증진법에 따른 '교통약자'에 해당되지 않는 사람은?

① 고령자
② 임산부
③ 영유아를 동반한 사람
④ 반려동물을 동반한 사람

정답이 보이는
**핵심키워드** | 교통약자 아닌 사람 → ④ 반려동물

★
**26** 교통약자의 이동편의 증진법에 따른 교통약자를 위한 '보행안전 시설물'로 보기 어려운 것은?

① 속도저감 시설
② 자전거 전용도로
③ 대중 교통정보 알림 시설 등 교통안내 시설
④ 보행자 우선 통행을 위한 교통신호기

> 보행안전시설물 : 속도저감 시설, 횡단시설, 대중 교통정보 알림시설 등 교통안내시설, 보행자 우선통행을 위한 교통신호기, 자동차 진입억제용 말뚝, 교통약자를 위한 음향신호기 등 보행경로 안내장치

> 정답이 보이는
> **핵심키워드** | 보행안전 시설물 아닌 것 → ② 자전거 전용도로

★★
**27** 도로교통법에 따라 개인형 이동장치를 운전하는 사람의 자세로 가장 알맞은 것은?

① 보도를 통행하는 경우 보행자를 피해서 운전한다.
② 술을 마시고 운전하는 경우 특별히 주의하며 운전한다.
③ 횡단보도와 자전거횡단도가 있는 경우 자전거횡단도를 이용하여 운전한다.
④ 횡단보도를 횡단하는 경우 횡단보도를 이용하는 보행자를 피해서 운전한다.

> 자전거등(자전거와 개인형 이동장치)을 타고 자전거횡단도가 따로 있는 도로를 횡단할 때에는 자전거횡단도를 이용해야 한다. 개인형 이동장치의 운전자가 횡단보도를 이용하여 도로를 횡단할 때에는 내려서 끌거나 들고 보행하여야 한다.

> 정답이 보이는
> **핵심키워드** | 개인형 이동장치 맞는 것 → ③ 자전거횡단도 이용

★
**28** 어린이가 보호자 없이 도로를 횡단할 때 운전자의 올바른 운전행위로 가장 바람직한 것은?

① 반복적으로 경음기를 울려 어린이가 빨리 횡단하도록 한다.
② 서행하여 도로를 횡단하는 어린이의 안전을 확보한다.
③ 일시정지하여 도로를 횡단하는 어린이의 안전을 확보한다.
④ 빠르게 지나가서 도로를 횡단하는 어린이의 안전을 확보한다.

> 정답이 보이는
> **핵심키워드** | 어린이 도로 횡단 → ③ 일시정지

★
**29** 다음 중 운전자의 올바른 운전태도로 가장 바람직하지 않은 것은?

① 신호기의 신호보다 경찰공무원의 신호가 우선임을 명심한다.
② 교통 환경 변화에 따라 개정되는 교통법규를 숙지한다.
③ 긴급자동차를 발견한 즉시 장소에 관계없이 일시정지하고 진로를 양보한다.
④ 폭우시 또는 장마철 자주 비가 내리는 도로에서는 포트홀(pothole)을 주의한다.

> 정답이 보이는
> **핵심키워드** | 운전태도 틀린 것 →
> ③ 장소에 관계없이 일시정지

★★
**30** 교차로와 딜레마 존(Dilemma Zone) 통과 방법 중 가장 거리가 먼 것은?

① 교차로 진입 전 교통 상황을 미리 확인하고 안전거리 유지와 감속운전으로 모든 상황을 예측하며 방어운전을 한다.
② 적색신호에서 교차로에 진입하면 신호위반에 해당된다.
③ 신호등이 녹색에서 황색으로 바뀔 때 앞바퀴가 정지선을 진입했다면 교차로 교통상황을 주시하며 신속하게 교차로 밖으로 진행한다.
④ 도로교통법령상 딜레마 존(Dilemma Zone)을 인정하여 차량이 교차로에 진입하기 전에 황색의 등화로 바뀐 경우 교차로 직전에 정지할 필요가 없다.

> 정답이 보이는
> **핵심키워드** | 딜레마 존 틀린 것 →
> 황색등화 정지할 필요 없다.

★★
**31** 안전속도 5030 교통안전정책에 관한 내용으로 옳은 것은?

① 자동차 전용도로 매시 50킬로미터 이내, 도시부 주거지역 이면도로 매시 30킬로미터
② 도시부 지역 일반도로 매시 50킬로미터 이내, 도시부 주거지역 이면도로 매시 30킬로미터 이내
③ 자동차 전용도로 매시 50킬로미터 이내, 어린이 보호구역 매시 30킬로미터 이내
④ 도시부 지역 일반도로 매시 50킬로미터 이내, 자전거 도로 매시 30킬로미터 이내

정답이 보이는
**핵심키워드** | 안전속도 5030 →
② 도시부 주거지역 이면도로 매시 30

**32** 보행자 우선도로에 대한 설명으로 가장 바르지 않은 것은?

① 보행자우선도로에서 보행자는 도로의 우측 가장자리로만 통행할 수 있다.
② 운전자에게는 서행, 일시정지 등 각종 보행자 보호 의무가 부여된다.
③ 보행자 보호 의무를 불이행하였을 경우 승용자동차 기준 4만원의 범칙금과 10점의 벌점 처분의 대상이다.
④ 경찰서장은 보행자 보호를 위해 필요하다고 인정할 경우 차량 통행속도를 20km/h 이내로 제한할 수 있다.

보행자는 보행자우선도로에서는 도로의 전 부분으로 통행할 수 있다.

정답이 보이는
**핵심키워드** | 보행자 우선도로 틀린 것 →
① 우측 가장자리만 통행

**33** 교통사고 등 응급상황 발생 시 조치요령과 거리가 먼 것은?

① 위험여부 확인
② 환자의 반응 확인
③ 기도 확보 및 호흡 확인
④ 환자의 목적지와 신상 확인

정답이 보이는
**핵심키워드** | 응급상황 시 조치 틀린 것 → ④ 신상 확인

**34** 도로교통법령상 차량 운전 중 일시정지해야 할 상황이 아닌 것은?

① 어린이가 보호자 없이 도로를 횡단할 때
② 차량 신호등이 적색등화의 점멸 신호일 때
③ 어린이가 도로에서 앉아 있거나 서 있을 때
④ 차량 신호등이 황색등화의 점멸 신호일 때

차량신호등이 황색등화의 점멸 신호일 때는 다른 교통 또는 안전표지의 표시에 주의하면서 진행할 수 있다.

정답이 보이는
**핵심키워드** | 일시정지 아닌 상황 → ④ 황색등화 점멸

**35** 다음 중 도로교통법상 보행자의 보호에 대한 설명이다. 옳지 않은 것은?

① 보행자가 횡단보도를 통행하고 있을 때 그 직전에 일시정지하여야 한다.
② 경찰공무원의 신호나 지시에 따라 도로를 횡단하는 보행자의 통행을 방해하여서는 아니 된다.
③ 교차로에서 도로를 횡단하는 보행자의 통행을 방해하여서는 아니 된다.
④ 보행자가 횡단보도가 없는 도로를 횡단하고 있을 때에는 안전거리를 두고 서행하여야 한다.

정답이 보이는
**핵심키워드** | 보행자 보호 아닌 것 → ④ 보행자 횡단 시 서행

**36** 자동차 운전 시 유턴이 허용되는 노면표시 형식은?(유턴표지가 있는 곳)

① 도로의 중앙에 황색 실선 형식으로 설치된 노면표시
② 도로의 중앙에 백색 실선 형식으로 설치된 노면표시
③ 도로의 중앙에 백색 점선 형식으로 설치된 노면표시
④ 도로의 중앙에 청색 실선 형식으로 설치된 노면표시

중앙선이 백색 점선으로 설치된 도로에서 유턴이 허용된다.

정답이 보이는
**핵심키워드** | 유턴 허용 구간 → ③ 백색 점선

**37** 교통사고를 일으킬 가능성이 가장 높은 운전자는?

① 운전에만 집중하는 운전자
② 급출발, 급제동, 급차로 변경을 반복하는 운전자
③ 자전거나 이륜차에게 안전거리를 확보하는 운전자
④ 조급한 마음을 버리고 인내하는 마음을 갖춘 운전자

운전이 미숙한 운전자에게는 배려와 양보가 중요하며 급출발, 급제동, 급차로 변경을 반복하여 운전하면 교통사고를 일으킬 가능성이 높다.

정답이 보이는
**핵심키워드** | 교통사고 가능성 → ② 급출발, 급제동

**38** 도로교통법령상 보행자에 대한 설명으로 틀린 것은?

① 너비 1미터 이하의 동력이 없는 손수레를 이용하여 통행하는 사람은 보행자가 아니다.
② 너비 1미터 이하의 보행보조용 의자차를 이용하여 통행하는 사람은 보행자이다.
③ 자전거를 타고 가는 사람은 보행자가 아니다.
④ 너비 1미터 이하의노약자용 보행기를 이용하여 통행하는 사람은 보행자이다.

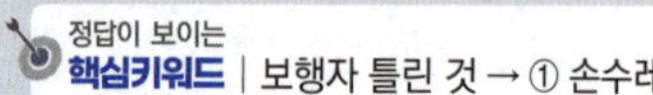


★

**39** 승차구매점(드라이브 스루 매장)을 이용하는 운전자의 자세로 가장 바르지 않은 것은?

① 승차구매점의 안내요원의 안전 관련 지시에 따른다.
② 승차구매점에서 설치한 안내표지판의 지시를 준수한다.
③ 승차구매점 대기열을 따라 횡단보도를 침범하여 정차한다.
④ 승차구매점 진출입로의 안전시설에 주의하여 이동한다.

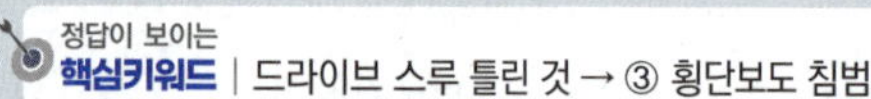


★

**40** 시내 도로를 매시 50킬로미터로 주행하던 중 무단횡단 중인 보행자를 발견하였다. 가장 적절한 조치는?

① 보행자가 횡단 중이므로 일단 급브레이크를 밟아 멈춘다.
② 보행자의 움직임을 예측하여 그 사이로 주행한다.
③ 속도를 줄이며 멈출 준비를 하고 비상점멸등으로 뒤차에도 알리면서 안전하게 정지한다.
④ 보행자에게 경음기로 주의를 주며 다소 속도를 높여 통과한다.

무단횡단 중인 보행자를 발견하면 속도를 줄이며 멈출 준비를 하고 비상등으로 뒤차에도 알리면서 안전하게 정지한다.

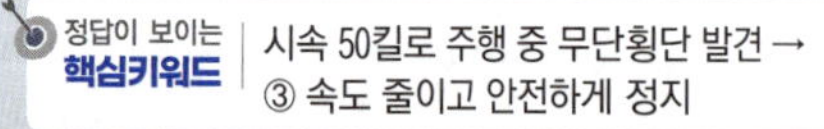


★★

**41** 도로교통법상 자동차등의 속도와 관련하여 옳지 않은 것은?

① 일반도로, 자동차전용도로, 고속도로와 총 차로 수에 따라 별도로 법정속도를 규정하고 있다.
② 일반도로에는 최저속도 제한이 없다.
③ 이상기후 시에는 감속운행을 하여야 한다.
④ 가변형 속도제한표지로 정한 최고속도와 그 밖의 안전표지로 정한 최고속도가 다를 경우 그 밖의 안전표지에 따라야 한다.

가변형 속도제한표지를 따라야 한다.

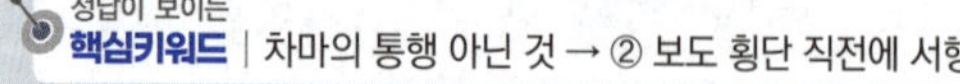


★★

**42** 다음 중 도로교통법상 횡단보도를 횡단하는 방법에 대한 설명으로 옳지 않은 것은?

① 개인형 이동장치를 끌고 횡단할 수 있다.
② 보행보조용 의자차를 타고 횡단할 수 있다.
③ 자전거를 타고 횡단할 수 있다.
④ 유모차를 끌고 횡단할 수 있다.

모든 차의 운전자는 보행자(자전거에서 내려서 자전거를 끌고 통행하는 자전거 운전자 포함)가 횡단보도를 통행하고 있을 때에는 보행자의 횡단을 방해하거나 위험을 주지 아니하도록 그 횡단보도 앞에서 일시정지하여야 한다.



★★

**43** 다음 중 도로교통법상 차마의 통행방법에 대한 설명이다. 잘못된 것은?

① 보도와 차도가 구분된 도로에서는 차도로 통행하여야 한다.
② 보도를 횡단하기 직전에 서행하여 좌·우를 살핀 후 보행자의 통행을 방해하지 않도록 횡단하여야 한다.
③ 도로 중앙의 우측 부분으로 통행하여야 한다.
④ 도로가 일방통행인 경우 도로의 중앙이나 좌측 부분을 통행할 수 있다.

차마의 운전자는 보도를 횡단하기 직전에 일시정지하여 좌측과 우측 부분 등을 살핀 후 보행자의 통행을 방해하지 아니하도록 횡단하여야 한다.

**44** 도로교통법상 자동차등의 속도와 관련하여 옳지 않은 것은?

① 자동차등의 속도가 높아질수록 교통사고의 위험성이 커짐에 따라 차량의 과속을 억제하려는 것이다.

② 자동차전용도로 및 고속도로에서 도로의 효율성을 제고하기 위해 최저속도를 제한하고 있다.

③ 경찰청장 또는 시·도경찰청장은 교통의 안전과 원활한 소통을 위해 별도로 속도를 제한할 수 있다.

④ 고속도로는 시·도경찰청장이, 고속도로를 제외한 도로는 경찰청장이 속도 규제권자이다.

> 고속도로는 경찰청장, 고속도로를 제외한 도로는 시·도경찰청장이 속도 규제권자이다.

> 정답이 보이는
> **핵심키워드** | 자동차 속도 틀린 내용 →
> ④ 고속도로는 시·도경찰청장

**45** 차량 운전 중 차량 신호등과 횡단보도 보행자 신호등이 모두 고장 난 경우 횡단보도 통과 방법으로 옳은 것은?

① 횡단하는 사람이 있는 경우 서행으로 통과한다.

② 횡단보도에 사람이 없으면 서행하지 않고 빠르게 통과한다.

③ 신호등 고장으로 횡단보도 기능이 상실되었으므로 서행할 필요가 없다.

④ 횡단하는 사람이 있는 경우 횡단보도 직전에 일시정지한다.

> 정답이 보이는
> **핵심키워드** | 신호등 고장 시 횡단보도 통과 → ④ 일시정지

**46** 도로교통법상 보도와 차도가 구분이 되지 않는 도로 중 중앙선이 있는 도로에서 보행자의 통행방법으로 가장 적절한 것은?

① 차도 중앙으로 보행한다.

② 차도 우측으로 보행한다.

③ 길가장자리구역으로 보행한다.

④ 차마와 마주보지 않는 방향으로 보행한다.

> 보행자는 보도와 차도가 구분되지 아니한 도로에서는 차마와 마주보는 방향의 길가장자리 또는 길가장자리구역으로 통행하여야 한다. 다만, 도로의 통행방향이 일방통행인 경우에는 차마를 마주보지 아니하고 통행할 수 있다.

> 정답이 보이는
> **핵심키워드** | 보도와 차도 구분 없는 도로 보행자 → ③ 길가장자리구역으로 보행

**47** 도로교통법상 보행자전용도로 통행이 허용된 차마의 운전자가 통행하는 방법으로 맞는 것은?

① 보행자가 있는 경우 서행으로 진행한다.

② 경음기를 울리면서 진행한다.

③ 보행자의 걸음 속도로 운행하거나 일시정지하여야 한다.

④ 보행자가 없는 경우 신속히 진행한다.

> 보행자전용도로의 통행이 허용된 차마의 운전자는 보행자를 위험하게 하거나 보행자의 통행을 방해하지 아니하도록 차마를 보행자의 걸음 속도로 운행하거나 일시정지하여야 한다.

> 정답이 보이는
> **핵심키워드** | 보행자전용도로 차마 →
> ③ 보행자의 걸음 속도로 운행

**48** 도로교통법상 고원식 횡단보도는 제한속도를 매시 ( )킬로미터 이하로 제한할 필요가 있는 도로에 설치한다. ( ) 안에 맞는 것은?

① 10 　　　　② 20
③ 30 　　　　④ 50

> 정답이 보이는
> **핵심키워드** | 고원식 횡단보도 → ③ 30km

**49** 도로교통법상 차마의 통행방법 및 속도에 대한 설명으로 옳지 않은 것은?

① 신호등이 없는 교차로에서 좌회전할 때 직진하려는 다른 차가 있는 경우 직진 차에게 차로를 양보하여야 한다.

② 차도와 보도의 구별이 없는 도로에서 차량을 정차할 때 도로의 오른쪽 가장자리로부터 중앙으로 50센티미터 이상의 거리를 두어야 한다.

③ 교차로에서 앞 차가 우회전을 하려고 신호를 하는 경우 뒤따르는 차는 앞 차의 진행을 방해해서는 안 된다.

④ 자동차전용도로에서의 최저속도는 매시 40킬로미터이다.

> 자동차전용도로에서의 최저속도는 매시 30킬로미터이다.

> 정답이 보이는
> **핵심키워드** | 차마의 통행 틀린 것 →
> ④ 자동차전용도로 최저속도 40km

**50** 고속도로 운전 중 교통사고 발생 현장에서의 운전자 대응방법으로 바르지 않는 것은?

① 동승자의 부상정도에 따라 응급조치한다.
② 비상표시등을 켜는 등 후행 운전자에게 위험을 알린다.
③ 사고차량 후미에서 경찰공무원이 도착할 때까지 교통정리를 한다.
④ 2차사고 예방을 위해 안전한 곳으로 이동한다.

사고차량 뒤쪽은 2차 사고의 위험이 있으므로 안전한 장소로 이동하는 것이 바람직하다.

정답이 보이는
**핵심키워드** | 교통사고 현장 대응 아닌 것 → ③ 후미에서 교통정리

**51** 다음 중 안전운전에 필요한 운전자의 준비사항으로 가장 바람직하지 않은 것은?

① 주의력이 산만해지지 않도록 몸상태를 조절한다.
② 운전기기 조작에 편안하고 운전에 적합한 복장을 착용한다.
③ 불꽃 신호기 등 비상 신호도구를 준비한다.
④ 연료절약을 위해 출발 10분 전에 시동을 켜 엔진을 예열한다.

정답이 보이는
**핵심키워드** | 운전자의 준비사항 아닌 것 → ④ 10분 전 예열

**06** 어린이 안전운전

**1** 어린이보호구역에서 어린이가 영유아를 동반하여 함께 횡단하고 있다. 운전자의 올바른 주행방법은?

① 어린이와 영유아 보호를 위해 일시정지하였다.
② 어린이가 영유아 보호하면서 횡단하고 있으므로 서행하였다.
③ 어린이와 영유아가 아직 반대편 차로 쪽에 있어 신속히 주행하였다.
④ 어린이와 영유아는 걸음이 느리므로 안전거리를 두고 옆으로 피하여 주행하였다.

정답이 보이는
**핵심키워드** | 어린이보호구역 → ① 일시 정지

**2** 도로교통법상 '보호구역의 지정절차 및 기준' 등에 관하여 필요한 사항을 정하는 공동부령 기관으로 맞는 것은?

① 어린이 보호구역은 행정안전부, 보건복지부, 국토교통부의 공동부령으로 정한다.
② 노인 보호구역은 행정안전부, 국토교통부, 환경부의 공동부령으로 정한다.
③ 장애인 보호구역은 행정안전부, 보건복지부, 국토교통부의 공동부령으로 정한다.
④ 교통약자 보호구역은 행정안전부, 환경부, 국토교통부의 공동부령으로 정한다.

• 어린이 보호구역 : 교육부, 행정안전부, 국토교통부
• 노인 보호구역 또는 장애인 보호구역 : 행정안전부, 보건복지부, 국토교통부

정답이 보이는
**핵심키워드** | 공동부령 → ③ 장애인 보호구역

**3** 어린이가 보호자 없이 도로에서 놀고 있는 경우 가장 올바른 운전방법은?

① 어린이 잘못이므로 무시하고 지나간다.
② 경음기를 울려 겁을 주며 진행한다.
③ 일시정지하여야 한다.
④ 어린이에 조심하며 급히 지나간다.

어린이가 보호자 없이 도로에서 놀고 있는 경우 일시정지하여 어린이를 보호한다.

정답이 보이는
**핵심키워드** | 보호자 없이 도로에서 노는 어린이 → ③ 일시정지

**4** 도로교통법상 어린이보호구역과 관련된 설명으로 맞는 것은?

① 어린이가 무단횡단을 하다가 교통사고가 발생한 경우 운전자의 모든 책임은 면제된다.
② 자전거 운전자가 운전 중 어린이를 충격하는 경우 자전거는 차마가 아니므로 민사책임만 존재한다.
③ 차도로 갑자기 뛰어드는 어린이를 보면 서행하지 말고 일시정지한다.
④ 경찰서장은 자동차등의 통행속도를 시속 50킬로미터 이내로 지정할 수 있다.

정답이 보이는
**핵심키워드** | 어린이보호구역 → ③ 일시정지

**5** 어린이가 횡단보도 위를 걸어가고 있을 때 도로교통법령상 규정 및 운전자의 행동으로 올바른 것은?

① 횡단보도표지는 보행자가 횡단보도로 통행할 것을 권유하는 것으로 횡단보도 앞에서 일시정지 하여야 한다.

② 신호등이 없는 일반도로의 횡단보도일 경우 횡단보도 정지선을 지나쳐도 횡단보도 내에만 진입하지 않으면 된다.

③ 신호등이 없는 일반도로의 횡단보도일 경우 신호등이 없으므로 어린이 뒤쪽으로 서행하여 통과하면 된다.

④ 횡단보도표지는 횡단보도를 설치한 장소의 필요한 지점의 도로양측에 설치하며 횡단보도 앞에서 일시정지 하여야 한다.

> 횡단보도표지는 보행자가 횡단보도로 통행할 것을 지시하는 것으로 횡단보도 앞에서 일시정지 하여야 하며, 횡단보도를 설치한 장소의 필요한 지점의 도로양측에 설치한다. 어린이가 신호등 없는 횡단보도를 통과하고 있을 때에는 횡단보도 앞에서 일시정지하여 어린이가 통과하도록 기다린다.

> 정답이 보이는 **핵심키워드** | 어린이 횡단보도 → ④ 일시정지

**6** 어린이 통학버스가 편도 1차로 도로에서 정차하여 영유아가 타고 내리는 중임을 표시하는 점멸등이 작동하고 있을 때 반대 방향에서 진행하는 차의 운전자는 어떻게 하여야 하는가?

① 일시정지하여 안전을 확인한 후 서행하여야 한다.

② 서행하면서 안전 확인한 후 통과한다.

③ 그대로 통과해도 된다.

④ 경음기를 울리면서 통과하면 된다.

> 어린이통학버스가 편도 1차로 도로에서 정차하여 유아가 타고 내리는 중임을 표시하는 점멸등이 작동하고 있을 때 반대 방향에서 진행하는 차의 운전자는 일시정지하여 안전을 확인한 후 서행하여야 한다.

> 정답이 보이는 **핵심키워드** | 어린이 통학버스 편도 1차로에 정차 시 반대 방향 운전자 → ① 일시정지 후 서행

**7** 어린이통학버스 운전자 및 운영자의 의무에 대한 설명으로 맞지 않은 것은?

① 어린이통학버스 운전자는 어린이나 영유아가 타고 내리는 경우에만 점멸등을 작동하여야 한다.

② 어린이통학버스 운전자는 승차한 모든 어린이나 영유아가 좌석안전띠를 매도록 한 후 출발한다.

③ 어린이통학버스 운영자는 어린이통학버스에 보호자를 함께 태우고 운행하는 경우에는 보호자 동승표지를 부착할 수 있다.

④ 어린이통학버스 운영자는 어린이통학버스에 보호자가 동승한 경우에는 안전운행기록을 작성하지 않아도 된다.

> 정답이 보이는 **핵심키워드** | 어린이통학버스 틀린 것 → ④ 안전운행기록 미작성

**8** 다음 중 보행자의 통행에 여부에 관계없이 반드시 일시정지 하여야 할 장소는?

① 보도와 차도가 구분되지 아니한 도로 중 중앙선이 없는 도로

② 어린이 보호구역 내 신호기가 설치되지 아니한 횡단보도 앞

③ 보행자우선도로

④ 도로 외의 곳

> 정답이 보이는 **핵심키워드** | 일시정지 장소 → ② 어린이 보호구역

**9** 편도 2차로 도로에서 1차로로 어린이 통학버스가 어린이나 영유아를 태우고 있음을 알리는 표시를 한 상태로 주행 중이다. 가장 안전한 운전 방법은?

① 2차로가 비어 있어도 앞지르기를 하지 않는다.

② 2차로로 앞지르기하여 주행한다.

③ 경음기를 울려 전방 차로를 비켜 달라는 표시를 한다.

④ 반대 차로의 상황을 보다 중앙선을 넘어 앞지르기 한다.

> 정답이 보이는 **핵심키워드** | 편도 2차로 어린이 통학버스 1차로로 주행 → ① 2차로 비어도 앞지르기 금지

**10** 어린이 보호구역에 관한 설명 중 맞는 것은?

① 유치원이나 중학교 앞에 설치할 수 있다.
② 시장 등은 차의 통행을 금지할 수 있다.
③ 어린이 보호구역에서의 어린이는 12세 미만인 자를 말한다.
④ 자동차등의 통행속도를 시속 30킬로미터 이내로 제한할 수 있다.

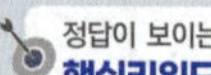
정답이 보이는 **핵심키워드** | 어린이 보호구역 → ④ 30킬로 이내로 제한

**11** 다음 중 교통사고처리특례법상 어린이 보호구역 내에서 매시 40킬로미터로 주행 중 운전자의 과실로 어린이를 다치게 한 경우의 처벌로 맞는 것은?

① 피해자가 형사 처벌을 요구할 경우에만 형사 처벌된다.
② 피해자의 처벌 의사에 관계없이 형사 처벌된다.
③ 종합보험에 가입되어 있는 경우에는 형사 처벌되지 않는다.
④ 피해자와 합의하면 형사 처벌되지 않는다.

어린이 보호구역 내에서 주행 중 어린이를 다치게 한 경우 피해자의 처벌 의사에 관계없이 형사 처벌된다.

정답이 보이는 **핵심키워드** | 어린이 보호구역 40킬로미터 주행 중 상해 시 처벌 → ② 피해자 의사 관계없이 형사 처벌

**12** 어린이통학버스로 신고할 수 있는 자동차의 승차정원 기준으로 맞는 것은? (어린이 1명을 승차정원 1명으로 본다)

① 11인승 이상
② 16인승 이상
③ 17인승 이상
④ 9인승 이상

어린이통학버스로 신고할 수 있는 자동차는 승차정원 9인승 이상의 자동차로 한다.

정답이 보이는 **핵심키워드** | 어린이통학버스 승차정원 → ④ 9인승

**13** 승용차 운전자가 08:30경 어린이 보호구역에서 최고제한속도를 매시 25킬로미터 초과하여 위반한 경우 벌점으로 맞는 것은?

① 10점
② 15점
③ 30점
④ 60점

어린이 보호구역 안에서 오전 8시부터 오후 8시까지 사이에 속도위반을 한 운전자에 대해서는 벌점의 2배에 해당하는 벌점을 부과한다.

정답이 보이는 **핵심키워드** | 08:30 어린이 보호구역에서 25킬로미터 초과 시 벌점 → ③ 30점

**14** 승용차 운전자가 어린이나 영유아를 태우고 있다는 표시를 하고 도로를 통행하는 어린이통학버스를 앞지르기한 경우 몇 점의 벌점이 부과되는가?

① 10점
② 15점
③ 30점
④ 40점

승용차 운전자가 어린이나 영유아를 태우고 있다는 표시를 하고 도로를 통행하는 어린이통학버스를 앞지르기한 경우 30점의 벌점이 부과된다.

정답이 보이는 **핵심키워드** | 어린이 통학버스 앞지르기한 경우 벌점 → ③ 30점

**15** 승용차 운전자가 13:00경 어린이 보호구역에서 신호위반을 한 경우 범칙금은?

① 5만원
② 7만원
③ 12만원
④ 15만원

어린이 보호구역 안에서 오전 8시부터 오후 8시까지 사이에 신호위반을 한 승용차 운전자에 대해서는 12만원의 범칙금을 부과한다.

정답이 보이는 **핵심키워드** | 13:00 어린이 보호구역에서 신호위반 시 범칙금 → ③ 12만원

**★**
**16** 차의 운전자가 운전 중 '어린이를 충격한 경우'가 장 올바른 행동은?

① 이륜차운전자는 어린이에게 다쳤냐고 물어보았으나 아무 말도 하지 않아 안 다친 것으로 판단하여 계속 주행하였다.
② 승용차운전자는 바로 정차한 후 어린이를 육안으로 살펴본 후 다친 곳이 없다고 판단하여 계속 주행하였다.
③ 화물차운전자는 어린이가 넘어졌다 금방 일어나는 것을 본 후 안 다친 것으로 판단하여 계속 주행하였다.
④ 자전거운전자는 넘어진 어린이가 재빨리 일어나 뛰어가는 것을 본 후 경찰관서에 신고하고 현장에 대기하였다.

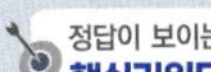
정답이 보이는 **핵심키워드** | 어린이 충격 → ④ 경찰 신고

**★★**
**17** 도로교통법상 어린이 및 영유아 연령기준으로 맞는 것은?

① 어린이는 13세 이하인 사람
② 영유아는 6세 미만인 사람
③ 어린이는 15세 미만인 사람
④ 영유아는 7세 미만인 사람

어린이는 13세 미만, 영유아는 6세 미만

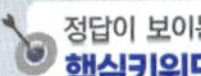
정답이 보이는 **핵심키워드** | 영유아 연령 → ② 영유아 6세

**★★**
**18** 골목길에서 갑자기 뛰어나오는 어린이를 자동차가 충격하였다. 어린이는 외견상 다친 곳이 없어 보였고, "괜찮다"고 말하고 있다. 이런 경우 운전자의 행동으로 맞는 것은?

① 반의사불벌죄에 해당하므로 운전자는 가던 길을 가면 된다.
② 어린이의 피해가 없어 교통사고가 아니므로 별도의 조치 없이 현장을 벗어난다.
③ 부모에게 연락하는 등 반드시 필요한 조치를 다한 후 현장을 벗어난다.
④ 어린이의 과실이므로 운전자는 어린이의 연락처만 확인하고 귀가한다.

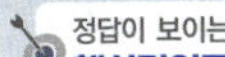
정답이 보이는 **핵심키워드** | 골목 어린이 충격 → ③ 부모에게 연락

**★★**
**19** 어린이통학버스 특별보호를 위한 운전자의 올바른 운행방법은?

① 편도 1차로인 도로에서는 반대방향에서 진행하는 차의 운전자도 어린이통학버스에 이르기 전에 일시 정지하여 안전을 확인한 후 서행하여야 한다.
② 어린이통학버스가 어린이가 하차하고자 점멸등을 표시할 때는 어린이 통학버스가 정차한 차로 외의 차로로 신속히 통행한다.
③ 중앙선이 설치되지 아니한 도로인 경우 반대방향에서 진행하는 차는 기존 속도로 진행한다.
④ 모든 차의 운전자는 어린이나 영유아를 태우고 있다는 표시를 한 경우라도 도로를 통행하는 어린이통학버스를 앞지를 수 있다.

**어린이통학버스의 특별보호**
㉠ 어린이통학버스가 정차한 차로와 그 차로의 바로 옆 차로로 통행하는 차의 운전자는 어린이통학버스에 이르기 전에 일시 정지하여 안전을 확인한 후 서행하여야 한다.
㉡ 중앙선이 설치되지 아니한 도로와 편도 1차로인 도로에서는 반대방향에서 진행하는 차의 운전자도 어린이통학버스에 이르기 전에 일시 정지하여 안전을 확인한 후 서행하여야 한다.
㉢ 모든 차의 운전자는 어린이통학버스를 앞지르지 못한다.

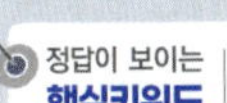
정답이 보이는 **핵심키워드** | 어린이 통학버스 특별보호를 위한 운전 → ① 편도 1차로에서 반대방향 운전자도 일시정지 후 서행

**★★**
**20** 어린이통학버스운전자가 영유아를 승차하는 방법으로 바른 것은?

① 영유아가 승차하고 있는 경우에는 점멸등 장치를 작동하여 안전을 확보해야 한다.
② 교통이 혼잡한 경우 점멸등을 잠시 끄고 영유아를 승차시킨다.
③ 보도나 길가장자리 구역 등 접근이 어려운 경우 영유아를 통학버스 앞으로 유도하여 승차시킨다.
④ 어린이보호구역에서는 좌석안전띠를 매지 않아도 된다.

어린이통학버스를 운전하는 사람은 어린이나 영유아가 타고 내리는 경우에만 점멸등 등의 장치를 작동하여야 한다.

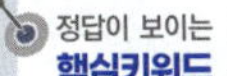
정답이 보이는 **핵심키워드** | 어린이 통학버스 영유아 승차 방법 → ① 승차 시 점멸등 작동

**★★ 21** 도로교통법령상 어린이보호구역에 대한 설명으로 바르지 않은 것은?

① 주차금지위반에 대한 범칙금은 노인보호구역과 같다.
② 어린이보호구역 내에는 서행표시를 설치할 수 있다.
③ 어린이보호구역 내에는 주정차가 금지된다.
④ 어린이를 다치게 한 교통사고가 발생하면 합의여부와 관계없이 형사처벌을 받는다.

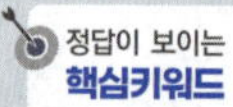
정답이 보이는 **핵심키워드** │ 어린이보호구역 잘못된 것 →
① 범칙금은 노인보호구역과 동일

**★ 22** 도로교통법상 영유아 및 어린이에 대한 규정 및 어린이통학버스 운전자의 의무에 대한 설명으로 올바른 것은?

① 어린이는 13세 이하의 사람을 의미하며, 어린이가 타고 내릴 때에는 반드시 안전을 확인한 후 출발한다.
② 출발하기 전 영유아를 제외한 모든 어린이가 좌석안전띠를 매도록 한 후 출발하여야 한다.
③ 어린이가 내릴 때에는 어린이가 요구하는 장소에 안전하게 내려준 후 출발하여야 한다.
④ 영유아는 6세 미만의 사람을 의미하며, 영유아가 타고 내리는 경우에도 점멸등 등의 장치를 작동해야 한다.

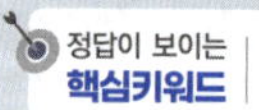
정답이 보이는 **핵심키워드** │ 영유아 및 어린이 규정 →
④ 타고 내릴 때 점멸등 작동

**★★ 23** 승용차 운전자가 어린이통학버스 특별보호 위반행위를 한 경우 범칙금액으로 맞는 것은?

① 13만원
② 9만원
③ 7만원
④ 5만원

승용차 운전자가 어린이통학버스 특별보호 위반행위를 한 경우 범칙금 9만원이다.

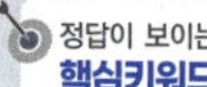
정답이 보이는 **핵심키워드** │ 어린이 통학버스 특별보호 위반 시 범칙금 →
② 9만원

**★★ 24** 도로교통법령상 어린이 보호구역 안에서 (　)~(　) 사이에 신호위반을 한 승용차 운전자에 대해 기존의 벌점을 2배로 부과한다. (　)에 순서대로 맞는 것은?

① 오전 6시, 오후 6시　　② 오전 7시, 오후 7시
③ 오전 8시, 오후 8시　　④ 오전 9시, 오후 9시

어린이 보호구역 안에서 오전 8시부터 오후 8시 사이에 위반행위를 한 운전자에 대하여 기존의 벌점의 2배에 해당하는 벌점을 부과한다.

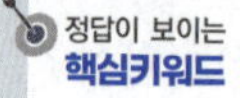
정답이 보이는 **핵심키워드** │ 어린이 보호구역 벌점 2배 시간 →
③ 오전 8시~오후 8시

**★★ 25** 도로교통법상 어린이 통학버스 안전교육 대상자의 교육시간 기준으로 맞는 것은?

① 1시간 이상　　② 3시간 이상
③ 5시간 이상　　④ 6시간 이상

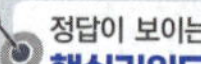
정답이 보이는 **핵심키워드** │ 통학버스 안전교육 시간 → ② 3시간

**★★ 26** 도로교통법령상 어린이나 영유아가 타고 내리게 하기 위한 어린이통학버스에 장착된 황색 및 적색표시등의 작동방법에 대한 설명으로 맞는 것은?

① 정차할 때는 적색표시등을 점멸 작동하여야 한다.
② 제동할 때는 적색표시등을 점멸 작동하여야 한다.
③ 도로에 정지하려는 때에는 황색표시등을 점멸 작동하여야 한다.
④ 주차할 때는 황색표시등과 적색표시등을 동시에 점멸 작동하여야 한다.

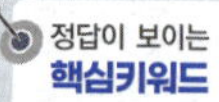
정답이 보이는 **핵심키워드** │ 통학버스에 장착된 황색 및 적색표시등 →
③ 정지 시 황색표시등 점멸

**★★ 27** 도로교통법상 어린이보호구역 지정 및 관리 주체는?

① 경찰서장　　　　② 시장 등
③ 시·도경찰청장　　④ 교육감

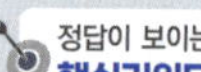
정답이 보이는 **핵심키워드** │ 어린이보호구역 지정 → ② 시장

**28** 도로교통법령상 어린이보호구역의 지정 대상의 근거가 되는 법률이 아닌 것은?

① 유아교육법
② 초·중등교육법
③ 학원의 설립·운영 및 과외교습에 관한 법률
④ 아동복지법

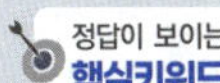
정답이 보이는 **핵심키워드** | 어린이보호구역 법률 아닌 것 → ④ 아동복지법

**29** 다음 중 어린이보호구역에 대한 설명이다. 옳지 않은 것은?

① 이곳에서의 교통사고는 교통사고처리특례법상 중과실에 해당될 수 있다.
② 자동차등의 통행속도를 시속 30킬로미터 이내로 제한할 수 있다.
③ 범칙금과 벌점은 일반도로의 3배이다.
④ 주·정차가 금지된다.

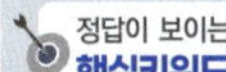
정답이 보이는 **핵심키워드** | 어린이보호구역 틀린 것 → ③ 범칙금 3배

**30** 도로교통법상 안전한 보행을 하고 있지 않은 어린이는?

① 보도와 차도가 구분된 도로에서 차도 가장자리를 걸어가고 있는 어린이
② 일방통행도로의 가장자리에서 차가 오는 방향을 바라보며 걸어가고 있는 어린이
③ 보도와 차도가 구분되지 않은 도로의 가장자리구역에서 차가 오는 방향을 마주보고 걸어가는 어린이
④ 보도 내에서 우측으로 걸어가고 있는 어린이

> 보행자는 보·차도가 구분된 도로에서는 언제나 보도로 통행하여야 한다. 보·차도가 구분되지 않은 도로에서는 차마와 마주보는 방향의 길가장자리 또는 길가장자리 구역으로 통행하여야 한다. 일방통행인 경우는 차마를 마주보지 않고 통행 할 수 있다. 보행자는 보도에서는 우측통행을 원칙으로 한다.

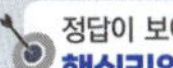
정답이 보이는 **핵심키워드** | 안전하지 않은 어린이 → ① 차도 가장자리

**31** 도로교통법상 어린이 보호에 대한 설명이다. 옳지 않은 것은?

① 횡단보도가 없는 도로에서 어린이가 횡단하고 있는 경우 서행하여야 한다.
② 안전지대에 어린이가 서 있는 경우 안전거리를 두고 서행하여야 한다.
③ 좁은 골목길에서 어린이가 걸어가고 있는 경우 안전한 거리를 두고 서행하여야 한다.
④ 횡단보도에 어린이가 통행하고 있는 경우 횡단보도 앞에 일시정지하여야 한다.

> 모든 차의 운전자는 보행자가 횡단보도를 통행하고 있을 때에는 횡단보도 앞에 일시 정지하여야 한다.

정답이 보이는 **핵심키워드** | 어린이 보호 틀린 것 → ① 어린이 횡단 시 서행

**32** 도로교통법상 어린이통학버스를 특별보호해야 하는 운전자 의무를 맞게 설명한 것은?

① 적색 점멸장치를 작동 중인 어린이통학버스가 정차한 차로의 바로 옆 차로로 통행하는 경우 일시정지하여야 한다.
② 도로를 통행 중인 모든 어린이통학버스를 앞지르기 할 수 없다.
③ 이 의무를 위반하면 운전면허 벌점 15점을 부과받는다.
④ 편도 1차로의 도로에서 적색 점멸장치를 작동 중인 어린이통학버스가 정차한 경우는 이 의무가 제외된다.

> ② 어린이통학버스가 정차한 차로와 그 차로의 바로 옆 차로로 통행하는 차의 운전자는 어린이통학버스에 이르기 전에 일시정지하여 안전을 확인한 후 서행하여야 한다.
> ③ 승용차 운전자가 어린이통학버스 특별보호 위반행위를 한 경우 범칙금 9만원이다.

정답이 보이는 **핵심키워드** | 어린이 버스 특별보호 →
① 적색 점멸 옆 차로 일시정지

**33** 도로교통법령상 어린이의 보호자가 과태료 부과 처분을 받는 경우에 해당하는 것은?

① 차도에서 어린이가 자전거를 타게 한 보호자
② 놀이터에서 어린이가 전동킥보드를 타게 한 보호자
③ 차도에서 어린이가 전동킥보드를 타게 한 보호자
④ 놀이터에서 어린이가 자전거를 타게 한 보호자

어린이의 보호자는 도로에서 어린이가 개인형 이동장치를 운전하게 하여서는 아니 된다.

정답이 보이는
**핵심키워드** | 보호자 과태료 처분 → ③ 차도에서 전동킥보드

**34** 어린이보호구역에서 어린이를 상해에 이르게 한 경우 특정범죄 가중처벌 등에 관한 법률에 따른 형사처벌 기준은?

① 1년 이상 15년 이하의 징역 또는 500만원 이상 3천만원 이하의 벌금
② 무기 또는 5년 이상의 징역
③ 2년 이하의 징역이나 500만원 이하의 벌금
④ 5년 이하의 징역이나 2천만원 이하의 벌금

정답이 보이는
**핵심키워드** | 어린이보호구역 가중처벌 기준 → ① 징역 15년

**35** 도로교통법령상 도로에서 13세 미만의 어린이가 (　)를 타는 경우에는 어린이의 안전을 위해 인명보호 장구를 착용하여야 한다. (　)에 해당되지 않는 것은?

① 킥보드
② 외발자전거
③ 인라인스케이트
④ 스케이트 보드

외발자전거는 자전거 이용 활성화에 관한 법률의 '자전거'에 해당하지 않아 안전모 착용의무는 없다.

정답이 보이는
**핵심키워드** | 어린이 인명보호장구 착용 대상 아닌 것 → ② 외발자전거

**36** 다음 중 어린이통학버스에 성년 보호자가 없을 때 '보호자 동승표지'를 부착한 경우의 처벌로 맞는 것은?

① 20만원 이하의 벌금이나 구류
② 30만원 이하의 벌금이나 구류
③ 40만원 이하의 벌금이나 구류
④ 50만원 이하의 벌금이나 구류

어린이통학버스 보호자를 태우지 아니하고 운행하는 어린이통학버스에 보호자 동승표지를 부착한 사람은 30만원 이하의 벌금이나 구류에 처한다.

정답이 보이는
**핵심키워드** | 보호자 동승표지 부착 처벌 → ② 30만원

**37** 다음 중 어린이통학버스 운영자의 의무를 설명한 것으로 틀린 것은?

① 어린이통학버스에 어린이를 태울 때에는 성년인 사람 중 보호자를 지정해야 한다.
② 어린이통학버스에 어린이를 태울 때에는 성년인 사람 중 보호자를 함께 태우고 어린이 보호 표지만 부착해야 한다.
③ 좌석안전띠 착용 및 보호자 동승 확인 기록을 작성·보관해야 한다.
④ 좌석안전띠 착용 및 보호자 동승 확인 기록을 매 분기 어린이통학버스를 운영하는 시설의 감독 기관에 제출해야 한다.

어린이통학버스 운영자는 보호자를 함께 태우고 운행하는 경우에는 행정안전부령으로 정하는 보호자 동승을 표시하는 표지를 부착할 수 있으며, 누구든지 보호자를 함께 태우지 아니하고 운행하는 경우에는 보호자 동승표지를 부착하여서는 아니 된다.

정답이 보이는
**핵심키워드** | 통학버스 운영자 의무 아닌 것 →
② 어린이 보호 표지만 부착

**38** 도로교통법상 자동차(이륜자동차 제외)에 영유아를 동승하는 경우 유아보호용 장구를 사용토록 한다. 다음 중 영유아에 해당하는 나이 기준은?

① 8세 이하　　② 8세 미만
③ 6세 미만　　④ 6세 이하

정답이 보이는
**핵심키워드** | 영유아 나이 → ③ 6세 미만

07　노인 안전운전

## 07　노인 안전운전

**1** 교통약자인 고령자의 일반적인 특징에 대한 설명으로 올바른 것은?

① 반사 신경이 둔하지만 경험에 의한 신속한 판단은 가능하다.
② 시력은 약화되지만 청력은 발달되어 작은 소리에도 민감하게 반응한다.
③ 돌발 사태에 대응능력은 미흡하지만 인지능력은 강화된다.
④ 신체상태가 노화될수록 행동이 원활하지 않다.

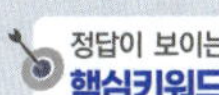
정답이 보이는
**핵심키워드** │ 고령자 특징 → ④ 행동이 원활하지 않다.

**2** 노인운전자의 안전운전과 가장 거리가 먼 것은?

① 운전하기 전 충분한 휴식
② 주기적인 건강상태 확인
③ 운전하기 전에 목적지 경로확인
④ 심야운전

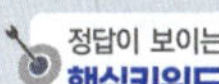
정답이 보이는
**핵심키워드** │ 노인 안전운전 아닌 것 → ④ 심야운전

**3** "노인 보호구역"에서 노인을 위해 시·도경찰청장이나 경찰서장이 할 수 있는 조치가 아닌 것은?

① 차마의 통행을 금지하거나 제한할 수 있다.
② 이면도로를 일방통행로로 지정·운영할 수 있다.
③ 차마의 운행속도를 시속 30킬로미터 이내로 제한할 수 있다.
④ 주출입문 연결도로에 노인을 위한 노상주차장을 설치할 수 있다.

시·도경찰청이나 경찰서장은 보호구역에서 구간별·시간대별로 다음의 조치를 할 수 있다.
- 차마의 통행을 금지 또는 제한
- 차마의 정차·주차 금지
- 운행속도를 시속 30킬로미터 이내로 제한
- 이면도로를 일방통행로로 지정·운영

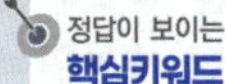
정답이 보이는
**핵심키워드** │ 노인 보호구역에서 노인을 위한 조치 아닌 것 → ④ 주출입문에 노상주차장 설치

**4** 시장 등이 노인 보호구역으로 지정할 수 있는 곳이 아닌 곳은?

① 고등학교
② 노인복지시설
③ 도시공원
④ 생활체육시설

노인복지시설, 자연공원, 도시공원, 생활체육시설, 노인이 자주 왕래하는 곳은 시장 등이 노인 보호구역으로 지정할 수 있는 곳이다.

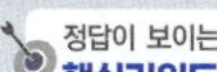
정답이 보이는
**핵심키워드** │ 노인 보호구역이 아닌 곳 → ① 고등학교

**5** 다음 중 노인보호구역을 지정할 수 없는 자는?

① 특별시장
② 광역시장
③ 특별자치도지사
④ 시·도경찰청장

노인복지시설등을 설립·운영하는 자 : 특별시장·광역시장·특별자치도지사 또는 시장·군수

정답이 보이는
**핵심키워드** │ 노인 보호구역 지정할 수 없는 자 → ④ 시·도경찰청장

**6** 도로교통법상 노인보호구역에서 통행을 금지할 수 있는 대상으로 바른 것은?

① 개인형 이동장치, 노면전차
② 트럭적재식 천공기, 어린이용 킥보드
③ 원동기장치자전거, 보행보조용 의자차
④ 노상안정기, 노약자용보행기

정답이 보이는
**핵심키워드** │ 노인보호구역 통행 금지 → ① 개인형 이동장치

**7** 도로교통법상 노인보호구역에서 오전 10시경 발생한 법규위반에 대한 설명으로 맞는 것은?

① 덤프트럭 운전자가 신호위반을 하는 경우 범칙금은 13만원이다.
② 승용차 운전자가 노인보행자의 통행을 방해하면 범칙금은 7만원이다.
③ 자전거 운전자가 횡단보도에서 횡단하는 노인보행자의 횡단을 방해하면 범칙금은 5만원이다.
④ 경운기 운전자가 보행자보호를 불이행하는 경우 범칙금은 3만원이다.

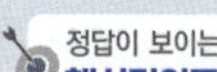
정답이 보이는
**핵심키워드** │ 노인보호구역 오전 10시 → ① 덤프트럭 13만원

**8** 도로교통법상 시장등이 노인보호구역에서 할 수 있는 조치로 옳은 것은?

① 차마와 노면전차의 통행을 제한하거나 금지할 수 있다.
② 대형승합차의 통행을 금지할 수 있지만 노면전차는 제한할 수 없다.
③ 이륜차의 통행은 금지할 수 있으나 자전거는 제한할 수 없다.
④ 건설기계는 통행을 금지할 수는 없지만 제한할 수 있다.

> 정답이 보이는
> **핵심키워드** | 노인보호구역 시장 조치 → ① 통행 제한

**9** 노인보호구역에서 노인의 옆을 지나갈 때 운전자의 운전방법 중 맞는 것은?

① 주행 속도를 유지하여 신속히 통과한다.
② 노인과의 간격을 충분히 확보하며 서행으로 통과한다.
③ 경음기를 울리며 신속히 통과한다.
④ 전조등을 점멸하며 통과한다.

> 노인과의 간격을 충분히 확보하며 서행으로 통과한다.

> 정답이 보이는
> **핵심키워드** | 노인 보호구역 노인 옆 운전 → ② 서행 통과

**10** 야간에 노인보호구역을 통과할 때 운전자가 주의해야할 사항으로 아닌 것은?

① 증발현상이 발생할 수 있으므로 주의한다.
② 야간에는 노인이 없으므로 속도를 높여 통과한다.
③ 무단 횡단하는 노인에 주의하며 통과한다.
④ 검은색 옷을 입은 노인은 잘 보이지 않으므로 유의한다.

> 야간에도 노인의 통행이 있을 수 있으므로 서행하며 통과한다.

> 정답이 보이는
> **핵심키워드** | 노인 보호구역 야간 주의사항 아닌 것 → ② 속도 높여 통과

**11** 노인보호구역 내의 신호등이 있는 횡단보도에 접근하고 있을 때 운전방법으로 바르지 않은 것은?

① 보행신호가 적색으로 바뀐 후에도 노인이 보행하는 경우 대기하고 있다가 횡단을 마친 후 주행한다.
② 신호의 변경을 예상하여 예비 출발할 수 있도록 한다.
③ 안전하게 정지할 속도로 서행하고 정지신호에 맞춰 정지하여야 한다.
④ 노인의 경우 보행속도가 느리다는 것을 감안하여 주의하여야 한다.

> 정답이 보이는
> **핵심키워드** | 노인보호구역 잘못된 운전 → ② 신호 변경 예상하여 출발

**12** 노인보호구역 내 신호등 있는 횡단보도 통행방법 및 법규위반에 대한 설명으로 틀린 것은?

① 자동차 운전자는 신호가 바뀌면 즉시 출발하지 말고 주변을 살피고 천천히 출발한다.
② 승용차 운전자가 오전 8시부터 오후 8시 사이에 신호를 위반하고 통과하는 경우 범칙금은 12만원이 부과된다.
③ 자전거 운전자도 아직 횡단하지 못한 노인이 있는 경우 노인이 안전하게 건널 수 있도록 기다린다.
④ 이륜차 운전자가 오전 8시부터 오후 8시 사이에 횡단보도 보행자 횡단을 방해하면 범칙금 9만원이 부과된다.

> 정답이 보이는
> **핵심키워드** | 노인보호구역 통행 틀린 것 → ④ 이륜차 8시 9만원

**13** 노인보호구역에 대한 설명으로 잘못된 것은?

① 노인보호구역을 통과할 때는 위험상황 발생을 대비해 주의하면서 주행해야 한다.
② 노인보호표지란 노인보호구역 안에서 노인의 보호를 지시하는 것을 말한다.
③ 노인보호표지는 노인보호구역의 도로 중앙에 설치한다.
④ 승용차 운전자가 노인보호구역에서 오전 10시에 횡단보도 보행자의 횡단을 방해하면 범칙금 12만원이 부과된다.

> 정답이 보이는
> **핵심키워드** | 노인보호구역 틀린 것 → ③ 노인보호표지 도로 중앙에 설치

**★★**
**14** 노인보호구역에서 노인의 안전을 위하여 설치할 수 있는 도로시설물과 가장 거리가 먼 것은?

① 미끄럼방지시설, 방호울타리
② 과속방지시설, 미끄럼방지시설
③ 가속차로, 보호구역 도로표지
④ 방호울타리, 도로반사경

> 정답이 보이는
> **핵심키워드** │ 노인 보호구역 시설물 아닌 것 → ③ 가속차로

**★★**
**15** 노인보호구역에 대한 설명이다. 틀린 것은?

① 오전 8시부터 오후 8시까지 제한속도를 위반한 경우 범칙금액이 가중된다.
② 보행신호의 시간이 더 길다.
③ 노상주차장 설치를 할 수 없다.
④ 노인들이 잘 보일 수 있도록 규정보다 신호등을 크게 설치할 수 있다.

신호등은 규정보다 신호등을 크게 설치할 수 없다.

> 정답이 보이는
> **핵심키워드** │ 노인보호구역 틀린 것 →
> ④ 규정보다 신호등을 크게 설치

**★★**
**16** 노인보호구역으로 지정된 경우 할 수 있는 조치사항이다. 바르지 않은 것은?

① 노인보호구역의 경우 시속 30킬로미터 이내로 제한할 수 있다.
② 보행신호의 신호시간이 일반 보행신호기와 같기 때문에 주의표지를 설치할 수 있다.
③ 과속방지턱 등 교통안전시설을 보강하여 설치할 수 있다.
④ 보호구역으로 지정한 시설의 주출입문과 가장 가까운 거리에 위치한 간선도로의 횡단보도에는 신호기를 우선적으로 설치·관리해야 한다.

노인보호구역에 설치되는 보행 신호등의 녹색신호시간은 어린이, 노인 또는 장애인의 평균 보행속도를 기준으로 하여 설정되고 있다.

> 정답이 보이는
> **핵심키워드** │ 노인보호구역 잘못된 조치 →
> ② 보행 신호시간이 일반 보행신호기와 같다

**★★**
**17** 승용차 운전자가 오전 11시경 노인보호구역에서 제한속도를 25km/h 초과한 경우 벌점은?

① 60점　　　　② 40점
③ 30점　　　　④ 15점

노인보호구역에서 오전 8시부터 오후 8시까지 제한속도를 위반한 경우 벌점은 2배 부과한다.

> 정답이 보이는
> **핵심키워드** │ 오전 11시 노인보호구역 제한속도 25킬로미터 초과 시 벌점 → ③ 30점

**★★**
**18** 오전 8시부터 오후 8시까지 사이에 노인보호구역에서 교통법규 위반 시 범칙금이 가중되는 행위가 아닌 것은?

① 신호위반
② 주차금지위반
③ 횡단보도 보행자 횡단방해
④ 중앙선침범

노인보호구역에서의 범칙행위에 중앙선침범은 없다.

> 정답이 보이는
> **핵심키워드** │ 오전 8시~ 오후 8시 노인보호구역에서 범칙금 가중행위 아닌 것 → ④ 중앙선 침범

**★★**
**19** 도로교통법상 4.5톤 화물자동차가 오전 10시부터 11시까지 노인보호구역에서 주차위반을 한 경우 과태료는?

① 4만원　　　　② 5만원
③ 9만원　　　　④ 10만원

규정을 위반하여 정차 또는 주차를 한 차의 고용주 등은 승합자동차 등은 2시간 이내일 경우 과태료 9만원이다.

> 정답이 보이는
> **핵심키워드** │ 4.5톤 화물차 주차위반 과태료 → ③ 9만원

**★★**
**20** 다음은 도로교통법상 노인보호구역에 대한 설명이다. 옳지 않은 것은?

① 노인보호구역의 지정·해제 및 관리권은 시장등에게 있다.
② 노인을 보호하기 위하여 일정 구간을 노인보호구역으로 지정할 수 있다.
③ 노인보호구역 내에서 차마의 통행을 제한할 수 있다.

④ 노인보호구역 내에서 차마의 통행을 금지할 수 없다.

노인보호구역 내에서는 차마의 통행을 금지하거나 제한할 수 있다.



## ★★
**21** 다음 중 도로교통법을 준수하고 있는 보행자는?

① 횡단보도가 없는 도로를 가장 짧은 거리로 횡단하였다.
② 통행차량이 없어 횡단보도로 통행하지 않고 도로를 가로질러 횡단하였다.
③ 정차하고 있는 화물차 바로 뒤쪽으로 도로를 횡단하였다.
④ 보도에서 좌측으로 통행하였다.

①, ② 횡단보도가 설치되어 있지 않은 도로에서는 가장 짧은 거리로 횡단하여야 한다.
③ 보행자는 모든 차의 앞이나 뒤로 횡단하여서는 안 된다.
④ 보행자는 보도에서는 우측통행을 원칙으로 한다.



## ★★
**22** 도로교통법상 노인운전자가 다음과 같은 운전행위를 하는 경우 벌점기준이 가장 높은 위반행위는?

① 횡단보도 내에 정차하여 보행자 통행을 방해하였다.
② 보행자를 뒤늦게 발견 급제동하여 보행자가 넘어질 뻔하였다.
③ 무단 횡단하는 보행자를 발견하고 경음기를 울리며 보행자 앞으로 재빨리 통과하였다.
④ 황색실선의 중앙선을 넘어 앞지르기하였다.

① 범칙금 6만원 벌점 10점
② 범칙금 6만원 벌점 10점
③ 범칙금 4만원 벌점 10점
④ 범칙금 6만원 벌점 30점



## ★
**23** 다음 중 교통약자의 이동편의 증진법상 교통약자에 해당되지 않은 사람은?

① 어린이　　　　　② 고령자
③ 청소년　　　　　④ 임산부

교통약자란 장애인, 노인(고령자), 임산부, 영유아를 동반한 사람, 어린이 등 일상생활에서 이동에 불편을 느끼는 사람을 말한다.



## ★
**24** 노인의 일반적인 신체적 특성에 대한 설명으로 적당하지 않은 것은?

① 행동이 느려진다.
② 시력은 저하되나 청력은 향상된다.
③ 반사 신경이 둔화된다.
④ 근력이 약화된다.



## ★
**25** 다음 중 가장 바람직한 운전을 하고 있는 노인운전자는?

① 장거리를 이동할 때는 안전을 위하여 서행 운전한다.
② 시간 절약을 위해 목적지까지 쉬지 않고 운행한다.
③ 도로 상황을 주시하면서 규정 속도를 준수하고 운행한다.
④ 통행차량이 적은 야간에 주로 운전을 한다.



## ★★
**26** 승용자동차 운전자가 노인보호구역에서 전방주시태만으로 노인에게 3주간의 상해를 입힌 경우 형사처벌에 대한 설명으로 틀린 것은?

① 종합보험에 가입되어 있으면 형사처벌되지 않는다.
② 노인보호구역을 알리는 안전표지가 있는 경우 형사처벌된다.
③ 피해자가 처벌을 원하지 않으면 형사처벌되지 않는다.
④ 합의하면 형사처벌되지 않는다.

**★★**
**27** 도로교통법령상 고령운전자 표지에 대한 설명으로 맞는 것은?

① 고령운전자 표지란 운전면허를 받은 65세 이상인 사람이 운전하는 차임을 나타내는 표지이다.

② 바탕은 청색, 글씨는 노란색으로 한다.

③ 앞면은 탈부착이 가능하도록 고무자석으로 제작하고, 뒷면은 반사지로 제작한다.

④ 차의 앞면 중 안전운전에 지장을 주지 않고, 시인성을 확보할 수 있는 장소에 부착한다.

> ② 바탕은 하늘색, 글씨는 흰색으로 한다.
> ③ 앞면은 반사지로 제작하고, 뒷면은 탈부착이 가능하도록 고무자석으로 제작한다.
> ④ 차의 뒷면 중 안전운전에 지장을 주지 않고, 시인성을 확보할 수 있는 장소에 부착한다.

> 정답이 보이는
> **핵심키워드** | 고령운전자 표지 → ① 65세

**★★**
**28** 승용자동차 운전자가 노인보호구역에서 15:00경 규정속도 보다 시속 60킬로미터를 초과하여 운전한 경우 범칙금과 벌점은(가산금은 제외)?

① 6만원, 60점        ② 9만원, 60점
③ 12만원, 120점      ④ 15만원, 120점

> 정답이 보이는
> **핵심키워드** | 노인보호구역 15:00 60킬로 초과 →
> ④ 15만원, 120점

## 08 보행자

**★★**
**1** 도로교통법상 운전자의 보행자 보호에 대한 설명으로 옳지 않은 것은?

① 운전자가 보행자우선도로에서 서행·일시정지하지 않아 보행자통행을 방해한 경우에는 범칙금이 부과된다.

② 도로 외의 곳을 운전하는 운전자에게도 보행자 보호 의무가 부여된다.

③ 운전자는 보행자가 횡단보도를 통행하려고 하는 때에는 그 횡단보도 앞에서 일시정지 하여야 한다.

④ 운전자는 어린보호구역 내 신호기가 없는 횡단보도 앞에서는 반드시 서행하여야 한다.

> 정답이 보이는
> **핵심키워드** | 보행자 보호 틀린 것 →
> ④ 어린보호구역 신호기 없는 횡단보도 서행

**★★**
**2** 다음 중 보행자의 통행방법으로 잘못된 것은?

① 보도에서는 좌측통행을 원칙으로 한다.

② 보행자우선도로에서는 도로의 전 부분을 통행할 수 있다.

③ 보도와 차도가 구분된 도로에서는 언제나 보도로 통행하여야 한다.

④ 보도와 차도가 구분되지 않은 도로 중 중앙선이 있는 도로에서는 길가장자리구역으로 통행하여야 한다.

> 보행자는 보도에서 우측통행을 원칙으로 한다.

> 정답이 보이는
> **핵심키워드** | 보행자 잘못된 통행 → ① 보도에서 좌측통행

**★★**
**3** 도로교통법상 보행자의 보호 등에 관한 설명으로 맞지 않은 것은?

① 도로에 설치된 안전지대에 보행자가 있는 경우와 차로가 설치되지 아니한 좁은 도로에서 보행자의 옆을 지나는 경우에는 안전한 거리를 두고 서행하여야 한다.

② 보행자가 횡단보도가 설치되어 있지 아니한 도로를 횡단하고 있을 때에는 안전거리를 두고 일시정지하여 보행자가 안전하게 횡단할 수 있도록 하여야 한다.

③ 보도와 차도가 구분되지 아니한 도로 중 중앙선이 없는 도로에서 보행자의 통행에 방해가 될 때에는 서행하거나 일시정지하여 보행자가 안전하게 통행할 수 있도록 하여야 한다.

④ 어린이 보호구역 내에 설치된 횡단보도 중 신호기가 설치되지 아니한 횡단보도 앞(정지선이 설치된 경우에는 그 정지선을 말한다)에서는 보행자의 횡단 여부와 관계없이 서행하여야 한다.

> 정답이 보이는
> **핵심키워드** | 보행자 보호 틀린 것 →
> ④ 어린이 보호구역 횡단보도 앞 서행

**4** 보행자의 보도통행 원칙으로 맞는 것은?

① 보도 내 우측통행
② 보도 내 좌측통행
③ 보도 내 중앙통행
④ 보도 내에서는 어느 곳이든

보행자는 보도 내에서는 우측통행이 원칙이다.

정답이 보이는
**핵심키워드** │ 보행자 보도통행 원칙 → ① 우측통행


**5** 보행자의 보호의무에 대한 설명으로 맞는 것은?

① 무단 횡단하는 술 취한 보행자를 보호할 필요 없다.
② 신호등이 있는 도로에서는 횡단 중인 보행자는 통행을 방해하여도 무방하다.
③ 보행자 신호기에 녹색 신호가 점멸하고 있는 경우 차량이 진행해도 된다.
④ 신호등이 있는 교차로에서 우회전할 경우 신호에 따르는 보행자를 방해해서는 아니 된다.

무단 횡단하는 술 취한 보행자도 보호의 대상이며, 보행자 신호기의 녹색신호 점멸에도 주의해야 하며 신호등이 있는 교차로에서 우회전할 경우 신호에 따르는 보행자를 방해해서는 아니된다.

정답이 보이는
**핵심키워드** │ 보행자 보호의무 → ④ 신호등 있는 교차로에서 우회전 시 보행자 방해 금지


**6** 도로의 중앙을 통행할 수 있는 사람 또는 행렬로 맞는 것은?

① 사회적으로 중요한 행사에 따라 시가행진하는 행렬
② 말, 소 등의 큰 동물을 몰고 가는 사람
③ 도로의 청소 또는 보수 등 도로에서 작업 중인 사람
④ 기 또는 현수막 등을 휴대한 장의 행렬

큰 동물을 몰고 가는 사람, 도로에서 작업 중인 사람, 기 또는 현수막 등을 휴대한 장의 행렬은 차도의 우측으로 통행하여야 한다.

정답이 보이는
**핵심키워드** │ 도로 중앙 통행 → ① 중요한 시가행진


**7** 보행자의 통행에 관한 설명으로 맞는 것은?

① 보행자는 도로 횡단 시 차의 바로 앞이나 뒤로 신속히 횡단하여야 한다.
② 지체 장애인은 도로 횡단시설이 있는 도로에서 반드시 그곳으로 횡단하여야 한다.
③ 보행자는 안전표지 등에 의하여 횡단이 금지된 도로에서는 신속하게 도로를 횡단하여야 한다.
④ 보행자는 횡단보도가 설치되어 있지 아니한 도로에서는 가장 짧은 거리로 횡단하여야 한다.

보행자는 보도와 차도가 구분된 도로에서는 반드시 보도로 통행하여야 한다. 지체장애인은 도로 횡단 시설을 이용하지 아니하고 횡단할 수 있다.

정답이 보이는
**핵심키워드** │ 보행자 통행 → ④ 횡단보도 없는 도로의 경우 가장 짧은 거리로 횡단


**8** 보행자에 대한 운전자의 바람직한 태도는?

① 도로를 무단 횡단하는 보행자는 보호받을 수 없다.
② 자동차 옆을 지나는 보행자에게 신경 쓰지 않아도 된다.
③ 보행자가 자동차를 피해야 한다.
④ 운전자는 보행자를 우선으로 보호해야 한다.

모든 차의 운전자는 보행자가 횡단보도가 설치되어 있지 아니한 도로를 횡단하고 있을 때에는 안전거리를 두고 일시정지하여 보행자가 안전하게 횡단할 수 있도록 하여야 한다.

정답이 보이는
**핵심키워드** │ 운전자 태도 → ④ 보행자 우선 보호


**9** 도로교통법상 보행자가 도로를 횡단할 수 있게 안전표지로 표시한 도로의 부분을 무엇이라 하는가?

① 보도
② 길 가장자리구역
③ 횡단보도
④ 보행자 전용도로

횡단보도란 보행자가 도로를 횡단할 수 있도록 안전표지로 표시한 도로의 부분을 말한다.

정답이 보이는
**핵심키워드** │ 보행자 도로 횡단 위해 안전표지로 표시 → ③ 횡단보도

## 10 다음 중 보행자에 대한 운전자 조치로 잘못된 것은?

① 어린이보호 표지가 있는 곳에서는 이린이가 뛰어 나오는 일이 있으므로 주의해야 한다.
② 보도를 횡단하기 직전에 서행하여 보행자를 보호해야 한다.
③ 무단 횡단하는 보행자도 일단 보호해야 한다.
④ 어린이가 보호자 없이 도로를 횡단 중일 때에는 일시 정지해야 한다.

보도를 횡단하기 직전에 일시 정지하여 좌측 및 우측 부분 등을 살핀 후 보행자의 통행을 방해하지 않도록 횡단하여야 한다.

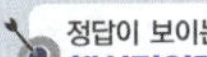

정답이 보이는 **핵심키워드** | 운전자의 잘못된 조치 → ② 보도 횡단 서행

## 11 도로교통법상 승용자동차의 운전자가 보도를 횡단하는 방법을 위반한 경우 범칙금은?

① 3만원　　　　② 4만원
③ 5만원　　　　④ 6만원

보도횡단방법을 위반한 경우 교통사고처리 특례법 11개 항목에 포함되며, 6만원의 범칙금 처분을 받는다.

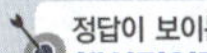

정답이 보이는 **핵심키워드** | 승용차 보도 횡단 위반 시 범칙금 → ④ 6만원

## 12 보행자의 도로 횡단방법에 대한 설명으로 잘못된 것은?

① 보행자는 횡단보도가 없는 도로에서 가장 짧은 거리로 횡단해야 한다.
② 보행자는 모든 차의 바로 앞이나 뒤로 횡단하면 안 된다.
③ 무단횡단 방지를 위한 차선분리대가 설치된 곳이라도 넘어서 횡단할 수 있다.
④ 도로공사 등으로 보도의 통행이 금지된 때 차도로 통행할 수 있다.

③ 무단횡단 방지를 위한 차선분리대가 설치된 곳을 넘어서 횡단할 수 없다.

정답이 보이는 **핵심키워드** | 보행자의 잘못된 도로 횡단 → ③ 차선분리대 설치된 곳 횡단

## 13 앞을 보지 못하는 사람에 준하는 범위에 해당하지 않는 사람은?

① 어린이 또는 영·유아
② 의족 등을 사용하지 아니하고는 보행을 할 수 없는 사람
③ 신체의 평형기능에 장애가 있는 사람
④ 듣지 못하는 사람

앞을 보지 못하는 사람에 준하는 사람 : 듣지 못하는 사람, 신체의 평형기능에 장애가 있는 사람, 의족 등을 사용하지 아니하고는 보행을 할 수 없는 사람

정답이 보이는 **핵심키워드** | 앞을 보지 못하는 사람의 범위 아닌 것 → ① 어린이 또는 영유아

## 14 다음 중 차도를 통행할 수 있는 사람 또는 행렬이 아닌 경우는?

① 도로에서 청소나 보수 등의 작업을 하고 있을 때
② 말·소 등의 큰 동물을 몰고 갈 때
③ 유모차를 끌고 가는 사람
④ 장의(葬儀) 행렬일 때

**차도를 통행할 수 있는 사람 또는 행렬**
• 말·소 등의 큰 동물을 몰고 가는 사람
• 사다리, 목재, 그 밖에 보행자의 통행에 지장을 줄 우려가 있는 물건을 운반 중인 사람
• 도로에서 청소나 보수 등의 작업을 하고 있는 사람
• 군부대나 그 밖에 이에 준하는 단체의 행렬
• 기(旗) 또는 현수막 등을 휴대한 행렬
• 장의(葬儀) 행렬

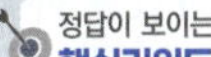

정답이 보이는 **핵심키워드** | 차도 통행 불가능한 사람 → ③ 유모차

**15** 도로교통법령상 원칙적으로 차도의 통행이 허용되지 않는 사람은?

① 보행보조용 의자차를 타고 가는 사람
② 사회적으로 중요한 행사에 따라 시가를 행진하는 사람
③ 도로에서 청소나 보수 등의 작업을 하고 있는 사람
④ 사다리 등 보행자의 통행에 지장을 줄 우려가 있는 물건을 운반 중인 사람



**16** 다음 중 도로교통법상 보도를 통행하는 보행자에 대한 설명으로 맞는 것은?

① 125시시 미만의 이륜차를 타고 보도를 통행하는 사람은 보행자로 볼 수 있다.
② 자전거를 타고 가는 사람은 보행자로 볼 수 있다.
③ 보행보조용 의자차를 타고 가는 사람은 보행자로 볼 수 있다.
④ 49시시 원동기장치자전거를 타고 가는 사람은 보행자로 볼 수 있다.



**17** 다음 중 앞을 보지 못하는 사람이 장애인 보조견을 동반하고 도로를 횡단하는 모습을 발견하였을 때의 올바른 운전 방법은?

① 주·정차 금지 장소인 경우 그대로 진행한다.
② 일시 정지한다.
③ 즉시 정차하여 앞을 보지 못하는 사람이 되돌아가도록 안내한다.
④ 경음기를 울리며 보호한다.

앞을 보지 못하는 사람이 흰색 지팡이를 가지거나 장애인 보조견을 동반하는 등의 조치를 하고 도로를 횡단하고 있는 경우에는 일시 정지해야 한다.



**18** 도로교통법상 모든 차의 운전자는 어린이보호구역 내에 설치된 횡단보도 중 신호기가 설치되지 아니한 횡단보도 앞에서는 보행자의 횡단여부와 관계없이 (　) 하여야 한다. (　)안에 맞는 것은?

① 서행
② 일시정지
③ 서행 또는 일시정지
④ 감속주행



**19** 도로를 횡단하는 보행자 보호에 관한 설명이다. 맞는 것은?

① 교차로 이외의 도로에서는 보행자 보호 의무가 없다.
② 신호를 위반하는 무단횡단 보행자는 보호할 의무가 없다.
③ 무단횡단 보행자도 보호하여야 한다.
④ 일방통행 도로에서는 무단횡단 보행자를 보호할 의무가 없다.

모든 차의 운전자는 무단횡단 보행자도 보호하여야 한다.



**20** 다음 중 보행등의 녹색등화가 점멸할 때 보행자의 가장 올바른 통행 방법은?

① 횡단보도에 진입하지 않은 보행자는 다음 신호 때까지 기다렸다가 보행등의 녹색등화 때 통행하여야 한다.
② 횡단보도 중간에 그냥 서 있는다.
③ 다음 신호를 기다리지 않고 횡단보도를 건넌다.
④ 적색등화로 바뀌기 전에는 언제나 횡단을 시작할 수 있다.

녹색등화의 점멸 시 보행자는 횡단을 시작하여서는 안 되고, 횡단하고 있는 보행자는 신속하게 횡단을 완료하거나 그 횡단을 중지하고 보도로 되돌아와야 한다.

**21** 운전자의 보행자 보호에 대한 설명으로 옳지 않은 것은?

① 운전자는 보행자가 횡단보도를 통행하려고 하는 때에는 그 횡단보도 앞에서 일시정지하여야 한다.

② 운전자는 차로가 설치되지 아니한 좁은 도로에서 보행자의 옆을 지나는 경우 안전한 거리를 두고 서행하여야 한다.

③ 운전자는 어린이 보호구역 내에 신호기가 설치되지 않은 횡단보도 앞에서는 보행자의 횡단이 없을 경우 일시정지하지 않아도 된다.

④ 운전자는 교통정리를 하고 있지 아니하는 교차로를 횡단하는 보행자의 통행을 방해하여서는 아니 된다.

> 정답이 보이는
> **핵심키워드** | 보행자 보호 틀린 것 →
> ③ 일시정지하지 않아도 된다.

---

## 09  주·정차

**1** 도로교통법상 경사진 곳에서의 정차 및 주차 방법과 그 기준에 대한 설명으로 올바른 것은?

① 경사의 내리막 방향으로 바퀴에 고임목, 고임돌 등 자동차의 미끄럼 사고를 방지할 수 있는 것을 설치해야 하며 비탈진 내리막길은 주차금지 장소이다.

② 조향장치를 자동차에서 멀리 있는 쪽 도로의 가장자리 방향으로 돌려놓아야 하며 경사진 장소는 정차금지 장소이다.

③ 운전자가 운전석에 대기하고 있는 경우에는 조향장치를 도로 쪽으로 돌려놓아야 하며 고장이 나서 부득이 정지하고 있는 것은 주차에 해당하지 않는다.

④ 도로 외의 경사진 곳에서 정차하는 경우에는 조향장치를 자동차에서 가까운 쪽 도로의 가장자리 방향으로 돌려놓아야 하며 정차는 5분을 초과하지 않는 주차 외의 정지 상태를 말한다.

> 정답이 보이는
> **핵심키워드** | 경사진 곳 정차 방법 → ④ 조향장치 가까운 쪽

**2** 자동차에서 하차할 때 문을 여는 방법인 '더치 리치(Dutch Reach)'에 대한 설명으로 맞는 것은?

① 자동차 하차 시 창문에서 먼 쪽 손으로 손잡이를 잡아 뒤를 확인한 후 문을 연다.

② 자동차 하차 시 창문에서 가까운 쪽 손으로 손잡이를 잡아 앞을 확인한 후 문을 연다.

③ 개문발차사고를 예방한다.

④ 영국에서 처음 시작된 교통안전 캠페인이다.

> 더치 리치는 자동차 하차 시 창문에서 먼 쪽 손으로 손잡이를 잡은 채 문을 열어 후방에서 차 옆으로 접근하는 자전거나 오토바이를 살피며 문을 여는 방법이다.

> 정답이 보이는
> **핵심키워드** | 더치 리치 → ① 창문에서 먼 쪽 손

**3** 장애인전용주차구역에 물건 등을 쌓거나 그 통행로를 가로막는 등 주차를 방해하는 행위를 한 경우 과태료 부과 금액으로 맞는 것은?

① 4만원　　　　② 20만원
③ 50만원　　　　④ 100만원

> 정답이 보이는
> **핵심키워드** | 장애인주차구역에서 주차 방해 → ③ 50만원

**4** 장애인전용주차구역에 대한 설명이다. 잘못된 것은?

① 장애인전용주차구역 주차표지가 붙어 있는 자동차에 장애가 있는 사람이 탑승하지 않아도 주차가 가능하다.

② 장애인전용주차구역 주차표지를 발급받은 자가 그 표지를 양도·대여하는 등 부당한 목적으로 사용한 경우 표지를 회수하거나 재발급을 제한할 수 있다.

③ 장애인전용주차구역에 물건을 쌓거나 통행로를 막는 등 주차를 방해하는 행위를 하여서는 안 된다.

④ 장애인전용주차구역 주차표지를 붙이지 않은 자동차를 장애인전용주차구역에 주차한 경우 10만원의 과태료가 부과된다.

> 정답이 보이는
> **핵심키워드** | 장애인주차구역 아닌 것 →
> ① 장애자 탑승하지 않아도 주차 가능

**5** 전기자동차 또는 외부충전식 하이브리드자동차는 급속충전시설의 충전구역에서 얼마나 주차할 수 있는가?

① 1시간
② 2시간
③ 3시간
④ 4시간

정답이 보이는 **핵심키워드** | 전기자동차 급속충전시설 주차 → ① 1시간

**6** 영상기록매체에 의해 입증되는 주차위반에 대한 과태료의 설명으로 알맞은 것은?

① 승용차의 소유자는 3만 원의 과태료를 내야 한다.
② 승합차의 소유자는 7만 원의 과태료를 내야 한다.
③ 기간 내에 과태료를 내지 않아도 불이익은 없다.
④ 같은 장소에서 2시간 이상 주차 위반을 하는 경우 과태료가 가중된다.

주차금지 위반시 승용차-4만원, 승합차-5만원 부과
2시간 이상 위반 시-1만원 추가, 미납시 가산금 및 중가산금이 부과

정답이 보이는 **핵심키워드** | 주차 위반 조치 →
④ 같은 장소 2시간 이상 위반 시 과태료 가중

## 10 교차로, 서행, 일시정지

**1** 올바른 교차로 통행 방법으로 맞는 것은?

① 신호등이 적색 점멸인 경우 서행한다.
② 신호등이 황색 점멸인 경우 빠르게 통행한다.
③ 교차로에서는 앞지르기를 하지 않는다.
④ 교차로 접근 시 전조등을 항상 상향으로 켜고 진행한다.

교차로에서는 황색 점멸인 경우 서행, 적색점멸인 경우 일시정지 한다. 교차로 접근 시 전조등을 상향으로 켜는 것은 상대방의 안전운전에 위험이 된다.

정답이 보이는 **핵심키워드** | 교차로 통행 → ③ 앞지르기 금지

**2** 교차로에서 좌회전 시 가장 적절한 통행 방법은?

① 중앙선을 따라 서행하면서 교차로 중심 안쪽으로 좌회전한다.
② 중앙선을 따라 빠르게 진행하면서 교차로 중심 안쪽으로 좌회전한다.
③ 중앙선을 따라 빠르게 진행하면서 교차로 중심 바깥쪽으로 좌회전한다.
④ 중앙선을 따라 서행하면서 운전자가 편리한 대로 좌회전한다.

모든 차의 운전자는 교차로에서 좌회전을 하고자 하는 때에는 미리 도로의 중앙선을 따라 서행하면서 교차로의 중심 안쪽을 이용하여 좌회전하여야 한다.

정답이 보이는 **핵심키워드** | 교차로 좌회전 → ① 중앙선 따라 서행하면서 교차로 중심 안쪽으로 좌회전

**3** 다음 보기에서 설명하는 교차로를 운행하는 경우 일시정지해야 하는 곳이 아닌 것은?

① 신호기의 신호가 황색 점멸 중인 교차로
② 신호기의 신호가 적색 점멸 중인 교차로
③ 교통정리를 하고 있지 아니하고 좌·우를 확인할 수 없는 교차로
④ 교통정리를 하고 있지 아니하고 교통이 빈번한 교차로

정답이 보이는 **핵심키워드** | 일시정지 아닌 곳 → ① 황색 점멸 중인 교차로

**4** 교통정리가 없는 교차로 통행 방법으로 알맞은 것은?

① 좌우를 확인할 수 없는 경우에는 서행하여야 한다.
② 좌회전하려는 차는 직진차량보다 우선 통행해야 한다.
③ 우회전하려는 차는 직진차량보다 우선 통행해야 한다.
④ 통행하고 있는 도로의 폭보다 교차하는 도로의 폭이 넓은 경우 서행하여야 한다.

좌우 확인이 어려울 경우 일시정지 하며, 해당 차가 통행하고 있는 도로의 폭보다 교차하는 도로의 폭이 넓은 경우에는 서행하여야 한다.

정답이 보이는 **핵심키워드** | 교통정리 없는 교차로 → ④ 통행하는 도로의 폭보다 교차하는 도로의 폭이 넓은 경우 서행

**5** 운전자가 좌회전 시 정확하게 진행할 수 있도록 교차로 내에 백색점선으로 한 노면표시는 무엇인가?

① 유도선 　　　　　② 연장선
③ 지시선 　　　　　④ 규제선

교차로에서 진행 중 옆면 추돌사고가 발생하는 것은 유도선에 대한 이해 부족일 가능성이 높다.

정답이 보이는
**핵심키워드** | 좌회전 시 교차로 내 백색점선 → ① 유도선

**6** 교통정리가 없는 교차로에서 좌회전하는 방법 중 가장 옳은 것은?

① 일반도로에서는 좌회전하려는 교차로 직전에서 방향지시등을 켜고 좌회전한다.
② 미리 도로의 중앙선을 따라 서행하면서 교차로의 중심 바깥쪽으로 좌회전한다.
③ 시·도경찰청장이 지정하더라도 교차로의 중심 바깥쪽을 이용하여 좌회전할 수 없다.
④ 반드시 서행하여야 하고, 일시정지는 상황에 따라 운전자가 판단하여 실시한다.

① 좌회전하려는 지점에서부터 30미터 이상의 지점에서 방향지시등을 켜야 한다.
② 도로 중앙선을 따라 서행하며 교차로의 중심 안쪽으로 좌회전해야 한다.
③ 시·도경찰청장이 지정한 곳에서는 교차로의 중심 바깥쪽으로 좌회전할 수 있다.

정답이 보이는
**핵심키워드** | 교통정리 없는 교차로 좌회전 → ④ 반드시 서행

**7** 교통정리가 행하여지지 않는 교차로를 좌회전하려고 할 때 가장 안전한 운전 방법은?

① 먼저 진입한 다른 차량이 있어도 서행하며 조심스럽게 좌회전한다.
② 폭이 넓은 도로의 차에 차로를 양보한다.
③ 직진 차에는 차로를 양보하나 우회전 차보다는 우선권이 있다.
④ 미리 도로의 중앙선을 따라 서행하다 교차로 중심 바깥쪽을 이용하여 좌회전한다.

• 먼저 진입한 차량에 진로 양보
• 좌회전 차량은 직진 · 우회전 차량에게 진로 양보

정답이 보이는
**핵심키워드** | 교통정리 없는 교차로 좌회전 →
② 폭이 넓은 도로의 차에 차로 양보

**8** 신호등이 없는 교차로에 선진입하여 좌회전하는 차량이 있는 경우에 옳은 것은?

① 직진 차량은 주의하며 진행한다.
② 우회전 차량은 서행으로 우회전한다.
③ 직진 차량과 우회전 차량 모두 좌회전 차량에 차로를 양보한다.
④ 폭이 좁은 도로에서 진행하는 차량은 서행하며 통과한다.

교통정리가 행하여지고 있지 않은 교차로에서는 비록 좌회전 차량이라 할지라도 교차로에 이미 선진입한 경우에는 통행 우선권이 있으므로 직진 차와 우회전 차량일지라도 좌회전 차량에게 통행 우선권이 있다.

정답이 보이는
**핵심키워드** | 신호등 없는 교차로에 선진입하여 좌회전 차량이 있는 경우 → ③ 직진 차량, 우회전 차량 모두 좌회전 차량에 양보

**9** 도로교통법상 신호등이 없고 좌·우를 확인할 수 없는 교차로에 진입 시 가장 안전한 운행 방법은?

① 주변 상황에 따라 서행으로 안전을 확인한 다음 통과한다.
② 경음기를 울리고 전조등을 점멸을 하면서 진입한 다음 서행하며 통과한다.
③ 반드시 일시정지 후 안전을 확인한 다음 우선순위에 따라 통과한다.
④ 먼저 진입하면 최우선이므로 주변을 살피면서 신속하게 통과한다.

교차로에 교통이 빈번하거나 또는 장애물 등이 있어 좌우를 확인할 수 없는 경우에는 반드시 일시정지하여 안전을 확인한 다음 먼저 진입한 차 → 넓은 도로의 차 → 우측 도로의 차 순서로 통과해야 한다.

정답이 보이는
**핵심키워드** | 신호등 없는 교차로 진입 →
③ 일시정지 후 우선순위에 따라 통과

**10** 다음 중 도로교통법상 교차로에서의 서행에 대한 설명으로 가장 적절한 것은?

① 차가 즉시 정지시킬 수 있는 정도의 느린 속도로 진행하는 것
② 매시 30킬로미터의 속도를 유지하여 진행하는 것
③ 사고를 유발하지 않을 만큼의 속도로 느리게 진행하는 것
④ 앞차의 급정지를 피할 만큼의 속도로 진행하는 것



**11** 다음 중 도로교통법상 반드시 서행하여야 하는 장소로 맞는 것은?

① 교통정리가 행하여지고 있는 교차로
② 도로가 구부러진 부근
③ 비탈길의 오르막
④ 교통이 빈번한 터널 내



**12** 교통정리를 하고 있지 아니한 교차로에 직진하기 위하여 진입하려 한다. 맞은 편 차로에서 좌회전하려는 차가 이미 교차로에 진입한 경우 이때, 운전자의 올바른 운전방법은?

① 다른 차가 있을 때에는 그 차에 진로를 양보한다.
② 다른 차가 있더라도 직진차가 우선이므로 먼저 통과한다.
③ 다른 차가 있을 때에는 좌·우를 확인하고 그 차와 상관없이 신속히 교차로를 통과한다.
④ 다른 차가 있더라도 본인의 주행차로가 상대차의 차로보다 더 넓은 경우 통행 우선권에 따라 그대로 진입한다.



**13** 교차로에서 좌회전할 때 가장 위험한 요인은?

① 우측 도로의 횡단보도를 횡단하는 보행자
② 우측 차로 후방에서 달려오는 오토바이
③ 좌측도로에서 우회전하는 승용차
④ 반대편 도로에서 우회전하는 자전거



**14** 도로교통법상 올바른 운전방법으로 연결된 것은?

① 학교 앞 보행로 – 어린이에게 차량이 지나감을 알릴 수 있도록 경음기를 울리며 지나간다.
② 철길 건널목 – 차단기가 내려가려고 하는 경우 신속히 통과한다.
③ 신호 없는 교차로 – 우회전을 하는 경우 미리 도로의 우측 가장자리를 서행 하면서 우회전한다.
④ 야간 운전 시 – 차가 마주 보고 진행하는 경우 반대편 차량의 운전자가 주의할 수 있도록 전조등을 상향으로 조정한다.



**15** 다음 중 녹색등화 교차로에 진입하여 신호가 바뀐 후에도 지나가지 못해 다른 차량 통행을 방해하는 행위인 "꼬리 물기"를 하였을 때의 위반 행위로 맞는 것은?

① 교차로 통행방법 위반
② 일시정지 위반
③ 진로 변경 방법 위반
④ 혼잡 완화 조치 위반

**★★**
**16** 정체된 교차로에서 좌회전할 경우 가장 옳은 방법은?

① 가급적 앞차를 따라 진입한다.
② 녹색등화가 켜진 경우에는 진입해도 무방하다.
③ 적색등화가 켜진 경우라도 공간이 생기면 진입한다.
④ 녹색 화살표의 등화라도 진입하지 않는다.

교차로 진입 시 녹색 신호등이라고 해도 앞차들이 정체되어 있다면 다른 교통의 차량 통행에 방해되므로 교차로에 진입해선 안된다.

정답이 보이는
**핵심키워드** │ 정체된 교차로 좌회전 →
④ 녹색 화살표 진입 금지

**★★**
**17** 비보호좌회전 표지가 있는 교차로에 대한 설명이다. 맞는 것은?

① 신호와 관계없이 다른 교통에 주의하면서 좌회전할 수 있다.
② 적색신호에 다른 교통에 주의하면서 좌회전할 수 있다.
③ 녹색신호에 다른 교통에 주의하면서 좌회전할 수 있다.
④ 황색신호에 다른 교통에 주의하면서 좌회전할 수 있다.

비보호좌회전 표지 장소에서 녹색신호일 때 다른 교통에 주의하며 좌회전할 수 있다. 녹색신호에서 좌회전하다가 맞은편의 직진차량과 충돌한 경우 좌회전 차량이 경과실 일반사고 가해자가 된다.

정답이 보이는
**핵심키워드** │ 비보호좌회선 표지 교차로 → ③ 녹색신호에 좌회전

**★★**
**18** 신호등이 없는 교차로에서 우회전하려 할 때 옳은 것은?

① 가급적 빠른 속도로 신속하게 우회전한다.
② 교차로에 선진입한 차량이 통과한 뒤 우회전한다.
③ 반대편에서 앞서 좌회전하고 있는 차량이 있으면 안전에 유의하며 함께 우회전한다.
④ 폭이 넓은 도로에서 좁은 도로로 우회전할 때는 다른 차량에 주의할 필요가 없다.

교차로에서 우회전 시 서행으로 진행하고, 선진입한 좌회전 차량에 진로를 양보해야 한다.

정답이 보이는
**핵심키워드** │ 신호등 없는 교차로에서 우회전 →
② 먼저 진입한 차량이 통과한 뒤 우회전

**★★**
**19** 신호기의 신호가 있고 차량보조신호가 없는 교차로에서 우회전하려고 한다. 도로교통법상 잘못된 것은?

① 차량신호가 적색등화인 경우, 횡단보도에서 보행자 신호와 관계없이 정지선 직전에 일시정지 한다.
② 차량신호가 녹색등화인 경우, 정지선 직전에 일시정지하지 않고 우회전한다.
③ 차량신호가 좌회전 신호인 경우, 횡단보도에서 보행자신호와 관계없이 정지선 직전에 일시정지 한다.
④ 차량신호에 관계없이 다른 차량의 교통을 방해하지 않은 때 일시정지하지 않고 우회전한다.

정답이 보이는
**핵심키워드** │ 차량보조신호 없는 교차로 우회전 잘못된 것 →
④ 일시정지하지 않고 우회전

**★★**
**20** 도로교통법령상 '모든 차의 운전자는 교차로에서 (    )을 하려는 경우에는 미리 도로의 우측 가장자리를 서행하면서 (    )하여야 한다. 이 경우 (    )하는 차도의 운전자는 신호에 따라 정지하거나 진행하는 보행자 또는 자전거 등에 주의하여야 한다.' (   )안에 맞는 것으로 짝지어진 것은?

① 우회전 – 우회전 – 우회전
② 좌회전 – 좌회전 – 좌회전
③ 우회전 – 좌회전 – 우회전
④ 좌회전 – 우회전 – 좌회전

정답이 보이는
**핵심키워드** │ 미리 우측 가장사리 → ① 우회전

**★★**
**21** 도로교통법상 서행으로 운전하여야 하는 경우는?

① 교차로의 신호기가 적색 등화의 점멸일 때
② 교차로를 통과할 때
③ 교통정리를 하고 있지 아니하는 교차로를 통과할 때
④ 교차로 부근에서 차로를 변경하는 경우

교통정리를 하고 있지 아니하는 교차로를 통과할 때는 서행을 하고 통과해야 하며, 교차로의 신호기가 적색 등화의 점멸일 때는 일시정지 해야 한다.

정답이 보이는
**핵심키워드** │ 서행 운전 → ③ 교통정리 하지 않는 교차로

**22** 교차로에서 좌·우회전하는 방법을 가장 바르게 설명한 것은?

① 우회전을 하고자 하는 때에는 신호에 따라 정지 또는 진행하는 보행자와 자전거에 주의하면서 신속히 통과한다.
② 좌회전을 하고자 하는 때에는 항상 교차로 중심 바깥쪽으로 통과해야 한다.
③ 우회전을 하고자 하는 때에는 미리 우측 가장자리를 따라 서행하여야 한다.
④ 신호기 없는 교차로에서 좌회전을 하고자 할 경우 보행자가 횡단 중이면 그 앞을 신속히 통과한다.

> 모든 차의 운전자는 교차로에서 우회전을 하고자 하는 때에는 미리 도로의 우측 가장자리를 서행하면서 우회전하여야 한다. 이 경우 우회전하는 차의 운전자는 신호에 따라 정지 또는 진행하는 보행자 또는 자전거에 주의하여야 한다.

> **정답이 보이는 핵심키워드** | 교차로 좌우회전 →
> ③ 우회전 시 미리 우측 가장자리 따라 서행

**23** 1·2차로가 좌회전 차로인 교차로의 통행 방법으로 맞는 것은?

① 승용차는 1차로만을 이용하여 좌회전하여야 한다.
② 승용차는 2차로만을 이용하여 좌회전하여야 한다.
③ 대형 승합차는 1차로만을 이용하여 좌회전하여야 한다.
④ 대형 승합차는 2차로만을 이용하여 좌회전하여야 한다.

> 좌회전 차로가 2개인 경우 승용차는 1·2차로, 대형 승합자동차, 적재 중량 1.5톤 초과 화물차, 특수자동차, 건설기계 등은 2차로를 이용하여 좌회전할 수 있다.

> **정답이 보이는 핵심키워드** | 1·2차로가 좌회전 차로인 교차로 →
> ④ 대형 승합차는 2차로만 이용하여 좌회전

**24** 도로교통법상 반드시 일시정지 하여야 할 장소로 맞는 것은?

① 교통정리를 하고 있지 아니하고 좌우를 확인할 수 없는 교차로
② 녹색등화가 켜져 있는 교차로
③ 교통이 빈번한 다리 위 또는 터널 내
④ 도로의 구부러진 부근 또는 비탈길의 고갯마루 부근

> **정답이 보이는 핵심키워드** | 일시정지 장소 →
> ① 교통정리 없는 좌우 확인 안되는 교차로

**25** 도로교통법상 일시정지하여야 할 장소로 맞는 것은?

① 도로의 구부러진 부근
② 가파른 비탈길의 내리막
③ 비탈길의 고갯마루 부근
④ 교통정리가 없는 교통이 빈번한 교차로

> ◎ 서행해야 할 장소
> * 도로의 구부러진 부근
> * 가파른 비탈길의 내리막
> * 비탈길의 고갯마루 부근
> ◎ 일시정지해야 할 장소
> * 교통정리를 하고 있지 아니하고 좌우를 확인할 수 없거나 교통이 빈번한 교차로
> * 도로의 위험 방지 및 안전과 원활한 소통을 위해 안전표지로 지정한 곳

> **정답이 보이는 핵심키워드** | 일시정지 장소 →
> ④ 교통정리 없는 교통 빈번한 교차로

**26** 도로교통법에서 규정한 일시정지를 해야 하는 장소는?

① 터널 안 및 다리 위
② 신호등이 없는 교통이 빈번한 교차로
③ 가파른 비탈길의 내리막
④ 도로가 구부러진 부근

> * 앞지르기 금지구역 : 터널 안 및 다리 위, 가파른 비탈길의 내리막, 도로가 구부러진 부근
> * 일시정지 장소 : 교통정리를 하고 있지 아니하고 좌우를 확인할 수 없거나 교통이 빈번한 교차로, 시·도경찰청장이 도로에서의 위험을 방지하고 교통의 안전과 원활한 소통을 확보하기 위하여 필요하다고 인정하여 안전표지로 지정한 곳

> **정답이 보이는 핵심키워드** | 일시정지 장소 → ② 신호등 없는 교통 빈번한 장소

**27** 앞차의 운전자가 왼팔을 수평으로 펴서 차체의 좌측 밖으로 내밀었을 때 취해야 할 조치로 가장 올바른 것은?

① 앞차가 후진할 것이 예상되므로 일시정지 한다.
② 앞차가 정지할 것이 예상되므로 일시정지 한다.
③ 도로의 흐름을 잘 살핀 후 앞차를 앞지르기한다.
④ 앞차의 차로 변경이 예상되므로 서행한다.

> **정답이 보이는 핵심키워드** | 왼팔 수평 → ④ 차로 변경

**28** 운전자가 우회전하고자 할 때 사용하는 수신호는?

① 왼팔을 좌측 밖으로 내어 팔꿈치를 굽혀 수직으로 올린다.
② 왼팔은 수평으로 펴서 차체의 좌측 밖으로 내민다.
③ 오른팔을 차체의 우측 밖으로 수평으로 펴서 손을 앞뒤로 흔든다.
④ 왼팔을 차체 밖으로 내어 45°밑으로 편다.

> 운전자가 우회전하고자 할 때 왼팔을 좌측 밖으로 내어 팔꿈치를 굽혀 수직으로 올린다.
>
> **정답이 보이는 핵심키워드** | 우회전 수신호 → ① 왼팔을 좌측 밖으로 내어 팔꿈치 굽혀 수직으로 올림

**29** 신호기의 신호에 따라 교차로에 진입하려는데, 경찰공무원이 정지하라는 수신호를 보냈다. 다음 중 가장 안전한 운전 방법은?

① 정지선 직전에 일시정지 한다.
② 급감속하여 서행한다.
③ 신호기의 신호에 따라 진행한다.
④ 교차로에 서서히 진입한다.

> 교통안전시설이 표시하는 신호 또는 지시와 교통정리를 위한 경찰공무원 등의 신호 또는 지시가 다른 경우에는 경찰공무원 등의 신호 또는 지시에 따라야 한다.
>
> **정답이 보이는 핵심키워드** | 신호기 신호에 따라 교차로 진입, 경찰 정지 수신호 시 → ① 정지선 직전에 일시정지

**30** 다음 중 회전교차로의 통행방법으로 맞는 것은?

① 회전하고 있는 차가 우선이다.
② 진입하려는 차가 우선이다.
③ 진출한 차가 우선이다.
④ 차량의 우선순위는 없다.

> 교차로에 진입하는 자동차는 회전 중인 자동차에게 양보를 해야 하므로, 회전차로에서 주행 중인 자동차를 방해하며 무리하게 진입하지 않고, 회전차로 내에 여유 공간이 있을 때까지 양보선에서 대기하며 기다려야 한다.
>
> **정답이 보이는 핵심키워드** | 회전교차로 통행 → ① 회전하고 있는 차가 우선

**31** 회전교차로에 대한 설명으로 옳지 않은 것은?

① 차량이 서행으로 교차로에 접근하도록 되어 있다.
② 회전하고 있는 차량이 우선이다.
③ 신호가 없기 때문에 연속적으로 차량 진입이 가능하다.
④ 회전교차로는 시계방향으로 회전한다.

> 회전교차로에서 진출할 때에는 우측방향지시등을 작동하여야 한다.
>
> **정답이 보이는 핵심키워드** | 회전교차로 잘못된 설명 → ④ 시계방향으로 회전

**32** 다음 중 회전교차로에서 통행 우선권이 인정되는 차량은?

① 회전교차로 내 회전차로에서 주행 중인 차량
② 회전교차로 진입 전 좌회전하려는 차량
③ 회전교차로 진입 전 우회전하려는 차량
④ 회전교차로 진입 전 좌회전 및 우회전하려는 차량

> 회전교차로에서는 회전교차로를 이용하는 차량을 회전차량과 진입차량으로 구분하며, 회전차량은 회전차로를 주행하는 차량이며 진입차량은 회전교차로 진입 전 좌회전, 직진, 우회전하려는 차량을 말한다.
>
> **정답이 보이는 핵심키워드** | 회전교차로 우선권 → ① 회전교차로 내 차량

**33** 도로의 원활한 소통과 안전을 위하여 회전교차로의 설치가 권장되는 경우는?

① 교통량 수준이 높지 않으나, 교차로 교통사고가 많이 발생하는 곳
② 교차로에서 하나 이상의 접근로가 편도 3차로로 이상인 곳
③ 회전교차로의 교통량 수준이 처리용량을 초과하는 곳
④ 신호연동이 필요한 구간 중 신호교차로이면 연동효과가 감소되는 곳

> ②, ③, ④는 회전교차로 설치가 금지되는 경우에 해당한다.
>
> **정답이 보이는 핵심키워드** | 회전교차로 필요한 곳 → ① 사고가 빈번한 곳

## 34 다음 중 회전교차로에서의 금지 행위가 아닌 것은?

① 정차  
② 주차  
③ 서행 및 일시정지  
④ 앞지르기

회전교차로에서는 주 · 정차 및 앞지르기를 할 수 없다.

정답이 보이는  
**핵심키워드** | 회전교차로 금지행위 아닌 것 →  
③ 서행 및 일시정지

★★
## 35 회전교차로에 대한 설명으로 맞는 것은?

① 회전교차로는 신호교차로에 비해 상충지점 수가 많다.
② 진입 시 회전교차로 내에 여유 공간이 있을 때까지 양보선에서 대기하여야 한다.
③ 신호등 설치로 진입차량을 유도하여 교차로 내의 교통량을 처리한다.
④ 회전 중에 있는 차는 진입하는 차량에게 양보해야 한다.

회전교차로의 원리와 통행에 대한 이해가 필요하다. 회전중인 차량에 대해 진입하고자 하는 차량이 양보해야 하며, 신호등이 설치된 것을 로터리라고 한다. 회전교차로 내에 여유 공간이 없는 경우에는 진입하면 안 된다.

정답이 보이는  
**핵심키워드** | 회전교차로 → ② 양보선에서 대기

★★
## 36 다음 중 회전교차로 통행방법에 대한 설명으로 잘못된 것은?

① 진입할 때는 속도를 줄여 서행한다.
② 양보선에 대기하여 일시정지한 후 서행으로 진입한다.
③ 진입차량에 우선권이 있어 회전 중인 차량이 양보한다.
④ 반시계방향으로 회전한다.

회전교차로 내에서는 회전 중인 차량에 우선권이 있기 때문에 진입차량이 회전차량에게 양보해야 한다.

정답이 보이는  
**핵심키워드** | 회전교차로 잘못된 통행 → ③ 진입차량 우선권

★★
## 37 도로교통법상 차의 운전자가 다음과 같은 상황에서 서행하여야 할 경우는?

① 자전거를 끌고 횡단보도를 횡단하는 사람을 발견하였을 때
② 이면도로에서 보행자의 옆을 지나갈 때
③ 보행자가 횡단보도를 횡단하는 것을 봤을 때
④ 보행자가 횡단보도가 없는 도로를 횡단하는 것을 봤을 때

정답이 보이는  
**핵심키워드** | 서행할 경우 → ② 이면도로 보행자 옆

★★
## 38 도로교통법상 차의 운전자가 그 차의 바퀴를 일시적으로 완전히 정지시키는 것은?

① 서행  
② 정차  
③ 주차  
④ 일시정지

정답이 보이는  
**핵심키워드** | 바퀴를 일시적으로 완전히 정지 → ④ 일시정지

## 11 앞지르기

★
## 1 도로교통법상 앞지르기에 대한 설명으로 맞는 것은?

① 앞차의 우측에 다른 차가 앞차와 나란히 가고 있는 경우 앞지르기를 해서는 안 된다.
② 최근에 개설한 터널, 다리 위, 교차로에서는 앞지르기가 가능하다.
③ 차의 운전자가 앞서가는 다른 차의 좌측 옆을 지나서 그 차의 앞으로 나가는 것을 말한다.
④ 고속도로에서 승용차는 버스전용차로를 이용하여 앞지르기 할 수 있다.

정답이 보이는  
**핵심키워드** | 앞지르기 → ③ 좌측 옆

## 2  앞지르기에 대한 내용으로 올바른 것은?

① 터널 안에서는 주간에는 앞지르기가 가능하지만 야간에는 앞지르기가 금지된다.
② 앞지르기할 때에는 전조등을 켜고 경음기를 울리면서 좌측이나 우측 관계없이 할 수 있다.
③ 다리 위나 교차로는 앞지르기가 금지된 장소이므로 앞지르기를 할 수 없다.
④ 앞차의 우측에 다른 차가 나란히 가고 있을 때에는 앞지르기를 할 수 없다.

> 다리 위, 교차로, 터널 안은 앞지르기가 금지된 장소이므로 앞지르기를 할 수 없다. 모든 차의 운전자는 앞차의 좌측에 다른 차가 앞차와 나란히 가고 있는 경우에는 앞차를 앞지르지 못한다. 방향지시기 · 등화 또는 경음기를 사용하는 등 안전한 속도와 방법으로 좌측으로 앞지르기를 하여야 한다.
>
> 정답이 보이는
> **핵심키워드** | 앞지르기 올바른 내용 →
> ③ 다리 위, 교차로에서 금지

## 3  앞지르기에 대한 설명으로 맞는 것은?

① 앞차가 다른 차를 앞지르고 있는 경우에는 앞지르기할 수 있다.
② 터널 안에서 앞지르고자 할 경우에는 반드시 우측으로 해야 한다.
③ 편도 1차로 도로에서 앞지르기는 황색실선 구간에서만 가능하다.
④ 교차로 내에서는 앞지르기가 금지되어 있다.

> 황색실선은 앞지르기가 금지되며 터널 안이나 다리 위는 앞지르기 금지장소이고 앞차가 다른 차를 앞지르고 있는 경우에는 앞지르기를 할 수 없게 규정되어 있다.
>
> 정답이 보이는
> **핵심키워드** | 앞지르기 → ④ 교차로 내 금지

## 4  다음 중 앞지르기가 가능한 장소는?

① 교차로
② 중앙선(황색 점선)
③ 터널 안(흰색 실선 차로)
④ 다리 위(흰색 실선 차로)

> 정답이 보이는
> **핵심키워드** | 앞지르기 가능한 장소 → ② 중앙선(황색 점선)

## 5  도로 우측 부분의 폭이 6미터가 되지 아니하는 도로에서 다른 차를 앞지르기할 수 있는 경우로 맞는 것은?

① 도로의 좌측 부분을 확인할 수 없는 경우
② 반대 방향의 교통을 방해할 우려가 있는 경우
③ 앞차가 저속으로 진행하고, 다른 차와 안전거리가 확보된 경우
④ 안전표지 등으로 앞지르기를 금지하거나 제한하고 있는 경우

> 도로 우측 부분의 폭이 6미터가 되지 않는 도로에서는 앞차가 저속으로 진행하고, 다른 차와 안전거리가 확보된 경우에만 앞지르기할 수 있다.
>
> 정답이 보이는
> **핵심키워드** | 6미터 도로 앞지르기 →
> ③ 앞차 저속, 안전거리 확보

## 6  편도 3차로 고속도로에서 승용자동차가 2차로로 주행 중이다. 앞지르기할 수 있는 차로로 맞는 것은? (소통이 원활하며, 버스전용차로 없음)

① 1차로
② 2차로
③ 3차로
④ 1, 2, 3차로 모두

> 편도 3차로 고속도로에서 승용자동차가 2차로로 주행 중일 경우에는 1차로를 이용하여 앞지르기 할 수 있다.
>
> 정답이 보이는
> **핵심키워드** | 2차로 주행중 앞지르기 → ① 1차로

**7** 중앙선이 황색 점선과 황색 실선으로 구성된 복선으로 설치된 때의 앞지르기에 대한 설명으로 맞는 것은?

① 황색 실선과 황색 점선 어느 쪽에서도 중앙선을 넘어 앞지르기할 수 없다.
② 황색 점선이 있는 측에서는 중앙선을 넘어 앞지르기할 수 있다.
③ 안전이 확인되면 황색 실선과 황색 점선 상관없이 앞지르기할 수 있다.
④ 황색 실선이 있는 측에서는 중앙선을 넘어 앞지르기할 수 있다.

황색 점선이 있는 측에서는 중앙선을 넘어 앞지르기할 수 있으나 황색 실선이 있는 측에서는 중앙선을 넘어 앞지르기할 수 없다.

> **정답이 보이는 핵심키워드** │ 중앙선이 황색 점선과 황색 실선의 복선 시 앞지르기 → ② 황색 점선에서 중앙선 넘어 앞지르기 가능

**8** 편도 3차로 고속도로에서 통행차의 기준으로 맞는 것은? (소통이 원활하며, 버스전용차로 없음)

① 승용자동차의 주행차로는 1차로이므로 1차로로 주행하여야 한다.
② 주행차로가 2차로인 소형승합자동차가 앞지르기할 때에는 1차로를 이용하여야 한다.
③ 대형승합자동차는 1차로로 주행하여야 한다.
④ 적재중량 1.5톤 이하인 화물자동차는 1차로로 주행하여야 한다.

편도 3차로 고속도로에서 승용자동차 및 경형·소형·중형 승합자동차의 주행차로는 왼쪽인 2차로이며, 2차로에서 앞지르기 할 때는 1차로를 이용하여 앞지르기를 해야 한다.

> **정답이 보이는 핵심키워드** │ 편도 3차로 고속도로 통행기준 → ② 2차로 소형승합자동차 앞지르기 시 1차로 이용

**9** 도로교통법령상 앞지르기하는 방법에 대한 설명으로 가장 잘못된 것은?

① 다른 차를 앞지르려면 앞차의 왼쪽 차로를 통행해야 한다.
② 중앙선이 황색 점선인 경우 반대방향에 차량이 없을 때는 앞지르기가 가능하다.
③ 가변차로의 경우 신호기가 지시하는 진행방향의 가장 왼쪽 황색 점선에서는 앞지르기를 할 수 없다.
④ 편도 4차로 고속도로에서 오른쪽 차로로 주행하는 차는 1차로까지 진입이 가능하다.

> **정답이 보이는 핵심키워드** │ 앞지르기 틀린 것 → ④ 오른쪽 차로 주행차 1차로까지 진입

**10** 편도 3차로 고속도로에서 통행차의 기준에 대한 설명으로 맞는 것은?

① 1차로는 2차로가 주행차로인 승용자동차의 앞지르기 차로이다.
② 1차로는 승합자동차의 주행차로이다.
③ 갓길은 긴급자동차 및 견인자동차의 주행차로이다.
④ 버스전용차로가 운용되고 있는 경우, 2차로가 화물자동차의 주행차로이다.

편도 3차로 고속도로는 1차로(2차로가 주행 차로인 자동차의 앞지르기 차로), 2차로(승용자동차, 승합자동차의 주행 차로), 3차로(화물자동차, 특수자동차 및 건설기계의 주행 차로)

> **정답이 보이는 핵심키워드** │ 편도 3차로 고속도로 통행기준 → ① 1차로는 2차로 자동차의 앞지르기 차로

**11** 앞지르기를 할 수 있는 경우로 맞는 것은?

① 앞차가 다른 차를 앞지르고 있을 경우
② 앞차가 위험 방지를 위하여 정지 또는 서행하고 있는 경우
③ 앞차의 좌측에 다른 차가 앞차와 나란히 진행하고 있는 경우
④ 앞차가 저속으로 진행하면서 다른 차와 안전거리를 확보하고 있을 경우

앞차의 좌측에 다른 차가 앞차와 나란히 가고 있거나 앞차가 다른 차를 앞지르고 있거나 앞지르고자 하는 경우 앞차를 앞지르기하지 못한다.

> **정답이 보이는 핵심키워드** │ 앞지르기 가능한 경우 → ④ 앞차가 저속으로 진행하면서 다른 차와 안전거리 확보한 경우

**12** 다음은 다른 차를 앞지르기하려는 자동차의 속도에 대한 설명이다. 맞는 것은?

① 다른 차를 앞지르기하는 경우에는 속도의 제한이 없다.
② 해당 도로의 법정 최고 속도의 100분의 50을 더한 속도까지는 가능하다.
③ 운전자의 운전 능력에 따라 제한 없이 가능하다.

④ 해당 도로의 최고 속도 이내에서만 앞지르기가 가능하다.

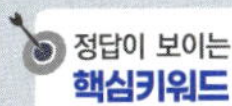 정답이 보이는 **핵심키워드** | 앞지르기 시 자동차 속도 → ④ 최고 속도 내에서만 가능

## 12 차로 변경

**1** 다음 중 도로교통법상 차로변경에 대한 설명으로 맞는 것은?

① 다리 위는 위험한 장소이기 때문에 백색 실선으로 차로변경을 제한하는 경우가 많다.

② 차로변경을 제한하고자 하는 장소는 백색 점선의 차선으로 표시되어 있다.

③ 차로변경 금지장소에서는 도로 공사 등으로 장애물이 있어 통행이 불가능한 경우라도 차로변경을 해서는 안 된다.

④ 차로변경 금지 장소이지만 안전하게 차로를 변경하면 법규위반이 아니다.

도로의 파손 등으로 진행할 수 없을 경우에는 차로를 변경하여 주행하여야 하며, 차로변경 금지장소에서는 안전하게 차로를 변경하여도 법규 위반에 해당한다. 차로변경 금지선은 실선으로 표시한다.

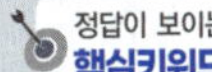 정답이 보이는 **핵심키워드** | 차로변경 → ① 다리 위 차로변경 제한

**2** 다음은 진로 변경할 때 켜야 하는 신호에 대한 설명이다. 가장 알맞은 것은?

① 신호를 하지 않고 진로를 변경해도 다른 교통에 방해되지 않았다면 교통법규 위반으로 볼 수 없다.

② 진로 변경이 끝난 후 상당 기간 신호를 계속하여야 한다.

③ 진로 변경 시 신호를 하지 않으면 승용차 등과 승합차 등은 3만원의 범칙금 대상이 된다.

④ 고속도로에서 진로변경을 하고자 할 때에는 30미터 지점부터 진로변경이 완료될 때까지 신호를 한다.

정답이 보이는 **핵심키워드** | 진로 변경 시 신호 → ③ 범칙금 3만원

**3** 차로를 왼쪽으로 바꾸고자 할 때의 방법으로 맞는 것은?

① 그 행위를 하고자 하는 지점에 이르기 전 30미터(고속도로에서는 100미터) 이상의 지점에 이르렀을 때 좌측 방향지시기를 조작한다.

② 그 행위를 하고자 하는 지점에 이르기 전 10미터(고속도로에서는 100미터) 이상의 지점에 이르렀을 때 좌측 방향지시기를 조작한다.

③ 그 행위를 하고자 하는 지점에 이르기 전 20미터(고속도로에서는 80미터) 이상의 지점에 이르렀을 때 좌측 방향지시기를 조작한다.

④ 그 행위를 하고자 하는 지점에서 좌측 방향지시기를 조작한다.

정답이 보이는 **핵심키워드** | 차로 왼쪽으로 변경 방법 → ① 30미터 전 좌측 방향지시기 조작

## 13 음주·약물·피로운전

**1** 도로교통법상 음주운전 방지장치 부착 조건부 운전면허를 받은 사람에 대한 설명으로 틀린 것은?

① 자동차등을 운전하려는 경우 음주운전 방지장치를 설치하고, 시·도경찰청장에게 등록하여야 한다.

② 음주운전 방지장치가 설치되지 않은 자동차등을 운전하여서는 아니 된다.

③ 설치기준에 적합하지 아니한 음주운전 방지장치가 설치된 자동차등은 운전이 가능하다.

④ 연 2회 이상 음주운전 방지장치 부착 자동차등의 운행기록을 시·도경찰청장에게 제출하여야 한다.

정답이 보이는 **핵심키워드** | 음주운전 방지장치 부착 조건부 틀린 것 → ③ 적합하지 않은 방지장치

**2** 도로교통법상 운전이 금지되는 술에 취한 상태의 기준은 운전자의 혈중알코올농도가 (   )로 한다. (   ) 안에 맞는 것은?

① 0.01퍼센트 이상인 경우 ② 0.02퍼센트 이상인 경우
③ 0.03퍼센트 이상인 경우 ④ 0.08퍼센트 이상인 경우

정답이 보이는 **핵심키워드** | 음주운전 → ③ 0.03퍼센트

**3** 혈중 알코올농도 0.03% 이상 상태의 운전자 갑이 신호대기 중인 상황에서 뒤차(운전자 을)가 추돌한 경우는?

① 음주운전이 중한 위반행위이기 때문에 갑이 사고의 가해자로 처벌된다.
② 사고의 가해자는 을이 되지만, 갑의 음주운전은 별개로 처벌된다.
③ 갑은 피해자이므로 운전면허에 대한 행정처분을 받지 않는다.
④ 을은 교통사고 원인과 결과에 따른 벌점은 없다.

앞차 운전자 갑이 술을 마신 상태라고 하더라도 음주운전이 사고발생과 직접적인 원인이 없는 한 교통사고의 피해자가 되고 별도로 단순음주운전에 대해서만 형사처벌과 면허행정처분을 받는다.

정답이 보이는
**핵심키워드** | 알코올농도 0.03% 추돌 →
② 가해자는 을, 음주운전은 별개로 처벌

**4** 다음 중 도로교통법상 과로(졸음운전 포함)로 인하여 정상적으로 운전하지 못할 우려가 있는 상태에서 자동차를 운전한 사람에 대한 벌칙으로 맞는 것은?

① 처벌하지 않는다.
② 10만원 이하의 벌금이나 구류에 처한다.
③ 20만원 이하의 벌금이나 구류에 처한다.
④ 30만원 이하의 벌금이나 구류에 처한다.

과로로 인하여 정상적으로 운전하지 못할 우려가 있는 상태에서 자동차를 운전한 사람에 대해서는 30만원 이하의 벌금이나 구류에 처한다.

정답이 보이는
**핵심키워드** | 과로 운전 → ④ 30만원 벌금

**5** 혈중알코올농도 0.03퍼센트 이상 0.08퍼센트 미만의 술에 취한 상태로 승용차를 운전한 사람에 대한 처벌 기준으로 맞는 것은? (1회 위반인 경우)

① 1년 이하의 징역이나 500만원 이하의 벌금
② 2년 이하의 징역이나 1천만원 이하의 벌금
③ 3년 이하의 징역이나 1천500만원 이하의 벌금
④ 2년 이상 5년 이하의 징역이나 1천만원 이상 2천만원 이하의 벌금

정답이 보이는
**핵심키워드** | 0.03퍼센트 이상 처벌 → ① 징역 1년

**6** 마약 등 약물복용으로 정상적으로 운전하지 못할 우려가 있는 상태에서 자동차를 운전하다가 인명피해 교통사고를 야기한 경우 교통사고처리 특례법상 운전자의 책임으로 맞는 것은?

① 책임보험만 가입되어 있으나 추가적으로 피해자와 합의하더라도 형사처벌 된다.
② 운전자보험에 가입되어 있으면 형사처벌이 면제된다.
③ 종합보험에 가입되어 있으면 형사처벌이 면제된다.
④ 종합보험에 가입되어 있고 추가적으로 피해자와 합의한 경우에는 형사처벌이 면제된다.

정답이 보이는
**핵심키워드** | 마약 운전 → ① 형사처벌

**7** 연습운전면허 소지자가 혈중알코올농도 ( )퍼센트 이상을 넘어서 운전한 때 연습운전면허를 취소한다. ( ) 안에 기준으로 맞는 것은?

① 0.03  ② 0.05
③ 0.08  ④ 0.10

정답이 보이는
**핵심키워드** | 연습운전면허 취소 알코올 → ① 0.03

**8** 승용자동차를 음주운전한 경우 처벌 기준에 대한 설명으로 틀린 것은?

① 최초 위반 시 혈중알코올농도가 0.2퍼센트 이상인 경우 2년 이상 5년 이하의 징역이나 1천만원 이상 2천만원 이하의 벌금
② 음주 측정 거부 시 1년 이상 5년 이하의 징역이나 5백만원 이상 2천만원 이하의 벌금
③ 혈중알코올농도가 0.05퍼센트로 2회 위반한 경우 1년 이하의 징역이나 5백만원 이하의 벌금
④ 최초 위반 시 혈중알코올농도 0.08퍼센트 이상 0.20퍼센트 미만의 경우 1년 이상 2년 이하의 징역이나 5백만원 이상 1천만원 이하의 벌금

③ 혈중알코올농도가 0.05퍼센트로 2회 위반한 경우 2년 이상 5년 이하의 징역이나 1천만원 이상 2천만원 이하의 벌금에 해당한다.

정답이 보이는
**핵심키워드** | 음주운전 처벌기준 틀린 것 →
③ 0.05퍼센트 2회 위반

**9** 술에 취한 상태에서 자전거를 운전한 경우 도로교통법상 어떻게 되는가?

① 처벌하지 않는다.
② 범칙금 3만원의 통고처분한다.
③ 과태료 4만원을 부과한다.
④ 10만원 이하의 벌금 또는 구류에 처한다.

> **정답이 보이는**
> **핵심키워드** | 음주 자전거 운전 행정처분 → ② 범칙금 3만원

**10** 도로교통법령상 술에 취한 상태에 있다고 인정할 만한 상당한 이유가 있는 자전거 운전자가 경찰공무원의 정당한 음주측정 요구에 불응한 경우 처벌은?

① 처벌하지 않는다.
② 과태료 7만원을 부과한다.
③ 범칙금 10만원의 통고처분한다.
④ 10만원 이하의 벌금 또는 구류에 처한다.

> 술에 취한 상태에 있다고 인정할만한 상당한 이유가 있는 자전거 운전자가 경찰공무원의 호흡조사 측정에 불응한 경우 범칙금 10만원이다.

> **정답이 보이는**
> **핵심키워드** | 자전거 운전자 음주측정 불응 → ③ 범칙금 10만원

**11** 술에 취한 상태에 있다고 인정할만한 상당한 이유가 있는 자동차 운전자가 경찰공무원의 정당한 음주측정 요구에 불응한 경우 처벌기준으로 맞는 것은? (1회 위반인 경우)

① 1년 이상 2년 이하의 징역이나 500만원 이하의 벌금
② 1년 이상 3년 이하의 징역이나 1천만원 이하의 벌금
③ 1년 이상 4년 이하의 징역이나 500만원 이상 1천만원 이하의 벌금
④ 1년 이상 5년 이하의 징역이나 500만원 이상 2천만원 이하의 벌금

> 술에 취한 상태에 있다고 인정할 만한 상당한 이유가 있는 사람으로서 제44조제2항에 따른 경찰공무원의 측정에 응하지 아니하는 사람(자동차등 또는 노면전차를 운전하는 사람으로 한정한다)은 1년 이상 5년 이하의 징역이나 500만원 이상 2천만원 이하의 벌금에 처한다.

> **정답이 보이는**
> **핵심키워드** | 승용차 음주측정 불응 → ④ 징역 5년

**12** 2회 이상 경찰공무원의 음주측정을 거부한 승용차운전자의 처벌 기준은? (벌금 이상의 형 확정된 날부터 10년 내)

① 1년 이상 6년 이하의 징역이나 500만 원 이상 3천만 원 이하의 벌금
② 2년 이상 6년 이하의 징역이나 500만 원 이상 2천만 원 이하의 벌금
③ 3년 이상 5년 이하의 징역이나 1천만 원 이상 3천만 원 이하의 벌금
④ 1년 이상 5년 이하의 징역이나 500만 원 이상 2천만 원 이하의 벌금

> **정답이 보이는**
> **핵심키워드** | 2회 이상 음주측정 거부 시 처벌 →
> ① 1년 이상 6년 이하의 징역

**13** 혈중알코올농도 0.08퍼센트 이상 0.2퍼센트 미만의 술에 취한 상태로 운전한 사람에 대한 처벌기준으로 맞는 것은? (1회 위반한 경우, 개인형이동장치 제외)

① 2년 이하의 징역이나 500만원 이하의 벌금
② 3년 이하의 징역이나 500만원 이상 1천만원 이하의 벌금
③ 1년 이상 2년 이하의 징역이나 500만원 이상 1천만원 이하의 벌금
④ 2년 이상 5년 이하의 징역이나 1천만원 이상 2천만원 이하의 벌금

> 술에 취한 상태에서 자동차등 또는 노면전차를 운전한 사람은 다음 각 호의 구분에 따라 처벌한다.
> 1. 혈중알코올농도가 0.2퍼센트 이상인 사람은 2년 이상 5년 이하의 징역이나 1천만원 이상 2천만원 이하의 벌금
> 2. 혈중알코올농도가 0.08퍼센트 이상 0.2퍼센트 미만인 사람은 1년 이상 2년 이하의 징역이나 500만원 이상 1천만원 이하의 벌금
> 3. 혈중알코올농도가 0.03퍼센트 이상 0.08퍼센트 미만인 사람은 1년 이하의 징역이나 500만원 이하의 벌금

> **정답이 보이는**
> **핵심키워드** | 음주운전 0.08퍼센트 이상 → ③ 징역 1~2년

★
**14** 운전자의 피로는 운전 행동에 영향을 미치게 된다. 피로가 운전 행동에 미치는 영향을 바르게 설명한 것은?

① 주변 자극에 대해 반응 동작이 빠르게 나타난다.
② 시력이 떨어지고 시야가 넓어진다.
③ 지각 및 운전 조작 능력이 떨어진다.
④ 치밀하고 계획적인 운전 행동이 나타난다.

> 피로는 지각 및 운전 조작 능력이 떨어지게 한다.
>
> 정답이 보이는
> **핵심키워드** | 피로 운전 → ③ 지각, 운전조작 능력 감소

★★
**15** 운전자가 피로한 상태에서 운전하게 되면 속도 판단을 잘못하게 된다. 그 내용이 맞는 것은?

① 좁은 도로에서는 실제 속도보다 느리게 느껴진다.
② 주변이 탁 트인 도로에서는 실제보다 빠르게 느껴진다.
③ 멀리서 다가오는 차의 속도를 과소평가하다가 사고가 발생할 수 있다.
④ 고속도로에서 전방에 정지한 차를 주행 중인 차로 잘못 아는 경우는 발생하지 않는다.

> ① 좁은 도로에서는 실제 속도보다 빠르게 느껴진다.
> ② 주변이 탁 트인 도로에서는 실제보다 느리게 느껴진다.
> ④ 고속도로에서 전방에 정지한 차를 주행 중인 차로 잘못 알고 충돌 사고가 발생할 수 있다.
>
> 정답이 보이는
> **핵심키워드** | 피로 운전 → ③ 멀리서 다가오는 차 사고

★★
**16** 질병·과로로 인해 정상적인 운전을 하지 못할 우려가 있는 상태에서 자동차를 운전하다가 단속된 경우 어떻게 되는가?

① 과태료가 부과될 수 있다.
② 운전면허가 정지될 수 있다.
③ 구류 또는 벌금에 처한다.
④ 처벌 받지 않는다.

> 정답이 보이는
> **핵심키워드** | 질병, 과로 운전 단속 → ③ 구류 또는 벌금



★★
**1** 다음 중에서 보복운전을 예방하는 방법이라고 볼 수 없는 것은?

① 긴급제동 시 비상점멸등 켜주기
② 반대편 차로에서 차량이 접근 시 상향전조등 끄기
③ 속도를 올릴 때 전조등을 상향으로 켜기
④ 앞차가 지연 출발할 때는 3초 정도 배려하기

> 보복운전을 예방하는 방법은 진로 변경 때 방향지시등 켜기, 비상점멸등 켜주기, 양보하고 배려하기, 지연 출발 때 3초간 배려하기, 경음기 또는 상향 전조등으로 자극하지 않기 등이 있다.
>
> 정답이 보이는
> **핵심키워드** | 보복운전 예방 아닌 것 →
> ③ 속도 올릴 때 전조등 상향

★★
**2** 다음 중 도로교통법상 난폭운전 적용 대상이 아닌 것은?

① 최고속도의 위반
② 횡단·유턴·후진 금지 위반
③ 끼어들기
④ 연속적으로 경음기를 울리는 행위

> 끼어들기는 난폭운전 위반대상이 아니다.
>
> 정답이 보이는
> **핵심키워드** | 난폭운전 아닌 것 → ③ 끼어들기

★★
**3** 자동차등(개인형 이동장치는 제외)의 운전자가 다음의 행위를 반복하여 다른 사람에게 위협을 가하는 경우 난폭운전으로 처벌받게 된다. 난폭운전의 대상 행위가 아닌 것은?

① 신호 또는 지시 위반
② 횡단·유턴·후진 금지 위반
③ 정당한 사유 없는 소음 발생
④ 고속도로에서의 지정차로 위반

> 난폭운전 : 신호 또는 지시 위반, 중앙선 침범, 속도의 위반, 횡단·유턴·후진 금지 위반, 안전거리 미확보, 차로 변경 금지 위반, 급제동 금지 위반, 앞지르기 방법 또는 앞지르기의 방해금지 위반, 정당한 사유 없는 소음 발생, 고속도로에서의 앞지르기 방법 위반, 고속도로 등에서의 횡단·유턴·후진 금지
>
> 정답이 보이는
> **핵심키워드** | 난폭운전 아닌 것 → ④ 지정차로 위반

**★★**
**4** 일반도로에서 자동차등(개인형 이동장치는 제외)의 운전자가 다음의 행위를 반복하여 다른 사람에게 위협을 가하는 경우 난폭운전으로 처벌받게 된다. 난폭운전의 대상 행위가 아닌 것은?

① 일반도로에서 지정차로 위반
② 중앙선 침범, 급제동금지 위반
③ 안전거리 미확보, 차로변경 금지 위반
④ 일반도로에서 앞지르기 방법 위반

> 정답이 보이는
> **핵심키워드** │ 난폭운전이 아닌 경우 →
> ① 일반도로에서 지정차로 위반

**★★**
**5** 자동차등(개인형 이동장치는 제외)의 운전자가 둘 이상의 행위를 연달아 하여 다른 사람에게 위협을 가하는 경우 난폭운전으로 처벌받게 된다. 다음의 난폭운전 유형에 대한 설명으로 적당하지 않은 것은?

① 운전 중 영상 표시 장치를 조작하면서 전방주시를 태만하였다.
② 앞차의 우측으로 앞지르기하면서 속도를 위반하였다.
③ 안전거리를 확보하지 않고 급제동을 반복하였다.
④ 속도를 위반하여 앞지르기하려는 차를 방해하였다.

> 정답이 보이는
> **핵심키워드** │ 난폭운전 아닌 유형 →
> ① 운전중 영상표시장치 조작

**★**
**6** 자동차등(개인형 이동장치는 제외)의 운전자가 다음의 행위를 반복하여 다른 사람에게 위협을 가하는 경우 난폭운전으로 처벌받게 된다. 난폭운전의 대상 행위로 틀린 것은?

① 신호 및 지시 위반, 중앙선 침범
② 안전거리 미확보, 급제동 금지 위반
③ 앞지르기 방해 금지 위반, 앞지르기 방법 위반
④ 통행금지 위반, 운전 중 휴대용 전화 사용

> 정답이 보이는
> **핵심키워드** │ 난폭운전 아닌 행위 → ④ 휴대폰 사용

**★**
**7** 고속도로를 주행하는 차량(본인 차량 포함)의 적재물이 주행차로에 떨어졌을 때 운전자의 조치요령으로 가장 바르지 않은 것은?

① 후방 차량의 주행을 확인하면서 안전한 장소에 정차한다.
② 고속도로 관리청이나 관계 기관에 신속히 신고한다.
③ 안전한 곳에 정차 후 화물적재 상태를 확인한다.
④ 화물 적재물을 떨어뜨린 차량의 운전자에게 보복운전을 한다.

> 정답이 보이는
> **핵심키워드** │ 적재물 낙하 조치 틀린 것 → ④ 보복운전

**★**
**8** 도로교통법령상 원동기장치자전거(개인형 이동장치 제외)의 난폭운전 행위로 볼 수 없는 것은?

① 신호 위반행위를 3회 반복하여 운전하였다.
② 속도 위반행위와 지시 위반행위를 연달아 위반하여 운전하였다.
③ 신호 위반행위와 중앙선 침범행위를 연달아 위반하여 운전하였다.
④ 음주운전 행위와 보행자보호의무 위반행위를 연달아 위반하여 운전하였다.

> 정답이 보이는
> **핵심키워드** │ 원동기장치자전거 난폭운전 아닌 것 →
> ④ 보행자보호의무 위반

**★★**
**9** 다음 중 도로교통법상 난폭운전에 해당하지 않는 운전자는?

① 급제동을 반복하여 교통상의 위험을 발생하게 하는 운전자
② 계속된 안전거리 미확보로 다른 사람에게 위협을 주는 운전자
③ 고속도로에서 지속적으로 앞지르기 방법 위반을 하여 교통상의 위험을 발생하게 하는 운전자
④ 심야 고속도로 갓길에 미등을 끄고 주차하여 다른 사람에게 위험을 주는 운전자

> 정답이 보이는
> **핵심키워드** │ 난폭운전 아닌 경우 →
> ④ 심야 고속도로 갓길에 미등 끄고 주차

**10** 다음은 난폭운전과 보복운전에 대한 설명이다. 맞는 것은?

① 오토바이 운전자가 정당한 사유 없이 소음을 반복하여 불특정 다수에게 위협을 가하는 경우는 보복운전에 해당된다.
② 승용차 운전자가 중앙선 침범 및 속도위반을 연달아 하여 불특정 다수에게 위해를 가하는 경우는 난폭운전에 해당된다.
③ 대형 트럭 운전자가 고의적으로 특정 차량 앞으로 앞지르기하여 급제동한 경우는 난폭운전에 해당된다.
④ 버스 운전자가 반복적으로 앞지르기 방법 위반하여 교통상의 위험을 발생하게 한 경우는 보복운전에 해당된다.

> 난폭운전은 도로교통법의 적용을 받으며, 보복운전은 형법의 적용을 받는다.

정답이 보이는
**핵심키워드** | 난폭, 보복운전 → ② 중앙선 침범 및 속도위반을 연달아 하여 위해를 가하면 난폭운전

**★★**
**11** 다음의 행위를 반복하여 교통상의 위험이 발생하였을 때 난폭운전으로 처벌받을 수 있는 것은?

① 고속도로 갓길 주·정차
② 음주운전
③ 일반도로 전용차로 위반
④ 중앙선 침범

정답이 보이는
**핵심키워드** | 난폭운전 → ④ 중앙선 침범

**★★**
**12** 다음 행위를 반복하여 교통상 위험이 발생하였을 때, 난폭운전으로 처벌할 수 없는 것은?

① 신호위반
② 속도위반
③ 정비 불량차 운전금지 위반
④ 차로변경 금지 위반

정답이 보이는
**핵심키워드** | 난폭운전 아닌 경우 → ③ 정비 불량차

**★★**
**13** 자동차등을 이용하여 형법상 특수폭행을 행하여 (보복운전) 입건되었다. 운전면허 행정처분은?

① 면허 취소
② 면허 정지 100일
③ 면허 정지 60일
④ 행정처분 없음

정답이 보이는
**핵심키워드** | 보복운전 입건 시 행정처분 → ② 면허 정지 100일

**★★**
**14** 다음 중 보복운전을 당했을 때 신고하는 방법으로 가장 적절하지 않은 것은?

① 120에 신고한다.
② 112에 신고한다.
③ 스마트폰 '안전신문고'에 신고한다.
④ 사이버 경찰청에 신고한다.

> 보복운전을 당했을 때 112, 사이버 경찰청, 시·도경찰청, 경찰청 홈페이지, 스마트폰 "목격자를 찾습니다." 앱에 신고하면 된다.

정답이 보이는
**핵심키워드** | 보복운전 잘못된 신고 → ① 120

**★★**
**15** 도로교통법상 도로에서 2명 이상이 공동으로 2대 이상의 자동차등(개인형 이동장치는 제외)을 정당한 사유 없이 앞뒤로 또는 좌우로 줄지어 통행하면서 다른 사람에게 위해(危害)를 끼치거나 교통상의 위험을 발생하게 하는 행위를 무엇이라고 하는가?

① 공동 위험행위
② 교차로 꼬리 물기 행위
③ 끼어들기 행위
④ 질서위반 행위

> 도로에서 2명 이상이 공동으로 2대 이상의 자동차등을 정당한 사유 없이 앞뒤로 또는 좌우로 줄지어 통행하면서 다른 사람에게 위해를 끼치거나 교통상의 위험을 발생하게 하여서는 아니 된다.

정답이 보이는
**핵심키워드** | 2명 이상이 공동으로 위해 → ① 공동 위험행위

**16** 자동차 운전자가 중앙선 침범을 반복하여 다른 사람에게 위해를 가하거나 교통상의 위험을 발생하게 하는 행위는 도로교통법상 (   )에 해당한다. (   )안에 맞는 것은?

① 공동위험행위　　　② 난폭운전
③ 폭력운전　　　　　④ 보복운전

정답이 보이는
**핵심키워드** | 중앙선 침범 반복 → ② 난폭운전

**17** 자동차등을 이용하여 형법상 특수상해를 행하여 (보복운전) 구속되었다. 운전면허 행정처분은?

① 면허 취소　　　　② 면허 정지 100일
③ 면허 정지 60일　　④ 할 수 없다.

정답이 보이는
**핵심키워드** | 보복운전 구속 시 행정처분 → ① 면허 취소

**18** 도로교통법상 (   )의 운전자는 도로에서 2명 이상이 공동으로 2대 이상의 자동차등을 정당한 사유 없이 앞뒤로 줄지어 통행하면서 교통상의 위험을 발생하게 하여서는 아니 된다. 이를 위반한 경우 (   )으로 처벌될 수 있다. (   )안에 각각 바르게 짝지어진 것은?

① 전동이륜평행차, 1년 이하의 징역 또는 500만원 이하의 벌금
② 이륜자동차, 6개월 이하의 징역 또는 300만원 이하의 벌금
③ 특수자동차, 2년 이하의 징역 또는 500만원 이하의 벌금
④ 원동기장치자전거, 6개월 이하의 징역 또는 300만원 이하의 벌금

도로에서 2대 이상의 자동차로 정당한 사유 없이 앞뒤(또는 좌우)로 줄지어 통행하면서 다른 사람에게 위해를 끼치거나 교통상의 위험을 발생하게 하여서는 아니 된다.

정답이 보이는
**핵심키워드** | 2명 이상 공동 운전 → ③ 특수자동차, 2년 징역

**19** 피해 차량을 뒤따르던 승용차 운전자가 중앙선을 넘어 앞지르기하여 급제동하는 등 위협 운전을 한 경우에는 「형법」에 따른 보복운전으로 처벌받을 수 있다. 이에 대한 처벌기준으로 맞는 것은?

① 7년 이하의 징역 또는 1천만 원 이하의 벌금에 처한다.
② 10년 이하의 징역 또는 2천만 원 이하의 벌금에 처한다.
③ 1년 이상의 유기징역에 처한다.
④ 1년 6월 이상의 유기징역에 처한다.

위험한 물건인 자동차를 이용하여 형법상의 협박죄를 범한 자는 7년 이하의 징역 또는 1천만 원 이하의 벌금에 처한다.

정답이 보이는
**핵심키워드** | 보복운전 처벌 → ① 7년, 1천만원

**20** 승용차 운전자가 차로 변경 시비에 분노해 상대 차량 앞에서 급제동하자, 이를 보지 못하고 뒤따르던 화물차가 추돌하여 화물차 운전자가 다친 경우에는 「형법」에 따른 보복운전으로 처벌받을 수 있다. 이에 대한 처벌기준으로 맞는 것은? (중상해는 아님)

① 1년 이상 10년 이하의 징역
② 1년 이상 20년 이하의 징역
③ 2년 이상 10년 이하의 징역
④ 2년 이상 20년 이하의 징역

보복운전으로 사람을 다치게 한 경우의 처벌은 「형법」 제 258조의2 (특수상해) 제2항 위반으로 1년 이상 10년 이하의 유기징역에 처한다.

정답이 보이는
**핵심키워드** | 분노해 급제동하여 다친 경우 → ① 1년 이상 10년 이하

**21** 보복운전 또는 교통사고 발생을 방지하기 위한 분노조절기법에 대한 설명으로 맞는 것은?

① 감정이 끓어오르는 상황에서 잠시 빠져나와 시간적 여유를 갖고 마음의 안정을 찾는 분노조절방법을 스톱버튼기법이라 한다.
② 분노를 유발하는 부정적인 사고를 중지하고 평소 생각해 둔 행복한 장면을 1-2분간 떠올려 집중하는 분노조절방법을 타임아웃기법이라 한다.
③ 분노를 유발하는 종합적 신념체계와 과거의 왜곡된 사고에 대한 수동적 인식경험을 자신에게 질문하는 방법을 경험회상질문기법이라 한다.
④ 양팔, 다리, 아랫배, 가슴, 어깨 등 몸의 각 부분을 최대한 긴장시켰다가 이완시켜 편안한 상태를 반복하는 방법을 긴장이완훈련기법이라 한다.

정답이 보이는
**핵심키워드** | 분노조절 → ④ 긴장이완

**22** 승용차 운전자가 난폭운전을 하는 경우 도로교통법에 따른 처벌기준으로 맞는 것은?

① 범칙금 6만원의 통고처분을 받는다.
② 과태료 3만원이 부과된다.
③ 6개월 이하의 징역이나 200만 원 이하의 벌금에 처한다.
④ 1년 이하의 징역 또는 500만 원 이하의 벌금에 처한다.

도로교통법 제46조의3 및 동법 제151조의2에 의하여 난폭운전 시 1년 이하의 징역이나 500만 원 이하의 벌금에 처한다.

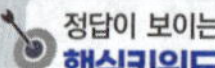

정답이 보이는 **핵심키워드** | 난폭운전 처벌 → ④ 1년, 500만원

★★
**23** 자동차 운전자가 난폭운전으로 형사입건되었다. 운전면허 행정처분은?

① 면허 취소
② 면허 정지 100일
③ 면허 정지 60일
④ 면허 정지 40일

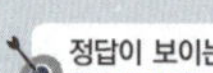

정답이 보이는 **핵심키워드** | 난폭운전 행정처분 → ④ 면허 정지 40일

★★
**24** 승용자동차 운전자가 주·정차된 차만 손괴하는 교통사고를 일으키고 피해자에게 인적사항을 제공하지 아니한 경우 도로교통법상 어떻게 되는가?

① 처벌하지 않는다.
② 과태료 10만원을 부과한다.
③ 범칙금 12만원의 통고처분한다.
④ 20만원 이하의 벌금 또는 구류에 처한다.

차의 운전자가 주·정차된 차만 손괴하는 교통사고를 일으키고 피해자에게 인적사항을 제공하지 아니한 경우 승합자동차 13만원, 승용자동차 12만원, 이륜자동차 8만원의 범칙금이 부과된다.

정답이 보이는 **핵심키워드** | 인적사항 미제공 → ③ 범칙금 12만원

★★
**25** 다음 중 승용자동차 운전자에 대한 위반행위별 범칙금이 틀린 것은?

① 속도 위반(매시 60킬로미터 초과)의 경우 12만원
② 신호 위반의 경우 6만원
③ 중앙선침범의 경우 6만원
④ 앞지르기 금지 시기·장소 위반의 경우 5만원

승용차동차의 앞지르기 금지 시기·장소 위반은 범칙금 6만원이 부과된다.

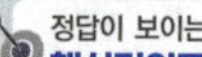

정답이 보이는 **핵심키워드** | 범칙금 틀린 것 → ④ 앞지르기 위반 5만원

★★
**26** 다음 중 도로교통법상 벌점 부과기준이 다른 위반행위 하나는?

① 승객의 차내 소란행위 방치운전
② 철길건널목 통과방법 위반
③ 고속도로 갓길 통행 위반
④ 운전면허증 등의 제시의무위반

승객의 차내 소란행위 방치운전은 40점, 철길건널목 통과방법 위반·고속도로 갓길 통행·고속도로 버스전용차로 통행위반은 벌점 30점이 부과된다.

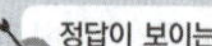

정답이 보이는 **핵심키워드** | 벌점 다른 것 → ① 소란행위 방치

★★
**27** 연습운전면허 소지자가 도로에서 주행연습을 할 때 연습하고자 하는 자동차를 운전할 수 있는 운전면허를 받은 날부터 2년이 경과된 사람(운전면허 정지기간중인 사람 제외)과 함께 승차하지 아니하고 단독으로 운행한 경우 처분은?

① 통고처분
② 과태료 부과
③ 연습운전면허 정지
④ 연습운전면허 취소

연습운전면허 준수사항을 위반한 때(연습하고자 하는 자동차를 운전할 수 있는 운전면허를 받은 날부터 2년이 경과된 사람과 함께 승차하여 그 사람의 지도를 받아야 한다)연습운전면허를 취소한다.

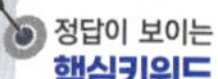

정답이 보이는 **핵심키워드** | 연습운전면허 단독 운행 시 처분 → ④ 연습운전면허 취소

**★★**
**28** 다음 중 승용자동차의 고용주등에게 부과되는 위반행위별 과태료 금액이 틀린 것은? (어린이보호구역 및 노인·장애인보호구역 제외)

① 중앙선 침범의 경우, 과태료 9만원
② 신호 위반의 경우, 과태료 7만원
③ 보도를 침범한 경우, 과태료 7만원
④ 속도 위반(매시 20킬로미터 이하)의 경우, 과태료 5만원

> 속도 위반(매시 20킬로미터 이하)의 경우, 과태료 4만원
>
> **정답이 보이는**
> **핵심키워드** | 고용주 과태료 틀린 것 → ④ 속도 위반 5만원

**★★**
**29** 교차로·횡단보도·건널목이나 보도와 차도가 구분된 도로의 보도에 2시간 이상 주차한 승용자동차의 소유자에게 부과되는 과태료 금액으로 맞는 것은? (어린이보호구역 및 노인·장애인보호구역 제외)

① 4만원
② 5만원
③ 6만원
④ 7만원

> **정답이 보이는**
> **핵심키워드** | 교차로 2시간 주차 과태료 → ② 5만원

**★★**
**30** 도로교통법령상 도로에서 동호인 7명이 4대의 차량에 나누어 타고 공동으로 다른 사람에게 위해를 끼쳐 형사입건 되었다. 처벌기준으로 틀린 것은? (개인형 이동장치는 제외)

① 2년 이하의 징역이나 500만 원 이하의 벌금
② 적발 즉시 면허정지
③ 구속된 경우 면허취소
④ 형사입건된 경우 벌점 40점

> **정답이 보이는**
> **핵심키워드** | 동호인 7명 처벌 틀린 것 →
> ② 적발 즉시 면허정지

---

### 15 고속도로

**★★**
**1** 고속도로의 가속차로에 대한 설명 중 옳은 것은?

① 고속도로 주행 차량이 진출로로 진출하기 위해 차로 변경할 수 있도록 유도하는 차로
② 고속도로로 진입하는 차량이 충분한 속도를 낼 수 있도록 유도하는 차로
③ 고속도로에서 앞지르기하고자 하는 차량이 속도를 낼 수 있도록 유도하는 차로
④ 오르막에서 대형 차량들의 속도 감소로 인한 영향을 줄이기 위해 설치한 차로

> **정답이 보이는**
> **핵심키워드** | 가속차로 → ② 고속도로 진입

**★★**
**2** 고속도로에 진입한 후 잘못 진입한 사실을 알았을 때 가장 적절한 행동은?

① 갓길에 정차한 후 비상점멸등을 켜고 고속도로 순찰대에 도움을 요청한다.
② 이미 진입하였으므로 다음 출구까지 주행한 후 빠져나온다.
③ 비상점멸등을 켜고 진입했던 길로 서서히 후진하여 빠져나온다.
④ 진입 차로가 2개 이상일 경우에는 유턴하여 돌아 나온다.

> **정답이 보이는**
> **핵심키워드** | 고속도로 잘못 진입한 경우 →
> ② 다음 출구까지 주행

**★★**
**3** 다음 중 고속도로 나들목에서 가장 안전한 운전 방법은?

① 나들목에서는 차량이 정체되므로 사고 예방을 위해서 뒤차가 접근하지 못하도록 급제동한다.
② 나들목에서는 속도에 대한 감각이 둔해지므로 일시정지한 후 출발한다.
③ 진출하고자 하는 나들목을 지나친 경우 다음 나들목을 이용한다.
④ 급가속하여 나들목으로 진출한다.

> **정답이 보이는**
> **핵심키워드** | 나들목 안전운전 →
> ③ 지나친 경우 다음 나들목 이용

**4** 고속도로 진입 방법으로 옳은 것은?

① 반드시 일시정지하여 교통 흐름을 살핀 후 신속하게 진입한다.
② 진입 전 일시정지하여 주행 중인 차량이 있을 때 급진입한다.
③ 진입할 공간이 부족하더라도 뒤차를 생각하여 무리하게 진입한다.
④ 가속 차로를 이용하여 일정 속도를 유지하면서 충분한 공간을 확보한 후 진입한다.

고속도로로 진입할 때는 가속 차로를 이용하여 점차 속도를 높이면서 진입해야 한다. 천천히 진입하거나 일시정지할 경우 가속이 힘들기 때문에 오히려 위험할 수 있다. 들어갈 공간이 충분한 것을 확인하고 가속해서 진입해야 한다.

정답이 보이는
**핵심키워드** | 고속도로 진입 → ④ 가속차로 이용하여 진입

**5** 고속도로 본선 우측 차로에 서행하는 A차량이 있다. 이 때 B 차량의 안전한 본선 진입 방법으로 가장 알맞은 것은?

① 서서히 속도를 높여 진입하되 A차량이 지나간 후 진입한다.
② 가속하여 비어있는 갓길을 이용하여 진입한다.
③ 가속차로 끝에서 정차하였다가 A차량이 지나가고 난 후 진입한다.
④ 가속차로에서 A차량과 동일한 속도로 계속 주행한다.

자동차(긴급자동차 제외)의 운전자는 고속도로에 들어가려고 하는 경우에는 그 고속도로를 통행하고 있는 다른 자동차의 통행을 방해하여서는 안 된다.

정답이 보이는
**핵심키워드** | 고속도로 A차량 →
① 서서히 속도를 높여 A차량 지나간 후 진입

**6** 다음 중 고속도로 공사구간에 관한 설명으로 틀린 것은?

① 차로를 차단하는 공사의 경우 정체가 발생할 수 있어 주의해야 한다.
② 화물차의 경우 순간 졸음, 전방 주시태만은 대형사고로 이어질 수 있다.
③ 이동공사, 고정공사 등 다양한 유형의 공사가 진행된다.
④ 제한속도는 시속 80킬로미터로만 제한되어 있다.

공사구간의 경우 구간별로 시속 80킬로미터와 시속 60킬로미터로 제한되어 있어 속도제한 표지를 인지하고 충분히 감속하여 운행하여야 한다.

정답이 보이는
**핵심키워드** | 고속도로 공사구간 틀린 것 → ④ 시속 80킬로미터

**7** 고속도로에서 사고예방을 위해 정차 및 주차를 금지하고 있다. 이에 대한 설명으로 바르지 않은 것은?

① 소방차가 생활안전활동을 수행하기 위하여 정차 또는 주차할 수 있다.
② 경찰공무원의 지시에 따르거나 위험을 방지하기 위하여 정차 또는 주차할 수 있다.
③ 일반자동차가 통행료를 지불하기 위해 통행료를 받는 장소에서 정차할 수 있다.
④ 터널 안 비상주차대는 소방차와 경찰용 긴급자동차만 정차 또는 주차할 수 있다.

비상주차대는 경찰용 긴급자동차와 소방차외의 일반자동차도 정차 또는 주차할 수 있다.

정답이 보이는
**핵심키워드** | 고속도로 주차 틀린 것 →
④ 터널 안 경찰차만 주차

**8** 고속도로 버스전용차로를 이용할 수 있는 자동차의 기준으로 맞는 것은?

① 11인승 승합자동차는 승차 인원에 관계없이 통행이 가능하다.
② 9인승 승용자동차는 6인 이상 승차한 경우에 통행이 가능하다.
③ 15인승 이상 승합자동차만 통행이 가능하다.
④ 45인승 이상 승합자동차만 통행이 가능하다.

고속도로 버스전용차로를 통행할 수 있는 자동차는 9인승 이상 승용 자동차 및 승합 자동차이다. 다만, 9인승 이상 12인승 이하의 승용 자동차 및 승합 자동차는 6인 이상 승차한 경우에 한하여 통행이 가능하다.

정답이 보이는
**핵심키워드** | 고속도로 버스전용차로 이용 가능 차 →
② 9인승 승용자동차는 6인 이상 승차

**9** 밤에 고속도로에서 자동차 고장으로 운행할 수 없게 되었을 때 고장 자동차의 표지(안전삼각대)와 함께 추가로 ( )에서 식별할 수 있는 불꽃 신호 등을 설치해야 한다. ( )에 맞는 것은?

① 사방 200미터 지점    ② 사방 300미터 지점
③ 사방 400미터 지점    ④ 사방 500미터 지점

야간 고속도로에서 고장 시 자동차의 표지(안전삼각대)와 함께 사방 500미터 지점에서 식별할 수 있는 적색의 섬광신호·전기등 또는 불꽃신호를 추가로 설치하여야 한다.

정답이 보이는 **핵심키워드** | 불꽃 신호 설치 → ④ 사방 500미터

**10** 도로교통법상 밤에 고속도로 등에서 고장으로 자동차를 운행할 수 없는 경우, 운전자가 조치해야 할 사항으로 적절치 않은 것은?

① 사방 500미터에서 식별할 수 있는 적색의 섬광신호·전기제등 또는 불꽃신호를 설치해야 한다.
② 표지를 설치할 경우 후방에서 접근하는 자동차의 운전자가 확인할 수 있는 위치에 설치하여야 한다.
③ 고속도로 등이 아닌 다른 곳으로 옮겨 놓는 등 필요한 조치를 하여야 한다.
④ 안전삼각대는 고장차가 서있는 지점으로부터 200미터 후방에 반드시 설치해야 한다.

정답이 보이는 **핵심키워드** | 밤에 고속도로에서 고장 시 조치 틀린 것 → ④ 안전삼각대 200미터

**11** 고속도로에서 경미한 교통사고가 발생한 경우, 2차 사고를 방지하기 위한 조치요령으로 가장 올바른 것은?

① 보험처리를 위해 우선적으로 증거 등에 대해 사진 촬영을 한다.
② 상대운전자에게 과실이 있음을 명확히 하고 보험적용을 요청한다.
③ 자동차를 도로의 우측 가장자리에 정지시키고 행정안전부령으로 정하는 바에 따라 그 표지를 설치하여야 한다.
④ 비상점멸등을 작동하고 자동차 안에서 관계기관에 신고한다.

정답이 보이는 **핵심키워드** | 고속도로 2차 사고 방지 → ③ 도로 우측에 정지 후 표지 설치

**12** 도로교통법령상 고속도로에서 자동차 고장 시 적절한 조치요령은?

① 신속히 비상점멸등을 작동하고 차를 도로 위에 멈춘 후 보험사에 알린다.
② 트렁크를 열어 놓고 고장 난 곳을 신속히 확인한 후 구난차를 부른다.
③ 이동이 불가능한 경우 고장차량의 앞쪽 500미터 지점에 안전삼각대를 설치한다.
④ 이동이 가능한 경우 신속히 비상점멸등을 켜고 갓길에 정지시킨다.

정답이 보이는 **핵심키워드** | 고속도로 고장 → ④ 갓길에 정지

**13** 하이패스 차로 설명 및 이용방법이다. 가장 올바른 것은?

① 하이패스 차로는 항상 1차로에 설치되어 있으므로 미리 일반차로에서 하이패스 차로로 진로를 변경하여 안전하게 통과한다.
② 화물차 하이패스 차로 유도선은 파란색으로 표시되어 있고 화물차 전용차로이므로 주행하던 속도 그대로 통과한다.
③ 다차로 하이패스구간 통과속도는 매시 30킬로미터 이내로 제한하고 있으므로 미리 감속하여 서행한다.
④ 다차로 하이패스구간은 규정된 속도를 준수하고 하이패스 단말기 고장 등으로 정보를 인식하지 못하는 경우 도착지 요금소에서 정산하면 된다.

화물차 하이패스유도선 주황색, 일반하이패스차로는 파란색이고 다차로 하이패스구간은 매시 50~80킬로미터로 구간에 따라 다르다.

정답이 보이는 **핵심키워드** | 하이패스 이용방법 → ④ 도착지 요금소에서 정산

**14** 다음 차량 중 하이패스차로 이용이 불가능한 차량은?

① 적재중량 16톤 덤프트럭
② 서울과 수원을 운행하는 2층 좌석버스
③ 단차로인 경우, 차폭이 3.7m인 소방차량
④ 10톤 대형 구난차량

정답이 보이는 **핵심키워드** | 하이패스차 이용 불가 차량 → ③ 3.7m 소방차

**1** 다음 중 소화기를 의무적으로 설치하거나 비치해야 하는 자동차가 아닌 것은?

① 5인승 이상의 승용자동차
② 승합자동차
③ 화물자동차
④ 이륜자동차

> 소화기를 의무적으로 설치하거나 비치해야 하는 자동차에는 5인승 이상의 승용자동차, 승합자동차, 화물자동차, 특수자동차가 포함된다.
>
> 정답이 보이는
> **핵심키워드** | 소화기 의무설치 아닌 차 → ④ 이륜자동차

**2** 도로교통법상 긴급한 용도로 운행 중인 긴급자동차가 다가올 때 운전자의 준수사항으로 맞는 것은?

① 교차로에 긴급자동차가 접근할 때에는 교차로 내 좌측 가장자리에 일시정지해야 한다.
② 교차로 외의 곳에서는 긴급자동차가 우선통행할 수 있도록 진로를 양보하여야 한다.
③ 긴급자동차보다 속도를 높여 신속히 통과한다.
④ 그 자리에 일시정지하여 긴급자동차가 지나갈 때까지 기다린다.

> 교차로나 그 부근에서 긴급자동차가 접근하는 경우, 운전자는 교차로를 피하여 일시정지하여 긴급자동차가 우선통행할 수 있도록 진로를 양보하여야 한다.
>
> 정답이 보이는
> **핵심키워드** | 긴급자동차 접근 시 준수사항 → ② 양보

**3** 도로교통법상 긴급자동차 특례 적용대상이 아닌 것은?

① 자동차등의 속도제한
② 앞지르기의 금지
③ 끼어들기의 금지
④ 보행자 보호

> 긴급자동차에 대해서는 자동차등의 속도제한, 앞지르기 금지, 끼어들기 금지를 적용하지 않는다.
>
> 정답이 보이는
> **핵심키워드** | 긴급자동차 특례 대상 아닌 것 → ④ 보행자 보호

**4** 교차로에서 우회전 중 소방차가 경광등을 켜고 사이렌을 울리며 접근할 경우에 가장 안전한 운전방법은?

① 교차로를 통과하여 도로 우측 가장자리에 일시정지한다.
② 즉시 현 위치에서 정지한다.
③ 서행하면서 우회전한다.
④ 교차로를 신속하게 통과한 후 계속 진행한다.

> 모든 차의 운전자는 교차로 또는 그 부근에서 긴급자동차가 접근할 때에는 교차로를 피하여 도로의 우측가장자리로 일시정지하여야 한다.
>
> 정답이 보이는
> **핵심키워드** | 교차로 우회전 중 소방차 접근 →
> ① 교차로 통과하여 도로 우측에 일시정지

**5** 긴급자동차는 긴급자동차의 구조를 갖추고, 사이렌을 울리거나 경광등을 켜서 긴급한 용무를 수행 중임을 알려야 한다. 이러한 조치를 취하지 않아도 되는 긴급자동차는?

① 불법 주차 단속용 자동차
② 소방차
③ 구급차
④ 속도위반 단속용 경찰 자동차

> 긴급자동차는 안전 운행에 필요한 구조를 갖추고, 우선 통행 및 긴급자동차에 대한 특례를 받으려면 사이렌을 울리거나 경광등을 켜야 하지만 속도 위반 단속용 경찰차나 경호 업무 수행 차량은 예외이다.
>
> 정답이 보이는
> **핵심키워드** | 조치 취하지 않아도 되는 긴급자동차 →
> ④ 속도위반 단속용 경찰차

**6** 소방차와 구급차 등이 앞지르기 금지 구역에서 앞지르기를 시도하거나 속도를 초과하여 운행 하는 등 특례를 적용 받으려면 어떤 조치를 하여야 하는가?

① 경음기를 울리면서 운행하여야 한다.
② 자동차관리법에 따른 자동차의 안전 운행에 필요한 구조를 갖추고 사이렌을 울리거나 경광등을 켜야 한다.
③ 전조등을 켜고 운행하여야 한다.
④ 특별한 조치가 없다 하더라도 특례를 적용 받을 수 있다.

> 정답이 보이는
> **핵심키워드** | 소방차, 구급차 앞지르기 특례 →
> ② 사이렌을 울리거나 경광등

**7** 일반자동차가 생명이 위독한 환자를 이송 중인 경우 긴급자동차로 인정받기 위한 조치는?

① 관할 경찰서장의 허가를 받아야 한다.
② 전조등 또는 비상등을 켜고 운행한다.
③ 생명이 위독한 환자를 이송 중이기 때문에 특별한 조치가 필요 없다.
④ 반드시 다른 자동차의 호송을 받으면서 운행하여야 한다.

> 구급자동차를 부를 수 없는 경우 일반자동차로 환자 이송 시 긴급자동차로 특례를 적용받기 위해 전조등 또는 비상등을 켜거나 그 밖에 적당한 방법으로 긴급한 목적으로 운행되고 있음을 표시하여야 한다.

> 정답이 보이는
> **핵심키워드** | 생명 위독한 환자 이송 → ② 전조등 또는 비상등

**8** 다음 중 사용하는 사람 또는 기관등의 신청에 의하여 시·도경찰청장이 지정할 수 있는 긴급자동차로 맞는 것은?

① 혈액공급차량
② 경찰용 자동차 중 범죄수사, 교통단속, 그 밖의 긴급한 경찰업무 수행에 사용되는 자동차
③ 전파감시업무에 사용되는 자동차
④ 수사기관의 자동차 중 범죄수사를 위하여 사용되는 자동차

> ① 도로교통법이 정하는 긴급자동차
> ②, ④ 대통령령이 지정하는 자동차

> 정답이 보이는
> **핵심키워드** | 시·도경찰청장 지정 가능 긴급자동차 →
> ③ 전파감시업무 자동차

**9** 다음 중 사용하는 사람 또는 기관등의 신청에 의하여 시·도경찰청장이 지정할 수 있는 긴급자동차로 맞는 것은?

① 소방차
② 가스누출 복구를 위한 응급작업에 사용되는 가스 사업용 자동차
③ 구급차
④ 혈액공급 차량

> 전기사업, 가스사업, 그 밖의 공익사업용 자동차는 신청을 통해 시·도경찰청장이 긴급자동차로 지정할 수 있다.

> 정답이 보이는
> **핵심키워드** | 시·도경찰청 지정 가능 긴급자동차 →
> ② 가스 사업용 자동차

**10** 다음 중 사용하는 사람 또는 기관등의 신청에 의하여 시·도경찰청장이 지정할 수 있는 긴급자동차가 아닌 것은?

① 교통단속에 사용되는 경찰용 자동차
② 긴급한 우편물의 운송에 사용되는 자동차
③ 전화의 수리공사 등 응급작업에 사용되는 자동차
④ 긴급복구를 위한 출동에 사용되는 민방위업무를 수행하는 기관용 자동차

> ②, ③, ④의 경우 사용하는 사람 또는 기관 등의 신청에 의하여 시·도경찰청장이 지정하는 경우에만 긴급자동차로 사용되지만, 경찰용 자동차 중 범죄수사, 교통단속, 그 밖의 긴급한 경찰업무 수행에 사용되는 자동차는 별도의 신청 절차 없이 긴급자동차로 지정되어 있다.

> 정답이 보이는
> **핵심키워드** | 시·도경찰청 지정 긴급자동차 아닌 것 →
> ① 교통단속 경찰용 자동차

**11** 도로교통법령상 긴급자동차에 대한 특례의 설명으로 잘못된 것은?

① 앞지르기 금지장소에서 앞지르기할 수 있다.
② 끼어들기 금지장소에서 끼어들기 할 수 있다.
③ 횡단보도를 횡단하는 보행자가 있어도 보호하지 않고 통행할 수 있다.
④ 도로 통행속도의 최고속도보다 빠르게 운전할 수 있다.

> 정답이 보이는
> **핵심키워드** | 긴급자동차 특례 잘못된 것 →
> ③ 보행자 보호하지 않고 통행

**12** 도로교통법상 소방용수시설, 비상소화장치, 소방시설로부터 (  )미터 이내인 곳은 정차 및 주차의 금지구역입니다. (  ) 안에 맞는 것은?

① 5
② 6
③ 8
④ 10

> 정답이 보이는
> **핵심키워드** | 소방용수시설 → ① 5미터

**13** 도로교통법상 긴급자동차가 긴급한 용도 외에도 경광등 등을 사용할 수 있는 경우가 아닌 것은?

① 소방차가 화재 예방 및 구조·구급 활동을 위하여 순찰을 하는 경우
② 소방차가 정비를 위해 긴급히 이동하는 경우
③ 민방위업무용 자동차가 그 본래의 긴급한 용도와 관련된 훈련에 참여하는 경우
④ 경찰용 자동차가 범죄 예방 및 단속을 위하여 순찰을 하는 경우

①, ③, ④의 경우 경광등을 켜거나 사이렌을 작동할 수 있다.

정답이 보이는
**핵심키워드** | 긴급자동차 경광등 사용 가능한 경우 아닌 것 →
② 소방차 정비

---

**14** 도로교통법상 긴급출동 중인 긴급자동차의 법규위반으로 맞는 것은?

① 편도 2차로 일반도로에서 매시 100킬로미터로 주행하였다.
② 백색 실선으로 차선이 설치된 터널 안에서 앞지르기하였다.
③ 우회전하기 위해 교차로에서 끼어들기를 하였다.
④ 인명 피해 교통사고가 발생하여도 긴급출동 중이므로 필요한 신고나 조치 없이 계속 운전하였다.

긴급자동차에 대해서는 자동차 등의 속도제한, 앞지르기 금지, 끼어들기의 금지를 적용하지 않는다.

정답이 보이는
**핵심키워드** | 긴급차의 법규위반 →
④ 인명 피해 교통사고 계속 운전

---

**15** 긴급자동차가 긴급한 용도 외에 경광등을 사용할 수 있는 경우가 아닌 것은?

① 소방차가 화재예방을 위하여 순찰하는 경우
② 도로관리용 자동차가 도로상의 위험을 방지하기 위하여 도로 순찰하는 경우
③ 구급차가 긴급한 용도와 관련된 훈련에 참여하는 경우
④ 경찰용 자동차가 범죄예방을 위하여 순찰하는 경우

정답이 보이는
**핵심키워드** | 긴급자동차 경광등 사용할 수 없는 경우 →
② 도로관리용 순찰

---

**16** 도로교통법령상 본래의 용도로 운행되고 있는 소방차 운전자가 긴급자동차에 대한 특례를 적용받을 수 없는 것은?

① 좌석안전띠 미착용　　② 음주 운전
③ 중앙선 침범　　　　　④ 신호위반

정답이 보이는
**핵심키워드** | 소방차 할 수 없는 것 → ② 음주 운전

---

## 17 빗길, 눈길, 안갯길, 철길건널목 등

**1** 겨울철 도로 결빙 시 안전한 차량운행에 대한 설명으로 가장 적절하지 않은 것은?

① 겨울철 도로 주행 시 사전에 기상정보, 교통상황을 확인한 후 운행하여야 한다.
② 결빙에 취약한 터널, 교량 구간은 더욱 주의하여 주행하여야 한다.
③ 터널, 교량 부근의 강설 전·후로 제설제가 살포되었다면 평상시 제한속도로 정상운행이 가능하다.
④ 일부 시·도경찰청은 고시에 의해 눈길, 빙판길 운행 시 월동장구를 사용 운행하도록 명문화하고 있다.

정답이 보이는
**핵심키워드** | 결빙시 차량운행 틀린 것 →
③ 평상시 제한속도로 운행 가능

---

**2** 다음 중 지진발생 시 운전자의 조치로 가장 바람직하지 못한 것은?

① 운전 중이던 차의 속도를 높여 신속히 그 지역을 통과한다.
② 차를 이용해 이동이 불가능할 경우 차는 가장자리에 주차한 후 대피한다.
③ 주차된 차는 이동 될 경우를 대비하여 자동차 열쇠는 꽂아둔 채 대피한다.
④ 라디오를 켜서 재난방송에 집중한다.

정답이 보이는
**핵심키워드** | 지진 조치 아닌 것 → ① 속도를 높여 통과

**3** 자동차 운전자는 폭우로 가시거리가 50미터 이내인 경우 도로교통법령상 최고속도의 (      )을 줄인 속도로 운행하여야 한다. (      )에 기준으로 맞는 것은?

① 100분의 50　　　② 100분의 40
③ 100분의 30　　　④ 100분의 20

1. 최고속도의 100분의 20을 줄인 속도로 운행하여야 하는 경우
   • 비가 내려 노면이 젖어있는 경우
   • 눈이 20밀리미터 미만 쌓인 경우
2. 최고속도의 100분의 50을 줄인 속도로 운행하여야 하는 경우
   • 폭우·폭설·안개 등으로 가시거리가 100미터 이내인 경우
   • 노면이 얼어 붙은 경우
   • 눈이 20밀리미터 이상 쌓인 경우

정답이 보이는
**핵심키워드** | 가시거리 50미터 최고속도 → ① 100분의 50

**4** 집중 호우 시 안전한 운전 방법과 가장 거리가 먼 것은?

① 차량의 전조등과 미등을 켜고 운전한다.
② 히터를 내부공기 순환 모드 상태로 작동한다.
③ 수막현상을 예방하기 위해 타이어의 마모 정도를 확인한다.
④ 빗길에서는 안전거리를 2배 이상 길게 확보한다.

히터 또는 에어컨은 내부공기 순환 모드로 작동할 경우 차량 내부 유리창에 김서림이 심해질 수 있으므로 외부공기 유입모드로 작동한다.

정답이 보이는
**핵심키워드** | 집중 호우 시 잘못된 운전 → ② 내부공기 순환 모드

**5** 수막현상에 대한 설명으로 가장 적절한 것은?

① 수막현상을 줄이기 위해 기본 타이어보다 폭이 넓은 타이어로 교환한다.
② 빗길보다 눈길에서 수막현상이 더 발생하므로 감속 운행을 해야 한다.
③ 트레드가 마모되면 접지력이 높아져 수막현상의 가능성이 줄어든다.
④ 타이어의 공기압이 낮아질수록 고속주행 시 수막현상이 증가된다.

정답이 보이는
**핵심키워드** | 수막현상 → ④ 공기압 낮아질수록 증가

**6** 도로교통법상 편도 2차로 자동차전용도로에 비가 내려 노면이 젖어있는 경우 감속운행 속도로 맞는 것은?

① 매시 80킬로미터　　　② 매시 90킬로미터
③ 매시 72킬로미터　　　④ 매시 100킬로미터

정답이 보이는
**핵심키워드** | 비 내리는 편도 2차로 자동차전용도로 속도 → ③ 시속 72

**7** 포트홀(도로의 움푹 패인 곳)에 대한 설명으로 맞는 것은?

① 포트홀은 여름철 집중 호우 등으로 인해 만들어지기 쉽다.
② 포트홀로 인한 피해를 예방하기 위해 주행 속도를 높인다.
③ 도로 표면 온도가 상승한 상태에서 횡단보도 부근에 대형 트럭 등이 급제동하여 발생한다.
④ 도로가 마른 상태에서는 포트홀 확인이 쉬우므로 그 위를 그냥 통과해도 무방하다.

포트홀은 빗물에 의해 지반이 약해지고 균열이 발생한 상태로 차량의 잦은 이동으로 아스팔트의 표면이 떨어져나가 도로에 구멍이 파이는 현상을 말한다.

정답이 보이는
**핵심키워드** | 포트홀 → ① 여름철 집중 호우

**8** 폭우로 인하여 지하차도가 물에 잠겨 있는 상황이다. 다음 중 가장 안전한 운전 방법은?

① 물에 바퀴가 다 잠길 때까지는 무사히 통과할 수 있으니 서행으로 지나간다.
② 최대한 빠른 속도로 빠져 나간다.
③ 우회도로를 확인한 후에 돌아간다.
④ 통과하다가 시동이 꺼지면 바로 다시 시동을 걸고 빠져 나온다.

폭우로 인하여 지하차도가 물에 감겨 차량의 범퍼까지 또는 차량 바퀴의 절반 이상이 물에 잠긴다면 차량이 지나갈 수 없다. 또한 위와 같은 지역을 통과할 때 빠른 속도로 지나가면 차가 물을 밀어내면서 앞쪽 수위가 높아져 엔진에 물이 들어올 수도 있다. 침수된 지역에서 시동이 꺼지면 재시동 시 엔진이 고장난다.

정답이 보이는
**핵심키워드** | 폭우로 지하차도 잠긴 상황 → ③ 우회도로

★
## 9 눈길 운전에 대한 설명으로 틀린 것은?

① 운전자의 시야 확보를 위해 앞 유리창에 있는 눈만 치우고 주행하면 안전하다.
② 풋 브레이크와 엔진브레이크를 같이 사용해야 한다.
③ 스노체인을 한 상태라면 매시 30킬로미터 이하로 주행하는 것이 안전하다.
④ 평상시보다 안전거리를 충분히 확보하고 주행한다.





★★
## 10 눈길이나 빙판길 주행 중에 정지하려고 할 때 가장 안전한 제동 방법은?

① 브레이크 페달을 힘껏 밟는다.
② 풋 브레이크와 주차브레이크를 동시에 작동하여 신속하게 차량을 정지시킨다.
③ 차가 완전히 정지할 때까지 엔진브레이크로만 감속한다.
④ 엔진브레이크로 감속한 후 브레이크 페달을 가볍게 여러 번 나누어 밟는다.





★★
## 11 겨울철 빙판길에 대한 설명이다. 가장 바르게 설명한 것은?

① 터널 안에서 주로 발생하며, 안개입자가 얼면서 노면이 빙판길이 된다.
② 다리 위, 터널 출입구, 그늘진 도로에서는 블랙아이스 현상이 자주 나타난다.
③ 블랙아이스 현상은 차량의 매연으로 오염된 눈이 노면에 쌓이면서 발생한다.
④ 빙판길을 통과할 경우에는 핸들을 고정하고 급제동하여 최대한 속도를 줄인다.



★★
## 12 빙판길에서 차가 미끄러질 때 안전 운전방법 중 옳은 것은?

① 핸들을 미끄러지는 방향으로 조작한다.
② 수동 변속기 차량의 경우 기어를 고단으로 변속한다.
③ 핸들을 미끄러지는 반대 방향으로 조작한다.
④ 주차 브레이크를 이용하여 정차한다.





★
## 13 폭우가 내리는 도로의 지하차도를 주행하는 운전자의 마음가짐으로 가장 바람직한 것은?

① 모든 도로의 지하차도는 배수시설이 잘 되어 있어 위험요소는 발생하지 않는다.
② 재난방송, 안내판 등 재난 정보를 청취하면서 위험요소에 대응한다.
③ 폭우가 그칠 때까지 지하차도 갓길에 정차하여 휴식을 취한다.
④ 신속히 지나가야하기 때문에 지정속도보다 빠르게 주행한다.





★★
## 14 다음 중 우천 시에 안전한 운전방법이 아닌 것은?

① 상황에 따라 제한 속도에서 50퍼센트 정도 감속 운전한다.
② 길 가는 행인에게 물을 튀지 않도록 적절한 간격을 두고 주행한다.
③ 비가 내리는 초기에 가속페달과 브레이크 페달을 밟지 않는 상태에서 바퀴가 굴러가는 크리프(Creep) 상태로 운전하는 것은 좋지 않다.
④ 낮에 운전하는 경우에도 미등과 전조등을 켜고 운전하는 것이 좋다.

**★★**
**15** 겨울철 블랙 아이스(black ice)에 대해 바르게 설명하지 못한 것은?

① 도로 표면에 코팅한 것처럼 얇은 얼음막이 생기는 현상이다.
② 아스팔트 표면의 눈과 습기가 공기 중의 오염물질과 뒤섞여 스며든 뒤 검게 얼어붙은 현상이다.
③ 추운 겨울에 다리 위, 터널 출입구, 그늘진 도로, 산모퉁이 음지 등 온도가 낮은 곳에서 주로 발생한다.
④ 햇볕이 잘 드는 도로에 눈이 녹아 스며들어 도로의 검은 색이 햇빛에 반사되어 반짝이는 현상을 말한다.

> 정답이 보이는
> **핵심키워드** | 블랙 아이스 틀린 것 → ④ 햇볕 잘 드는 도로

**★★**
**16** 다음 중 겨울철 도로 결빙 상황과 관련한 설명으로 잘못된 것은??

① 아스팔트보다 콘크리트로 포장된 도로가 결빙이 더 많이 발생한다.
② 콘크리트보다 아스팔트 포장된 도로가 결빙이 더 늦게 녹는다.
③ 아스팔트 포장도로의 마찰계수는 건조한 노면일 때 1.6으로 커진다.
④ 동일한 조건의 결빙상태에서 콘크리트와 아스팔트 포장된 도로의 노면마찰계수는 같다.

> 정답이 보이는
> **핵심키워드** | 도로 결빙 틀린 것 → ③ 건조한 노면일 때 커진다.

**★★**
**17** 집중호우로 차량 침수 시 대처 방법으로 가장 올바르지 않은 것은?

① 급류가 밀려오는 반대쪽 문을 열고 탈출을 시도한다.
② 차량 문이 열리지 않는다면 뾰족한 물체(목받침대, 안전벨트 잠금장치 등)로 창문 유리의 가장자리를 강하게 내리쳐 창문을 깨고 탈출을 시도한다.
③ 차량 창문을 깰 수 없다면 당황하지 말고, 119신고 후 차량 내·외부 수위가 비슷해지는 시점에(30cm이하) 신속하게 문을 열어 탈출한다.
④ 탈출하였다면 최대한 저지대 혹은 차량의 아래로 대피하도록 한다.

> 정답이 보이는
> **핵심키워드** | 차량 침수 대처 아닌 것 → ④ 아래로 대피

**★★**
**18** 다음 중 안개 낀 도로를 주행할 때 바람직한 운전 방법과 거리가 먼 것은?

① 뒤차에게 나의 위치를 알려주기 위해 차폭등, 미등, 전조등을 켠다.
② 앞 차에게 나의 위치를 알려주기 위해 반드시 상향등을 켠다.
③ 안전거리를 확보하고 속도를 줄인다.
④ 습기가 맺혀 있을 경우 와이퍼를 작동해 시야를 확보한다.

> 상향등은 안개 속 물 입자들로 인해 산란하기 때문에 켜지 않고 하향등 또는 안개등을 켜도록 한다.

> 정답이 보이는
> **핵심키워드** | 안개 낀 도로 바람직한 운전 아닌 것 → ② 상향등

**★★**
**19** 안개 낀 도로에서 자동차를 운행할 때 가장 안전한 운전 방법은?

① 커브 길이나 교차로 등에서는 경음기를 울려서 다른 차를 비키도록 하고 빨리 운행한다.
② 안개가 심한 경우에는 시야 확보를 위해 전조등을 상향으로 한다.
③ 안개가 낀 도로에서는 안개등만 켜는 것이 안전 운전에 도움이 된다.
④ 어느 정도 시야가 확보되는 경우엔 가드레일, 중앙선, 차선 등 자동차의 위치를 파악할 수 있는 지형지물을 이용하여 서행한다.

> 정답이 보이는
> **핵심키워드** | 안개 낀 도로 운전 → ④ 시야 확보 시 가드레일, 중앙선, 차선 이용하여 서행

**★**
**20** 안개 낀 도로를 주행할 때 안전한 운전 방법으로 바르지 않은 것은?

① 커브길이나 언덕길 등에서는 경음기를 사용한다.
② 전방 시야확보가 70미터 내외인 경우 규정속도보다 절반 이하로 줄인다.
③ 평소보다 전방시야확보가 어려우므로 안개등과 상향등을 함께 켜서 충분한 시야를 확보한다.
④ 차의 고장이나 가벼운 접촉사고일지라도 도로의 가장자리로 신속히 대피한다.

> 정답이 보이는
> **핵심키워드** | 안개 낀 도로 틀린 것 → ③ 상향등

**21** 내리막길 주행 중 브레이크가 제동되지 않을 때 가장 적절한 조치 방법은?

① 즉시 시동을 끈다.
② 저단 기어로 변속한 후 차에서 뛰어내린다.
③ 핸들을 지그재그로 조작하며 속도를 줄인다.
④ 저단 기어로 변속하여 감속 후 차체를 가드레일이나 벽에 부딪친다.

> 브레이크가 제동되지 않을 경우 저단 기어로 변속하여 감속시킨 후 차체를 가드레일이나 벽 등에 부딪치며 정지하는 것이 2차 사고를 예방하는 길이다.

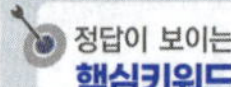
정답이 보이는 **핵심키워드** | 내리막길에서 브레이크 미작동 시 조치 → ④ 저단 기어로 변속하여 가드레일이나 벽에 부딪친다

---

**22** 커브길을 주행 중일 때의 설명으로 올바른 것은?

① 커브길 진입 이전의 속도 그대로 정속주행하여 통과한다.
② 커브길 진입 후에는 변속 기어비를 높혀서 원심력을 줄이는 것이 좋다.
③ 커브길에서 후륜구동 차량은 언더스티어(understeer) 현상이 발생할 수 있다.
④ 커브길에서 오버스티어(oversteer)현상을 줄이기 위해 조향방향의 반대로 핸들을 조금씩 돌려야 한다.

정답이 보이는 **핵심키워드** | 커브길 주행 → ④ 반대로 핸들을 조금씩

---

**23** 다음 중 터널 안 화재가 발생했을 때 운전자의 행동으로 가장 올바른 것은?

① 도난 방지를 위해 자동차문을 잠그고 터널 밖으로 대피한다.
② 화재로 인해 터널 안은 연기로 가득차기 때문에 차 안에 대기한다.
③ 차량 엔진 시동을 끄고 차량 이동을 위해 열쇠는 꽂아둔 채 신속하게 내려 대피한다.
④ 유턴해서 출구 반대방향으로 되돌아간다.

> 터널 안 화재는 대피가 최우선이므로 엔진을 끈 후 키를 꽂아둔 채 신속하게 하차하고 대피해야 한다.

정답이 보이는 **핵심키워드** | 터널 안 화재 시 행동 → ③ 열쇠 꽂아두고 대피

---

**24** 다음 중 터널을 통과할 때 운전자의 안전수칙으로 잘못된 것은?

① 터널 진입 전, 명순응에 대비하여 색안경을 벗고 밤에 준하는 등화를 켠다.
② 터널 안 차선이 백색실선인 경우, 차로를 변경하지 않고 터널을 통과한다.
③ 앞차와의 안전거리를 유지하면서 급제동에 대비한다.
④ 터널 진입 전, 입구에 설치된 도로안내정보를 확인한다.

> • 암순응 : 밝은 곳에서 어두운 곳으로 들어갈 때 처음에는 보이지 않던 것이 시간이 지나 보이기 시작하는 현상
> • 명순응 : 어두운 곳에서 밝은 곳으로 나왔을 때 점차 밝은 빛에 적응하는 현상

정답이 보이는 **핵심키워드** | 터널 통과 시 잘못된 것 → ① 명순응 대비

---

**25** 터널 안 주행 중 자동차 사고로 인한 화재 목격 시 가장 바람직한 대응 방법은?

① 차량 통행이 가능하더라도 차를 세우는 것이 안전하다.
② 차량 통행이 불가능할 경우 차를 세운 후 자동차 안에서 화재 진압을 기다린다.
③ 차량 통행이 불가능할 경우 차를 세운 후 자동차 열쇠를 챙겨 대피한다.
④ 하차 후 연기가 많이 나면 최대한 몸을 낮춰 연기가 나는 반대 방향으로 유도 표시등을 따라 이동한다.

> 터널 안을 통행 중 화재 목격 시 올바른 대응 방법
> • 차량 소통이 가능하면 신속하게 터널 밖으로 빠져 나온다.
> • 화재 발생에도 시야가 확보되고 소통이 가능하면 그대로 밖으로 차량을 이동시킨다.
> • 시야가 확보되지 않고 차량이 정체되거나 통행이 불가능할 시 비상주차대나 갓길에 차를 정차한다.
> • 엔진 시동은 끄고, 열쇠는 그대로 꽂아둔 채 차에서 내린다.
> • 휴대전화나 터널 안 긴급전화로 119 등에 신고하고 부상자가 있으면 살핀다.
> • 연기가 많이 나면 최대한 몸을 낮춰 연기 나는 반대 방향으로 터널 내 유도 표시등을 따라 이동하거나 피난연락대를 통해 옆 터널로 재빨리 이동한다.

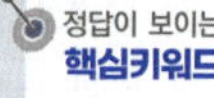
정답이 보이는 **핵심키워드** | 터널 안 화재 목격 → ④ 몸을 낮춰 연기 반대 방향으로 이동

**★**
**26** 운전 중 철길건널목에서 가장 바람직한 통행방법은?

① 기차가 오지 않으면 통과한다.
② 일시정지 하여 안전을 확인하고 통과한다.
③ 제한속도 이상으로 통과한다.
④ 차단기가 내려지려고 하는 경우는 빨리 통과한다.

> 정답이 보이는
> **핵심키워드** | 철길건널목 통행 → ② 일시정지 후 통과

**★★**
**27** 도로교통법상 (        )의 운전자는 철길 건널목을 통과하려는 경우 건널목 앞에서 (        )하여 안전한지 확인한 후에 통과하여야 한다. (   )안에 맞는 것은?

① 모든 차, 서행
② 모든 자동차등 또는 건설기계, 서행
③ 모든 차 또는 모든 전차, 일시정지
④ 모든 차 또는 노면 전차, 일시정지

> 정답이 보이는
> **핵심키워드** | 철길 건널목 통과 → ④ 모든 차 또는 노면 전차

**★★**
**28** 철길건널목을 통과하다가 고장으로 건널목 안에서 차를 운행할 수 없는 경우 운전자의 조치요령으로 바르지 않는 것은?

① 동승자를 대피시킨다.
② 비상점멸등을 작동한다.
③ 철도공무원에게 알린다.
④ 차량의 고장 원인을 확인한다.

> 정답이 보이는
> **핵심키워드** | 건널목 안에서 조치요령 아닌 것 →
> ④ 고장 원인 확인

**★★**
**29** 터널에서 안전운전과 관련된 내용으로 맞는 것은?

① 앞지르기는 왼쪽 방향지시등을 켜고 좌측으로 한다.
② 터널 안에서는 앞차와의 거리감이 저하된다.
③ 터널 진입 시 명순응 현상을 주의해야 한다.
④ 터널 출구에서는 암순응 현상이 발생한다.

교차로, 다리 위, 터널 안 등은 앞지르기가 금지된 장소이며, 터널 진입 시는 암순응 현상이 발생하고 백색 점선의 노면표시의 경우 차로 변경이 가능하다.

> 정답이 보이는
> **핵심키워드** | 터널 안전운전 → ② 앞차와의 거리감 저하

---

**18** **도로, 주행**

**★★**
**1** 주행 중 자동차 돌발 상황에 대한 올바른 대처 방법과 거리가 먼 것은?

① 주행 중 핸들이 심하게 떨리면 핸들을 꽉 잡고 계속 주행한다.
② 자동차에서 연기가 나면 즉시 안전한 곳으로 이동 후 시동을 끈다.
③ 타이어 펑크가 나면 핸들을 꽉 잡고 감속하며 안전한 곳에 정차한다.
④ 철길건널목 통과 중 시동이 꺼져서 다시 걸리지 않는다면 신속히 대피 후 신고한다.

핸들이 심하게 떨리면 타이어 펑크나 휠이 빠질 수 있기 때문에 반드시 안전한 곳에 정차하고 점검한다.

> 정답이 보이는
> **핵심키워드** | 주행 중 돌발상황 잘못된 대처 →
> ① 핸들이 심하게 떨리면 계속 주행

**★★**
**2** 편도 3차로 자동차전용도로의 구간에 최고속도 매시 60킬로미터의 안전표지가 설치되어 있다. 다음 중 운전자의 속도 준수방법으로 맞는 것은?

① 매시 90킬로미터로 주행한다.
② 매시 80킬로미터로 주행한다.
③ 매시 70킬로미터로 주행한다.
④ 매시 60킬로미터로 주행한다.

자동차등은 법정속도보다 안전표지가 지정하고 있는 규제속도를 우선 준수해야 한다.

> 정답이 보이는
> **핵심키워드** | 60킬로미터의 안전표지 → ④ 60킬로미터로 주행

**★★**
**3** 자동차전용도로에서 자동차의 최고 속도와 최저 속도는 ?

① 매시 110킬로미터, 매시 50킬로미터
② 매시 100킬로미터, 매시 40킬로미터
③ 매시 90킬로미터, 매시 30킬로미터
④ 매시 80킬로미터, 매시 20킬로미터

자동차전용도로에서 자동차의 최고 속도는 매시 90킬로미터, 최저 속도는 매시 30킬로미터이다.

> 정답이 보이는
> **핵심키워드** | 자동차전용도로 속도 → ③ 최고 90, 최저 30

**4** 강풍 및 폭우를 동반한 태풍이 발생한 도로를 주행 중일 때 운전자의 조치방법으로 적절하지 못한 것은?

① 브레이크 성능이 현저히 감소하므로 앞차와의 거리를 평소보다 2배 이상 둔다.
② 침수지역을 지나갈 때는 중간에 멈추지 말고 그대로 통과하는 것이 좋다.
③ 주차할 때는 침수 위험이 높은 강변이나 하천 등의 장소를 피한다.
④ 담벼락 옆이나 대형 간판 아래 주차하는 것이 안전하다.

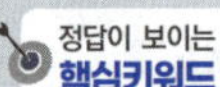


**5** 도로교통법령상 비사업용 승용차 운전자가 전조등, 차폭등, 미등, 번호등을 모두 켜야 하는 경우로 맞는 것은?

① 밤에 도로에서 정차하는 경우
② 안개가 가득 낀 도로에서 정차하는 경우
③ 주차위반으로 견인되는 자동차의 경우
④ 터널 안 도로에서 운행하는 경우

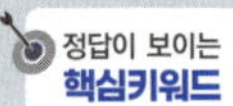


**6** 도로교통법상 자동차 등의 속도와 관련하여 맞는 것은?

① 고속도로의 최저속도는 매시 50킬로미터로 규정되어 있다.
② 자동차전용도로에서는 최고속도는 제한하지만 최저속도는 제한하지 않는다.
③ 일반도로에서는 최저속도와 최고속도를 제한하고 있다.
④ 편도2차로 이상 고속도로의 최고속도는 차종에 관계없이 동일하게 규정되어 있다.

고속도로의 최저속도는 모든 고속도로에서 동일하게 시속 50킬로미터로 규정되어 있으며, 자동차전용도로에서는 최고속도와 최저속도 둘 다 제한이 있다. 일반도로에서는 최저속도 제한이 없고, 편도2차로 이상 고속도로의 최고속도는 차종에 따라 다르게 규정되어 있다.

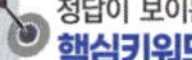


**7** 다음 중 도로교통법상 편도 3차로 고속도로에서 2차로를 이용하여 주행할 수 있는 자동차는?

① 화물자동차
② 특수자동차
③ 건설기계
④ 소·중형승합자동차

편도 3차로 고속도로에서 2차로는 승용자동차, 승합자동차의 주행차로이다.

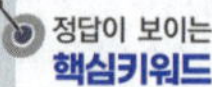


**8** 편도 2차로 고속도로에서 1차로가 차량 통행량 증가 등으로 인하여 부득이하게 시속 (   )킬로미터 미만으로 통행할 수밖에 없는 경우에는 앞지르기를 하는 경우가 아니더라도 통행할 수 있다. (   ) 안에 기준으로 맞는 것은?

① 80
② 90
③ 100
④ 110

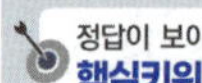


**9** 고속도로 갓길 이용에 대한 설명으로 맞는 것은?

① 졸음운전 방지를 위해 갓길에 정차 후 휴식한다.
② 해돋이 풍경 감상을 위해 갓길에 주차한다.
③ 고속도로 주행차로에 정체가 있는 때에는 갓길로 통행한다.
④ 부득이한 사유없이 갓길로 통행한 승용자동차 운전자의 범칙금액은 6만원이다.

**10** 편도 5차로 고속도로에서 차로에 따른 통행차의 기준에 따르면 몇 차로까지 왼쪽 차로인가? (단, 전용차로와 가감속 차로 없음)

① 1~2차로
② 2~3차로
③ 1~3차로
④ 2차로만

1차로를 제외한 차로를 반으로 나누어 그 중 1차로에 가까운 부분의 차로. 다만, 1차로를 제외한 차로의 수가 홀수인 경우 가운데 차로는 제외한다.

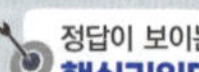

**11** 고속도로 지정차로에 대한 설명으로 잘못된 것은? (소통이 원활하며, 버스전용차로 없음)

① 편도 3차로에서 1차로는 앞지르기 하려는 승용자동차, 경형·소형·중형 승합자동차가 통행할 수 있다.

② 앞지르기를 할 때에는 지정된 차로의 왼쪽 바로 옆 차로로 통행할 수 있다.

③ 모든 차는 지정된 차로보다 왼쪽에 있는 차로로 통행할 수 있다.

④ 고속도로 지정차로 통행위반 승용자동차 운전자의 벌점은 10점이다.

> **정답이 보이는 핵심키워드** │ 고속도로 지정차로 틀린 것 →
> ③ 왼쪽 차로로 통행

**12** 소통이 원활한 편도 3차로 고속도로에서 승용자동차의 앞지르기 방법에 대한 설명으로 잘못된 것은?

① 승용자동차가 앞지르기하려고 1차로로 차로를 변경한 후 계속해서 1차로로 주행한다.

② 3차로로 주행 중인 대형승합자동차가 2차로로 앞지르기한다.

③ 2차로로 주행중인 소형승합자동차는 1차로를 이용하여 앞지르기 한다.

④ 5톤 화물차는 2차로를 이용하여 앞지르기 한다.

> 고속도로에서 승용자동차가 앞지르기할 때에는 1차로를 이용하고, 앞지르기를 마친 후에는 지정된 주행 차로에서 주행하여야 한다.

> **정답이 보이는 핵심키워드** │ 편도 3차로 고속도로 승용차 앞지르기 잘못된 것 →
> ① 계속 1차로 주행

**13** 다음은 차로에 따른 통행차의 기준에 대한 설명이다. 잘못된 것은?

① 모든 차는 지정된 차로의 오른쪽 차로로 통행할 수 있다.

② 승용자동차가 앞지르기를 할 때에는 통행 기준에 지정된 차로의 바로 옆 오른쪽 차로로 통행해야한다.

③ 편도 4차로 일반도로에서 승용자동차의 주행차로는 모든 차로이다.

④ 편도 4차로 고속도로에서 대형화물자동차의 주행차로는 오른쪽차로이다.

> **정답이 보이는 핵심키워드** │ 통행차 기준 틀린 것 → ② 앞지르기 시 오른쪽

**14** 일반도로의 버스전용차로로 통행할 수 있는 경우로 맞는 것은?

① 12인승 승합자동차가 6인의 동승자를 싣고 가는 경우

② 내국인 관광객 수송용 승합자동차가 25명의 관광객을 싣고 가는 경우

③ 노선을 운행하는 12인승 통근용 승합자동차가 직원들을 싣고 가는 경우

④ 택시가 승객을 태우거나 내려주기 위하여 일시 통행하는 경우

> 전용차로 통행차의 통행에 장해를 주지 않는 범위에서 택시가 승객을 태우거나 내려주기 위하여 일시 통행하는 경우 택시 운전자는 승객이 타거나 내린 즉시 전용차로를 벗어나야 한다.

> **정답이 보이는 핵심키워드** │ 버스전용차로로 통행할 수 있는 경우 →
> ④ 택시가 일시 통행하는 경우

**15** 도로교통법령상 고속도로 버스전용차로를 통행할 수 있는 9인승 승용자동차는 (　)명 이상 승차한 경우로 한정한다. (　) 안에 기준으로 맞는 것은?

① 3　　　　② 4　　　　③ 5　　　　④ 6

> **정답이 보이는 핵심키워드** │ 버스전용차로 통행 가능한 9인승 승용차 승차인원 → ④ 6

**16** 도로교통법상 차로에 따른 통행차의 기준에 대한 설명이다. 잘못된 것은? (버스전용차로 없음)

① 느린 속도로 진행할 때에는 그 통행하던 차로의 오른쪽 차로로 통행할 수 있다.

② 편도 2차로 고속도로의 1차로는 앞지르기를 하려는 모든 자동차가 통행할 수 있다.

③ 일방통행도로에서는 도로의 오른쪽부터 1차로로 한다.

④ 편도 3차로 고속도로의 오른쪽 차로는 화물자동차가 통행할 수 있는 차로이다.

> 차로의 순위는 도로의 중앙선쪽에 있는 차로부터 1차로로 한다. 다만, 일방통행도로에서는 도로의 왼쪽부터 1차로로 한다.

> **정답이 보이는 핵심키워드** │ 차로 통행차 기준 아닌 것 →
> ③ 일방통행도로 오른쪽부터 1차로

★★
## 17  전용차로 통행에 대한 설명으로 맞는 것은?

① 승용차에 2인이 승차한 경우 다인승 전용차로를 통행할 수 있다.
② 승차정원 9인승 이상 승용차는 6인이 승차하면 고속도로 버스전용차로를 통행할 수 있다.
③ 승차정원 12인승 이하인 승합차는 5인이 승차해도 고속도로 버스전용차로를 통행할 수 있다.
④ 승차정원 16인승 자가용 승합차는 고속도로 외의 도로에 설치된 버스전용차로를 통행 할 수 있다.

① 3인 이상 승차하여야 한다.
③ 승차자가 6인 이상이어야 한다.
④ 사업용 승합차이거나, 통학 또는 통근용으로 시·도경찰청장의 지정을 받는 등의 조건을 충족하여야 통행이 가능하다.

정답이 보이는
**핵심키워드** | 전용차로 통행 →
② 9인승 이상 승용차 버스전용차로

★★
## 18  도로교통법상 설치되는 차로의 너비는 (  )미터 이상으로 하여야 한다. 이 경우 좌회전전용 차로의 설치 등 부득이하다고 인정되는 때에는 (   )센티미터 이상으로 할 수 있다. (  )안에 기준으로 각각 맞는 것은?

① 5, 300
② 4, 285
③ 3, 275
④ 2, 265

차로의 너비 : 3m 이상 (좌회전전용차로의 설치 등 부득이하다고 인정될 경우 275cm 이상)

정답이 보이는
**핵심키워드** | 차로 너비 → ③ 3미터

★★
## 19  도로교통법상 주거지역·상업지역 및 공업지역의 일반도로에서 제한할 수 있는 속도로 맞는 것은?

① 시속 20킬로미터 이내
② 시속 30킬로미터 이내
③ 시속 40킬로미터 이내
④ 시속 50킬로미터 이내

정답이 보이는
**핵심키워드** | 주거지역 제한속도 → ④ 50킬로

★★
## 20  도로교통법상 시간대에 따라 양방향의 통행량이 뚜렷하게 다른 도로에는 교통량이 많은 쪽으로 차로의 수가 확대될 수 있도록 신호기에 의하여 차로의 진행방향을 지시하는 차로는?

① 가변차로
② 버스전용차로
③ 가속차로
④ 앞지르기 차로

시·도경찰청장은 시간대에 따라 양방향의 통행량이 뚜렷하게 다른 도로에는 교통량이 많은 쪽으로 차로의 수가 확대될 수 있도록 신호기에 의하여 차로의 진행방향을 지시하는 가변차로를 설치할 수 있다.

정답이 보이는
**핵심키워드** | 차로 수 확대 → ① 가변차로

★★
## 21  도로교통법상 도로에 설치하는 노면표시의 색이 잘못 연결된 것은?

① 안전지대 중 양방향 교통을 분리하는 표시는 노란색
② 버스전용차로표시는 파란색
③ 노면색깔유도선표시는 분홍색, 연한녹색 또는 녹색
④ 어린이보호구역 안에 설치하는 속도제한표시의 테두리선은 흰색

어린이보호구역 안에 설치하는 속도제한표시의 테두리선은 빨간색이다.

정답이 보이는
**핵심키워드** | 노면표시의 색 틀린 것 →
④ 어린이보호구역 속도제한 테두리선은 흰색

★★
## 22  도로교통법상 전용차로 통행차 외에 전용차로로 통행할 수 있는 경우가 아닌 것은?

① 긴급자동차가 그 본래의 긴급한 용도로 운행되고 있는 경우
② 도로의 파손 등으로 전용차로가 아니면 통행할 수 없는 경우
③ 전용차로 통행차의 통행에 장해를 주지 아니하는 범위에서 택시가 승객을 태우기 위하여 일시 통행하는 경우
④ 택배차가 물건을 내리기 위해 일시 통행하는 경우

정답이 보이는
**핵심키워드** | 전용차로 통행 아닌 것 → ④ 택배차

**★★**
**23** 도로교통법상 고속도로 외의 도로에서 왼쪽 차로를 통행할 수 있는 차종으로 맞는 것은?

① 승용자동차 및 경형·소형·중형 승합자동차
② 대형승합자동차
③ 화물자동차
④ 특수자동차 및 이륜자동차

고속도로 외의 도로에서 왼쪽차로는 승용자동차 및 경형·소형·중형 승합자동차가 통행할 수 있는 차종이다.

정답이 보이는
**핵심키워드** | 고속도로 외의 도로 왼쪽 차로 → ① 승용차

**★★**
**24** 도로교통법상 차로에 따른 통행구분 설명이다. 잘못된 것은?

① 차로의 순위는 도로의 중앙선쪽에 있는 차로부터 1차로로 한다.
② 느린 속도로 진행하여 다른 차의 정상적인 통행을 방해할 우려가 있는 때에는 그 통행하던 차로의 오른쪽 차로로 통행하여야 한다.
③ 일방통행 도로에서는 도로의 오른쪽부터 1차로 한다.
④ 편도 2차로 고속도로에서 모든 자동차는 2차로로 통행하는 것이 원칙이다.

차로의 순위는 도로의 중앙선 쪽에 있는 차로부터 1차로로 한다. 다만, 일방통행도로에서는 도로의 왼쪽부터 1차로로 한다.

정답이 보이는
**핵심키워드** | 차로 구분 잘못된 것 → ③ 오른쪽부터 1차로

**★★**
**25** 교통사고 감소를 위해 도심부 최고속도를 시속 50킬로미터로 제한하고, 주거지역등 이면도로는 시속 30킬로미터 이하로 하향 조정하는 교통안전 정책으로 맞는 것은?

① 뉴딜 정책
② 안전속도 5030
③ 교통사고 줄이기 한마음 대회
④ 지능형 교통체계(ITS)

정답이 보이는
**핵심키워드** | 도심부 최고속도 제한 → ② 안전속도 5030

**★★**
**26** 장애인 전용 주차구역 주차표지 발급 기관이 아닌 것은?

① 국가보훈부장관
② 특별자치시장·특별자치도지사
③ 시장·군수·구청장
④ 보건복지부장관

정답이 보이는
**핵심키워드** | 장애인 전용 주차표지 발급 기관 아닌 것 → ④ 보건복지부장관

**★★**
**27** 도로교통법상 개인형 이동장치의 정차 및 주차가 금지되는 기준으로 틀린 것은?

① 교차로의 가장자리로부터 10미터 이내인 곳, 도로의 모퉁이로부터 5미터 이내인 곳
② 횡단보도로부터 10미터 이내인 곳, 건널목의 가장자리로부터 10미터 이내인 곳
③ 안전지대의 사방으로부터 각각 10미터 이내인 곳, 버스정류장 기둥으로부터 10미터 이내인 곳
④ 비상소화장치가 설치된 곳으로부터 5미터 이내인 곳, 소방용수시설이 설치된 곳으로부터 5미터 이내인 곳

정답이 보이는
**핵심키워드** | 개인형 이동장치의 정차 금지 기준 틀린 것 → ① 교차로 10미터

**★★**
**28** 도로 공사장의 안전한 통행을 위해 차선변경이 필요한 구간으로 차로 감소가 시작되는 지점은?

① 주의구간 시작점
② 완화구간 시작점
③ 작업구간 시작점
④ 종결구간 시작점

도로 공사장은 주의-완화-작업-종결구간으로 구성되어 있다. 그 중 완화구간은 차로수가 감소하는 구간으로 차선변경이 필요한 구간이다. 안전한 통행을 위해서는 사전 차선변경 및 서행이 필수적이다.

정답이 보이는
**핵심키워드** | 차로 감소 시작 → ② 완화구간

**1** 다음은 차간거리에 대한 설명이다. 올바르게 표현된 것은?

① 공주거리는 위험을 발견하고 브레이크 페달을 밟아 브레이크가 듣기 시작할 때까지의 거리를 말한다.
② 정지거리는 앞차가 급정지할 때 추돌하지 않을 정도의 거리를 말한다.
③ 안전거리는 브레이크를 작동시켜 완전히 정지할 때까지의 거리를 말한다.
④ 제동거리는 위험을 발견한 후 차량이 완전히 정지할 때까지의 거리를 말한다.

> ② 앞차가 급정지할 때 추돌하지 않을 정도의 거리를 안전거리라 한다.
> ③ 브레이크를 작동시켜 완전히 정지하는 거리를 제동거리라 한다.
> ④ 위험을 발견한 후 차량이 완전히 정지할 때까지의 거리를 정지거리라 한다.

정답이 보이는 **핵심키워드** | 차간거리 → ① 공주거리 브레이크

**2** 정지거리에 대한 설명으로 맞는 것은?

① 운전자가 브레이크 페달을 밟은 후 최종적으로 정지한 거리
② 앞차가 급정지 시 앞차와의 추돌을 피할 수 있는 거리
③ 운전자가 위험을 발견하고 브레이크 페달을 밟아 실제로 차량이 정지하기까지 진행한 거리
④ 운전자가 위험을 감지하고 브레이크 페달을 밟아 브레이크가 실제로 작동하기 전까지의 거리

> ① 제동 거리, ② 안전거리, ④ 공주거리

정답이 보이는 **핵심키워드** | 정지거리 → ③ 차량이 정지한 거리



**1** 다음 중 교통사고 발생 시 가장 적절한 행동은?

① 비상등을 켜고 트렁크를 열어 비상상황임을 알릴 필요가 없다.
② 사고지점 도로 내에서 사고 상황에 대한 사진을 촬영하고 차량 안에 대기한다.
③ 사고지점에서 빠져나올 필요 없이 차량 안에 대기한다.
④ 주변 가로등, 교통신호등에 부착된 기초번호판을 보고 사고 발생지역을 보다 구체적으로 119, 112에 신고한다.

정답이 보이는 **핵심키워드** | 교통사고 시 적절한 행동 → ④ 119 신고

**2** 앞 차량의 급제동으로 인해 추돌할 위험이 있는 경우, 그 대처 방법으로 가장 올바른 것은?

① 충돌직전까지 포기하지 말고, 브레이크 페달을 밟아 감속한다.
② 앞 차와의 추돌을 피하기 위해 핸들을 급하게 좌측으로 꺾어 중앙선을 넘어간다.
③ 피해를 최소화하기 위해 눈을 감는다.
④ 와이퍼와 상향등을 함께 조작한다.

정답이 보이는 **핵심키워드** | 급제동 추돌 시 대처 → ① 포기하지 말고 브레이크

**3** 교통사고 시 머리와 목 부상을 최소화하기 위해 출발 전에 조절해야 하는 것은?

① 좌석의 전후 조절
② 등받이 각도 조절
③ 머리받침대 높이 조절
④ 좌석의 높낮이 조절

정답이 보이는 **핵심키워드** | 사고 시 머리, 목 부상 최소화 방법 → ③ 머리받침대 높이 조절

**4** 도로교통법령상 좌석안전띠 착용에 대한 내용으로 올바른 것은?

① 좌석안전띠는 허리 위로 고정시켜 교통사고 충격에 대비한다.
② 화재진압을 위해 출동하는 소방관은 좌석안전띠를 착용하지 않아도 된다.
③ 어린이는 앞좌석에 앉혀 좌석안전띠를 매도록 하는 것이 가장 안전하다.
④ 13세 미만의 자녀에게 좌석안전띠를 매도록 하지 않으면 과태료가 3만 원이다.

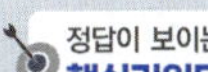
정답이 보이는
**핵심키워드** | 안전띠 착용 → ② 소방관은 미착용

**5** 자동차 주행 중 타이어가 펑크 났을 때 가장 올바른 조치는?

① 한 쪽으로 급격하게 쏠리면 사고를 예방하기 위해 급제동을 한다.
② 핸들을 꽉 잡고 직진하면서 급제동을 삼가고 엔진 브레이크를 이용하여 안전한 곳에 정지한다.
③ 차량이 쏠리는 방향으로 핸들을 꺾는다.
④ 브레이크 페달이 작동하지 않기 때문에 주차 브레이크를 이용하여 정지한다.

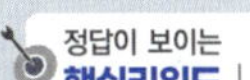
정답이 보이는
**핵실키워드** | 타이어 펑크 → ② 핸들 꽉

**6** 고속도로에서 고장 등으로 긴급 상황 발생 시 일정 거리를 무료로 견인서비스를 제공해 주는 기관은?

① 도로교통공단
② 한국도로공사
③ 경찰청
④ 한국교통안전공단

고속도로에서는 자동차 긴급 상황 발생 시 사고 예방을 위해 한국도로공사에서 10km까지 무료 견인서비스를 제공하고 있다.

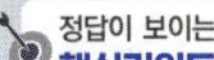
정답이 보이는
**핵심키워드** | 고속도로 긴급 시 무료 견인 → ② 한국도로공사

**7** 다음은 자동차 주행 중 긴급 상황에서 제동과 관련한 설명이다. 맞는 것은?

① 수막현상이 발생할 때는 브레이크의 제동력이 평소보다 높아진다.
② 비상 시 충격 흡수 방호벽을 활용하는 것은 대형 사고를 예방하는 방법 중 하나이다.
③ 노면에 습기가 있을 때 급브레이크를 밟으면 항상 직진 방향으로 미끄러진다.
④ ABS를 장착한 차량은 제동 거리가 절반 이상 줄어든다.

① 제동력이 떨어진다.
③ 편제동으로 인해 옆으로 미끄러질 수 있다.
④ ABS는 빗길 원심력 감소, 일정 속도에서 제동 거리가 어느 정도 감소되나 절반 이상 줄어들지는 않는다.

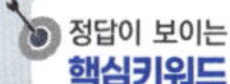
정답이 보이는
**핵심키워드** | 주행 중 긴급상황에서 제동 → ② 비상시 충격 흡수 방호벽 활용하여 대형사고 예방

**8** 교통사고로 심각한 척추 골절 부상이 예상되는 경우에 가장 적절한 조치방법은?

① 의식이 있는지 확인하고 즉시 심폐소생술을 실시한다.
② 부상자를 부축하여 안전한 곳으로 이동하고 119에 신고한다.
③ 상기도 폐색이 발생될 수 있으므로 하임리히법을 시행한다.
④ 긴급한 경우가 아니면 이송을 해서는 안 되며, 부득이한 경우에는 이송해야 한다면 부목을 이용해서 척추부분을 고정한 후 안전한 곳으로 우선 대피해야 한다.

정답이 보이는
**핵심키워드** | 척추 골절 → ④ 이송 금지

**★★**
**9** 주행 중 타이어 펑크 예방방법 및 조치요령으로 바르지 않은 것은?

① 도로와 접지되는 타이어의 바닥면에 나사못 등이 박혀있는지 수시로 점검한다.
② 정기적으로 타이어의 적정 공기압을 유지하고 트레드 마모한계를 넘어섰는지 살펴본다.
③ 핸들이 한쪽으로 쏠리는 경우 뒷 타이어의 펑크일 가능성이 높다.
④ 핸들은 정면으로 고정시킨 채 주행하는 기어상태로 엔진브레이크를 이용하여 감속을 유도한다.

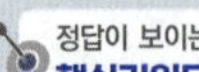 정답이 보이는 **핵심키워드** | 타이어 펑크 틀린 것 → ③ 쏠리면 뒷 타이어 펑크

**★★**
**10** 자동차 화재를 예방하기 위한 방법으로 가장 올바른 것은?

① 차량 내부에 앰프 설치를 위해 배선장치를 임의로 조작한다.
② 겨울철 주유시 정전기가 발생하지 않도록 주의한다.
③ LPG차량은 비상시를 대비하여 일회용 부탄가스를 차량에 싣고 다닌다.
④ 일회용 라이터는 여름철 차 안에 두어도 괜찮다.

배선은 임의로 조작하면 안 되며, 차량 안에 일회용 부탄가스를 두는 것은 위험하다. 일회용 라이터에는 폭발방지장치가 없어 여름철 차 안에 두면 위험하다.

정답이 보이는 **핵심키워드** | 화재 예방 → ② 겨울철 주유 시 정전기 주의

**★★**
**11** 교통사고 발생 시 부상자의 의식 상태를 확인하는 방법으로 가장 먼저 해야 할 것은?

① 부상자의 맥박 유무를 확인한다.
② 말을 걸어보거나 어깨를 가볍게 두드려 본다.
③ 어느 부위에 출혈이 심한지 살펴본다.
④ 입안을 살펴서 기도에 이물질이 있는지 확인한다.

의식 상태를 확인하기 위해서는 부상자에게 말을 걸어보거나, 어깨를 가볍게 두드려 보거나, 팔을 꼬집어서 확인하는 방법이 있다.

정답이 보이는 **핵심키워드** | 사고 시 부상자 의식상태 확인을 위해 가장 먼저 할일 → ② 말을 걸거나 어깨를 두드려 본다

**★★**
**12** 야간에 도로에서 로드킬(road kill)을 예방하기 위한 운전방법으로 바람직하지 않은 것은?

① 사람이나 차량의 왕래가 적은 국도나 산길을 주행할 때는 감속운행을 해야 한다.
② 야생동물 발견 시에는 서행으로 접근하고 한적한 갓길에 세워 동물과의 충돌을 방지한다.
③ 야생동물 발견 시에는 전조등을 끈 채 경음기를 가볍게 울려 도망가도록 유도한다.
④ 출현하는 동물의 발견을 용이하게 하기 위해 가급적 갓길에 가까운 도로를 주행한다.

정답이 보이는 **핵심키워드** | 로드킬 예방 틀린 것 → ④ 갓길 주행

**★★**
**13** 도로에서 로드킬(road kill)이 발생하였을 때 조치요령으로 바르지 않은 것은?

① 감염병 위험이 있을 수 있으므로 동물사체 등을 함부로 만지지 않는다.
② 로드킬 사고가 발생하면 야생동물구조센터나 지자체 콜센터 '지역번호 + 120번'등에 신고한다.
③ 2차사고 방지를 위해 사고 당한 동물을 자기 차에 싣고 주행한다.
④ 2차사고 방지와 원활한 소통을 위한 조치를 한 경우에는 신고하지 않아도 된다.

정답이 보이는 **핵심키워드** | 로드킬 조치 틀린 것 → ③ 차에 싣고 주행

## ★★
**1** 야간운전과 관련된 내용으로 가장 올바른 것은?

① 전면유리에 틴팅(일명 썬팅)을 하면 야간에 넓은 시야를 확보할 수 있다.
② 맑은 날은 야간보다 주간운전 시 제동거리가 길어진다.
③ 야간에는 전조등보다 안개등을 켜고 주행하면 전방의 시야확보에 유리하다.
④ 반대편 차량의 불빛을 정면으로 쳐다보면 증발현상이 발생한다.

정답이 보이는 **핵심키워드** │ 야간운전 → ④ 반대편 차량 증발현상

## ★★
**2** 야간 운전 중 나타나는 증발현상에 대한 설명 중 옳은 것은?

① 증발현상이 나타날 때 즉시 차량의 전조등을 끄면 증발현상이 사라진다.
② 증발현상은 마주 오는 두 차량이 모두 상향 전조등일 때 발생하는 경우가 많다.
③ 야간에 혼잡한 시내도로를 주행할 때 발생하는 경우가 많다.
④ 야간에 터널을 진입하게 되면 밝은 불빛으로 잠시 안 보이는 현상을 말한다.

증발현상은 상향 전조등을 켠 두 차량이 서로 마주 볼 때 도로 중앙에 서 있는 보행자가 갑자기 보이지 않거나 일부만 보이는 현상이다.

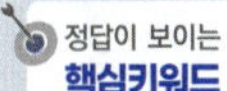
정답이 보이는 **핵심키워드** │ 야간운전 중 증발현상 →
② 마주 오는 두 차량 모두 상향 전조등일 때

## ★★
**3** 야간에 도로 상의 보행자나 물체들이 일시적으로 안 보이게 되는 "증발 현상"이 일어나기 쉬운 위치는?

① 반대 차로의 가장자리
② 주행 차로의 우측 부분
③ 도로의 중앙선 부근
④ 도로 우측의 가장자리

야간에 도로상의 보행자나 물체들이 일시적으로 안 보이게 되는 "증발현상"이 일어나기 쉬운 위치는 도로의 중앙선 부근이다.

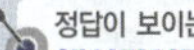
정답이 보이는 **핵심키워드** │ 야간 증발현상 → ③ 도로의 중앙선 부근

## ★★
**4** 야간 운전 시 운전자의 각성저하주행에 대한 설명으로 옳은 것은?

① 평소보다 인지능력이 향상된다.
② 안구동작이 상대적으로 활발해진다.
③ 시내 혼잡한 도로를 주행할 때 발생하는 경우가 많다.
④ 단조로운 시계에 익숙해져 일종의 감각 마비 상태에 빠지는 것을 말한다.

각성저하주행
야간운전시계는 전조등 불빛이 비치는 범위 내에 한정되므로 시계는 주간에 비해 매우 단조로워진다. 이로 인해 무의식중에 일종의 감각마비 상태가 되어 안구동작이 활발치 못해 시각자극이 둔해진다. 이러한 현상이 고조되면 차차 졸음이 오는 상태에 이르게 된다. 이와 같이 각성도가 저하된 상태에서 주행하는 것을 말한다.

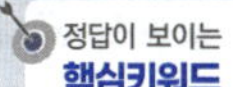
정답이 보이는 **핵심키워드** │ 야간 운전 시 각성저하주행 →
④ 단조로운 시계에 익숙해져 감각 마비 상태

## ★★
**5** 해가 지기 시작하면서 어두워질 때 운전자의 조치로 거리가 먼 것은?

① 차폭등, 미등을 켠다.
② 주간 주행속도보다 감속 운행한다.
③ 석양이 지면 눈이 어둠에 적응하는 시간이 부족해 주의하여야 한다.
④ 주간보다 시야확보가 용이하여 운전하기 편하다.

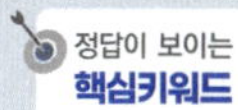
정답이 보이는 **핵심키워드** │ 해가 지기 시작하면서 어두워질 때 틀린 것 →
④ 주간보다 시야확보 용이

## ★★
**6** 야간에 마주 오는 차의 전조등 불빛으로 인한 눈부심을 피하는 방법으로 올바른 것은?

① 전조등 불빛을 정면으로 보지 말고 자기 차로의 바로 아래쪽을 본다.
② 전조등 불빛을 정면으로 보지 말고 도로 우측의 가장자리 쪽을 본다.
③ 눈을 가늘게 뜨고 자기 차로 바로 아래쪽을 본다.
④ 눈을 가늘게 뜨고 좌측의 가장자리 쪽을 본다.

대향 차량의 전조등에 의해 눈이 부실 경우에는 전조등의 불빛을 정면으로 보지 말고, 도로 우측의 가장자리 쪽을 보면서 운전하는 것이 바람직하다.

정답이 보이는 **핵심키워드** │ 야간 마주오는 차 전조등 눈부심 피하는 방법 →
② 불빛 정면을 보지 말고 우측 가장자리를 본다

**1** 다음 중 도로교통법상 음주운전 방지장치 부착 조건부 운전면허를 받은 운전자 등의 준수사항에 대한 설명으로 맞는 것은?

① 음주운전 방지장치가 설치된 자동차등을 시·도경찰청에 등록하지 아니하고 운전한 경우에는 면허가 정지 된다.
② 음주운전 방지장치가 설치되지 아니하거나 설치기준에 부합하지 아니한 음주운전 방지장치가 설치된 자동차등을 운전한 경우 1개월 내 시정조치 명령을 한다.
③ 음주운전 방지장치의 정비를 위해 해체·조작 또는 그 밖의 방법으로 효용이 떨어진 것을 알면서 해당 장치가 설치된 자동차등을 운전한 경우에는 면허가 정지된다.
④ 음주운전으로 인한 면허 결격기간 이후 방지장치 부착차량만 운전 가능한 면허를 취득한 때부터 장치를 부착한 차량만 운행할 수 있다.

정답이 보이는
**핵심키워드** | 음주운전 방지장치 → ④ 장치 부착 차량만 운전

**2** 운전자가 가짜 석유제품임을 알면서 차량 연료로 사용할 경우 처벌기준은?

① 과태료 5만원~10만원
② 과태료 50만원~1백만원
③ 과태료 2백만원~2천만원
④ 처벌되지 않는다.

가짜 석유제품임을 알면서 차량연료로 사용할 경우 사용량에 따라 2백만원에서 2천만원까지 과태료가 부과될 수 있다.

정답이 보이는
**핵심키워드** | 가짜 석유 처벌 → ③ 2백만원~2천만원

**3** 다음 중 전기자동차 충전 시설에 대해서 틀린 것은?

① 공용충전기란 휴게소·대형마트·관공서 등에 설치되어있는 충전기를 말한다.
② 전기차의 충전방식으로는 교류를 사용하는 완속충전 방식과 직류를 사용하는 급속충전 방식이 있다.
③ 공용충전기는 사전 등록된 차량에 한하여 사용이 가능하다.

④ 본인 소유의 부지를 가지고 있을 경우 개인용 충전 시설을 설치할 수 있다.

정답이 보이는
**핵심키워드** | 전기자동차 충전 시설 틀린 것 → ③ 사전 등록된 차량만 사용

**4** 일반적으로 무보수(MF : Maintenance Free) 배터리 수명이 다한 경우, 점검창에 나타나는 색깔은?

① 황색
② 백색
③ 검은색
④ 녹색

제조사에 따라 점검창의 색깔을 달리 사용하고 있으나, 일반적인 무보수(MF : Maintenance Free)배터리는 정상인 경우 녹색(청색), 전해액의 비중이 낮다는 의미의 검은색은 충전 및 교체, 백색은 배터리 수명이 다되었거나 방전된 경우를 말한다.

정답이 보이는
**핵심키워드** | 무보수 배터리 → ② 백색

**5** 가짜 석유를 주유했을 때 자동차에 발생할 수 있는 문제점이 아닌 것은?

① 연료 공급장치 부식 및 파손으로 인한 엔진 소음 증가
② 연료를 분사하는 인젝터 파손으로 인한 출력 및 연비 감소
③ 윤활성 상승으로 인한 엔진 마찰력 감소로 출력 저하
④ 연료를 공급하는 연료 고압 펌프 파손으로 시동 꺼짐

가짜 석유를 자동차 연료로 사용하였을 경우, 윤활성 저하로 인한 마찰력 증가로 연료 고압펌프 및 인젝터 파손이 발생할 수 있다.

정답이 보이는
**핵심키워드** | 가짜 석유 문제점 아닌 것 → ③ 윤활성 상승으로 출력 저하

**6** 다음 중 차량 연료로 사용될 경우, 가짜 석유제품으로 볼 수 없는 것은?

① 휘발유에 메탄올이 혼합된 제품
② 보통 휘발유에 고급 휘발유가 약 5% 미만으로 혼합된 제품
③ 경유에 등유가 혼합된 제품
④ 경유에 물이 약 5% 미만으로 혼합된 제품

가짜 석유제품이란 석유제품에 다른 석유제품 또는 석유화학제품 등을 혼합하는 방법으로 차량 연료로 사용할 목적으로 제조된 것을 말하며, 혼합량에 따른 별도 적용 기준은 없으므로 소량을 혼합해도 가짜 석유제품으로 볼 수 있다.

정답이 보이는
**핵심키워드** | 가짜 석유 아닌 것 → ④ 경유에 물 혼합

**7** 수소가스 누출을 확인할 수 있는 방법이 아닌 것은?

① 가연성 가스검지기 활용 측정
② 비눗물을 통한 확인
③ 가스 냄새를 맡아 확인
④ 수소검지기로 확인

수소는 가장 가벼운 원소로 무색, 무미, 무취의 특성이 있어 누출시 감지가 어려워 ①, ②, ④ 등의 방법으로 누출을 확인한다.

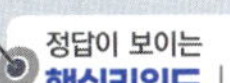

정답이 보이는
**핵심키워드** | 수소 누출 확인 방법 아닌 것 → ③ 냄새로 확인

**8** 수소차량의 안전수칙으로 틀린 것은?

① 충전하기 전 차량의 시동을 끈다.
② 충전소에서 흡연은 차량에 떨어져서 한다.
③ 수소가스가 누설할 때에는 충전소 안전관리자에게 안전점검을 요청한다.
④ 수소차량의 충돌 등 교통사고 후에는 가스 안전점검을 받은 후 사용한다.

정답이 보이는
**핵심키워드** | 수소차 안전수칙 아닌 것 → ② 흡연

**9** 다음 중 수소차량에서 누출을 확인하지 않아도 되는 곳은?

① 밴브와 용기의 접속부
② 조정기
③ 가스 호스와 배관 연결부
④ 연료전지 부스트 인버터

수소차의 기본원리는 연료전지에서 수소와 대기 중 산소와의 반응을 통해 전기를 얻어 모터를 구동시키는 것이다. 이때 인버터는 연료전지에서 얻은 직류전압을 교류전압으로 변환시켜 모터를 구동시키는 역할을 하며 수소와는 관련이 없다.

정답이 보이는
**핵심키워드** | 수소차량 누출 확인 안 해도 되는 곳 → ④ 인버터

**10** 다음 중 수소자동차의 주요 구성품이 아닌 것은?

① 연료전지　　　　② 구동모터
③ 엔진　　　　　　④ 배터리

정답이 보이는
**핵심키워드** | 수소자동차 구성품 아닌 것 → ③ 엔진

**11** 전기차 충전을 위한 올바른 방법으로 적절하지 않은 것은?

① 충전할 때는 규격에 맞는 충전기와 어댑터를 사용한다.
② 충전 중에는 충전 커넥터를 임의로 분리하지 않고 충전 종료 버튼으로 종료한다.
③ 젖은 손으로 충전기 사용을 하지 않고 충전장치에 물이 들어가지 않도록 주의한다.
④ 휴대용 충전기를 이용하여 충전할 경우 가정용 멀티탭이나 연장선을 사용한다.

전기차 충전을 위해 규격에 맞지 않는 멀티탭이나 연장선 사용 시 고전력으로 인한 화재 위험성이 있다.

정답이 보이는
**핵심키워드** | 전기차 충전 틀린 것 → ④ 멀티탭 사용

**12** 자동차의 제동력을 저하하는 원인으로 가장 거리가 먼 것은?

① 마스터 실린더 고상
② 휠 실린더 불량
③ 릴리스 포크 변형
④ 베이퍼 록 발생

릴리스 포크는 릴리스 베어링 칼라에 끼워져 릴리스 베어링에 페달의 조작력을 전달하는 작동을 한다.

정답이 보이는
**핵심키워드** | 제동력 저하 원인 틀린 것 → ③ 릴리스 포크 변형

## 13 법령상 자동차의 등화 종류와 그 등광색을 연결한 것으로 맞는 것은?

① 후퇴등 – 호박색
② 번호등 – 청색
③ 후미등 – 백색
④ 제동등 – 적색

후퇴등·번호등은 백색이고, 후미등·제동등은 적색이다.

정답이 보이는
**핵심키워드** | 등화 종류와 등광색 맞는 것 → ④ 제동등 – 적색

## 14 LPG 차량의 연료특성에 대한 설명으로 적당하지 않은 것은?

① 일반적인 상온에서는 기체로 존재한다.
② 차량용 LPG는 독특한 냄새가 있다.
③ 일반적으로 공기보다 가볍다.
④ 폭발 위험성이 크다.

LPG는 일반 공기보다 무겁고 폭발 위험성이 크다. LPG 자체는 무색 무취이지만 차량용 LPG에는 특수한 향을 섞어 누출 여부를 확인할 수 있도록 하고 있다.

정답이 보이는
**핵심키워드** | LPG 특성 아닌 것 → ③ 공기보다 가볍다

## 15 주행 보조장치가 장착된 자동차의 운전방법으로 바르지 않은 것은?

① 주행 보조장치를 사용하는 경우 주행 보조장치 작동 유지 여부를 수시로 확인하며 주행한다.
② 운전 개입 경고 시 주행 보조장치가 해제될 때까지 기다렸다가 개입해야 한다.
③ 주행 보조장치의 일부 또는 전체를 해제하는 경우 작동 여부를 확인한다.
④ 주행 보조장치가 작동되고 있더라도 즉시 개입할 수 있도록 대기하면서 운전한다.

운전 개입 경고 시 즉시 개입하여 운전해야 한다.

정답이 보이는
**핵심키워드** | 주행 보조장치 자동차 운전방법 아닌 것 → ② 기다렸다가 개입

## 16 자율주행시스템과 관련된 법령의 내용으로 틀린 것은?

① 도로교통법상 "운전"에는 도로에서 차마를 그 본래의 사용방법에 따라 자율주행시스템을 사용하는 것은 포함되지 않는다.
② 운전자가 자율주행시스템을 사용하여 운전하는 경우에는 휴대전화 사용금지 규정을 적용하지 아니한다.
③ 자율주행시스템의 직접 운전 요구에 지체없이 대응하지 아니한 자율주행 승용자동차의 운전자에 대한 범칙금액은 4만원이다.
④ "자율주행시스템"이란 운전자 또는 승객의 조작 없이 주변상황과 도로 정보 등을 스스로 인지하고 판단하여 자동차를 운행할 수 있게 하는 자동화 장비, 소프트웨어 및 이와 관련한 모든 장치를 말한다.

정답이 보이는
**핵심키워드** | 자율주행시스템 틀린 것 → ① 운전에 미포함

## 17 자동차를 안전하고 편리하게 주행할 수 있도록 보조해 주는 기능에 대한 설명으로 잘못된 것은?

① LFA(Lane Following Assist)는 "차로유지보조"기능으로 자동차가 차로 중앙을 유지하며 주행할 수 있도록 보조해 주는 기능이다.
② ASCC(Adaptive Smart Cruise Control)는 "차간거리 및 속도유지"기능으로 운전자가 설정한 속도로 주행하면서 앞차와의 거리를 유지하여 스스로 가·감속을 해 주는 기능이다.
③ ABSD(Active Blind Spot Detection)는 "사각지대감지"기능으로 사각지대의 충돌 위험을 감지해 안전한 차로 변경을 돕는 기능이다.
④ AEB(Autonomous Emergency Braking)는 "자동긴급제동" 기능으로 브레이크 제동시 타이어가 잠기는 것을 방지하여 제동거리를 줄여주는 기능이다.

AEB는 운전자가 위험상황 발생시 브레이크 작동을 하지 않거나 약하게 브레이크를 작동하여 충돌을 피할 수 없을 경우 시스템이 자동으로 긴급제동을 하는 기능이다. 보기 ④는 ABS에 대한 설명이다.

정답이 보이는
**핵심키워드** | 주행 보조 틀린 것 → ④ AEB 자동긴급제동

**18** 자동차 내연기관의 크랭크축에서 발생하는 회전력(순간적으로 내는 힘)을 무엇이라 하는가?

① 토크　　　　　② 연비
③ 배기량　　　　④ 마력

② 1리터의 연료로 주행할 수 있는 거리이다.
③ 내연기관에서 피스톤이 움직이는 부피이다.
④ 75킬로그램의 무게를 1초 동안에 1미터 이동하는 일의 양이다.

정답이 보이는 **핵심키워드** | 크랭크축에서 발생하는 회전력 → ① 토크

**19** 자동차(단, 어린이통학버스 제외) 앞면 창유리의 가시광선 투과율 기준으로 맞는 것은?

① 40퍼센트 미만
② 50퍼센트 미만
③ 60퍼센트 미만
④ 70퍼센트 미만

자동차 창유리 가시광선 투과율의 기준은 앞면 창유리의 경우 70퍼센트 미만, 운전석 좌우 옆면 창유리의 경우 40퍼센트 미만이어야 한다.

정답이 보이는 **핵심키워드** | 앞면 창유리 투과율 → ④ 70퍼센트

**20** 자율주행자동차 상용화 촉진 및 지원에 관한 법령상 자율주행자동차에 대한 설명으로 잘못된 것은?

① 자율주행자동차의 종류는 완전자율주행자동차와 부분자율주행자동차로 구분할 수 있다.
② 완전 자율주행자동차는 자율주행시스템만으로 운행할 수 있어 운전자가 없거나 운전자 또는 승객의 개입이 필요하지 아니한 자동차를 말한다.
③ 부분자율주행자동차는 자율주행시스템만으로 운행할 수 없거나 운전자가 지속적으로 주시할 필요가 있는 등 운전자 또는 승객의 개입이 필요한 자동차를 말한다.
④ 자율주행자동차는 승용자동차에 한정되어 적용하고, 승합자동차나 화물자동차는 이 법이 적용되지 않는다.

자율주행자동차는 승용자동차에 한정되지 않고 승합자동차 또는 화물자동차에도 적용된다.

정답이 보이는 **핵심키워드** | 자율주행자동차 잘못된 것 → ④ 승용차에 한정

**21** 도로교통법령상 자동차(단, 어린이통학버스 제외) 창유리 가시광선 투과율의 규제를 받는 것은?

① 뒷좌석 옆면 창유리
② 앞면, 운전석 좌우 옆면 창유리
③ 앞면, 운전석 좌우, 뒷면 창유리
④ 모든 창유리

자동차의 앞면 창유리와 운전석 좌우 옆면 창유리의 가시광선의 투과율이 기준보다 낮아 교통안전 등에 지장을 줄 수 있는 차를 운전하지 않아야 한다.

정답이 보이는 **핵심키워드** | 가시광선 투과 → ② 앞면, 운전석 좌우 옆면 창유리

**22** 풋 브레이크 과다 사용으로 인한 마찰열 때문에 브레이크액에 기포가 생겨 제동이 되지 않는 현상을 무엇이라 하는가?

① 스탠딩웨이브(Standing wave)
② 베이퍼록(Vapor lock)
③ 로드홀딩(Road holding)
④ 언더스티어링(Under steering)

풋 브레이크 과다 사용으로 인한 마찰열 때문에 브레이크액에 기포가 생겨 제동이 되지 않는 현상을 베이퍼록이라 한다.

정답이 보이는 **핵심키워드** | 브레이크액에 기포 → ② 베이퍼록

**23** 다음 중 자동차의 주행 또는 급제동 시 자동차의 뒤쪽 차체가 좌우로 떨리는 현상을 뜻하는 용어는?

① 피쉬테일링(fishtailing)
② 하이드로플래닝(hydroplaning)
③ 스탠딩 웨이브(standing wave)
④ 베이퍼락(vapor lock)

정답이 보이는 **핵심키워드** | 뒤쪽 좌우 떨림 → ① 피쉬테일링

**★★**

**24** 다음 중 전기자동차의 충전 케이블의 커플러에 관한 설명이 잘못된 것은?

① 다른 배선기구와 대체 불가능한 구조로서 극성이 구분되고 접지극이 있는 것일 것
② 접지극은 투입 시 제일 나중에 접속되고, 차단 시 제일 먼저 분리되는 구조일 것
③ 의도하지 않은 부하의 차단을 방지하기 위해 잠금 또는 탈부착을 위한 기계적 장치가 있는 것일 것
④ 전기자동차 커넥터가 전기자동차 접속구로부터 분리될 때 충전 케이블의 전원공급을 중단시키는 인터록 기능이 있는 것일 것

전기자동차 전원설비, 접지극은 투입 시 제일 먼저 접속되고, 차단시 제일 나중에 분리되는 구조이어야 한다.

정답이 보이는
**핵심키워드** | 전기차 커플러 틀린 것 →
② 접지극 투입 시 나중에 접속

---

**23** **벌점·처벌**

**★★**

**1** 도로교통법령상 보행자 보호와 관련된 승용자동차 운전자의 범칙행위에 대한 범칙금액이 다른 것은?

① 신호에 따라 도로를 횡단하는 보행자 횡단 방해
② 보행자 전용도로 통행위반
③ 도로를 통행하고 있는 차에서 밖으로 물건을 던지는 행위
④ 어린이·앞을 보지 못하는 사람 등의 보호 위반

① ② ④ 6만원, ③ 5만원

정답이 보이는
**핵심키워드** | 범칙금액 다른 것 → ③ 물건 던지는 행위

**★★**

**2** 운전자가 진행방향 신호등이 적색일 때 정지선을 초과하여 정지한 경우 처벌 기준은?

① 교차로 통행방법위반　　② 일시정지 위반
③ 신호위반　　　　　　　④ 서행위반

정답이 보이는
**핵심키워드** | 적색 신호등에 정지선 초과 시 처벌 → ③ 신호위반

**★★**

**3** 범칙금 납부 통고서를 받은 사람이 1차 납부 기간 경과 시 20일 이내 납부해야 할 금액으로 맞는 것은?

① 통고 받은 범칙금에 100분의 10을 더한 금액
② 통고 받은 범칙금에 100분의 20을 더한 금액
③ 통고 받은 범칙금에 100분의 30을 더한 금액
④ 통고 받은 범칙금에 100분의 40을 더한 금액

납부 기간 이내에 범칙금을 납부하지 아니한 사람은 납부 기간이 만료되는 날의 다음 날부터 20일 이내에 통고 받은 범칙금에 100분의 20을 더한 금액을 납부하여야 한다.

정답이 보이는
**핵심키워드** | 범칙금 1차 납부기간 경과 시 20일 이내 납부할 금액 → ② 100분의 20

**★★★**

**4** 교통사고 결과에 따른 벌점 기준으로 맞는 것은?

① 행정 처분을 받을 운전자 본인의 인적 피해에 대해서도 인적 피해 교통사고 구분에 따라 벌점을 부과한다.
② 자동차 등 대 사람 교통사고의 경우 쌍방 과실인 때에는 벌점을 부과하지 않는다.
③ 교통사고 발생 원인이 불가항력이거나 피해자의 명백한 과실인 때에는 벌점을 2분의 1로 감경한다.
④ 자동차 등 대 자동차 등 교통사고의 경우에는 그 사고 원인 중 중한 위반 행위를 한 운전자에게만 벌점을 부과한다.

① 행정 처분을 받을 운전자 본인의 피해에 대해서는 벌점을 산정하지 아니한다.
② 의 경우 2분의 1로 감경한다.
③ 의 경우 벌점을 부과하지 않는다.

정답이 보이는
**핵심키워드** | 교통사고 벌점 기준 → ④ 자동차 대 자동차 사고는 중한 위반 운전자에게만 벌점 부과

**★★**

**5** 자동차손해배상보장법상 의무보험에 가입하지 않은 자동차보유자의 처벌 기준으로 맞는 것은? (자동차 미운행)

① 300만 원 이하의 과태료
② 500만 원 이하의 과태료
③ 1년 이하의 징역 또는 1천만 원 이하의 벌금
④ 2년 이하의 징역 또는 2천만 원 이하의 벌금

정답이 보이는
**핵심키워드** | 의무보험 미가입 → ① 300만 원 이하의 과태료

**6** 도로교통법령상 개인형 이동장치 운전자의 법규위반에 대한 범칙금액이 다른 것은?

① 운전면허를 받지 아니하고 운전
② 경찰공무원의 호흡조사 측정에 불응한 경우
③ 술에 취한 상태에서 운전
④ 약물의 영향으로 정상적으로 운전하지 못할 우려가 있는 상태에서 운전

①, ③, ④는 범칙금 10만 원, ②는 범칙금 13만 원

정답이 보이는
**핵심키워드** | 개인형이동장치 범칙금 다른 것 →
② 호흡 측정 불응

**7** 도로교통법상 화재진압용 연결송수관 송수구로부터 5미터 이내 승용자동차를 정차한 경우 범칙금은?
(안전표지 미설치)

① 4만원
② 3만원
③ 2만원
④ 처벌되지 않는다.

소방시설 주변 주정차 위반 시 범칙금은 4만원이다.

정답이 보이는
**핵심키워드** | 화재진압용 연결송수관 범칙금 → ① 4만원

**8** 도로교통법상 "도로에서 어린이에게 개인형 이동장치를 운전하게 한 보호자의 과태료"와 "술에 취한 상태로 개인형 이동장치를 운전한 사람의 범칙금"을 합산한 것으로 맞는 것은?

① 10만원
② 20만원
③ 30만원
④ 40만원

도로에서 어린이가 개인형 이동장치를 운전하게 한 어린이의 보호자는 과태료 10만원, 술에 취한 상태에서의 자전거등을 운전한 사람은 범칙금 10만원이다.

정답이 보이는
**핵심키워드** | 어린이 음주 개인형이동장치 → ② 20만원

**9** 유료도로법령상 통행료 미납하고 고속도로를 통과한 차량에 대한 부가통행료 부과기준으로 맞는 것은?

① 통행료의 5배의 해당하는 금액을 부과할 수 있다.
② 통행료의 10배의 해당하는 금액을 부과할 수 있다.
③ 통행료의 20배의 해당하는 금액을 부과할 수 있다.
④ 통행료의 30배의 해당하는 금액을 부과할 수 있다.

정답이 보이는
**핵심키워드** | 통행료 미납 → ② 통행료의 10배

**10** 다음 중 교통사고가 발생한 경우 운전자 책임으로 가장 거리가 먼 것은?

① 형사책임
② 행정책임
③ 민사책임
④ 공고책임

벌금 부과 등 형사책임, 벌점에 따른 행정책임, 손해배상에 따른 민사책임이 따른다.

정답이 보이는
**핵심키워드** | 교통사고 운전자 책임 아닌 것 → ④ 공고책임

**11** 도로에서 자동차 운전자가 물적 피해 교통사고를 일으킨 후 조치 등 불이행에 따른 벌점기준은?

① 15점
② 20점
③ 30점
④ 40점

정답이 보이는
**핵심키워드** | 물적 피해 후 조치 불이행 → ① 15점

**12** 다음은 도로에서 최고속도를 위반하여 자동차등 (개인형 이동장치 제외)을 운전한 경우 처벌기준은?

① 시속 100킬로미터를 초과한 속도로 3회 이상 운전한 사람은 500만원 이하의 벌금 또는 구류
② 시속 100킬로미터를 초과한 속도로 3회 이상 운전한 사람은 1년 이하의 징역이나 500만원 이하의 벌금
③ 시속 100킬로미터를 초과한 속도로 2회 운전한 사람은 300만원 이하의 벌금
④ 시속 80킬로미터를 초과한 속도로 운전한 사람은 50만원 이하의 벌금 또는 구류

> **정답이 보이는 핵심키워드** | 최고속도 위반 처벌 →
> ② 100킬로미터 초과 3회 이상 1년 이하 징역

**13** 전기자동차가 아닌 자동차를 환경친화적 자동차 충전시설의 충전구역에 주차했을 때 과태료는 얼마인가?

① 3만원
② 5만원
③ 7만원
④ 10만원

> **정답이 보이는 핵심키워드** | 전기차 아닌 차 주차 → ④ 10만원

**14** 즉결심판이 청구된 운전자가 즉결심판의 선고 전까지 통고받은 범칙금액에 (   )을 더한 금액을 내고 납부를 증명하는 서류를 제출하면 경찰서장은 운전자에 대한 즉결심판 청구를 취소하여야 한다. (   ) 안에 맞는 것은?

① 100분의 20
② 100분의 30
③ 100분의 50
④ 100분의 70

> **정답이 보이는 핵심키워드** | 즉결심판 취소 → ③ 100분의 50

**15** 자동차 번호판을 가리고 자동차를 운행한 경우의 벌칙으로 맞는 것은?

① 1년 이하의 징역 또는 1,000만원 이하의 벌금
② 1년 이하의 징역 또는 2,000만원 이하의 벌금
③ 2년 이하의 징역 또는 1,000만원 이하의 벌금
④ 2년 이하의 징역 또는 2,000만원 이하의 벌금

> **정답이 보이는 핵심키워드** | 번호판을 가리고 운행한 경우 벌칙 →
> ① 1년 이하 1,000만원 이하

**16** 자동차 운전자가 고속도로에서 자동차 내에 고장자동차의 표지를 비치하지 않고 운행하였다. 어떻게 되는가?

① 2만원의 과태료가 부과된다.
② 3만원의 범칙금으로 통고 처분된다.
③ 30만 원 이하의 벌금으로 처벌된다.
④ 아무런 처벌이나 처분되지 않는다.

> **정답이 보이는 핵심키워드** | 고장자동차 표지 미비치 → ① 2만원 과태료

**17** 교통사고를 일으킨 자동차 운전자에 대한 벌점기준으로 맞는 것은?

① 신호위반으로 사망(72시간 이내) 1명의 교통사고가 발생하면 벌점은 105점이다.
② 피해차량의 탑승자와 가해차량 운전자의 피해에 대해서도 벌점을 산정한다.
③ 교통사고의 원인점수와 인명피해 점수, 물적 피해 점수를 합산한다.
④ 자동차 대 자동차 교통사고의 경우 사고원인이 두 차량에 있으면 둘 다 벌점을 산정하지 않는다.

> **정답이 보이는 핵심키워드** | 교통사고 벌점 →
> ① 신호위반으로 1명 사망 시 105점

**★★★**
**18** 고속도로에서 승용자동차 운전자의 과속행위에 대한 범칙금 기준으로 맞는 것은?

① 제한속도기준 시속 60킬로미터 초과 80킬로미터 이하 - 범칙금 12만원
② 제한속도기준 시속 40킬로미터 초과 60킬로미터 이하 - 범칙금 8만원
③ 제한속도기준 시속 20킬로미터 초과 40킬로미터 이하 - 범칙금 5만원
④ 제한속도기준 시속 20킬로미터 이하 - 범칙금 2만원

> **정답이 보이는 핵심키워드** | 고속도로에서 승용차 과속 범칙금 →
> ① 60킬로미터 초과 – 12만원

**★★**
**19** 도로교통법상 적성검사 기준을 갖추었는지를 판정하는 건강검진 결과통보서는 신청일로부터 ( ) 이내에 발급된 서류이어야 한다. ( )안에 알맞은 것은?

① 1년
② 2년
③ 3년
④ 4년

> **정답이 보이는 핵심키워드** | 건강검진 통보서 유효기간 → ② 2년

**★★**
**20** 도로교통법상 운전면허 취소처분에 대한 이의가 있는 경우 운전면허행정처분 이의심의위원회에 신청할 수 있는 기간은?

① 그 처분을 받은 날로부터 90일 이내
② 그 처분을 안 날로부터 90일 이내
③ 그 처분을 받은 날로부터 60일 이내
④ 그 처분을 안 날로부터 60일 이내

> **정답이 보이는 핵심키워드** | 이의심의위원회 신청 기간 → ③ 처분받은 날로부터 60일

**★★**
**21** 도로교통법상 원동기장치자전거 운전면허를 발급받지 아니하고 개인형 이동장치를 운전한 경우 벌칙은?

① 20만원 이하 벌금이나 구류 또는 과료
② 30만원 이하 벌금이나 구류
③ 50만원 이하 벌금이나 구류
④ 6개월 이하 징역 또는 200만원 이하 벌금

> 개인형 이동장치를 무면허 운전한 경우에는 도로교통법 제156조(벌칙)에 의해 처벌기준은 20만원 이하 벌금이나 구류 또는 과료이다. 실제 처벌은 도로교통법 시행령 별표8에 의해 범칙금 10만원으로 통고처분 된다.

> **정답이 보이는 핵심키워드** | 개인형 이동장치 무면허 벌칙 →
> ① 20만원 이하 벌금

**★★**
**22** 인적 피해 있는 교통사고를 야기하고 도주한 차량의 운전자를 검거하거나 신고하여 검거하게 한 운전자(교통사고의 피해자가 아닌 경우)에게 검거 또는 신고할 때마다 ( )의 특혜점수를 부여한다. ( )에 맞는 것은?

① 10점
② 20점
③ 30점
④ 40점

> **정답이 보이는 핵심키워드** | 교통사고 도주 차량 검거 시 특혜점수 → ④ 40점

**★★**
**23** 자동차 운전자가 중앙선 침범으로 피해자에게 중상 1명, 경상 1명의 교통사고를 일으킨 경우 벌점은?

① 30점
② 40점
③ 50점
④ 60점

> 운전면허 취소 · 정지처분 기준에 따라 중앙선침범 벌점 30점, 중상 1명당 벌점 15점, 경상 1명 벌점 5점이다.

> **정답이 보이는 핵심키워드** | 중앙선 침범 중상 1, 경상 1 벌점 → ③ 50점

**★★★**

**24** 무사고·무위반 서약에 의한 벌점 감경(착한운전 마일리지제도)에 대한 설명으로 맞는 것은?

① 40점의 특혜점수를 부여한다.
② 2년간 교통사고 및 법규위반이 없어야 특혜점수를 부여한다.
③ 운전자가 정지처분을 받게 될 경우 누산점수에서 특혜점수를 공제한다.
④ 운전면허시험장에 직접 방문하여 서약서를 제출해야만 한다.

> 1년간 교통사고 및 법규위반이 없어야 10점의 특혜점수를 부여한다.
>
> **정답이 보이는 핵심키워드** │ 착한운전 마일리지 →
> ③ 정지처분 받는 경우 특혜점수 공제

**★★**

**25** 다음 중 벌점이 부과되는 운전자의 행위는?

① 주행 중 차 밖으로 물건을 던지는 경우
② 차로변경 시 신호 불이행한 경우
③ 불법부착장치 차를 운전한 경우
④ 서행의무 위반한 경우

> 도로를 통행하고 있는 차에서 밖으로 물건을 던지는 경우 벌점 10점이 부과된다.
>
> **정답이 보이는 핵심키워드** │ 벌점 부과 행위 → ① 차밖으로 물건 던지는 경우

**★★**

**26** 다음 중 특별교통안전 의무교육을 받아야 하는 사람은?

① 처음으로 운전면허를 받으려는 사람
② 처분벌점이 30점인 사람
③ 교통참여교육을 받은 사람
④ 난폭운전으로 면허가 정지된 사람

> 처음으로 운전면허를 받으려는 사람은 교통안전교육을 받아야 한다. 처분벌점이 40점 미만인 사람은 교통법규교육을 받을 수 있다. 교통참여교육은 교통소양교육을 받은 후에 받을 수 있다.
>
> **정답이 보이는 핵심키워드** │ 특별교통안전 의무교육 →
> ④ 난폭운전으로 면허정지

**★★**

**27** 고속도로 통행료 미납 시 강제징수의 방법으로 맞지 않는 것은 ?

① 예금압류
② 가상자산압류
③ 공매
④ 번호판영치

> **정답이 보이는 핵심키워드** │ 통행료 미납 시 강제징수 방법 아닌 것 →
> ④ 번호판영치

## 24 교통사고처리특례법

**★★**

**1** 다음 중 교통사고처리 특례법상 피해자의 명시된 의사에 반하여 공소를 제기할 수 있는 속도위반 교통사고는?

① 최고속도가 100킬로미터인 고속도로에서 매시 110킬로미터로 주행하다가 발생한 교통사고
② 최고속도가 80킬로미터인 편도 3차로 일반도로에서 매시 95킬로미터로 주행하다가 발생한 교통사고
③ 최고속도가 90킬로미터인 자동차전용도로에서 매시 100킬로미터로 주행하다가 발생한 교통사고
④ 최고속도가 60킬로미터인 편도 1차로 일반도로에서 매시 82킬로미터로 주행하다가 발생한 교통사고

> **정답이 보이는 핵심키워드** │ 공소 제기 속도위반 → ④ 최고속도 60

**★★**

**2** 다음 중 교통사고처리 특례법상 교통사고에 해당하지 않는 것은?

① 4.5톤 화물차와 승용자동차가 충돌하여 운전자가 다친 경우
② 철길건널목에서 보행자가 기차에 부딪혀 다친 경우
③ 오토바이를 타고 횡단보도를 횡단하다가 신호위반한 자동차와 부딪혀 오토바이 운전자가 다친 경우
④ 보도에서 자전거를 타고 가다가 보행자를 충격하여 보행자가 다친 경우

> **정답이 보이는 핵심키워드** │ 특례법상 교통사고 아닌 것 →
> ② 철길건널목에서 보행자가 기차에 다친 경우

**★★★**
**3** 다음 중 교통사고처리 특례법상 처벌의 특례에 대한 설명으로 맞는 것은?

① 차의 교통으로 중과실치상죄를 범한 운전자에 대해 자동차 종합보험에 가입되어 있는 경우 무조건 공소를 제기할 수 없다.
② 차의 교통으로 업무상과실치상 죄를 범한 운전자에 대해 피해자와 민사합의를 하여도 공소를 제기할 수 있다.
③ 차의 운전자가 교통사고로 인하여 형사처벌을 받게 되는 경우 5년 이하의 금고 또는 2천만 원 이하의 벌금형을 받는다.
④ 규정 속도보다 매시 20킬로미터를 초과한 운행으로 인명피해 사고발생시 종합보험에 가입되어 있으면 공소를 제기할 수 없다.

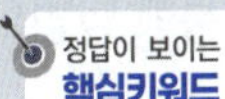 정답이 보이는 **핵심키워드** | 특례법상 처벌 특례 → ③ 교통사고로 인해 형사처벌 시 5년 이하 금고, 2천만원 이하 벌금

**★★★**
**4** 다음 중 교통사고를 일으킨 운전자가 종합보험이나 공제조합에 가입되어 있어 교통사고처리특례법의 특례가 적용되는 경우로 맞는 것은?

① 안전운전 의무위반으로 자동차를 손괴하고 경상의 교통사고를 낸 경우
② 교통사고로 사람을 사망에 이르게 한 경우
③ 교통사고를 야기한 후 부상자 구호를 하지 않은 채 도주한 경우
④ 신호 위반으로 경상의 교통사고를 일으킨 경우

 정답이 보이는 **핵심키워드** | 종합보험 가입 시 특례법 적용되는 경우 → ① 안전운전 의무위반으로 경상의 사고

**25** 자전거 등 안전운전

**★★**
**1** 다음 중 도로교통법상 원동기장치자전거의 정의(기준)에 대한 설명으로 옳은 것은?

① 배기량 50시시 이하 – 최고 정격출력 0.59킬로와트 이하
② 배기량 50시시 미만 – 최고 정격출력 0.59킬로와트 미만
③ 배기량 125시시 이하 – 최고 정격출력 11킬로와트 이하
④ 배기량 125시시 미만 – 최고 정격출력 11킬로와트 미만

 정답이 보이는 **핵심키워드** | 원동기장치자전거 → ③ 125시시, 11킬로와트 이하

**★★**
**2** 자전거 이용 활성화에 관한 법률상 ( )세 미만인 어린이의 보호자는 어린이가 전기자전거를 운행하게 하여서는 아니 된다. ( ) 안에 기준으로 알맞은 것은?

① 10　　　　　② 13
③ 15　　　　　④ 18

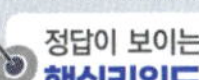 정답이 보이는 **핵심키워드** | 전기자전거 운행 불가 → ② 13세

**★★**
**3** 어린이가 도로에서 타는 경우 인명보호장구를 착용하여야 하는 행정안전부령으로 정하는 위험성이 큰 놀이기구에 해당하지 않는 것은?

① 킥보드
② 전동이륜평행차
③ 롤러스케이트
④ 스케이트보드

 정답이 보이는 **핵심키워드** | 인명보호장구 착용 놀이기구 아닌 것 → ② 전동이륜평행차

**4** 전방에 자전거를 끌고 차도를 횡단하는 사람이 있을 때 가장 안전한 운전 방법은?

① 횡단하는 자전거의 좌우측 공간을 이용하여 신속하게 통행한다.
② 차량의 접근정도를 알려주기 위해 전조등과 경음기를 사용한다.
③ 자전거 횡단지점과 일정한 거리를 두고 일시정지한다.
④ 자동차 운전자가 우선권이 있으므로 횡단하는 사람을 정지하게 한다.

정답이 보이는
**핵심키워드** | 자전거 끌고 차도 횡단 → ③ 일시정지


**5** 자전거 도로를 주행할 수 있는 전기자전거의 기준으로 옳지 않은 것은?

① 부착된 장치의 무게를 포함한 자전거 전체 중량이 30킬로그램 미만인 것
② 시속 25킬로미터 이상으로 움직일 경우 전동기가 작동하지 아니할 것
③ 전동기만으로는 움직이지 아니할 것
④ 최고정격출력 11킬로와트 초과하는 전기자전거

정답이 보이는
**핵심키워드** | 전기자전거의 기준 아닌 것 → ④ 11킬로와트 초과


**6** 도로교통법령상 자전거 등의 통행방법으로 적절한 행위가 아닌 것은?

① 진행방향 가장 좌측 차로에서 좌회전하였다.
② 도로 파손 복구공사가 있어서 보도로 통행하였다.
③ 횡단보도 이용 시 내려서 끌고 횡단하였다.
④ 보행자 사고를 방지하기 위해 서행을 하였다.

정답이 보이는
**핵심키워드** | 자전거 통행 틀린 것 → ① 좌측 차로에서 좌회전


**7** 도로교통법령상 자전거 운전자가 지켜야 할 내용으로 맞는 것은?

① 보행자의 통행에 방해가 될 때는 서행 및 일시정지해야 한다.
② 어린이가 자전거를 운전하는 경우에 보도로 통행할 수 없다.
③ 자전거의 통행이 금지된 구간에서는 자전거를 끌고 갈 수도 없다.
④ 길가장자리구역에서는 2대까지 자전거가 나란히 통행할 수 있다.

정답이 보이는
**핵심키워드** | 자전거 운전자 → ① 서행 일시정지


**8** 자전거(전기자전거 제외) 운전자의 도로 통행 방법으로 가장 바람직하지 않은 것은?

① 어린이가 자전거를 타고 보도를 통행하였다.
② 안전표지로 자전거 통행이 허용된 보도를 통행하였다.
③ 도로의 파손으로 부득이하게 보도를 통행하였다.
④ 통행 차량이 없어 도로 중앙으로 통행하였다.

①, ②, ③의 경우 보도를 통행할 수 있다.

정답이 보이는
**핵심키워드** | 자전거 도로 통행 방법 아닌 것 →
④ 도로 중앙으로 통행


**9** 개인형 이동장치 운전자의 자세로 바르지 않은 것은?

① 인명보호 장구를 착용한다.
② 사용설명서 및 사용방법을 숙지 후 운행한다.
③ 운행에 방해될 수 있는 수화물 및 소지품을 휴대하지 않는다.
④ 자동차 전용도로 및 보도로 주행하여 안전하게 운행한다.

고속도로, 자동차 전용도로를 주행해서는 안 된다. 개인형 이동장치는 자전거 도로 등 허용된 곳에서만 주행하여야 한다.

정답이 보이는
**핵심키워드** | 개인형 이동장치 틀린 것 → ④ 자동차 전용도로

**★★**
**10** 자전거 운전자의 교차로 좌회전 통행방법에 대한 설명이다. 맞는 것은?

① 도로의 우측 가장자리로 붙어 서행하면서 교차로의 가장자리 부분을 이용하여 좌회전하여야 한다.
② 도로의 좌측 가장자리로 붙어 서행하면서 교차로의 가장자리 부분을 이용하여 좌회전하여야 한다.
③ 도로의 1차로 중앙으로 서행하면서 교차로의 중앙을 이용하여 좌회전하여야 한다.
④ 도로의 가장 하위차로를 이용하여 서행하면서 교차로의 중심 안쪽으로 좌회전하여야 한다.

자전거 운전자는 교차로에서 좌회전하려는 경우에 미리 도로의 우측 가장자리로 붙어 서행하면서 교차로의 가장자리 부분을 이용하여 좌회전하여야 한다.

정답이 보이는
**핵심키워드** | 자전거 교차로 좌회전 통행 방법 →
① 우측 가장자리 서행

**★★**
**11** 승용차가 자전거 전용차로를 통행하다 단속되는 경우 도로교통법상 처벌은?

① 1년 이하 징역에 처한다.
② 300만 원 이하 벌금에 처한다.
③ 범칙금 4만원의 통고처분에 처한다.
④ 처벌할 수 없다.

도로교통법에 따라 범칙금 4만원에 처한다.

정답이 보이는
**핵심키워드** | 자전거 전용차로에서 승용차 통행 시 처벌 →
③ 범칙금 4만원

**★★**
**12** 도로교통법상 자전거 운전자가 법규를 위반한 경우 범칙금 대상이 아닌 것은?

① 신호위반
② 중앙선침범
③ 횡단보도 보행자 횡단 방해
④ 제한속도 위반

신호위반 3만원, 중앙선침범 3만원, 횡단보도 보행자 횡단 방해 3만원의 범칙금에 처하고 속도위반 규정은 도로교통법에 따라 자동차 등만 해당된다.

정답이 보이는
**핵심키워드** | 자전거 운전자 범칙금 대상 아닌 것 →
④ 제한속도 위반

**★★**
**13** 도로교통법상 원동기장치자전거는 전기를 동력으로 하는 경우에는 최고정격출력 (  ) 이하의 이륜자동차이다. (  )에 기준으로 맞는 것은?

① 11 킬로와트
② 9 킬로와트
③ 5 킬로와트
④ 0.59 킬로와트

원동기장치자전거란 자동차관리법상 이륜자동차 가운데 배기량 125cc 이하(전기 동력인 경우 최고정격 11kW 이하)의 이륜자동차와 그 밖에 배기량 125cc 이하(전기 동력인 경우 최고정격 11kW 이하)의 원동기를 단 차를 말한다.

정답이 보이는
**핵심키워드** | 전기 동력 정격출력 → ① 11킬로와트

**★★**
**14** 도로교통법상 자전거 통행방법에 대한 설명이다. 틀린 것은?

① 자전거도로가 따로 있는 곳에서는 그 자전거도로로 통행하여야 한다.
② 자전거도로가 설치되지 아니한 곳에서는 도로 우측 가장자리에 붙어서 통행하여야 한다.
③ 자전거의 운전자는 길가장자리구역(안전표지로 자전거 통행을 금지한 구간은 제외)을 통행할 수 있다.
④ 자전거의 운전자가 횡단보도를 이용하여 도로를 횡단할 때에는 자전거를 타고 통행할 수 있다.

자전거의 운전자가 횡단보도를 이용하여 도로를 횡단할 때에는 자전거에서 내려서 자전거를 끌고 보행하여야 한다.

정답이 보이는
**핵심키워드** | 자전거 통행 방법 틀린 것 →
④ 횡단보도 자전거 타고 통행

**15** 다음 중 도로교통법상 자전거를 타고 보도 통행을 할 수 없는 사람은?

① 『장애인복지법』에 따라 신체장애인으로 등록된 사람
② 어린이
③ 신체의 부상으로 석고붕대를 하고 있는 사람
④ 『국가유공자 등 예우 및 지원에 관한 법률』에 따른 국가유공자로서 상이등급 제1급부터 제7급까지에 해당하는 사람

신체의 부상으로 석고붕대를 하고 있는 사람이라도 자전거를 타고 보도 통행을 하면 안 된다.

정답이 보이는
**핵심키워드** | 자전거 보도 통행 안되는 사람 → ③ 석고붕대

**16** 다음 중 자전거의 통행방법에 대한 설명으로 틀린 것은?

① 보도 및 차도로 구분된 도로에서는 차도로 통행하여야 한다.
② 교차로에서 우회전하고자 할 경우 미리 도로의 우측 가장자리를 서행하면서 우회전해야 한다.
③ 교차로에서 좌회전하고자 할 때는 서행으로 도로의 중앙 또는 좌측가장자리에 붙어서 좌회전해야 한다.
④ 자전거도로가 따로 설치된 곳에서는 그 자전거도로로 통행하여야 한다.

정답이 보이는
**핵심키워드** | 자전거 통행 틀린 것 → ③ 좌회전 시 도로 중앙

**17** 도로교통법상 개인형 이동장치의 기준에 대한 설명이다. 바르게 설명된 것은?

① 원동기를 단 차 중 시속 20킬로미터 이상으로 운행할 경우 전동기가 작동하지 아니하여야 한다.
② 전동기의 동력만으로 움직일 수 없는(PAS : Pedal Assist System) 전기자전거를 포함한다.
③ 최고 정격출력 11킬로와트 이하의 원동기를 단 차로 차체 중량이 35킬로그램 미만인 것을 말한다.
④ 차체 중량은 30킬로그램 미만이어야 한다.

"개인형 이동장치"란 원동기장치자전거 중 시속 25킬로미터 이상으로 운행할 경우 전동기가 작동하지 아니하고 차체 중량이 30킬로그램 미만인 것으로서 행정안전부령으로 정하는 것을 말한다.

• PAS (Pedal Assist System)형 전기자전거 : 페달과 전동기의 동시동력으로 움직이며 전동기의 동력만으로 움직일 수 없는 자전거
• Throttle형 전기자전거 : : 전동기의 동력만으로 움직일 수 있는 자전거로서 법령 상 '개인형이동장치'로 분류한다.

정답이 보이는
**핵심키워드** | 개인형 이동장치의 기준 옳은 것 → ④ 차체 중량은 30킬로그램 미만

**18** 어린이 보호구역 내의 차로가 설치되지 않은 좁은 도로에서 자전거를 주행하여 보행자 옆을 지나갈 때 안전한 거리를 두지 않고 서행하지 않은 경우 범칙 금액은?

① 10만원  　　　　② 8만원
③ 4만원  　　　　④ 2만원

보행자의 통행 방해 또는 보호 불이행의 경우 자전거 등은 범칙금액 4만원이다.

정답이 보이는
**핵심키워드** | 자전거 보행자 안전거리 범칙금 → ③ 4만원

**19** 자전거 운전자가 밤에 도로를 통행할 때 올바른 주행 방법으로 가장 거리가 먼 것은?

① 경음기를 자주 사용하면서 주행한다.
② 전조등과 미등을 켜고 주행한다.
③ 반사조끼 등을 착용하고 주행한다.
④ 야광띠 등 발광장치를 착용하고 주행한다.

정답이 보이는
**핵심키워드** | 자전거 야간 틀린 것 → ① 경음기 자주 사용

**20** 도로교통법령상 개인형 이동장치 운전자 준수사항으로 맞지 않은 것은?

① 개인형 이동장치는 운전면허를 받지 않아도 운전할 수 있다.
② 승차정원을 초과하여 동승자를 태우고 운전하여서는 아니 된다.
③ 운전자는 인명보호장구를 착용하고 운행하여야 한다.
④ 자전거도로가 따로 있는 곳에서는 그 자전거도로로 통행하여야 한다.

**21** 도로교통법령상 개인형 이동장치 운전자에 대한 설명으로 바르지 않은 것은?

① 횡단보도를 이용하여 도로를 횡단할 때에는 개인형 이동장치에서 내려서 끌거나 들고 보행하여야 한다.
② 자전거도로가 설치되지 아니한 곳에서는 도로 우측 가장자리에 붙어서 통행하여야 한다.
③ 전동이륜평행차는 승차정원 1명을 초과하여 동승자를 태우고 운전할 수 있다.
④ 밤에 도로를 통행하는 때에는 전조등과 미등을 켜거나 야광띠 등 발광장치를 착용하여야 한다.



**22** 도로교통법상 개인형 이동장치와 관련된 내용으로 맞는 것은?

① 승차정원을 초과하여 운전할 수 있다.
② 운전면허를 반납한 65세 이상인 사람이 운전할 수 있다.
③ 13세 이상인 사람이 운전면허 취득 없이 운전할 수 있다.
④ 횡단보도에서 개인형 이동장치를 끌거나 들고 횡단하여야 한다.

자전거등의 운전자가 횡단보도를 이용하여 도로를 횡단할 때에는 자전거등에서 내려서 자전거등을 끌거나 들고 보행하여야 한다.



**23** 원동기 장치자전거 중 개인형 이동장치의 정의에 대한 설명으로 바르지 않은 것은?

① 오르막 각도가 25도 미만이어야 한다.
② 차체 중량이 30킬로그램 미만이어야 한다.
③ 자전거등이란 자전거와 개인형 이동장치를 말한다.
④ 시속 25킬로미터 이상으로 운행할 경우 전동기가 작동하지 않아야 한다.



---

## 26 친환경 경제운전

**1** 연료의 소비 효율이 가장 높은 운전방법은?

① 최고속도로 주행한다.
② 최저속도로 주행한다.
③ 경제속도로 주행한다.
④ 안전속도로 주행한다.

경제속도로 주행하는 것이 가장 연료의 소비효율을 높이는 운전방법이다.



**2** 친환경 경제운전 방법으로 가장 적절한 것은?

① 가능한 빨리 가속한다.
② 내리막길에서는 시동을 끄고 내려온다.
③ 타이어 공기압을 낮춘다.
④ 급감속은 되도록 피한다.

급가감속은 연비를 낮추는 원인이 되고, 타이어 공기압을 지나치게 낮추면 타이어의 직경이 줄어들어 연비가 낮아지며, 내리막길에서 시동을 끄게 되면 브레이크 배력 장치가 작동되지 않아 제동이 되지 않으므로 올바르지 못한 운전방법이다.



**3** 자동차 에어컨 사용 방법 및 점검에 관한 설명으로 가장 타당한 것은?

① 에어컨은 처음 켤 때 고단으로 시작하여 저단으로 전환한다.
② 에어컨 냉매는 6개월 마다 교환한다.
③ 에어컨의 설정 온도는 섭씨 16도가 가장 적절하다.
④ 에어컨 사용 시 가능하면 외부 공기 유입 모드로 작동하면 효과적이다.

에어컨 사용은 연료 소비 효율과 관계가 있고, 에어컨 냉매는 오존층을 파괴하는 환경오염 물질로서 가급적 사용을 줄이거나 효율적으로 사용함이 바람직하다.

**4** 다음 중 자동차 연비를 향상시키는 운전방법으로 가장 바람직한 것은?

① 자동차 고장에 대비하여 각종 공구 및 부품을 싣고 운행한다.
② 법정속도에 따른 정속 주행한다.
③ 급출발, 급가속, 급제동 등을 수시로 한다.
④ 연비 향상을 위해 타이어 공기압을 30퍼센트로 줄여서 운행한다.

> **정답이 보이는 핵심키워드** │ 연비 향상 방법 → ② 법정속도

**5** 주행 중에 가속 페달에서 발을 떼거나 저단으로 기어를 변속하여 차량의 속도를 줄이는 운전 방법은?

① 기어 중립
② 풋 브레이크
③ 주차 브레이크
④ 엔진 브레이크

지문은 엔진브레이크 사용에 대한 설명이다.

> **정답이 보이는 핵심키워드** │ 가속 페달에서 속도 줄이는 운전 → ④ 엔진 브레이크

**6** 다음 중 자동차 배기가스의 미세먼지를 줄이기 위한 가장 적절한 운전방법은?

① 출발할 때는 가속페달을 힘껏 밟고 출발한다.
② 급가속을 하지 않고 부드럽게 출발한다.
③ 주행할 때는 수시로 가속과 정지를 반복한다.
④ 정차 및 주차할 때는 시동을 끄지 않고 공회전한다.

> **정답이 보이는 핵심키워드** │ 미세먼지 감소 → ② 부드럽게 출발

**7** 다음 중 운전습관 개선을 통한 친환경 경제운전이 아닌 것은?

① 자동차 연료를 가득 유지한다.
② 출발은 부드럽게 한다.
③ 정속주행을 유지한다.
④ 경제속도를 준수한다.

> **정답이 보이는 핵심키워드** │ 친환경 경제운전 아닌 것 → ① 연료 가득

**8** 다음 중 자동차의 친환경 경제운전 방법은?

① 타이어 공기압을 낮게 한다.
② 에어컨 작동은 저단으로 시작한다.
③ 엔진오일을 교환할 때 오일필터와 에어클리너는 교환하지 않고 계속 사용한다.
④ 자동차 연료는 절반정도만 채운다.

타이어 공기압은 적정상태를 유지하고, 에어컨은 고단에서 시작하여 저단으로 유지, 엔진오일 등 소모품 관리를 철저히 한다. 그리고 자동차의 무게를 줄이기 위해 불필요한 짐을 빼고 연료는 절반만 채운다.

> **정답이 보이는 핵심키워드** │ 친환경 경제 운전 → ④ 연료는 절반만

**9** 친환경 경제운전 중 관성 주행(fuel cut) 방법이 아닌 것은?

① 교차로 진입 전 미리 가속 페달에서 발을 떼고 엔진 브레이크를 활용한다.
② 평지에서는 속도를 줄이지 않고 계속해서 가속 페달을 밟는다.
③ 내리막길에서는 엔진브레이크를 적절히 활용한다.
④ 오르막길 진입 전에는 가속하여 관성을 이용한다.

> **정답이 보이는 핵심키워드** │ 관성 주행 아닌 것 → ② 평지에서 가속

## 10 수소자동차 관련 설명 중 적절하지 않은 것은?

① 차량 화재가 발생했을 시 차량에서 떨어진 안전한 곳으로 대피하였다.
② 수소 누출 경고등이 표시 되었을 때 즉시 안전한 곳에 정차 후 시동을 끈다.
③ 수소승용차 운전자는 별도의 안전교육을 이수하지 않아도 된다.
④ 수소자동차 충전소에서 운전자가 임의로 충전소 설비를 조작하였다.

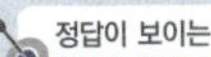
정답이 보이는
**핵심키워드** | 수소자동차 틀린 것 → ④ 충전소 설비 조작

## 11 다음 중 수소자동차에 대한 설명으로 옳은 것은?

① 수소는 가연성가스이므로 모든 수소자동차 운전자는 고압가스 안전관리법령에 따라 운전자 특별교육을 이수하여야 한다.
② 수소자동차는 수소를 연소시키기 때문에 환경오염이 유발된다.
③ 수소자동차에는 화재 등 긴급상황 발생 시 폭발방지를 위한 별도의 안전장치가 없다.
④ 수소자동차 운전자는 해당 차량이 안전운행에 지장이 없는지 점검하고 안전하게 운전하여야 한다.

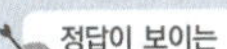
정답이 보이는
**핵심키워드** | 수소자동차 → ④ 안전 운전

## 12 친환경 경제운전 중 관성 주행(fuel cut) 방법이 아닌 것은?

① 교차로 진입 전 미리 가속 페달에서 발을 떼고 엔진브레이크를 활용한다.
② 평지에서는 속도를 줄이지 않고 계속해서 가속 페달을 밟는다.
③ 내리막길에서는 엔진브레이크를 적절히 활용한다.
④ 오르막길 진입 전에는 가속하여 관성을 이용한다.

연료 공급 차단 기능을 적극 활용하는 관성 운전(일정한 속도 유지 때 가속 페달을 밟지 않는 것)을 생활화한다.

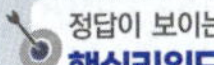
정답이 보이는
**핵심키워드** | 관성 주행 아닌 것 → ② 평지에서 가속 페달

## 13 다음 중 수소자동차 점검에 대한 설명으로 틀린 것은?

① 수소는 가연성 가스이므로 수소자동차의 주기적인 점검이 필수적이다.
② 수소자동차 점검은 환기가 잘 되는 장소에서 실시해야 한다.
③ 수소자동차 점검 시 가스배관라인, 충전구 등의 수소 누출 여부를 확인해야 한다.
④ 수소자동차를 운전하는 자는 해당 차량이 안전 운행에 지장이 없는지 점검해야 할 의무가 없다.

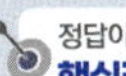
정답이 보이는
**핵심키워드** | 수소자동차 점검 틀린 것 → ④ 점검 의무 없다

## 14 다음 중 수소자동차의 주요 구성품이 아닌 것은?

① 연료전지시스템(스택)
② 수소저장용기
③ 내연기관에 의해 구동되는 발전기
④ 구동용 모터

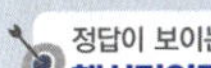
정답이 보이는
**핵심키워드** | 수소자동차 구성품 아닌 것 → ③ 내연기관 발전기

## 15 수소자동차 운전자의 충전소 이용 시 주의사항으로 올바르지 않은 것은?

① 수소자동차 충전소 주변에서 흡연을 하여서는 아니 된다.
② 수소자동차 연료 충전 중에 자동차를 이동할 수 있다.
③ 수소자동차 연료 충전 중에는 시동을 끈다.
④ 충전소 직원이 자리를 비웠을 때 임의로 충전기를 조작하지 않는다.

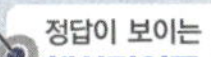
정답이 보이는
**핵심키워드** | 수소자동차 충전소 틀린 것 → ② 충전 중 이동

**16** 다음 중 수소자동차 연료를 충전할 때 운전자의 행동으로 적절치 않은 것은?

① 수소자동차에 연료를 충전하기 전에 시동을 끈다.
② 수소자동차 충전소 충전기 주변에서 흡연을 하였다.
③ 수소자동차 충전소 내의 설비 등을 임의로 조작하지 않았다.
④ 연료 충전이 완료 된 이후 시동을 걸었다.

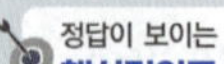

정답이 보이는
**핵심키워드** | 수소자동차 충전 틀린 것 → ② 흡연

---

**17** 다음 중 자동차 연비 향상 방법으로 가장 바람직한 것은?

① 주유할 때 항상 연료를 가득 주유한다.
② 엔진오일 교환 시 오일필터와 에어필터를 함께 교환해 준다.
③ 정지할 때에는 한 번에 강한 힘으로 브레이크 페달을 밟아 제동한다.
④ 가속페달과 브레이크 페달을 자주 사용한다.

엔진오일은 엔진 성능 향상과 수명 연장에 필수적이며, 운행조건에 따라 교환하여야 하며, 필터도 함께 교환해주는 것이 좋다.
또한, 연비 향상을 위해 정지 시 위급 상황 외에는 여러 번 나누어 브레이크 페달을 가볍게 밟아 제동하며, 운행 시 가속페달과 브레이크 페달의 사용은 가급적 줄여 운전하는 습관을 갖는게 좋다.

정답이 보이는
**핵심키워드** | 연비 향상 방법 →
② 엔진오일 교환 시 필터 함께 교환

---

**18** 다음 중 경제운전에 대한 운전자의 올바른 운전습관으로 가장 바람직하지 않은 것은?

① 내리막길 운전 시 가속페달 밟지 않기
② 경제적 절약을 위해 유사연료 사용하기
③ 출발은 천천히, 급정지하지 않기
④ 주기적 타이어 공기압 점검하기

유사연료 사용은 차량의 고장, 환경오염의 원인이 될 수 있다.

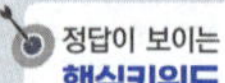

정답이 보이는
**핵심키워드** | 경제운전 아닌 것 → ② 유사연료 사용

---

**19** 환경친화적 자동차의 개발 및 보급 촉진에 관한 법률상 환경친화적 자동차 전용주차구역에 주차해서는 안 되는 자동차는?

① 전기자동차
② 태양광자동차
③ 하이브리드자동차
④ 수소전기자동차

정답이 보이는
**핵심키워드** | 환경친화적 주차 아닌 것 → ② 태양광자동차

---

**20** 다음 중 자동차 배기가스 재순환장치(Exhaust Gas Recirculation, EGR)가 주로 억제하는 물질은?

① 질소산화물(NOx)
② 탄화수소(HC)
③ 일산화탄소(CO)
④ 이산화탄소($CO_2$)

정답이 보이는
**핵심키워드** | 배기가스 재순환장치 → ① 질소산화물

---

**27** **화물차·특수차**

**1** 화물을 적재한 덤프트럭이 내리막길을 내려오는 경우 다음 중 가장 안전한 운전 방법은?

① 기어를 중립에 놓고 주행하여 연료를 절약한다.
② 브레이크 페달을 나누어 밟으면 제동의 효과가 없어 한 번에 밟는다.
③ 앞차의 급정지를 대비하여 충분한 차간 거리를 유지한다.
④ 경적을 크게 울리고 속도를 높이면서 신속하게 주행한다.

정답이 보이는
**핵심키워드** | 덤프트럭 내리막길 안전 운전 →
③ 차간 거리 유지

**2** 다음 중 화물의 적재불량 등으로 인한 교통사고를 줄이기 위한 운전자의 조치사항으로 가장 알맞은 것은?

① 화물을 싣고 이동할 때는 반드시 덮개를 씌운다.
② 예비 타이어 등 고정된 부착물은 점검할 필요가 없다.
③ 화물의 신속한 운반을 위해 화물은 느슨하게 묶는다.
④ 가까운 거리를 이동하는 경우에는 화물을 고정할 필요가 없다.

> 정답이 보이는 **핵심키워드** | 화물차 안전운전 →
> ① 화물 싣고 이동 시 덮개 사용

**3** 유상운송을 목적으로 등록된 사업용 화물자동차 운전자가 반드시 갖추어야 하는 것은?

① 차량정비기술 자격증
② 화물운송종사 자격증
③ 택시운전자 자격증
④ 제1종 특수면허

> 사업용(영업용) 화물자동차(용달·개별·일반) 운전자는 반드시 화물운송종사자격을 취득 후 운전하여야 한다.

> 정답이 보이는 **핵심키워드** | 사업용 화물차 운전자 → ② 화물운송종사 자격증

**4** 화물자동차의 화물 적재에 대한 설명 중 가장 옳지 않은 것은?

① 화물을 적재할 때는 적재함 가운데부터 좌우로 적재한다.
② 화물자동차는 무게 중심이 앞 쪽에 있기 때문에 적재함의 뒤쪽부터 적재한다.
③ 적재함 아래쪽에 상대적으로 무거운 화물을 적재한다.
④ 화물을 모두 적재한 후에는 화물이 차량 밖으로 낙하하지 않도록 고정한다.

> 화물 적재 시 무게가 치우치지 않도록 균형되게 적재한다.

> 정답이 보이는 **핵심키워드** | 화물 적재 틀린 것 → ② 뒤쪽부터 적재

**5** 다음 중 운송사업용 자동차 등 도로교통법상 운행기록계를 설치하여야 하는 자동차 운전자의 바람직한 운전행위는?

① 운행기록계가 설치되어 있지 아니한 자동차 운전행위
② 고장 등으로 사용할 수 없는 운행기록계가 설치된 자동차 운전행위
③ 운행기록계를 원래의 목적대로 사용하지 아니하고 자동차를 운전하는 행위
④ 주기적인 운행기록계 관리로 고장 등을 사전에 예방하는 행위

> 운행기록계가 설치되어 있지 아니하거나 고장 등으로 사용할 수 없는 운행기록계가 설치된 자동차를 운전하거나 운행기록계를 원래의 목적대로 사용하지 아니하고 자동차를 운전하는 행위를 해서는 안 된다.

> 정답이 보이는 **핵심키워드** | 운행기록계 설치 자동차 안전 운전 →
> ④ 고장 사전 예방

**6** 화물자동차의 적재물 추락방지를 위한 설명으로 가장 옳지 않은 것은?

① 구르기 쉬운 화물은 고정목이나 화물받침대를 사용한다.
② 건설기계 등을 적재하였을 때는 와이어, 로프 등을 사용한다.
③ 적재함 전후좌우에 공간이 있을 때는 멈춤목 등을 사용한다.
④ 적재물 추락방지 위반의 경우에 범칙금은 5만원에 벌점은 10점이다.

> 적재물 추락방지위반 벌점은 15점이다.

> 정답이 보이는 **핵심키워드** | 적재물 추락방지 틀린 것 → ④ 범칙금 5만원

**7** 대형승합자동차 운행 중 차내에서 승객이 춤추는 행위를 방치하였을 경우 운전자의 처벌은?

① 범칙금 9만원, 벌점 30점
② 범칙금 10만원, 벌점 40점
③ 범칙금 11만원, 벌점 50점
④ 범칙금 12만원, 벌점 60점

> 정답이 보이는 **핵심키워드** | 대형승합차 승객 춤 방치 → ② 10만원, 40점

**8** 다음은 대형화물자동차의 특성에 대한 설명이다. 가장 알맞은 것은?

① 화물의 종류에 따라 선회 반경과 안정성이 크게 변할 수 있다.
② 긴 축간거리 때문에 안정도가 현저히 낮다.
③ 승용차에 비해 핸들복원력이 원활하다.
④ 차체의 무게는 가벼우나 크기는 승용차보다 크다.

> 대형화물차는 승용차에 비해 핸들복원력이 원활하지 못하고 차체가 무겁고 긴 축거 때문에 상대적으로 안정도가 높으며, 화물의 종류에 따라 선회반경과 안정성이 크게 변할 수 있다.
>
> 정답이 보이는 **핵심키워드** | 대형화물차 특성 →
> ① 화물에 따라 선회 반경과 안정성이 크게 변화

**9** 다음 중 대형화물자동차의 특징에 대한 설명으로 가장 알맞은 것은?

① 적재화물의 위치나 높이에 따라 차량의 중심위치는 달라진다.
② 중심은 상·하(上下)의 방향으로는 거의 변화가 없다.
③ 중심높이는 진동특성에 거의 영향을 미치지 않는다.
④ 진동특성이 없어 대형화물자동차의 진동각은 승용차에 비해 매우 작다.

> 대형화물차는 진동특성이 있고 진동각은 승용차에 비해 매우 크며, 중심높이는 진동특성에 영향을 미치며 중심은 상·하 방향으로도 미친다.
>
> 정답이 보이는 **핵심키워드** | 대형화물차 특징 →
> ① 화물의 위치나 높이에 따라 중심위치 달라진다

**10** 다음중 대형화물자동차의 운전특성에 대한 설명으로 가장 알맞은 것은?

① 무거운 중량과 긴 축거 때문에 안정도는 낮다.
② 고속주행 시에 차체가 흔들리기 때문에 순간적으로 직진안정성이 나빠지는 경우가 있다.
③ 운전대를 조작할 때 소형승용차와는 달리 핸들복원이 원활하다.
④ 운전석이 높아서 이상기후 일 때에는 시야가 더욱 좋아진다.

> 대형화물차가 운전석이 높다고 이상기후 시 시야가 좋아지는 것은 아니며, 소형승용차에 비해 핸들복원력이 원활치 못하고 무거운 중량과 긴 축거 때문에 안정도는 승용차에 비해 높다.
>
> 정답이 보이는 **핵심키워드** | 대형화물차 운전 특성 →
> ② 고속 주행 시 직진안전성 나빠짐

**11** 다음 중 대형화물자동차의 사각지대와 제동 시 하중변화에 대한 설명으로 가장 알맞은 것은?

① 사각지대는 보닛이 있는 차와 없는 차가 별로 차이가 없다.
② 앞, 뒷바퀴의 제동력은 하중의 변화와는 관계없다.
③ 운전석 우측보다는 좌측 사각지대가 훨씬 넓다.
④ 화물의 하중의 변화에 따라 제동력에 차이가 발생한다.

> 대형화물차의 사각지대는 보닛유무 여부에 따라 큰 차이가 있고, 하중의 변화에 따라 앞·뒷바퀴의 제동력에 영향을 미치며 운전석 좌측보다는 우측 사각지대가 훨씬 넓다.
>
> 정답이 보이는 **핵심키워드** | 대형화물차 하중변화 → ④ 하중에 따라 제동력 차이

**12** 고속버스가 밤에 도로를 통행할 때 켜야 할 등화에 대한 설명으로 맞는 것은?

① 전조등, 차폭등, 미등, 번호등, 실내조명등
② 전조등, 미등
③ 미등, 차폭등, 번호등
④ 미등, 차폭등

> 정답이 보이는 **핵심키워드** | 고속버스 밤에 켜야 할 등화 →
> ① 전조등, 차폭등, 미등, 번호등, 실내조명등

**13** 도로교통법령상 화물자동차의 적재용량 안전기준에 위반한 차량은?

① 자동차 길이의 10분의 2를 더한 길이
② 후사경으로 뒤쪽을 확인할 수 있는 범위의 너비
③ 지상으로부터 3.9미터 높이
④ 구조 및 성능에 따르는 적재중량의 105퍼센트

> 길이: 자동차 길이에 그 길이의 10분의 1을 더한 길이
>
> 정답이 보이는 **핵심키워드** | 적재용량 안전기준 위반 →
> ① 자동차 길이의 10분의 2

**14** 대형 및 특수 자동차의 제동특성에 대한 설명이다. 잘못된 것은?

① 하중의 변화에 따라 달라진다.
② 타이어의 공기압과 트레드가 고르지 못하면 제동거리가 달라진다.
③ 차량 중량에 따라 달라진다.
④ 차량의 적재량이 커질수록 실제 제동거리는 짧아진다.

> 차량의 중량(적재량)이 커질수록 제동거리는 길어진다.

> 정답이 보이는 **핵심키워드** | 대형 자동차 제동특성 아닌 것 →
> ④ 적재량 커질수록 제동거리 짧아진다

**15** 도로교통법상 차의 승차 또는 적재방법에 관한 설명으로 틀린 것은?

① 운전자는 승차인원에 관하여 대통령령으로 정하는 운행상의 안전기준을 넘어서 승차시킨 상태로 운전해서는 아니 된다.
② 운전자는 운전 중 타고 있는 사람이 떨어지지 아니하도록 문을 정확히 여닫는 등 필요한 조치를 하여야 한다.
③ 운전자는 운전 중 실은 화물이 떨어지지 아니하도록 덮개를 씌우거나 묶는 등 확실하게 고정해야 한다.
④ 운전자는 영유아나 동물의 안전을 위하여 안고 운전하여야 한다.

> 정답이 보이는 **핵심키워드** | 승차 또는 적재 틀린 것 → ④ 영유아 안고 운전

**16** 화물자동차의 적재화물 이탈 방지에 대한 설명으로 올바르지 않은 것은?

① 화물자동차에 폐쇄형 적재함을 설치하여 운송한다.
② 효율적인 운송을 위해 적재중량의 120퍼센트 이내로 적재한다.
③ 화물을 적재하는 경우 급정지, 회전 등 차량의 주행에 의해 실은 화물이 떨어지거나 날리지 않도록 덮개나 포장을 해야 한다.
④ 7톤 이상의 코일을 적재하는 경우에는 레버블록으로 2줄 이상 고정하되 줄당 고정점을 2개 이상 사용하여 고정해야 한다.

> 정답이 보이는 **핵심키워드** | 적재화물 이탈 방지 틀린 것 → ② 120퍼센트 적재

**17** 다음 중 대형화물자동차의 선회특성과 진동특성에 대한 설명으로 가장 알맞은 것은?

① 진동각은 차의 원심력에 크게 영향을 미치지 않는다.
② 진동각은 차의 중심높이에 크게 영향을 받지 않는다.
③ 화물의 종류와 적재위치에 따라 선회 반경과 안정성이 크게 변할 수 있다.
④ 진동각도가 승용차보다 작아 추돌사고를 유발하기 쉽다.

> 대형화물차는 화물의 종류와 적재위치에 따라 선회반경과 안정성이 크게 변할 수 있고 진동각은 차의 원심력과 중심높이에 크게 영향을 미치며, 진동각도가 승용차보다 크다.

> 정답이 보이는 **핵심키워드** | 대형화물차 선회특성 →
> ③ 종류와 위치에 따라 크게 변화

**18** 대형차의 운전특성에 대한 설명이다. 잘못된 것은?

① 무거운 중량과 긴 축거 때문에 안정도는 높으나, 핸들을 조작할 때 소형차와 달리 핸들 복원이 둔하다.
② 소형차에 비해 운전석이 높아 차의 바로 앞만 보고 운전하게 되므로 직진 안정성이 좋아진다.
③ 화물의 종류와 적재 위치에 따라 선회 특성이 크게 변화한다.
④ 화물의 종류와 적재 위치에 따라 안정성이 크게 변화한다.

> 대형차는 고속 주행 시에 차체가 흔들리기 때문에 순간적으로 직진 안정성이 나빠지는 경우가 있으며, 더욱이 운전석 높기 때문에 밤이나 폭우, 안개 등 기상이 나쁠 때에는 차의 바로 앞만 보고 운전하게 되므로 더욱 직진 안정성이 나빠진다.

> 정답이 보이는 **핵심키워드** | 대형차 운전특성 아닌 것 →
> ② 직진 안정성이 좋아진다

**19** 다음 중 저상버스의 특성에 대한 설명이다. 가장 거리가 먼 것은?

① 노약자나 장애인이 쉽게 탈 수 있다.
② 차체바닥의 높이가 일반버스보다 낮다.
③ 출입구에 계단 대신 경사판이 설치되어 있다.
④ 일반버스에 비해 차체의 높이가 1/2이다.

> **정답이 보이는 핵심키워드** | 저상버스 설명 아닌 것 → ④ 차체 높이 1/2

**20** 제1종 대형면허와 제1종 보통면허의 운전범위를 구별하는 화물자동차의 적재중량 기준은?

① 12톤 미만
② 10톤 미만
③ 4톤 이하
④ 2톤 이하

> 적재중량 12톤 미만의 화물자동차는 제1종 보통면허로 운전이 가능하고 적재중량 12톤 이상의 화물자동차는 제1종 대형면허를 취득하여야 운전이 가능하다.
>
> **정답이 보이는 핵심키워드** | 대형면허, 보통면허 구별 기준 → ① 12톤

**21** 제1종 대형면허의 취득에 필요한 청력기준은? (단, 보청기 사용자 제외)

① 25데시벨
② 35데시벨
③ 45데시벨
④ 55데시벨

> **정답이 보이는 핵심키워드** | 제1종 대형 청력기준 → ④ 55데시벨

**22** 제1종 보통면허 소지자가 총중량 750kg 초과 3톤 이하의 피견인자동차를 견인하기 위해 추가로 소지하여야 하는 면허는?

① 제1종 소형견인차면허
② 제2종 보통면허
③ 제1종 대형면허
④ 제1종 구난차면허

> 총중량 750kg 초과 3톤 이하의 피견인자동차 견인 조건 : 견인 자동차의 운전 면허, 소형견인차면허(또는 대형견인차면허)
>
> **정답이 보이는 핵심키워드** | 총중량 750kg 초과 3톤 이하 견인면허 → ① 제1종 소형견인차면허

**23** 다음 중 총중량 750킬로그램 이하의 피견인자동차를 견인할 수 없는 운전면허는?

① 제1종 보통면허
② 제1종 보통연습면허
③ 제1종 대형면허
④ 제2종 보통면허

> 연습면허로는 피견인자동차를 견인할 수 없다.
>
> **정답이 보이는 핵심키워드** | 750kg 이하 견인 불가 면허 → ② 연습면허

**24** 다음 중 편도 3차로 고속도로에서 견인차의 주행차로는? (버스전용차로 없음)

① 1차로
② 2차로
③ 3차로
④ 모두 가능

> **정답이 보이는 핵심키워드** | 3차로에서 견인차 주행 차로 → ③ 3차로

**25** 다음 중 도로교통법상 소형견인차 운전자가 지켜야할 사항으로 맞는 것은?

① 소형견인차 운전자는 긴급한 업무를 수행하므로 안전띠를 착용하지 않아도 무방하다.
② 소형견인차 운전자는 주행 중 일상업무를 위한 휴대폰 사용이 가능하다.
③ 소형견인차 운전자는 운행 시 제1종 특수(소형견인차) 면허를 취득하고 소지하여야 한다.
④ 소형견인차 운전자는 사고현장 출동 시에는 규정된 속도를 초과하여 운행할 수 있다.

> 소형견인차의 운전자도 도로교통법상 모든 운전자의 준수사항을 지켜야 하며, 운행 시 소형견인차 면허를 취득하고 소지하여야 한다.
>
> **정답이 보이는 핵심키워드** | 소형견인차 운전자 준수사항 → ③ 제1종 특수 면허

**★★**
**26** 다음 중 특수한 작업을 수행하기 위해 제작된 총중량 3.5톤 이하의 특수자동차(구난차등은 제외)를 운전할 수 있는 면허는?

① 제1종 보통연습면허
② 제2종 보통연습면허
③ 제2종 보통면허
④ 제1종 소형면허

> 총중량 3.5톤 이하의 특수자동차는 제2종 보통면허로 운전이 가능하다.
>
> **정답이 보이는**
> **핵심키워드** | 3.5톤 이하 특수차 면허 → ③ 제2종 보통면허

**★★**
**27** 다음 중 트레일러 차량의 특성에 대한 설명이다. 가장 적정한 것은?

① 좌회전 시 승용차와 비슷한 회전각을 유지한다.
② 내리막길에서는 미끄럼 방지를 위해 기어를 중립에 둔다.
③ 승용차에 비해 내륜차(內輪差)가 크다.
④ 승용차에 비해 축간 거리가 짧다.

> 트레일러는 승용차에 비해 축간거리(앞바퀴-뒷바퀴 사이의 거리)가 길어 내륜차가 크다. 그러므로 회전 시 승용차보다 넓게 회전한다. 그리고 모든 차량은 내리막길에서 기어를 중립에 두는 경우 제동이 되지 않으므로 절대 해서는 안되는 조작이다.
>
> **정답이 보이는**
> **핵심키워드** | 트레일러 특성 → ③ 내륜차가 크다

**★★**
**28** 화물을 적재한 트레일러 자동차가 시속 50킬로미터로 편도 1차로 도로의 우로 굽은 도로를 진행할 때 가장 안전한 운전 방법은?

① 주행하던 속도를 줄이면 전복의 위험이 있어 속도를 높여 진입한다.
② 회전반경을 줄이기 위해 반대차로를 이용하여 진입한다.
③ 원활한 교통흐름을 위해 현재 속도를 유지하면서 신속하게 진입한다.
④ 원심력에 의해 전복의 위험성이 있어 속도를 줄이면서 진입한다.

> 커브길에서는 원심력에 의한 차량 전복의 위험성이 있어 속도를 줄이면서 안전하게 진입한다.
>
> **정답이 보이는**
> **핵심키워드** | 시속 50km 트레일러 편도 1차로 우로굽은 도로 진행 → ④ 속도 줄이며 진입

**★★**
**29** 자동차 및 자동차부품의 성능과 기준에 관한 규칙상 트레일러의 차량중량이란?

① 공차상태의 자동차의 중량을 말한다.
② 적차상태의 자동차의 중량을 말한다.
③ 공차상태의 자동차의 축중을 말한다.
④ 적차상태의 자동차의 축중을 말한다.

> 차량중량이란 공차상태의 자동차의 중량을 말한다. 차량총중량이란 적차상태의 자동차의 중량을 말한다.
>
> **정답이 보이는**
> **핵심키워드** | 트레일러 차량중량 → ① 공차상태의 자동차 중량

**★★**
**30** 자동차관리법상 유형별로 구분한 특수자동차에 해당되지 않는 것은?

① 견인형
② 구난형
③ 일반형
④ 특수작업형

> 특수자동차는 견인형, 구난형, 특수작업형으로 나눈다.
>
> **정답이 보이는**
> **핵심키워드** | 특수자동차 아닌 것 → ③ 일반형

**★★**
**31** 다음 중 트레일러의 종류에 해당되지 않는 것은?

① 풀트레일러
② 저상트레일러
③ 세미트레일러
④ 고가트레일러

> 트레일러는 풀트레일러, 저상트레일러, 세미트레일러, 센터차축트레일러, 모듈트레일러가 있다.
>
> **정답이 보이는**
> **핵심키워드** | 트레일러 종류 아닌 것 → ④ 고가트레일러

**32** 자동차 및 자동차부품의 성능과 기준에 관한 규칙상 견인형 특수자동차의 뒷면 또는 우측면에 표시하여야 하는 것은?

① 차량총중량·최대적재량
② 차량중량에 승차정원의 중량을 합한 중량
③ 차량총중량에 승차정원의 중량을 합한 중량
④ 차량총중량·최대적재량·최대적재용적·적재물품명

견인형 특수자동차의 뒷면 또는 우측면에는 차량중량에 승차정원의 중량을 합한 중량을 표시하여야 한다.

정답이 보이는
**핵심키워드** | 견인형 특수차 뒷면 표시 →
② 차량중량 + 승차정원 중량


**33** 다음 중 견인차의 트랙터와 트레일러를 연결하는 장치로 맞는 것은?

① 커플러
② 킹핀
③ 아우트리거
④ 붐

커플러 : 트랙터(견인차)와 트레일러(피견인차)를 연결하는 장치로 트랙터 후면은 상단부위가 반원형인데 중심부위로 갈수록 좁아지며, 약 20센티미터의 홈이 파여 있고 커플러 우측은 커플러 작동 핸들 및 스프링 로크로 구성되어 있다.

정답이 보이는
**핵심키워드** | 트랙터와 트레일러 연결 장치 → ① 커플러


**34** 자동차 및 자동차부품의 성능과 기준에 관한 규칙상 연결자동차가 초과해서는 안 되는 자동차 길이의 기준은?

① 13.5미터
② 16.7미터
③ 18.9미터
④ 19.3미터

연결자동차의 길이는 16.7미터를 초과해서는 안 된다.

정답이 보이는
**핵심키워드** | 연결자동차 길이 → ② 16.7미터


**35** 초대형 중량물의 운송을 위하여 단독으로 또는 2대 이상을 조합하여 운행할 수 있도록 되어 있는 구조로서 하중을 골고루 분산하기 위한 장치를 갖춘 피견인자동차는?

① 세미트레일러
② 저상트레일러
③ 모듈트레일러
④ 센터차축트레일러

① 세미트레일러 : 일부가 견인자동차의 상부에 실리고, 해당 자동차 및 적재물 중량의 상당 부분을 견인자동차에 분담시키는 구조의 피견인자동차
② 저상 트레일러 : 중량물의 운송에 적합하고 세미트레일러의 구조를 갖춘 것으로서, 대부분의 상면지상고가 1,100밀리미터 이하이며 견인자동차의 커플러 상부 높이보다 낮게 제작된 피견인자동차
④ 센터차축트레일러 : 균등하게 적재한 상태에서의 무게중심이 차량축 중심의 앞쪽에 있고, 견인자동차와의 연결장치가 수직방향으로 굴절되지 아니하며, 차량총중량의 10퍼센트 또는 1천 킬로그램보다 작은 하중을 견인자동차에 분담시키는 구조로서 1개 이상의 축을 가진 피견인자동차

정답이 보이는
**핵심키워드** | 초대형 운송 하중 분산 장치 → ③ 모듈트레일러


**36** 차체 일부가 견인자동차의 상부에 실리고, 해당 자동차 및 적재물 중량의 상당 부분을 견인자동차에 분담시키는 구조의 피견인자동차는?

① 풀트레일러
② 세미트레일러
③ 저상트레일러
④ 센터차축트레일러

① 풀트레일러 : 자동차 및 적재물 중량의 대부분을 해당 자동차의 차축으로 지지하는 구조의 피견인자동차
② 세미트레일러 : 일부가 견인자동차의 상부에 실리고, 해당 자동차 및 적재물 중량의 상당 부분을 견인자동차에 분담시키는 구조의 피견인자동차
③ 저상 트레일러 : 중량물의 운송에 적합하고 세미트레일러의 구조를 갖춘 것으로서, 대부분의 상면지상고가 1,100mm 이하이며 견인자동차의 커플러 상부높이보다 낮게 제작된 피견인자동차
④ 센터차축트레일러 : 균등하게 적재한 상태에서 무게중심이 차량축 중심의 앞쪽에 있고, 견인자동차와의 연결장치가 수직방향으로 굴절되지 않으며, 차량총중량의 10% 또는 1kg보다 작은 하중을 견인자동차에 분담시키는 구조로서 1개 이상의 축을 가진 피견인자동차

정답이 보이는
**핵심키워드** | 견인자동차 상부와 견인자동차에 분담 →
② 세미트레일러

**37** 다음 중 편도 3차로 고속도로에서 구난차의 주행 차로는? (버스전용차로 없음)

① 1차로
② 왼쪽차로
③ 오른쪽차로
④ 모든 차로

편도 3차로의 고속도로에서 3차로가 주행차로인 차는 화물자동차, 특수자동차 및 건설기계이다.

정답이 보이는
**핵심키워드** | 편도 3차로 고속도로 구난차 차로 →
③ 오른쪽차로

**38** 트레일러의 특성에 대한 설명이다. 가장 알맞은 것은?

① 차체가 무거워서 제동거리가 일반승용차보다 짧다.
② 급 차로변경을 할 때 전도나 전복의 위험성이 높다.
③ 운전석이 높아서 앞 차량이 실제보다 가까워 보인다.
④ 차체가 크기 때문에 내륜차(內輪差)는 크게 관계가 없다.

① 차체가 무거우면 제동거리가 길어진다.
② 차체가 길기 때문에 전도나 전복의 위험성이 높고 급 차로변경 시 잭 나이프현상이 발생할 수 있다.
③ 트레일러는 운전석이 높아서 앞 차량이 실제 차간거리보다 멀어보여 안전거리를 확보하지 않는 경향이 있다.
④ 차체가 길고 크므로 내륜차가 크게 발생한다.

정답이 보이는
**핵심키워드** | 트레일러 특성 → ② 급 차로변경 시 전복 위험

**39** 트레일러 운전자의 준수사항에 대한 설명으로 가장 알맞은 것은?

① 운행을 마친 후에만 차량 일상점검 및 확인을 해야 한다.
② 정당한 이유 없이 화물의 운송을 거부해서는 아니 된다.
③ 차량의 청결상태는 운임요금이 고가일 때만 양호하게 유지한다.
④ 적재화물의 이탈방지를 위한 덮개·포장 등은 목적지에 도착해서 확인한다.

운전자는 운행 전 적재화물의 이탈방지를 위한 덮개, 포장을 튼튼히 하고 항상 청결을 유지하며 차량의 일상점검 및 확인은 운행 전은 물론 운행 후에도 꾸준히 하여야 한다.

정답이 보이는
**핵심키워드** | 트레일러 준수사항 → ② 화물운송 거부 안됨

**40** 다음 중 구난차로 상시 4륜구동 자동차를 견인하는 경우 가장 적절한 방법은?

① 자동차의 뒤를 들어서 견인한다.
② 상시 4륜구동 자동차는 전체를 들어서 견인한다.
③ 구동 방식과 견인하는 방법은 무관하다.
④ 견인되는 모든 자동차의 주차브레이크는 반드시 제동 상태로 한다.

정답이 보이는
**핵심키워드** | 4륜구동 자동차 견인 → ② 전체를 들어서 견인

**41** 자동차관리법상 구난형 특수자동차의 세부기준은?

① 피견인차의 견인을 전용으로 하는 구조인 것
② 견인·구난할 수 있는 구조인 것
③ 고장·사고 등으로 운행이 곤란한 자동차를 구난·견인할 수 있는 구조인 것
④ 위 어느 형에도 속하지 아니하는 특수작업용인 것

특수자동차 중에서 구난형의 유형별 세부기준은 고장, 사고 등으로 운행이 곤란한 자동차를 구난·견인할 수 있는 구조인 것을 말한다.

정답이 보이는
**핵심키워드** | 구난형 특수차 세부기준 →
③ 운행이 곤란한 자동차 구난 및 견인

**42** 교통사고 발생 현장에 도착한 구난차 운전자의 가장 바람직한 행동은?

① 사고차량 운전자의 운전면허증을 회수한다.
② 도착 즉시 사고차량을 견인하여 정비소로 이동시킨다.
③ 운전자와 사고차량의 수리비용을 흥정한다.
④ 운전자의 부상 정도를 확인하고 2차 사고에 대비 안전조치를 한다.

레커(구난형) 운전자는 사고처리 행정업무를 수행할 권한이 없어 사고현장을 보존해야 한다. 다만, 부상자의 구호 및 2차 사고를 대비 주변 상황에 맞는 안전조치를 취할 수 있다.

정답이 보이는
**핵심키워드** | 사고 현장 구난차 운전자 행동 →
④ 운전자 부상 정도 확인, 2차 사고 대비

**43** 구난차 운전자의 행동으로 가장 바람직한 것은?

① 고장차량 발생 시 신속하게 출동하여 무조건 견인한다.
② 피견인차량을 견인 시 법규를 준수하고 안전하게 견인한다.
③ 견인차의 이동거리별 요금이 고가일 때만 안전하게 운행한다.
④ 사고차량 발생 시 사고현장까지 신호는 무시하고 가도 된다.

레커(구난형)운전자는 신속하게 출동하되 준법운전을 하고 차주의 의견을 무시하거나 사고현장을 훼손하는 경우가 있어서는 안 된다.

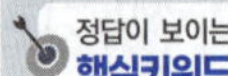 정답이 보이는 **핵심키워드** | 구난차 운전자 → ② 견인 시 법규 준수

**44** 자동차 및 자동차부품의 성능과 기준에 관한 규칙에 따른 자동차의 길이 기준은? (연결자동차 아님)

① 13미터　　② 14미터
③ 15미터　　④ 16미터

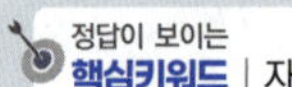 정답이 보이는 **핵심키워드** | 자동차 길이 → ① 13미터

**45** 구난차가 갓길에서 고장차량을 견인하여 주행차로로 진입할 때 가장 주의해야 할 사항으로 맞는 것은?

① 고속도로 전방에서 정속주행하는 차량에 주의
② 피견인자동차 트렁크에 적재되어있는 화물에 주의
③ 주행차로 뒤쪽에서 빠르게 주행해오는 차량에 주의
④ 견인자동차는 눈에 확 띄므로 크게 신경 쓸 필요가 없다.

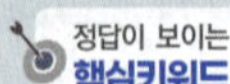 정답이 보이는 **핵심키워드** | 갓길 고장차량 견인 구난차 → ③ 뒤쪽 차량 주의

**46** 다음 중 구난차의 각종 장치에 대한 설명으로 맞는 것은?

① 크레인 본체에 달려 있는 크레인의 팔 부분을 후크(hook)라 한다.
② 구조물을 견인할 때 구난차와 연결하는 장치를 PTO 스위치라고 한다.

③ 작업 시 안정성을 확보하기 위하여 전방과 후방 측면에 부착된 구조물을 아우트리거라고 한다.
④ 크레인에 장착되어 있으며 갈고리 모양으로 와이어 로프에 달려서 중량물을 거는 장치를 붐(boom)이라 한다.

• 크레인의 붐(boom) : 크레인 본체에 달려 있는 크레인의 팔 부분
• 견인삼각대 : 구조물을 견인할 때 구난차와 연결하는 장치
• PTO 스위치 : 크레인 및 구난 윈치에 소요되는 동력은 차량의 PTO(동력인출장치)로부터 나오게 된다.
• 아우트리거 : 작업 시 안정성을 확보하기 위하여 전방과 후방 측면에 부착된 구조물
• 후크(hook) : 크레인에 장착되어 있으며 갈고리 모양으로 와이어 로프에 달려서 중량물을 거는 장치

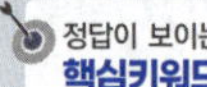 정답이 보이는 **핵심키워드** | 구난차 장치 → ③ 안정성을 확보하기 위해 아우트리거 부착

**47** 부상자가 발생한 사고현장에서 구난차 운전자가 취한 행동으로 가장 적절하지 않은 것은?

① 부상자의 의식상태를 확인하였다.
② 부상자의 호흡상태를 확인하였다.
③ 부상자의 출혈상태를 확인하였다.
④ 바로 견인준비를 하며 합의를 종용하였다.

 정답이 보이는 **핵심키워드** | 구난차 운전자의 행동 아닌 것 → ④ 합의 종용

**48** 구난차 운전자가 FF방식(Front engine Front wheel drive)의 고장난 차를 구난하는 방법으로 가장 적절한 것은?

① 차체의 앞부분을 들어 올려 견인한다.
② 차체의 뒷부분을 들어 올려 견인한다.
③ 앞과 뒷부분 어느 쪽이든 관계없다.
④ 반드시 차체 전체를 들어 올려 견인한다.

FF방식(Front engine Front wheel drive)의 앞바퀴 굴림방식의 차량은 엔진이 앞에 있고, 앞바퀴 굴림방식이기 때문에 손상을 방지하기 위하여 차체의 앞부분을 들어 올려 견인한다.

 정답이 보이는 **핵심키워드** | 구난차 FF방식 → ① 앞부분을 들어 올려 견인

**49** 구난차 운전자가 교통사고현장에서 한 조치이다. 가장 바람직한 것은?

① 교통사고 당사자에게 민사합의를 종용했다.
② 교통사고 당사자 의사와 관계없이 바로 견인 조치했다.
③ 주간에는 잘 보이므로 별다른 안전조치 없이 견인 준비를 했다.
④ 사고당사자에게 일단 심리적 안정을 취할 수 있도록 도와줬다.

> 정답이 보이는
> **핵심키워드** | 구난차 운전자의 조치 → ④ 당사자 심리 안정

**50** 구난차 운전자가 교통사고 현장에서 부상자를 발견하였을 때 대처방법으로 가장 바람직한 것은?

① 말을 걸어보거나 어깨를 두드려 부상자의 의식 상태를 확인한다.
② 부상자가 의식이 없으면 인공호흡을 실시한다.
③ 골절 부상자는 즉시 부목을 대고 구급차가 올 때까지 기다린다.
④ 심한 출혈의 경우 출혈 부위를 심장 아래쪽으로 둔다.

> 정답이 보이는
> **핵심키워드** | 구난차 부상자 발견 →
> ① 말을 걸거나 어깨 두드린다

**51** 교통사고 발생 현장에 도착한 구난차 운전자가 부상자에게 응급조치를 해야 하는 이유로 거리가 먼 것은?

① 부상자의 빠른 호송을 위하여
② 부상자의 고통을 줄여주기 위하여
③ 부상자의 재산을 보호하기 위하여
④ 부상자의 구명률을 높이기 위하여

> 정답이 보이는
> **핵심키워드** | 구난차 운전자 응급조치 이유 아닌 것 →
> ③ 재산 보호

**52** 다음 중 구난차 운전자의 가장 바람직한 행동은?

① 화재발생 시 초기진화를 위해 소화장비를 차량에 비치한다.
② 사고현장에 신속한 도착을 위해 중앙선을 넘어 주행한다.
③ 경미한 사고는 운전자간에 합의를 종용한다.
④ 교통사고 운전자와 동승자를 사고차량에 승차시킨 후 견인한다.

구난차 운전자는 사고현장에 가장 먼저 도착할 수 있으므로 차량 화재발생시 초기 진압할 수 있는 소화장비를 비치하는 것이 바람직하다.

> 정답이 보이는
> **핵심키워드** | 구난차 운전자 행동 →
> ① 화재 초기진화를 위해 소화장비 비치

**53** 제한속도 매시 100킬로미터인 고속도로에서 구난차량이 매시 145킬로미터로 주행하다 과속으로 적발되었다. 벌점과 범칙금액은?

① 벌점 70점, 범칙금 14만원
② 벌점 60점, 범칙금 13만원
③ 벌점 30점, 범칙금 10만원
④ 벌점 15점, 범칙금 7만원

> 정답이 보이는
> **핵심키워드** | 구난차량 과속 벌점 → ② 60점

**54** 다음 중 구난차 운전자가 자동차에 도색(塗色)이나 표지를 할 수 있는 것은?

① 교통단속용자동차와 유사한 도색 및 표지
② 범죄수사용자동차와 유사한 도색 및 표지
③ 긴급자동차와 유사한 도색 및 표지
④ 응급상황 발생시 연락할 수 있는 운전자 전화번호

누구든지 자동차등에 교통단속용자동차·범죄수사용자동차나 그 밖의 긴급자동차와 유사하거나 혐오감을 주는 도색이나 표지 등을 하거나 그러한 도색이나 표지 등을 한 자동차등을 운전하여서는 안 된다.

> 정답이 보이는
> **핵심키워드** | 구난차 운전자가 도색이나 표지를 할 수 있는 것
> → ④ 운전자 전화번호

## 55 구난차 운전자가 RR방식(Rear engine Rear wheel drive)의 고장난 차를 구난하는 방법으로 가장 적절한 것은?

① 차체의 앞부분을 들어 올려 견인한다.
② 차체의 뒷부분을 들어 올려 견인한다.
③ 앞과 뒷부분 어느 쪽이든 관계없다.
④ 반드시 차체 전체를 들어 올려 견인한다.

> **정답이 보이는 핵심키워드** | 구난차 RR방식 → ② 뒷부분을 들어 올려 견인

## 56 교통사고 현장에 출동하는 구난차 운전자의 마음가짐이다. 가장 바람직한 것은?

① 신속한 도착이 최우선이므로 반대차로로 주행한다.
② 긴급자동차에 해당됨으로 최고 속도를 초과하여 주행한다.
③ 고속도로에서 차량 정체 시 경음기를 울리면서 갓길로 주행한다.
④ 신속한 도착도 중요하지만 교통사고 방지를 위해 안전운전 한다.

교통사고현장에 접근하는 경우 견인을 하기 위한 경쟁으로 심리적인 압박을 받게 되어 교통사고를 유발할 가능성이 높아지므로 안전운전을 해야 한다.

> **정답이 보이는 핵심키워드** | 구난차 운전자 마음가짐 → ④ 안전운전

## 57 다음 중 자동차관리법령상 특수자동차의 유형별 구분에 해당하지 않는 것은?

① 견인형 특수자동차
② 특수작업형 특수자동차
③ 구난형 특수자동차
④ 도시가스 응급복구용 특수자동차

특수자동차는 유형별로 견인형, 구난형, 특수작업형으로 구분된다.

> **정답이 보이는 핵심키워드** | 특수자동차 아닌 것 → ④ 도시가스

## 58 제1종 특수면허 중 소형견인차면허의 기능시험에 대한 내용이다. 맞는 것은?

① 소형견인차 면허 합격기준은 100점 만점에 90점 이상이다.
② 소형견인차 시험은 굴절, 곡선, 방향전환, 주행코스를 통과하여야 한다.
③ 소형견인차 시험 코스통과 기준은 각 코스마다 5분 이내 통과하면 합격이다.
④ 소형견인차 시험 각 코스의 확인선 미접촉 시 각 5점씩 감점이다.

소형견인차면허의 기능시험은 굴절코스, 곡선코스, 방향전환코스를 통과해야 하며, 각 코스마다 3분 초과 시, 검지선 접촉 시, 방향전환코스의 확인선 미접촉 시 각 10점이 감점된다. 합격기준은 90점 이상이다.

> **정답이 보이는 핵심키워드** | 소형 견인차 기능시험 → ① 합격기준 90점

## 59 구난차로 고장차량을 견인할 때 견인되는 차가 켜야 하는 등화는?

① 전조등, 비상점멸등
② 전조등, 미등
③ 미등, 차폭등, 번호등
④ 좌측방향지시등

견인되는 차는 미등, 차폭등, 번호등을 켜야 한다.

> **정답이 보이는 핵심키워드** | 구난차 견인 시 등화 → ③ 미등, 차폭등, 번호등

## 60 구난차 운전자가 지켜야 할 사항으로 맞는 것은?

① 구난차 운전자의 경찰무선 도청은 일부 허용된다.
② 구난차 운전자는 도로교통법을 반드시 준수해야 한다.
③ 교통사고 발생 시 출동하는 구난차의 과속은 무방하다.
④ 구난차는 교통사고 발생 시 신호를 무시하고 진행할 수 있다.

> **정답이 보이는 핵심키워드** | 구난차 운전자가 지켜야 할 사항 → ② 도로교통법 준수

**★★**
**61** 자동차 및 자동차부품의 성능과 기준에 관한 규칙에 따라 자동차(연결자동차 제외)의 길이는 (　)미터를 초과하여서는 아니 된다. (　)에 기준으로 맞는 것은?

① 10
② 11
③ 12
④ 13

- 길이 : 13미터(연결자동차의 경우에는 16.7미터)
- 너비 : 2.5미터
- 높이 : 4미터

정답이 보이는
**핵심키워드** | 자동차의 길이 → ④ 13미터

**★★**
**62** 최고속도 매시 100킬로미터인 편도4차로 고속도로를 주행하는 적재중량 3톤의 화물자동차 최고속도는?

① 매시 60킬로미터
② 매시 70킬로미터
③ 매시 80킬로미터
④ 매시 90킬로미터

편도 2차로 이상 고속도로에서 적재중량 1.5톤을 초과하는 화물자동차의 최고속도는 매시 80킬로미터이다.

정답이 보이는
**핵심키워드** | 편도4차로 3톤 화물차 최고속도 → ③ 80km

**★★**
**63** 화물자동차 운수사업법에 따른 화물자동차 운송사업자는 관련 법령에 따라 운행기록장치에 기록된 운행기록을 (　)동안 보관하여야 한다. (　) 안에 기준으로 맞는 것은?

① 3개월
② 6개월
③ 1년
④ 2년

정답이 보이는
**핵심키워드** | 운행기록 보관 → ② 6개월

**★★**
**64** 4.5톤 화물자동차의 적재물 추락 방지 조치를 하지 않은 경우 범칙금액은?

① 5만원
② 4만원
③ 3만원
④ 2만원

4톤 초과 화물자동차의 적재물 추락방지 위반 행위는 범칙금 5만원이다.

정답이 보이는
**핵심키워드** | 4.5톤 적재물 추락 → ① 5만원

**★★**
**65** 4.5톤 화물자동차의 화물 적재함에 사람을 태우고 운행한 경우 범칙금액은?

① 5만원
② 4만원
③ 3만원
④ 2만원

4톤 초과 화물자동차의 화물 적재함에 승객이 탑승하면 범칙금 5만원이다.

정답이 보이는
**핵심키워드** | 4.5톤 사람 → ① 5만원

**★★**
**66** 고속도로가 아닌 곳에서 총중량이 1천5백킬로그램인 자동차를 총중량 5천킬로그램인 승합자동차로 견인할 때 최고속도는?

① 매시 50킬로미터
② 매시 40킬로미터
③ 매시 30킬로미터
④ 매시 20킬로미터

총중량 2천킬로그램미만인 자동차를 총중량이 그의 3배 이상인 자동차로 견인하는 경우에는 매시 30킬로미터이다.

정답이 보이는
**핵심키워드** | 1천5백kg 자동차를 5천kg 승합차로 견인 → ③ 30km

## 67 다음 제1종 특수면허에 대한 설명 중 가장 옳은 것은?

① 소형견인차 면허는 적재중량 3.5톤의 견인형 특수자동차를 운전할 수 있다.
② 소형견인차 면허는 적재중량 4톤의 화물자동차를 운전할 수 있다.
③ 구난차 면허는 승차정원 12명인 승합자동차를 운전할 수 있다.
④ 대형 견인차 면허는 적재중량 10톤의 화물자동차를 운전할 수 있다.

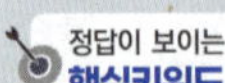


## 68 자동차를 견인하는 경우에 대한 설명으로 바르지 못한 것은?

① 3톤을 초과하는 자동차를 견인하기 위해서는 견인하는 자동차를 운전할 수 있는 면허와 제1종 대형견인차면허를 가지고 있어야 한다.
② 일반도로에서 총중량 2천킬로그램 미만인 자동차를 총중량이 그의 3배 이상인 자동차로 견인하는 경우에는 매시 30킬로미터 이내로 통행할 수 있다.
③ 일반도로에서 견인차가 아닌 차량으로 다른 차량을 견인할 때에는 도로의 제한속도로 진행할 수 있다.
④ 견인차동차가 아닌 일반자동차로 다른 차량을 견인하려는 경우에는 해당 차종을 운전할 수 있는 면허를 가지고 있어야 한다.



## 69 급감속·급제동 시 피견인차가 앞쪽 견인차를 직선 운동으로 밀고 나아가면서 연결부위가 'ㄱ'자처럼 접히는 현상을 말하는 용어는?

① 스윙-아웃(swing-out)
② 잭 나이프(jack knife)
③ 하이드로플래닝(hydropaning)
④ 베이퍼 록(vapor lock)

'jack knife'는 젖은 노면 등의 도로 환경에서 트랙터의 제동력이 트레일러의 제동력보다 클 때 발생할 수 있는 현상으로 트레일러의 관성운동으로 트랙터를 밀고 나아가면서 트랙터와 트레일러의 연결부가 기역자처럼 접히는 현상을 말한다.

## 70 도로에서 캠핑트레일러 피견인 차량 운행 시 횡풍 등 물리적 요인에 의해 피견인 차량이 물고기 꼬리처럼 흔들리는 현상은?

① 잭 나이프(jack knife) 현상
② 스웨이(Sway) 현상
③ 수막(Hydroplaning) 현상
④ 휠 얼라이먼트(wheel alignment) 현상

캐러밴 운행 시 대형 사고의 대부분이 스웨이 현상으로 캐러밴이 물고기 꼬리처럼 흔들리는 현상으로 피쉬테일 현상이라고도 한다.



## 71 다음 중 도로교통법상 자동차를 견인하는 경우에 대한 설명으로 바르지 못한 것은?

① 제1종 대형면허로 대형견인차를 운전하여 이륜자동차를 견인하였다.
② 소형견인차 면허로 총중량 3.5톤 이하의 견인형 특수자동차를 운전하였다.
③ 제1종보통 면허로 10톤의 화물자동차를 운전하여 고장난 승용자동차를 견인하였다.
④ 총중량 1천5백킬로그램 자동차를 총중량이 5천킬로그램인 자동차로 견인하여 매시 30킬로미터로 주행하였다.

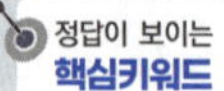

3문제 3점

# 문장형 - Ⅱ

**4지 2답** | 4개의 보기 중에 2개의 답을 찾는 문제

문장형-Ⅱ 문제는 총 110문제 중 3문제가 출제되며, 문제당 3점씩 총 9점을 획득할 수 있습니다. 범위는 문장형-Ⅰ과 동일하지만 정답 2개를 골라야 하므로 집중력이 흐트러질 경우 실수할 가능성이 있으니 정답을 체크할 때 집중력을 잃지 않도록 합니다.

******

**1** 운전면허증을 시·도경찰청장에게 반납하여야 하는 사유 2가지는?

① 운전면허 취소의 처분을 받은 때
② 운전면허 효력 정지의 처분을 받은 때
③ 운전면허 수시적성검사 통지를 받은 때
④ 운전면허의 정기적성검사 기간이 6개월 경과한 때

운전면허의 취소 처분을 받은 때, 운전면허의 효력 정지 처분을 받은 때, 운전면허증을 잃어버리고 다시 교부 받은 후 그 잃어버린 운전면허증을 찾은 때, 연습운전면허를 받은 사람이 제1종 보통운전면허 또는 제2종 보통운전면허를 받은 때에는 7일 이내에 주소지를 관할하는 시·도경찰청장에게 운전면허증을 반납하여야 한다.

> **정답이 보이는**
> **핵심키워드** | 면허증 반납 사유 → ① 면허 취소, ② 정지

******

**2** 운전면허 종류별 운전할 수 있는 차에 관한 설명으로 맞는 것 2가지는?

① 제1종 대형면허로 아스팔트살포기를 운전할 수 있다.
② 제1종 보통면허로 덤프트럭을 운전할 수 있다.
③ 제2종 보통면허로 250시시 이륜자동차를 운전할 수 있다.
④ 제2종 소형면허로 원동기장치자전거를 운전할 수 있다.

덤프트럭은 제1종 대형면허, 승용 긴급자동차는 제1종 보통면허가 필요하다.

> **정답이 보이는**
> **핵심키워드** | 면허 종류별 운전 →
> ① 제1종 대형면허로 아스팔트살포기
> ④ 제2종 소형면허로 원동기장치자전거

*******

**3** 다음 중 운전면허 취득 결격기간이 2년에 해당하는 사유 2가지는? (벌금 이상의 형이 확정된 경우)

① 무면허 운전을 3회한 때
② 다른 사람을 위하여 운전면허시험에 응시한 때
③ 자동차를 이용하여 감금한 때
④ 정기적성검사를 받지 아니하여 운전면허가 취소된 때

자동차를 이용하여 감금한 때는 운전면허 취득 결격기간이 1년이나 정기적성검사를 받지 아니하여 운전면허가 취소된 때는 운전면허 취득 결격기간이 없다.

> **정답이 보이는**
> **핵심키워드** | 운전면허 취득 결격기간 2년 →
> ① 무면허 운전 3회, ② 대리 시험

******

**4** 다음 중 연습운전면허 취소사유로 규정된 2가지는?

① 단속하는 경찰공무원등 및 시·군·구 공무원을 폭행한 때
② 도로에서 자동차의 운행으로 물적 피해만 발생한 교통사고를 일으킨 때
③ 다른 사람에게 연습운전면허증을 대여하여 운전하게 한 때
④ 신호위반을 2회한 때

도로에서 자동차등의 운행으로 인한 교통사고를 일으킨 때 연습운전면허를 취소한다. 다만, 물적 피해만 발생한 경우를 제외한다. 난폭운전으로 3회 이상 형사입건된 때 연습운전면허를 취소한다.

> **정답이 보이는**
> **핵심키워드** | 연습운전면허 취소사유 →
> ① 공무원 폭행
> ③ 면허증 대여



******

**1** 다음은 도로교통법에서 정의하고 있는 용어이다. 알맞은 내용 2가지는?

① "차로"란 연석선, 안전표지 또는 그와 비슷한 인공구조물을 이용하여 경계(境界)를 표시하여 모든 차가 통행할 수 있도록 설치된 도로의 부분을 말한다.
② "차선"이란 차로와 차로를 구분하기 위하여 그 경계지점을 안전표지로 표시한 선을 말한다.
③ "차도"란 차마가 한 줄로 도로의 정하여진 부분을 통행하도록 차선으로 구분한 도로의 부분을 말한다.
④ "보도"란 연석선 등으로 경계를 표시하여 보행자가 통행할 수 있도록 한 도로의 부분을 말한다.

> **정답이 보이는**
> **핵심키워드** | 용어 맞는 것 →
> ② 차선이란 차로와 차로 구분
> ④ 보도란 경계표시하여 보행자 통행

### ★★★
**2** 차로를 구분하는 차선에 대한 설명으로 맞는 것 2가지는?

① 차로가 실선과 점선이 병행하는 경우 실선에서 점선 방향으로 차로 변경이 불가능하다.
② 차로가 실선과 점선이 병행하는 경우 실선에서 점선 방향으로 차로 변경이 가능하다.
③ 차로가 실선과 점선이 병행하는 경우 점선에서 실선 방향으로 차로 변경이 불가능하다.
④ 차로가 실선과 점선이 병행하는 경우 점선에서 실선 방향으로 차로 변경이 가능하다.

① 차로의 구분을 짓는 차선 중 실선은 차로를 변경할 수 없는 선이다.
② 점선은 차로를 변경할 수 있는 선이다.
③ 실선과 점선이 병행하는 경우 실선 쪽에서 점선방향으로는 차로 변경이 불가능하다.
④ 실선과 점선이 병행하는 경우 점선 쪽에서 실선방향으로는 차로 변경이 가능하다.

정답이 보이는 **핵심키워드** | 차선 설명 →
① 실선에서 점선방향으로 차로 변경 불가능
④ 점선에서 실선방향으로 차로 변경 가능

### ★★
**3** 길 가장자리 구역에 대한 설명으로 맞는 2가지는?

① 경계 표시는 하지 않는다.
② 보행자의 안전 확보를 위하여 설치한다.
③ 보도와 차도가 구분되지 아니한 도로에 설치한다.
④ 도로가 아니다.

길 가장자리 구역이란 보도와 차도가 구분되지 아니한 도로에서 보행자의 안전을 위하여 안전표지 등으로 경계를 표시한 도로의 가장자리 부분을 말한다.

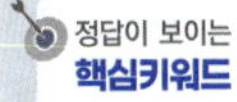
정답이 보이는 **핵심키워드** | 길 가장자리구역 →
② 보행자의 안전 확보 위해 설치
③ 보도, 차도 구분 없는 도로에 설치

### ★★
**4** 도로교통법상 '자동차'에 해당하는 2가지는?

① 천공기(트럭적재식)　　② 노상안정기
③ 자전거　　　　　　　　④ 유모차

도로교통법 제 2조 및 건설기계관리법 제 26조 제 1항 단서에 따라 건설기계 중 덤프트럭, 아스팔트살포기, 노상안정기, 콘크리트믹서트럭, 콘크리트펌프, 천공기는 자동차에 포함된다.

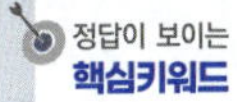
정답이 보이는 **핵심키워드** | 도로교통법상 자동차 →
① 천공기, ② 노상안정기

### ★★
**5** 자동차관리법상 자동차의 종류로 맞는 2가지는?

① 건설기계
② 화물자동차
③ 경운기
④ 특수자동차

자동차관리법상 자동차는 승용자동차, 승합자동차, 화물자동차, 특수자동차, 이륜자동차가 있다.

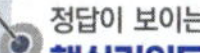
정답이 보이는 **핵심키워드** | 자동차관리법상 자동차 → ② 화물차, ④ 특수차

## 03　자동차 검사 및 등록

### ★★
**1** 자동차 등록의 종류가 아닌 것 2가지는?

① 경정등록
② 권리등록
③ 설정등록
④ 말소등록

자동차등록은 신규, 변경, 이전, 말소, 압류, 경정, 예고등록이 있고, 특허등록은 권리등록, 설정등록 등이 있다.

정답이 보이는 **핵심키워드** | 자동차 등록 종류 아닌 것 →
② 권리등록, ③ 설정등록

**★★**
**1** 신호의 뜻에 대한 설명으로 맞는 2가지는?

① 황색 등화의 점멸 – 차마는 다른 교통 또는 안전표지에 주의하면서 진행할 수 있다.
② 적색의 등화 – 보행자는 횡단보도를 주의하면서 횡단할 수 있다.
③ 녹색 화살 표시의 등화 – 차마는 화살표 방향으로 진행할 수 있다.
④ 황색의 등화 – 차마가 이미 교차로에 진입하고 있는 경우에는 교차로 내에 정지해야 한다.

> ② 적색의 등화 – 보행자는 횡단보도를 횡단할 수 없다.
> ④ 황색의 등화 – 차마가 이미 교차로에 진입하고 있는 경우에는 신속히 교차로 밖으로 진행하여야 한다.

정답이 보이는 **핵심키워드** | 신호에 대한 설명 →
① 황색 등화 점멸 – 다른 교통, 안전표지에 주의하면서 진행
③ 녹색 화살 표시 등화 – 화살표 방향으로 진행

**★★**
**2** 운전자 준수 사항으로 맞는 것 2가지는?

① 어린이교통사고 위험이 있을 때에는 일시 정지한다.
② 물이 고인 곳을 지날 때는 다른 사람에게 피해를 주지 않기 위해 감속한다.
③ 자동차 유리창의 밝기를 규제하지 않으므로 짙은 틴팅(선팅)을 한다.
④ 보행자가 전방 횡단보도를 통행하고 있을 때에는 서행한다.

> 도로에서 어린이교통사고 위험이 있는 것을 발견한 경우 일시정지를 하여야 한다. 또한 보행자가 횡단보도를 통과하고 있을 때에는 일시정지하여야 하며, 안전지대에 보행자가 있는 경우에는 안전한 거리를 두고 서행하여야 한다.

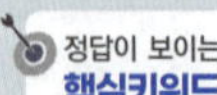
정답이 보이는 **핵심키워드** | 운전자 준수사항 →
① 어린이 사고위험 일시정지
② 물이 고인 곳 감속



**★**
**1** 다음 중 고속도로에서 운전자의 바람직한 운전행위 2가지는?

① 피로한 경우 갓길에 정차하여 안정을 취한 후 출발한다.
② 평소 즐겨보는 동영상을 보면서 운전한다.
③ 주기적인 휴식이나 환기를 통해 졸음운전을 예방한다.
④ 출발 전 뿐만 아니라 휴식 중에도 목적지까지 경로의 위험 요소를 확인하며 운전한다.

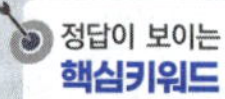
정답이 보이는 **핵심키워드** | 고속도로 올바른 운전 →
③ 주기적인 휴식, ④ 위험 요소 확인

**★**
**2** 운전 중 집중력에 대한 내용으로 가장 적합한 2가지는?

① 운전 중 동승자와 계속 이야기를 나누는 것은 집중력을 높여 준다.
② 운전자의 시야를 가리는 차량 부착물은 제거하는 것이 좋다.
③ 운전 중 집중력은 안전운전과는 상관이 없다.
④ TV/DMB는 뒷좌석 승차자들만 볼 수 있는 곳에 장착하는 것이 좋다.

> 운전 중 동승자와 계속 이야기를 나누면 집중력을 흐리게 하며 운전 중 집중력은 항상 필요하다.

정답이 보이는 **핵심키워드** | 집중력에 대한 내용 →
② 부착물 제거, ④ TV/DMB 뒷자석

**3** 다음 중 회전교차로의 통행 방법으로 가장 적절한 2가지는?

① 회전교차로에서 이미 회전하고 있는 차량이 우선이다.

② 회전교차로에 진입하고자 하는 경우 신속히 진입한다.

③ 회전교차로 진입 시 비상점멸등을 켜고 진입을 알린다.

④ 회전교차로에서는 반시계 방향으로 주행한다.

> **정답이 보이는 핵심키워드** 회전교차로 통행 →
> ① 회전하고 있는 차량이 우선 ④ 반시계 방향

**4** 고속도로를 주행할 때 옳은 2가지는?

① 모든 좌석에서 안전띠를 착용하여야 한다.

② 고속도로를 주행하는 차는 진입하는 차에 대해 차로를 양보하여야 한다.

③ 고속도로를 주행하고 있다면 긴급자동차가 진입한다 하여도 양보할 필요는 없다.

④ 고장자동차의 표지(안전삼각대 포함)를 가지고 다녀야 한다.

고속도로를 진입하는 차는 주행하는 차에 대해 차로를 양보해야 하며 주행 중 긴급자동차가 진입하면 비켜 줘야 한다.

> **정답이 보이는 핵심키워드** 고속도로 주행 →
> ① 모든 좌석 안전띠, ④ 안전삼각대 비치

**5** 다음 설명 중 맞는 2가지는?

① 양보운전의 노면표시는 흰색 '△'로 표시한다.

② 양보표지가 있는 차로를 진행 중인 차는 다른 차로의 주행차량에 차로를 양보하여야 한다.

③ 일반도로에서 차로를 변경할 때에는 30미터 전에서 신호 후 차로 변경한다.

④ 원활한 교통을 위해서는 무리가 되더라도 속도를 내어 차간거리를 좁혀서 운전하여야 한다.

양보운전 노면표시는 '▽'이며, 교통흐름에 방해가 되더라도 안전이 최우선이라는 생각으로 운행하여야 한다.

> **정답이 보이는 핵심키워드** 맞는 설명 →
> ② 양보표지가 있는 차로 진행 차는 다른 차로의 주행차량에 차로 양보
> ③ 일반도로 차로 변경 30미터 전에 신호

**6** '착한운전 마일리지' 제도에 대한 설명으로 적절치 않은 2가지는?

① 교통법규를 잘 지키고 이를 실천한 운전자에게 실질적인 인센티브를 부여하는 제도이다.

② 운전자가 정지처분을 받게 될 경우 누산점수에서 공제할 수 있다.

③ 범칙금이나 과태료 미납자도 마일리지 제도의 무위반·무사고 서약에 참여할 수 있다.

④ 서약 실천기간 중에 교통사고를 유발하거나 교통법규를 위반하면 다시 서약할 수 없다.

> **정답이 보이는 핵심키워드** 착한운전 마일리지 → ③ 과태료 미납자도 참여
> ④ 교통법규 위반 시 다시 서약 불가

**7** 도로교통법령상 개인형 이동장치에 대한 설명으로 바르지 않은 것 2가지는?

① 시속 25킬로미터 이상으로 운행할 경우 전동기가 작동하지 않아야 한다.

② 전동킥보드, 전동이륜평행차, 전동보드가 해당된다.

③ 자전거 등에 속한다.

④ 전동기의 동력만으로 움직일 수 없는(PAS : Pedal Assist System) 전기자전거를 포함한다.

개인형 이동장치란 원동기장치자전거 중 25km/h 이상으로 운행할 경우 전동기가 작동하지 아니하고 차체 중량이 30kg 미만으로 전동킥보드, 전기이륜평행차, 전동기 동력의 자전거가 해당된다.

> **정답이 보이는 핵심키워드** 개인형 이동장치 틀린 것 →
> ② 전동보드, ④ PAS 포함

**8** 자동차 승차인원에 관한 설명 중 맞는 2가지는?

① 고속도로에서는 자동차의 승차정원을 넘어서 운행할 수 없다.

② 자동차등록증에 명시된 승차 정원은 운전자를 제외한 인원이다.

③ 출발지를 관할하는 경찰서장의 허가를 받은 때에는 승차 정원을 초과하여 운행할 수 있다.

④ 승차 정원 초과 시 도착지 관할 경찰서장의 허가를 받아야 한다.

> **정답이 보이는 핵심키워드** 승차 인원 → ① 승차정원 넘어 운행 불가
> ③ 출발지 경찰서 허가

**9** 전방에 교통사고로 앞차가 급정지했을 때 추돌 사고를 방지하기 위한 가장 안전한 운전방법 2가지는?

① 앞차와 정지거리 이상을 유지하며 운전한다.
② 비상점멸등을 켜고 긴급자동차를 따라서 주행한다.
③ 앞차와 추돌하지 않을 정도로 충분히 감속하며 안전거리를 확보한다.
④ 위험이 발견되면 풋 브레이크와 주차 브레이크를 동시에 사용하여 제동거리를 줄인다.

> 앞차와 정지거리 이상을 유지하고 앞차와 추돌하지 않을 정도로 충분히 감속하며 안전거리를 확보한다.

**정답이 보이는 핵심키워드**
앞차 급정지 시 추돌사고 방지 방법 →
① 앞차와 정지거리 이상 유지
③ 감속하며 안전거리 확보

---

**10** 좌석안전띠에 대한 설명으로 맞는 2가지는?

① 운전자가 안전띠를 착용하지 않은 경우 과태료 3만원이 부과된다.
② 일반적으로 경부에 대한 편타손상은 2점식에서 더 많이 발생한다.
③ 13세 미만의 어린이가 안전띠를 착용하지 않으면 범칙금 6만원이 부과된다.
④ 안전띠는 2점식, 3점식, 4점식으로 구분된다.

> ① 범칙금 3만원, ③ 과태료 6만원

**정답이 보이는 핵심키워드**
안전띠 →
② 경부 2점식 ④ 2, 3, 4점식으로 구분

---

**11** 좌석 안전띠 착용에 대한 설명으로 맞는 2가지는?

① 가까운 거리를 운행할 경우에는 큰 효과가 없으므로 착용하지 않아도 된다.
② 자동차의 승차자는 안전을 위하여 좌석 안전띠를 착용하여야 한다.
③ 어린이는 부모의 도움을 받을 수 있는 운전석 옆 좌석에 태우고, 좌석 안전띠를 착용시키는 것이 안전하다.
④ 긴급한 용무로 출동하는 경우 이외에는 긴급자동차의 운전자도 좌석 안전띠를 반드시 착용하여야 한다.

**정답이 보이는 핵심키워드**
안전띠 착용 →
② 안전을 위해 착용
④ 긴급용무 외에 긴급자동차 운전자도 안전띠 착용

---

**12** 다음 중 신호위반이 되는 경우 2가지는?

① 적색신호 시 정지선을 초과하여 정지
② 교차로 이르기 전 황색신호 시 교차로에 진입
③ 황색 점멸 시 다른 교통 또는 안전표지의 표시에 주의하면서 진행
④ 적색 점멸 시 정지선 직전에 일시정지한 후 다른 교통에 주의하면서 진행

> 적색신호 시 정지선 직전에 정지하고 교차로 이르기 전 황색신호 시에도 정지선 직전에 정지해야 한다.

**정답이 보이는 핵심키워드**
신호위반 →
① 적색신호 시 정지선 초과
② 교차로 전 황색신호 시 교차로 진입

**★★**
**1**  어린이 보호구역에 대한 설명으로 맞는 2가지는?

① 어린이 보호구역은 초등학교 주출입문 100미터 이내의 도로 중 일정 구간을 말한다.
② 어린이 보호구역 안에서 오전 8시부터 오후 8시까지 주·정차 위반한 경우 범칙금이 가중된다.
③ 어린이 보호구역 내 설치된 신호기의 보행 시간은 어린이 최고 보행 속도를 기준으로 한다.
④ 어린이 보호구역 안에서 오전 8시부터 오후 8시까지 보행자보호 불이행하면 벌점이 2배된다.

어린이 보호구역은 초등학교 주출입문 300미터 이내의 도로 중 일정 구간을 말하며 어린이 보호구역 내 설치된 신호기의 보행 시간은 어린이 평균 보행 속도를 기준으로 한다.

정답이 보이는
**핵심키워드**  어린이 보호구역 →
② 오전 8시~오후 8시 주정차 위반 시 범칙금 가중
④ 오전 8시~오후 8시 보행자보호 불이행 시 벌점 2배

**★★**
**2**  어린이통학버스의 특별 보호에 관한 설명으로 맞는 2가지는?

① 어린이 통학버스를 앞지르기하고자 할 때는 다른 차의 앞지르기 방법과 같다.
② 어린이들이 승하차 시, 중앙선이 없는 도로에서는 반대편에서 오는 차량도 안전을 확인한 후, 서행하여야 한다.
③ 어린이들이 승하차 시, 편도 1차로 도로에서는 반대편에서 오는 차량도 일시정지하여 안전을 확인한 후, 서행하여야 한다.
④ 어린이들이 승하차 시, 동일 차로와 그 차로의 바로 옆 차량은 일시정지하여 안전을 확인한 후, 서행하여야 한다.

어린이통학버스가 정차하여 점멸등 등으로 어린이 또는 유아가 타고 내리는 중임을 표시하는 장치를 작동 중인 경우 어린이 통학버스 주변의 모든 운전자는 일시정지하여 안전 확인한 후 서행해야 한다.

정답이 보이는
**핵심키워드**  어린이 통학버스 특별보호 →
③ 승하차 시 편도 1차로 반대편 차량도 일시정지 후 서행
④ 승하차 시 동일 차로와 바로 옆 차량은 일시정지 후 서행

**★★**
**3**  어린이통학버스 신고에 대한 설명이다. 맞는 것 2가지는?

① 어린이통학버스를 운영하려면 미리 한국도로교통공단에 신고하고 신고증명서를 발급받아야 한다.
② 어린이통학버스는 원칙적으로 승차정원 9인승(어린이 1명을 승차정원 1명으로 본다) 이상의 자동차로 한다.
③ 어린이통학버스 신고증명서가 헐어 못쓰게 되어 다시 신청하는 때에는 어린이통학버스 신고증명서 재교부신청서에 헐어 못쓰게 된 신고증명서를 첨부하여 제출하여야 한다.
④ 어린이통학버스 신고증명서는 그 자동차의 앞면 차유리 좌측상단의 보기 쉬운 곳에 부착하여야 한다.

① 어린이통학버스를 운영하려는 자는 미리 관할 경찰서장에게 신고하고 신고증명서를 발급받아야 한다.
④ 어린이통학버스 신고증명서는 그 자동차의 앞면 창유리 우측상단의 보기 쉬운 곳에 부착하여야 한다.

정답이 보이는
**핵심키워드**  어린이 통학버스 신고 →
② 승차정원 9인승 이상
③ 신고증명서 재신청 시 신고증명서 첨부

**★★**
**4**  어린이 보호구역에 대한 설명과 주행방법이다. 맞는 것 2가지는?

① 어린이 보호를 위해 필요한 경우 통행속도를 시속 30킬로미터 이내로 제한 할 수 있고 통행할 때는 항상 제한속도 이내로 서행한다.
② 어린이 보호구역 내 속도제한의 대상은 자동차, 원동기장치자전거, 노면전차이며 어린이가 횡단하는 경우 일시정지한다.
③ 대안학교나 외국인학교의 주변도로는 어린이 보호구역 지정 대상이 아니므로 횡단보도가 아닌 곳에서 어린이가 횡단하는 경우 서행한다.
④ 어린이 보호구역에 속도 제한 및 횡단보도에 관한 안전표지를 우선적으로 설치할 수 있으며 어린이가 중앙선 부근에 서 있는 경우 서행한다.

정답이 보이는
**핵심키워드**  어린이보호구역 →
① 30킬로미터 이내  ② 일시정지

**1** 보행자 신호등이 없는 횡단보도로 횡단하는 노인을 뒤늦게 발견한 승용차 운전자가 급제동을 하였으나 노인을 충격(2주 진단)하는 교통사고가 발생하였다. 올바른 설명 2가지는?

① 보행자 신호등이 없으므로 자동차 운전자는 과실이 전혀 없다.
② 자동차 운전자에게 민사책임이 있다.
③ 횡단한 노인만 형사 처벌 된다.
④ 자동차 운전자에게 형사 책임이 있다.

> 횡단보도 교통사고로 운전자에게 민사 및 형사 책임이 있다.

> **정답이 보이는 핵심키워드** | 신호등 없는 횡단보도 노인 2주 진단 →
> ② 운전자 민사, ④ 형사 책임

**2** 관할 경찰서장이 노인 보호구역 안에서 할 수 있는 조치로 맞는 2가지는?

① 자동차의 통행을 금지하거나 제한하는 것
② 자동차의 정차나 주차를 금지하는 것
③ 노상주차장을 설치하는 것
④ 보행자의 통행을 금지하거나 제한하는 것

> 운행속도를 매시 30킬로미터 이내로 제한할 수 있으며 차마의 통행을 금지하거나 제한할 수 있다.

> **정답이 보이는 핵심키워드** | 노인 보호구역에서 경찰서장 조치 →
> ① 자동차 통행 금지 · 제한  ② 주정차 금지

**3** 노인보호구역에서 자동차에 싣고 가던 화물이 떨어져 노인을 다치게 하여 2주 진단의 상해를 입힌 운전자에 대한 처벌 2가지는?

① 피해자의 처벌의사에 관계없이 형사처벌 된다.
② 피해자와 합의하면 처벌되지 않는다.
③ 손해를 전액 보상받을 수 있는 보험에 가입되어 있으면 처벌되지 않는다.
④ 손해를 전액 보상받을 수 있는 보험가입 여부와 관계없이 형사처벌 된다.

> **정답이 보이는 핵심키워드** | 노인보호구역에서 2주 진단 상해 시 처벌 →
> ① 피해자 의사에 관계없이 형사처벌
> ④ 보험가입 여부와 관계없이 형사처벌



**4** 어린이 보호구역 내에 설치된 횡단보도 중 신호기가 설치되지 아니한 횡단보도 앞(정지선이 설치된 경우에는 그 정지선을 말한다)에서 운전자의 행동으로 맞는 것 2가지는?

① 보행자가 횡단보도를 통행하려고 하는 때에는 보행자의 안전을 확인하고 서행하며 통과한다.
② 보행자가 횡단보도를 통행하려고 하는 때에는 일시정지하여 보행자의 횡단을 보호한다.
③ 보행자의 횡단 여부와 관계없이 서행하며 통행한다.
④ 보행자의 횡단 여부와 관계없이 일시정지한다.

> **정답이 보이는 핵심키워드** | 어린이 보호구역 신호기 없는 횡단보도 →
> ② 일시정지 ④ 일시정지

**5** 도로교통법상 보행자 보호에 대한 설명 중 맞는 2가지는?

① 자전거를 끌고 걸어가는 사람은 보행자에 해당하지 않는다.
② 교통정리를 하고 있지 아니하는 교차로에 먼저 진입한 차량은 보행자에 우선하여 통행할 권한이 있다.
③ 시·도경찰청장은 보행자의 통행을 보호하기 위해 도로에 보행자 전용 도로를 설치할 수 있다.
④ 보행자 전용 도로에는 유모차를 끌고 갈 수 있다.

> 자전거를 끌고 걸어가는 사람도 보행자에 해당하고, 교통정리가 행하여지고 있지 않는 교차로에 먼저 진입한 차량도 보행자에게 양보해야 한다.

> **정답이 보이는 핵심키워드** | 보행자 보호 →
> ③ 보행자 전용도로 설치 가능
> ④ 보행자 전용도로에 유모차 가능

## ★★
**6** 보행자의 통행에 대한 설명 중 맞는 것 2가지는?

① 보행자는 차도를 통행하는 경우 항상 차도의 좌측으로 통행해야 한다.
② 보행자는 사회적으로 중요한 행사에 따라 행진 시에는 도로의 중앙으로 통행할 수 있다.
③ 도로횡단시설을 이용할 수 없는 지체장애인은 도로횡단시설을 이용하지 않고 도로를 횡단할 수 있다.
④ 도로횡단시설이 없는 경우 보행자는 안전을 위해 가장 긴 거리로 도로를 횡단하여야 한다.

> 차도의 우측으로 통행하여야 한다. 도로횡단시설이 없는 경우 보행자는 안전을 위해 가장 짧은 거리로 도로를 횡단하여야 한다.

> **정답이 보이는 핵심키워드** | 보행자 통행 →
> ② 중요 행사 도로 중앙 통행
> ③ 지체장애인은 도로횡단시설 이용하지 않고 횡단

## ★★
**7** 다음 중 도로교통법상 보행자전용도로에 대한 설명으로 맞는 2가지는?

① 통행이 허용된 차마의 운전자는 통행 속도를 보행자의 걸음 속도로 운행하여야 한다.
② 차마의 운전자는 원칙적으로 보행자전용도로를 통행할 수 있다.
③ 경찰서장이 특히 필요하다고 인정하는 경우는 차마의 통행을 허용할 수 없다.
④ 통행이 허용된 차마의 운전자는 보행자를 위험하게 할 때는 일시정지하여야 한다.

> ② 차마의 운전자는 보행자전용도로를 통행하면 안 된다.
> ③ 시·도경찰청장이나 경찰서장이 필요하다고 인정하는 경우에는 차마의 통행을 허용할 수 있다.

> **정답이 보이는 핵심키워드** | 보행자전용도로 →
> ① 보행자 걸음 속도, ④ 보행자 위험 시 일시정지



## ★★
**1** 운전자의 준수 사항에 대한 설명으로 맞는 2가지는?

① 승객이 문을 열고 내릴 때에는 승객에게 안전 책임이 있다.
② 물건 등을 사기 위해 일시 정차하는 경우에도 시동을 끈다.
③ 운전자는 차의 시동을 끄고 안전을 확인한 후 차의 문을 열고 내려야 한다.
④ 주차 구역이 아닌 경우에는 누구라도 즉시 이동이 가능하도록 조치해 둔다.

> 운전자가 운전석으로부터 떠나는 때에는 차의 시동을 끄고 제동 장치를 철저하게 하는 등 차의 정지 상태를 안전하게 유지하고 다른 사람이 함부로 운전하지 못하도록 필요한 조치를 하도록 규정하고 있다.

> **정답이 보이는 핵심키워드** | 운전자 준수사항 →
> ② 물건 사기 위해 일시 정차 시 시동 끈다
> ③ 시동을 끄고 안전 확인 후 문을 연다

## ★★
**2** 급경사로에 주차할 경우 가장 안전한 방법 2가지는?

① 자동차의 주차제동장치만 작동시킨다.
② 조향장치를 도로의 가장자리(자동차에서 가까운 쪽을 말한다) 방향으로 돌려놓는다.
③ 경사의 내리막 방향으로 바퀴에 고임목 등 자동차의 미끄럼 사고를 방지할 수 있는 것을 설치한다.
④ 수동변속기 자동차는 기어를 중립에 둔다.

> 급경사로에 주차할 경우에는 경사의 내리막 방향으로 바퀴에 고임목 등 자동차의 미끄럼 사고를 방지할 수 있는 것을 설치하고, 조향장치를 도로의 가장자리 방향으로 돌려놓는다.

> **정답이 보이는 핵심키워드** | 급경사로 주차 → ② 조향장치를 도로의 가장자리 방향으로, ③ 바퀴에 고임목

**3** 다음은 주·정차 방법에 대한 설명이다. 맞는 2가지는?

① 도로에서 정차를 하고자 하는 때에는 차도의 우측 가장자리에 세워야 한다.
② 안전표지로 주·정차 방법이 지정되어 있는 곳에서는 그 방법에 따를 필요는 없다.
③ 평지에서는 수동변속기 차량의 경우 기어를 1단 또는 후진에 넣어두기만 하면 된다.
④ 경사진 도로에서는 고임목을 받쳐두어야 한다.

도로에서 정차를 하고자 하는 때에는 차도의 우측 가장자리에 세워야 하고 경사진 도로에서는 굄목을 받쳐두면 더욱 안전하다.

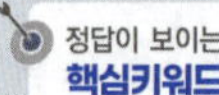

주·정차 방법 →
① 도로 정차 시 우측 가장자리
④ 경사진 도로 고임목 사용

**4** 다음 중 주차에 해당하는 2가지는?

① 차량이 고장 나서 계속 정지하고 있는 경우
② 위험 방지를 위한 일시정지
③ 5분을 초과하지 않았지만 운전자가 차를 떠나 즉시 운전할 수 없는 상태
④ 지하철역에 친구를 내려 주기 위해 일시정지

신호 대기를 위한 정지, 위험 방지를 위한 일시정지는 5분을 초과하여도 주차에 해당하지 않는다. 그러나 5분을 초과하지 않았지만 운전자가 차를 떠나 즉시 운전할 수 없는 상태는 주차에 해당한다.

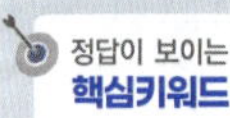

주차 → ① 고장으로 계속 정지, ③ 5분 이내 운전자가 차를 떠난 상태

**5** 다음 중 정차에 해당하는 2가지는?

① 택시 정류장에서 대기 중 운전자가 화장실을 간 경우
② 화물을 싣기 위해 운전자가 차를 떠나 즉시 운전할 수 없는 경우
③ 신호 대기를 위해 정지한 경우
④ 차를 정지하고 지나가는 행인에게 길을 묻는 경우

정차라 함은 운전자가 5분을 초과하지 아니하고 차를 정지시키는 것으로서 주차 외의 정지 상태를 말한다.

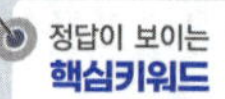

정차 →
③ 신호 대기 위해 정지
④ 차 정지 후 행인에게 길 묻는 경우

**6** 도로교통법상 정차 또는 주차를 금지하는 장소의 특례를 적용하지 않는 2가지는?

① 어린이보호구역 내 주출입문으로부터 50미터 이내
② 횡단보도로부터 10미터 이내
③ 비상소화장치가 설치된 곳으로부터 5미터 이내
④ 안전지대의 사방으로부터 각각 10미터 이내

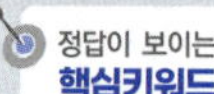

주정차 금지 장소 특례 미적용 →
③ 비상소화장치, ④ 안전지대

**7** 다음 중 도로교통법상 주차가 가능한 장소로 맞는 2가지는?

① 도로의 모퉁이로부터 5미터 지점
② 소방용수시설이 설치된 곳으로부터 7미터 지점
③ 비상소화장치가 설치된 곳으로부터 7미터 지점
④ 안전지대로부터 5미터 지점

**주차 금지장소**
① 횡단보도로부터 10미터 이내
② 소방용수시설이 설치된 곳으로부터 5미터 이내
③ 비상소화장치가 설치된 곳으로부터 5미터 이내
④ 안전지대 사방으로부터 각각 10미터 이내


주차 장소 →
② 소방용수시설 7미터, ③ 비상소화장치 7미터

## 10 교차로, 서행, 일시정지

**1** 교차로에서 좌회전하는 차량 운전자의 가장 안전한 운전 방법 2가지는?

① 반대 방향에 정지하는 차량을 주의해야 한다.
② 반대 방향에서 우회전하는 차량을 주의하면 된다.
③ 같은 방향에서 우회전하는 차량을 주의해야 한다.
④ 함께 좌회전하는 측면 차량도 주의해야 한다.

교차로에서 비보호 좌회전하는 차량은 우회전 차량 및 같은 방향으로 함께 좌회전하는 측면 차량도 주의하며 좌회전해야 한다.

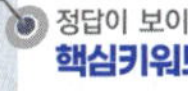
정답이 보이는 **핵심키워드** | 교차로에서 좌회전 →
② 반대 방향 우회전 차량 주의
④ 함께 좌회전하는 측면 차량 주의

**2** 교차로에서 좌·우회전을 할 때 가장 안전한 운전 방법 2가지는?

① 우회전 시에는 미리 도로의 우측 가장자리로 서행하면서 우회전해야 한다.
② 혼잡한 도로에서 좌회전할 때에는 좌측 유도선과 상관없이 신속히 통과해야 한다.
③ 좌회전할 때에는 미리 도로의 중앙선을 따라 서행하면서 교차로의 중심 안쪽을 이용하여 좌회전해야 한다.
④ 유도선이 있는 교차로에서 좌회전할 때에는 좌측 바퀴가 유도선 안쪽을 통과해야 한다.

교차로에서 우회전을 하고자 하는 때에는 미리 도로의 우측 가장자리를 따라 서행하면서 우회전하여야 하며, 좌회전 시에는 미리 도로의 중앙선을 따라 서행하면서 교차로의 중심 안쪽을 이용하여 좌회전해야 한다.

정답이 보이는 **핵심키워드** | 교차로 좌우회전 시 안전운전 →
① 우회전 시 미리 우측 가장자리로 서행
③ 좌회전 시 교차로의 중심 안쪽을 이용하여 좌회전

**3** 도로교통법령상 운전 중 서행을 하여야 하는 경우 또는 장소에 해당하는 2가지는?

① 신호등이 없는 교차로
② 어린이가 보호자 없이 도로를 횡단하는 때
③ 앞을 보지 못하는 사람이 흰색 지팡이를 가지고 도로를 횡단하고 있는 때
④ 도로가 구부러진 부근

신호등이 없는 교차로는 서행을 하고, 어린이가 보호자 없이 도로를 횡단하는 때와 앞을 보지 못하는 사람이 흰색 지팡이를 가지고 도로를 횡단하고 있는 경우에서는 일시정지를 하여야 한다.

정답이 보이는 **핵심키워드** | 서행 장소 →
① 신호등이 없는 교차로
④ 도로가 구부러진 부근

**4** 비보호좌회전 교차로에서 좌회전하고자 할 때 설명으로 맞는 2가지는?

① 마주오는 차량이 없을 때 반드시 녹색등화에서 좌회전하여야 한다.
② 마주오는 차량이 모두 정지선 직전에 정지하는 적색등화에서 좌회전하여야 한다.
③ 녹색등화에서 비보호 좌회전할 때 사고가 나면 안전운전의무 위반으로 처벌받는다.
④ 적색등화에서 비보호 좌회전할 때 사고가 나면 안전운전의무 위반으로 처벌받는다.

비보호좌회전은 비보호 좌회전 안전표지가 있고, 차량신호가 녹색신호이고, 마주오는 차량이 없을 때 좌회전할 수 있다. 또한 녹색등화에서 비보호좌회전 때 사고가 발생하면 안전운전의무 위반으로 처벌된다.

정답이 보이는 **핵심키워드** | 비보호좌회전 교차로 →
① 녹색등화에서 좌회전
③ 녹색등화에서 사고 시 처벌

**5** 교통정리가 없는 교차로에서의 양보 운전에 대한 내용으로 맞는 것 2가지는?

① 좌회전하고자 하는 차의 운전자는 그 교차로에서 직진 또는 우회전하려는 차에 진로를 양보해야 한다.
② 교차로에 들어가고자 하는 차의 운전자는 이미 교차로에 들어가 있는 좌회전 차가 있을 때에는 그 차에 진로를 양보할 의무가 없다.
③ 교차로에 들어가고자 하는 차의 운전자는 폭이 좁은 도로에서 교차로에 진입 하려는 차가 있을 경우에는 그 차에 진로를 양보해서는 안 된다.
④ 우선순위가 같은 차가 교차로에 동시에 들어가고자 하는 때에는 우측 도로의 차에 진로를 양보해야 한다.

교통정리가 없는 교차로에서 좌회전하고자 하는 차의 운전자는 그 교차로에서 직진 또는 우회전하려는 차에 진로를 양보해야 하며, 우선순위가 같은 차가 교차로에 동시에 들어가고자 하는 때에는 우측 도로의 차에 진로를 양보해야 한다.

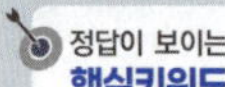

정답이 보이는 **핵심키워드** | 교통정리 없는 교차로 양보운전 →
① 좌회전 차는 직진 또는 우회전 차에 양보
④ 우선순위가 같은 차는 우측 차에 양보

**6** 중앙 버스전용차로가 운영 중인 시내 도로를 주행하고 있다. 가장 안전한 운전방법 2가지는?

① 다른 차가 끼어들지 않도록 경음기를 계속 사용하며 주행한다.
② 우측의 보행자가 무단 횡단할 수 있으므로 주의하며 주행한다.
③ 좌측의 버스정류장에서 보행자가 나올 수 있어 서행한다.
④ 적색신호로 변경될 수 있으므로 신속하게 통과한다.

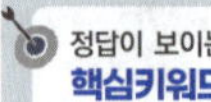

정답이 보이는 **핵심키워드** | 중앙 버스전용차로 운영 중인 시내 도로 →
② 주의하며 주행 ③ 서행

**7** 교차로에서 우회전할 때 가장 안전한 운전 행동으로 맞는 2가지는?

① 방향지시등은 우회전하는 지점의 30미터 이상 후방에서 작동한다.
② 백색 실선이 그려져 있으면 주의하며 우측으로 진로 변경한다.
③ 진행 방향의 좌측에서 진행해 오는 차량에 방해가 없도록 우회전한다.
④ 다른 교통에 주의하며 신속하게 우회전한다.

교차로에 접근하여 백색 실선이 그려져 있으면 그 구간에서는 진로 변경해서는 안 되고, 다른 교통에 주의하며 서행으로 회전해야 한다. 그리고 우회전할 때 신호등 없는 교차로에서는 통행 우선권이 있는 차량에게 진로를 양보해야 한다.

정답이 보이는 **핵심키워드** | 교차로 우회전 시 안전 운전 →
① 방향지시등은 30미터 이상 후방에서 작동
③ 좌측에서 진행해 오는 차량에 방해 없도록 우회전

**8** 편도 3차로인 도로의 교차로에서 우회전할 때 올바른 통행 방법 2가지는?

① 우회전할 때에는 교차로 직전에서 방향 지시등을 켜서 진행 방향을 알려 주어야 한다.
② 우측 도로의 횡단보도 보행 신호등이 녹색이라도 횡단보도 상에 보행자가 없으면 통과할 수 있다.
③ 우회전 삼색등이 적색일 경우에는 보행자가 없어도 통과할 수 없다.
④ 편도 3차로인 도로에서는 2차로에서 우회전하는 것이 안전하다.

교차로에서 우회전 시 우측 도로 횡단보도 보행 신호등이 녹색이라도 보행자 통행에 방해를 주지 않아야 한다. 다만, 보행 신호등 측면의 차량 보조 신호등이 적색일 때 통과할 수 없고, 보행자가 횡단보도 상에 존재하면 통과할 수 없다.

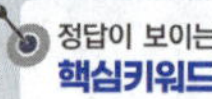

정답이 보이는 **핵심키워드** | 편도 3차로 교차로에서 우회전 →
② 횡단보도가 녹색이어도 보행자 없으면 통과
③ 우회전 삼색등이 적색일 경우 보행자 없어도 통과 불가능

**9** 다음은 자동차관리법상 승합차의 기준과 승합차를 따라 좌회전하고자 할 때 주의해야 할 운전방법으로 올바른 것 2가지는?

① 대형승합차는 36인승 이상을 의미하며, 대형승합차로 인해 신호등이 안 보일 수 있으므로 안전거리를 유지하면서 서행한다.
② 중형승합차는 16인 이상 35인승 이하를 의미하며, 승합차가 방향지시기를 켜는 경우 다른 차가 끼어들 수 있으므로 차간거리를 좁혀 서행한다.
③ 소형승합차는 15인승 이하를 의미하며, 승용차에 비해 무게중심이 높아 전도될 수 있으므로 안전거리를 유지하며 진행한다.
④ 경형승합차는 배기량이 1200시시 미만을 의미하며, 승용차와 무게중심이 동일하지만 충분한 안전거리를 유지하고 뒤따른다.

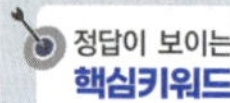

정답이 보이는 **핵심키워드** | 승합차 기준 →
① 대형승합차 안전거리 유지
③ 소형승합차 안전거리 유지

**★★**
**10** 회전교차로 통행방법으로 가장 알맞은 2가지는?

① 교차로 진입 전 일시정지 후 교차로 내 왼쪽에서 다가오는 차량이 없으면 진입한다.
② 회전교차로에서의 회전은 시계방향으로 회전해야 한다.
③ 회전교차로 진출 때에는 좌측 방향지시등을 작동해야 한다.
④ 회전교차로 내에 진입한 후에도 다른 차량에 주의하면서 진행해야 한다.

> 회전교차로에서의 회전은 반시계방향으로 회전해야 하고, 진출 때에는 우측 방향지시등을 작동해야 한다.

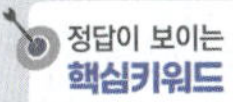
정답이 보이는 **핵심키워드** | 회전교차로 통행 →
① 교차로 진입 전 일시정지 후 왼쪽 차량 없으면 진입
④ 회전교차로 내 진입 후 주의하면서 진행

---

**11** 앞지르기·차로변경

**★★**
**1** 승용자동차 운전자가 앞지르기할 때의 운전 방법으로 옳은 2가지는?

① 앞지르기를 시작할 때에는 좌측 공간을 충분히 확보하여야 한다.
② 주행하는 도로의 제한속도 범위 내에서 앞지르기 하여야 한다.
③ 안전이 확인된 경우에는 우측으로 앞지르기할 수 있다.
④ 앞차의 좌측으로 통과한 후 후사경에 우측 차량이 보이지 않을 때 빠르게 진입한다.

> 앞지르고자 하는 모든 차의 운전자는 반대 방향의 교통과 앞차 앞쪽의 교통에도 주의를 충분히 기울여야 하며, 앞차의 속도 · 차로와 그 밖의 도로 상황에 따라 안전한 속도와 방법으로 앞차의 좌측으로 앞지르기를 하여야 한다.

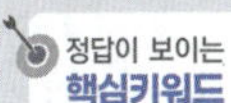
정답이 보이는 **핵심키워드** | 앞지르기 →
① 좌측 공간 충분히 확보
② 제한속도 내에서

**★★**
**2** 다음 중 도로교통법상 차로를 변경할 때 안전한 운전방법으로 맞는 2가지는?

① 차로를 변경할 때 최대한 빠르게 해야 한다.
② 백색실선 구간에서만 할 수 있다.
③ 진행하는 차의 통행에 지장을 주지 않을 때 해야 한다.
④ 백색점선 구간에서만 할 수 있다.

> 차로 변경이 가능한 구간에서 안전을 확인한 후 차로를 변경해야 한다.

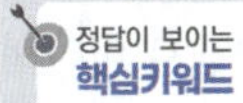
정답이 보이는 **핵심키워드** | 차로변경 시 안전운전 →
③ 통행에 지장을 주지 않을 때
④ 백색점선 구간

**★★**
**3** 차로를 변경 할 때 안전한 운전방법 2가지는?

① 변경하고자 하는 차로의 뒤따르는 차와 거리가 있을 때 속도를 유지한 채 차로를 변경한다.
② 변경하고자 하는 차로의 뒤따르는 차와 거리가 있을 때 감속하면서 차로를 변경한다.
③ 변경하고자 하는 차로의 뒤따르는 차가 접근하고 있을 때 속도를 늦추어 뒤차를 먼저 통과시킨다.
④ 변경하고자 하는 차로의 뒤따르는 차가 접근하고 있을 때 급하게 차로를 변경한다.

> 뒤따르는 차와 거리가 있을 때 속도를 유지한 채 차로를 변경하고, 접근하고 있을 때는 속도를 늦추어 뒤차를 먼저 통과시킨다.

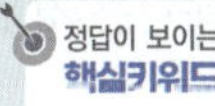
정답이 보이는 **핵심키워드** | 차로 변경 시 안전운전 →
① 뒤따르는 차외 속도 유지한 채 차로 변경
③ 속도를 늦추어 뒤차 먼저 통과

**1** 음주 운전자에 대한 처벌 기준으로 맞는 2가지는?

① 혈중알코올농도 0.08퍼센트 이상의 만취 운전자는 운전면허 취소와 형사처벌을 받는다.
② 경찰관의 음주 측정에 불응하거나 혈중알코올농도 0.03퍼센트 이상의 상태에서 인적 피해의 교통사고를 일으킨 경우 운전면허 취소와 형사처벌을 받는다.
③ 혈중알코올농도 0.03퍼센트 이상 0.08퍼센트 미만의 단순 음주운전일 경우에는 120일간의 운전면허 정지와 형사처벌을 받는다.
④ 처음으로 혈중알코올농도 0.03퍼센트 이상 0.08퍼센트 미만의 음주 운전자가 물적 피해의 교통사고를 일으킨 경우에는 운전면허가 취소된다.

> 혈중알코올농도 0.03퍼센트 이상 0.08퍼센트 미만의 단순 음주운전일 경우에는 100일간의 운전면허 정지와 형사처벌을 받으며, 혈중알코올농도 0.03퍼센트 이상의 음주 운전자가 인적 피해의 교통사고를 일으킨 경우에는 운전면허가 취소된다.
>
> **정답이 보이는 핵심키워드** | 음주 운전 처벌 →
> ① 0.08퍼센트 면허 취소, 형사처벌
> ② 음주 측정 불응 시 면허 취소, 형사 처벌

**2** 음주운전 관련 내용 중 맞는 2가지는?

① 호흡 측정에 의한 음주 측정 결과에 불복하는 경우 다시 호흡 측정을 할 수 있다.
② 도로교통법상 음주측정방해행위를 처벌하는 규정은 없다.
③ 술에 취한 상태로 자전거를 운전한 후 음주측정방해행위를 한 사람은 처벌이 가능하다.
④ 술에 취한 상태에 있다고 인정할 만한 상당한 이유가 있음에도 경찰공무원의 음주 측정에 응하지 않은 자동차등의 운전자는 운전면허가 취소된다.

> ① 혈액 채취 등의 방법으로 측정을 요구할 수 있다.
> ② 술에 취한 상태에서 자동차 등을 운전하였다고 인정할 만한 상당한 이유가 있는 때에는 사후에도 음주 측정을 할 수 있다.
>
> **정답이 보이는 핵심키워드** | 음주 운전 →
> ③ 음주측정 방해 자전거 처벌 가능
> ④ 음주 측정 거부 시 면허 취소

**3** 피로운전과 약물복용 운전에 대한 설명이다. 맞는 2가지는?

① 피로한 상태에서의 운전은 졸음운전으로 이어질 가능성이 낮다.
② 피로한 상태에서의 운전은 주의력, 판단능력, 반응속도의 저하를 가져오기 때문에 위험하다.
③ 마약을 복용하고 운전을 하다가 교통사고로 사람을 상해에 이르게 한 운전자는 처벌될 수 있다.
④ 마약을 복용하고 운전을 하다가 교통사고로 사람을 상해에 이르게 하고 도주하여 운전면허가 취소된 경우에는 3년이 경과해야 운전면허 취득이 가능하다.

> 피로한 상태에서의 운전은 주의력, 판단능력, 반응속도의 저하와 졸음운전을 유발하기 쉽다. 마약 등 약물의 영향으로 정상적으로 운전하지 못할 우려가 있는 상태에서 운전하다가 교통사고를 야기하여 상해에 이르게 한 경우는 교통사고처리특례법으로 5년 이하의 금고나 2천만 원 이하의 벌금형으로 처벌하지만, 그 정도가 심한 경우에는 특정범죄 가중처벌 등에 관한 법률로 처벌될 수 있다.
>
> **정답이 보이는 핵심키워드** | 피로운전, 약물복용 →
> ② 피로한 상태에서는 주의력, 판단능력 저하
> ③ 마약복용 교통사고 시 처벌

**4** 피로 및 과로, 졸음운전과 관련된 설명 중 맞는 것 2가지는?

① 피로한 상황에서는 졸음운전이 빈번하므로 카페인 섭취를 늘리고 단조로운 상황을 피하기 위해 진로변경을 자주한다.
② 변화가 적고 위험 사태의 출현이 적은 도로에서는 주의력이 향상되어 졸음운전 행동이 줄어든다.
③ 감기약 복용 시 졸음이 올 수 있기 때문에 안전을 위해 운전을 지양해야 한다.
④ 음주운전을 할 경우 대뇌의 기능이 비활성화되어 졸음운전의 가능성이 높아진다.

> **정답이 보이는 핵심키워드** | 피로운전 →
> ③ 운전 지양 ④ 졸음운전 가능성

**5** 도로교통법령상 음주측정방해행위에 해당하는 설명으로 가장 적절하지 않은 2가지는?

① 술에 취한 상태에 있다고 인정할 만한 상당한 이유가 있는 사람이 경찰공무원의 측정을 곤란하게 할 목적으로 추가로 술을 마시는 경우가 이에 해당한다.

② 자동차등을 운전한 후 음주측정방해행위를 위반할 경우 1년 이하의 징역이나 500만원 이하의 벌금에 처한다.

③ 술에 취한 상태에 있다고 인정할 만한 상당한 이유가 있는 사람이 혈중알코올농도에 영향을 줄 수 있는 의약품 등 행정안전부령으로 정하는 물품을 사용하는 행위가 이에 해당한다.

④ 술에 취한 상태에 있다고 인정할 만한 상당한 이유가 있는 사람이 자전거를 운전한 후 음주측정방해행위를 하는 경우는 이에 해당하지 않는다.

> ② 1년 이상 5년 이하의 징역이나 500만원 이상 2천만원 이하의 벌금에 처한다.

> 정답이 보이는
> **핵심키워드** | 음주측정방해행위 아닌 것 → ② 위반 시 징역 1년
> ④ 자전거 미해당

## 13 긴급자동차

### 1 다음 중 도로교통법상 긴급자동차로 볼 수 있는 것 2가지는?

① 고장 수리를 위해 자동차 정비 공장으로 가고 있는 소방차
② 생명이 위급한 환자 또는 부상자나 수혈을 위한 혈액을 운송 중인 자동차
③ 퇴원하는 환자를 싣고 가는 구급차
④ 시·도경찰청장으로부터 지정을 받고 긴급한 우편물의 운송에 사용되는 자동차

> 긴급자동차란 소방차, 구급차, 혈액 공급차량, 긴급한 우편물의 운송에 사용되는 자동차 등의 긴급한 용도로 사용되고 있는 자동차를 말한다.

> 정답이 보이는
> **핵심키워드** | 긴급자동차 →
> ② 혈액 운송, ④ 긴급한 우편물의 운송

### 2 도로교통법상 긴급한 용도로 운행되고 있는 긴급자동차 운전자가 할 수 있는 2가지는?

① 교통사고를 일으킨 때 사상자 구호 조치 없이 계속 운행할 수 있다.
② 횡단하는 보행자의 통행을 방해하면서 계속 운행할 수 있다.
③ 도로의 중앙이나 좌측으로 통행할 수 있다.
④ 정체된 도로에서 끼어들기를 할 수 있다.

> 긴급자동차는 긴급하고 부득이한 경우에는 도로의 중앙이나 좌측 부분을 통행할 수 있으며, 긴급자동차는 끼어들기 금지 조항이 적용되지 않는다.

> 정답이 보이는
> **핵심키워드** | 긴급자동차 운전자 →
> ③ 도로 중앙이나 좌측으로 통행
> ④ 끼어들기 가능

### 3 다음 중 긴급자동차에 해당하는 2가지는?

① 경찰용 긴급자동차에 의하여 유도되고 있는 자동차
② 수사기관의 자동차이지만 수사와 관련 없는 기능으로 사용되는 자동차
③ 구난활동을 마치고 복귀하는 구난차
④ 생명이 위급한 환자 또는 부상자나 수혈을 위한 혈액을 운송 중인 자동차

> 정답이 보이는
> **핵심키워드** | 긴급자동차 →
> ① 경찰용 긴급자동차에 유도되고 있는 자동차
> ④ 혈액 운송 자동차

### 4 긴급한 용도로 운행 중인 긴급자동차에게 양보하는 운전방법으로 맞는 2가지는?

① 모든 자동차는 좌측 가장자리로 피하는 것이 원칙이다.
② 비탈진 좁은 도로에서 서로 마주보고 진행하는 경우 올라가는 긴급자동차는 도로의 우측 가장자리로 피하여 차로를 양보하여야 한다.
③ 교차로 부근에서는 교차로를 피하여 일시정지하여야 한다.
④ 교차로나 그 부근 외의 곳에서 긴급자동차가 접근한 경우에는 긴급자동차가 우선통행할 수 있도록 진로를 양보하여야 한다.

> • 교차로나 그 부근에서 긴급자동차가 접근하는 경우에는 차마와 노면전차의 운전자는 교차로를 피하여 일시정지하여야 한다.
> • 모든 차와 노면전차의 운전자는 제4항에 따른 곳 외의 곳에서 긴급자동차가 접근한 경우에는 긴급자동차가 우선통행할 수 있도록 진로를 양보하여야 한다.

> 정답이 보이는
> **핵심키워드** | 긴급자동차에 양보운전 방법 →
> ③ 교차로 피하여 일시정지
> ④ 긴급자동차에 진로 양보

**5** 다음 중 긴급자동차의 준수사항으로 옳은 것 2가지는?

① 속도에 관한 규정을 위반하는 자동차 등을 단속하는 긴급자동차는 자동차의 안전운행에 필요한 기준에서 정한 긴급자동차의 구조를 갖추어야 한다.

② 국내외 요인에 대한 경호업무수행에 공무로 사용되는 긴급자동차는 사이렌을 울리거나 경광등을 켜지 않아도 된다.

③ 일반자동차는 전조등 또는 비상표시등을 켜서 긴급한 목적으로 운행되고 있음을 표시하여도 긴급자동차로 볼 수 없다.

④ 긴급자동차는 사이렌을 울리거나 경광등을 켜야만 우선통행 및 법에서 정한 특례를 적용받을 수 있다.

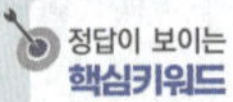
정답이 보이는
**핵심키워드**
긴급자동차 준수사항 →
② 경호업무 긴급차는 사이렌을 울리지 않아도 된다
④ 사이렌을 켜거나 경광등을 켜야 특례를 받을 수 있다

---

### 14 빗길, 눈길, 안갯길, 철길건널목 등

**1** 빗길 주행 중 앞차가 정지하는 것을 보고 제동했을 때 발생하는 현상으로 바르지 않은 2가지는?

① 급제동 시에는 타이어와 노면의 마찰로 차량의 앞숙임 현상이 발생한다.

② 노면의 마찰력이 작아지기 때문에 빗길에서는 공주거리가 길어진다.

③ 수막현상과 편(偏)제동 현상이 발생하여 차로를 이탈할 수 있다.

④ 자동차타이어의 마모율이 커질수록 제동거리가 짧아진다.

정답이 보이는
**핵심키워드**
빗길 제동 틀린 것 →
② 공주거리가 길어진다.
④ 제동거리가 짧아진다.

---

**2** 다음 중 강풍이나 돌풍 상황에서 가장 올바른 운전 방법 2가지는?

① 핸들을 양손으로 꽉 잡고 차로를 유지한다.

② 바람에 관계없이 속도를 높인다.

③ 표지판이나 신호등, 가로수 부근에 주차한다.

④ 산악 지대나 다리 위, 터널 출입구에서는 강풍의 위험이 많으므로 주의한다.

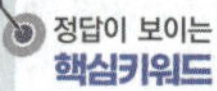
정답이 보이는
**핵심키워드**
강풍, 돌풍 시 운전 →
① 핸들을 양손으로 꽉 잡고 차로 유지
④ 산악지대, 다리 위, 터널에서 주의

---

**3** 주행중 벼락이 칠 때 안전한 운전 방법 2가지는?

① 자동차는 큰 나무 아래에 잠시 세운다.

② 차의 창문을 닫고 자동차 안에 그대로 있는다.

③ 건물 옆은 젖은 벽면을 타고 전기가 흘러오기 때문에 피해야 한다.

④ 벼락이 자동차에 친다면 매우 위험한 상황이니 차 밖으로 피신한다.

큰 나무는 벼락을 맞을 가능성이 높고, 그렇게 되면 나무가 넘어지면서 사고가 발생할 가능성이 높아 피하는 것이 좋으며, 만약 자동차에 벼락이 치더라도 자동차 내부가 외부보다 더 안전하다.

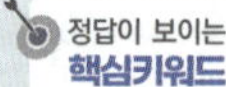
정답이 보이는
**핵심키워드**
벼락이 칠 때 안전 운전 →
② 창문 닫고 차안에, ③ 건물 옆은 피한다

---

**4** 자갈길 운전에 대한 설명이다. 가장 적절한 2가지는?

① 운전대는 최대한 느슨하게 잡아 팔에 전달되는 충격을 최소화한다.

② 바퀴가 최대한 노면에 접촉되도록 속도를 높여서 운전한다.

③ 보행자 또는 다른 차마에게 자갈이 튀지 않도록 서행한다.

④ 타이어의 적정공기압 보다 약간 낮은 것이 높은 것보다 운전에 유리하다.

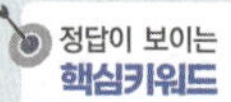
정답이 보이는
**핵심키워드**
자갈길 운전 →
③ 서행, ④ 공기압 낮게

******

## 5 내리막길 주행 시 가장 안전한 운전 방법 2가지는?

① 기어 변속과는 아무런 관계가 없으므로 풋 브레이크 만을 사용하여 내려간다.

② 위급한 상황이 발생하면 바로 주차 브레이크를 사용한다.

③ 올라갈 때와 동일한 변속기어를 사용하여 내려가는 것이 좋다.

④ 풋 브레이크와 엔진 브레이크를 적절히 함께 사용하면서 내려간다.

> 내리막길은 차체의 하중과 관성의 힘으로 인해 풋 브레이크에 지나친 압력이 가해질 수 있기 때문에 반드시 저단기어(엔진 브레이크)를 사용하여 풋 브레이크의 압력을 줄여 주면서 운행을 하여야 한다.

> **정답이 보이는 핵심키워드** | 내리막길 운전 →
> ③ 올라갈 때와 동일한 변속기어 사용
> ④ 풋 브레이크와 엔진 브레이크 적절히 사용

******

## 6 언덕길의 오르막 정상 부근으로 접근 중이다. 안전한 운전행동 2가지는?

① 연료 소모를 줄이기 위해서 엔진의 RPM(분당 회전수)을 높인다.

② 오르막의 정상에서는 반드시 일시정지한 후 출발한다.

③ 앞 차량과의 안전거리를 유지하며 운행한다.

④ 고단기어보다 저단기어로 주행한다.

> **정답이 보이는 핵심키워드** | 오르막 정상 → ③ 안전거리 ④ 저단기어

******

## 7 지진이 발생할 경우 안전한 대처 요령 2가지는?

① 지진이 발생하면 신속하게 주행하여 지진 지역을 벗어난다.

② 차간거리를 충분히 확보한 후 도로의 우측에 정차한다.

③ 차를 두고 대피할 필요가 있을 때는 차의 시동을 끈다.

④ 지진 발생과 관계없이 계속 주행한다.

> 지진 발생 시 교차로를 피해서 도로 우측에 정차시키고, 라디오의 정보를 잘 듣고 부근에 경찰관이 있으면 지시에 따라서 행동한다. 차를 두고 대피할 경우 차의 시동은 끄고 열쇠를 꽂은 채 대피한다.

> **정답이 보이는 핵심키워드** | 지진 발생 시 대처 →
> ② 차간거리 확보 후 우측에 정차
> ③ 대피 시 시동 끈다

---

**15** 도로, 주행

******

## 1 다음 중 장거리 운행 전에 반드시 점검해야 할 우선 순위 2가지는?

① 차량 청결 상태 점검

② DMB(영상표시장치) 작동여부 점검

③ 각종 오일류 점검

④ 타이어 상태 점검

> 장거리 운전 전 타이어 마모상태, 공기압, 각종 오일류, 와이퍼와 워셔액, 램프류 등을 점검하여야 한다.

> **정답이 보이는 핵심키워드** | 장거리 운행 전 점검사항 →
> ③ 각종 오일류, ④ 타이어 상태

******

## 2 도로를 주행할 때 안전운전방법으로 맞는 2가지는?

① 주차를 위해서는 되도록 안전지대에 주차를 하는 것이 안전하다.

② 황색 신호가 켜지면 신호를 준수하기 위하여 교차로 내에 정지한다.

③ 앞 차량이 급제동할 때를 대비하여 추돌을 피할 수 있는 거리를 확보한다.

④ 앞지르기할 경우 앞 차량의 좌측으로 통행한다.

> 앞 차량이 급제동할 때를 대비하여 추돌을 피할 수 있는 거리를 확보하며 앞지르기할 경우 앞 차량의 좌측으로 통행한다.

> **정답이 보이는 핵심키워드** | 안전 운전 →
> ③ 급제동 대비 추돌 피할 수 있는 거리 확보
> ④ 앞지르기는 좌측으로

******

## 3 고속도로 공사구간을 주행할 때 운전자의 올바른 운전요령이 아닌 2가지는?

① 전방 공사 구간 상황에 주의하며 운전한다.

② 공사구간 제한속도표지에서 지시하는 속도보다 빠르게 주행한다.

③ 무리한 끼어들기 및 앞지르기를 하지 않는다.

④ 원활한 교통흐름을 위하여 공사구간 접근 전 속도를 일관되게 유지하여 주행한다.

⑤ 속도변화가 발생하는 구간에서는 비상등을 켜 주변 차량의 주의를 환기시킨다.

> **정답이 보이는 핵심키워드** | 공사구간 주행 틀린 것 →
> ② 빠르게 주행 ④ 속도 유지

**4** 승용차가 해당 도로에서 법정 속도를 위반하여 운전하고 있는 경우 2가지는?

① 편도 2차로인 일반도로를 매시 85킬로미터로 주행 중이다.
② 서해안 고속도로를 매시 90킬로미터로 주행 중이다.
③ 자동차전용도로를 매시 95킬로미터로 주행 중이다.
④ 편도 1차로인 고속도로를 매시 75킬로미터로 주행 중이다.

> 편도 2차로의 일반도로는 매시 80킬로미터, 자동차전용도로는 매시 90킬로미터가 제한최고속도이고, 서해안고속도로는 매시 110킬로미터, 편도 1차로 고속도로는 매시 80킬로미터가 제한최고속도이다.

정답이 보이는 **핵심키워드** | 법정 속도 위반한 경우 →
① 편도 2차 일반도로 85킬로미터
③ 자동차전용도로 95킬로미터

**5** 자동차를 운행할 때 공주거리에 영향을 줄 수 있는 경우로 맞는 2가지는?

① 비가 오는 날 운전하는 경우
② 술에 취한 상태로 운전하는 경우
③ 차량의 브레이크액이 부족한 상태로 운전하는 경우
④ 운전자가 피로한 상태로 운전하는 경우

> 공주거리는 운전자의 심신의 상태에 따라 영향을 주게 된다.

정답이 보이는 **핵심키워드** | 공주거리에 영향을 주는 경우 →
② 술에 취한 상태로 운전, ④ 피로한 상태로 운전

**6** 다음 중 자동차 운전자가 위험을 느끼고 브레이크 페달을 밟아 실제로 정지할 때까지의 '정지거리'가 가장 길어질 수 있는 경우 2가지는?

① 차량의 중량이 상대적으로 가벼울 때
② 차량의 속도가 상대적으로 빠를 때
③ 타이어를 새로 구입하여 장착한 직후
④ 과로 및 음주 운전 시

> 정지거리는 과로 및 음주 운전 시, 차량의 중량이 무겁거나 속도가 빠를수록, 타이어의 마모상태가 심할수록 길어진다.

정답이 보이는 **핵심키워드** | 정지거리가 가장 길어질 수 있는 경우 →
② 차량의 속도가 상대적으로 빠를 때
④ 과로 및 음주운전 시

**7** 다음 중 고속으로 주행하는 차량의 타이어 이상으로 발생하는 현상 2가지는?

① 베이퍼록 현상  ② 스탠딩웨이브 현상
③ 페이드 현상  ④ 하이드로플레이닝 현상

> 고속으로 주행하는 차량의 타이어 공기압이 부족하면 스탠딩웨이브 현상이 발생하며, 고속으로 주행하는 차량의 타이어가 마모된 상태에서 물 고인 곳을 지나가면 하이드로플레이닝 현상이 발생한다. 베이퍼록 현상과 페이드 현상은 제동장치의 이상으로 나타나는 현상이다.

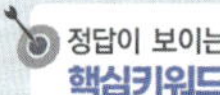

정답이 보이는 **핵심키워드** | 고속 주행 차량의 타이어 이상 시 현상 →
② 스탠딩웨이브, ④ 하이드로플레이닝

**8** 다음 중 하이패스 단말기 고장으로 하이패스가 인식되지 않은 경우, 올바른 조치방법 2가지는?

① 비상점멸등을 작동하고 일시정지한 후 일반차로의 통행권을 발권한다.
② 목적지 요금소에서 정산 담당자에게 진입한 장소를 설명하고 정산한다.
③ 목적지 요금소의 하이패스 차로를 통과하면 자동 정산된다.
④ 목적지 요금소에서 하이패스 단말기의 카드를 분리한 후 정산 담당자에게 그 카드로 요금을 정산할 수 있다.

> 하이패스 차로에 이미 진입한 경우 30km/h 이내로 통과하고, 목적지 요금소에서 정산담당자에게 진입한 장소를 설명하고 정산한다. 다만, 현금이 없는 경우는 하이패스 단말기의 카드를 빼서 요금을 정산할 수 있다.

정답이 보이는 **핵심키워드** | 하이패스 고장 시 조치 →
② 정산 담당자에게 정산
④ 정산 담당자에게 카드로 정산

**9** 도로교통법상 다인승전용차로를 통행할 수 있는 차의 기준으로 맞는 2가지는?

① 3명 이상 승차한 승용자동차
② 3명 이상 승차한 화물자동차
③ 3명 이상 승차한 승합자동차
④ 2명 이상 승차한 이륜자동차

> 다인승전용차로를 통행할 수 있는 차는 3명 이상 승차한 승용·승합 자동차이다.

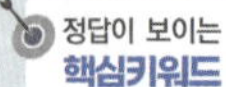

정답이 보이는 **핵심키워드** | 차로 구분 잘못된 것 →
① 승용차, ③ 승합차

**1** 자동차 운전 중 터널 내에서 화재가 났을 경우 조치해야 할 행동으로 맞는 2가지는?

① 차에서 내려 이동할 경우 자동차의 시동을 *끄고* 하차한다.
② 소화기로 불을 끌 경우 바람을 등지고 서야 한다.
③ 터널 밖으로 이동이 어려운 경우 차량은 최대한 중앙선 쪽으로 정차시킨다.
④ 차를 두고 대피할 경우는 자동차 열쇠를 뽑아 가지고 이동한다.

① 폭발 등의 위험에 대비해 시동을 꺼야 한다.
③ 측벽 쪽으로 정차시켜야 응급 차량 등이 소통할 수 있다.
④ 키를 꽂아 두어야만 다른 상황 발생 시 조치 가능하다.

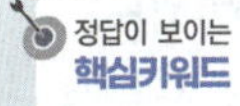
정답이 보이는 **핵심키워드** | 터널 내 화재 →
① 차에서 내려 이동 시 시동 끄고 하차
② 소화기는 바람을 등지고

**2** 자동차가 미끄러지는 현상에 관한 설명으로 맞는 2가지는?

① 고속 주행 중 급제동 시에 주로 발생하기 때문에 과속이 주된 원인이다.
② 빗길에서는 저속 운행 시에 주로 발생한다.
③ 미끄러지는 현상에 의한 노면 흔적은 사고 원인 추정에 별 도움이 되질 않는다.
④ ABS 장착 차량도 미끄러지는 현상이 발생할 수 있다.

② 고속 운행 시에 주로 발생한다.
③ 미끄럼 현상에 의한 노면 흔적은 사고 처리에 중요한 자료가 된다.

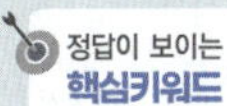
정답이 보이는 **핵심키워드** | 자동차 미끄러지는 현상 →
① 고속 주행 중 급제동 시 주로 발생
④ ABS 장착 차량도 발생 가능

**3** 자동차가 차로를 이탈할 가능성이 가장 큰 경우 2가지는?

① 오르막길에서 주행할 때
② 커브 길에서 급히 핸들을 조작할 때
③ 내리막길에서 주행할 때
④ 노면이 미끄러울 때

자동차가 차로를 이탈하는 경우는 커브 길에서 급히 핸들을 조작할 때에 주로 발생한다. 또한 타이어 트레드가 닳았거나 타이어 공기압이 너무 높거나 노면이 미끄러우면 노면과 타이어의 마찰력이 떨어져 차가 도로를 이탈하거나 중앙선을 침범할 수 있다.

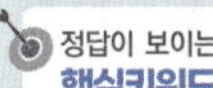
정답이 보이는 **핵심키워드** | 차로 이탈 가능성 큰 경우 →
② 커브길에서 급히 핸들 조작할 때
④ 노면 미끄러울 때

**4** 교통사고 현장에서 증거확보를 위한 사진 촬영 방법으로 맞는 2가지는?

① 블랙박스 영상이 촬영되는 경우 추가하여 사진 촬영할 필요가 없다.
② 도로에 엔진오일, 냉각수 등의 흔적은 오랫동안 지속되므로 촬영하지 않아도 된다.
③ 파편물, 자동차와 도로의 파손부위 등 동일한 대상에 대해 근접촬영과 원거리 촬영을 같이 한다.
④ 차량 바퀴의 진행방향을 스프레이 등으로 표시하거나 촬영을 해 둔다.

파손부위 근접 촬영 및 원거리 촬영을 하여야 하고 차량의 바퀴가 돌아가 있는 것까지도 촬영해야 나중에 사고를 규명하는데 도움이 된다.

정답이 보이는 **핵심키워드** | 증거확보 사진 →
③ 근접 원거리 촬영 같이 ④ 바퀴 방향 촬영

**5** 도로교통법령상 교통사고 발생 시 긴급을 요하는 경우 동승자에게 조치를 하도록 하고 운전을 계속할 수 있는 차량 2가지는?

① 병원으로 부상자를 운반 중인 승용자동차
② 화재진압 후 소방서로 돌아오는 소방자동차
③ 교통사고 현장으로 출동하는 견인자동차
④ 택배화물을 싣고 가던 중인 우편물자동차

긴급자동차, 부상자를 운반 중인 차, 우편물자동차 및 노면전차 등의 운전자는 긴급한 경우에는 동승자 등으로 하여금 사고 조치나 경찰에 신고를 하게 하고 운전을 계속할 수 있다.

정답이 보이는 **핵심키워드** | 긴급 조치 후 운전 →
① 부상자 운반 ④ 우편물자동차

**★★**

**6** 고속도로 주행 중 엔진 룸(보닛)에서 연기가 나고 화재가 발생하였을 때 가장 바람직한 조치 방법 2가지는?

① 발견 즉시 그 자리에 정차한다.
② 갓길로 이동한 후 시동을 끄고 재빨리 차에서 내려 대피한다.
③ 초기 진화가 가능한 경우에는 차량에 비치된 소화기를 사용하여 불을 끈다.
④ 초기 진화에 실패했을 때에는 119 등에 신고한 후 차량 바로 옆에서 기다린다.

> **고속도로 주행 중 차량에 화재가 발생할 때 조치 요령**
> • 차량을 갓길로 이동한 후 시동을 끄고 차량에서 재빨리 내린다.
> • 초기 화재 진화가 가능하면 차량의 소화기를 사용하여 불을 끈다.
> • 초기 화재의 진화 실패 후 차량이 폭발할 수 있으므로 멀리 대피한다.
> • 119 등에 차량 화재 신고를 한다.

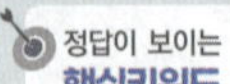

정답이 보이는 **핵심키워드** | 고속도로에서 보닛 연기, 화재 →
② 갓길로 이동 후 시동 끄고 대피
③ 초기 진화 가능하면 소화기 사용

**★★**

**7** 도로교통법령상 교통사고 발생 시 계속 운전할 수 있는 경우로 옳은 2가지는?

① 긴급한 환자를 수송 중인 구급차 운전자는 동승자로 하여금 필요한 조치 등을 하게하고 계속 운전하였다.
② 긴급한 회의에 참석하기 위해 이동 중인 운전자는 동승자로 하여금 필요한 조치 등을 하게하고 계속 운전하였다.
③ 긴급한 우편물을 수송하는 차량 운전자는 동승자로 하여금 필요한 조치 등을 하게하고 계속 운전하였다.
④ 긴급한 약품을 수송 중인 구급차 운전자는 동승자로 하여금 필요한 조치 등을 하게하고 계속 운전하였다.

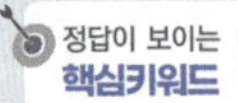

정답이 보이는 **핵심키워드** | 사고 시 계속 운전 →
① 긴급 환자 ③ 긴급 우편물



**★★**

**1** 자동차에 승차하기 전 주변점검 사항으로 맞는 2가지는?

① 타이어 마모상태
② 전·후방 장애물 유무
③ 운전석 계기판 정상작동 여부
④ 브레이크 페달 정상작동 여부

정답이 보이는 **핵심키워드** | 승차 전 점검 →
① 타이어 마모, ② 전후방 장애물

**★★**

**2** 전기자동차 관리방법으로 옳지 않은 2가지는?

① 비사업용 승용자동차의 자동차검사 유효기간은 6년이다.
② 장거리 운전 시에는 사전에 배터리를 확인하고 충전한다.
③ 충전 직후에는 급가속, 급정지를 하지 않는 것이 좋다.
④ 열선시트, 열선핸들보다 공기 히터를 사용하는 것이 효율적이다.

> ① 신조차를 제외하고 비사업용 승용자동차의 자동차검사 유효기간은 2년이다.
> ④ 내연기관이 없는 전기자동차의 경우, 히터 작동에 많은 전기에너지를 사용한다. 따라서 열선시트, 열선핸들 사용하는 것이 좋다.
> ② 배터리 잔량과 이동거리를 고려하여 주행 중 방전되지 않도록 한다.
> ③ 충전 직후에는 배터리 온도가 상승한다. 이때 급가속, 급정지의 경우 전기에너지를 많이 소모하므로 배터리 효율을 저하시킨다.

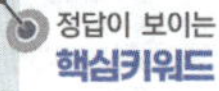

정답이 보이는 **핵심키워드** | 전기차 관리 잘못된 것 →
① 비사업용 승용차 2년, ④ 공기 히터 사용

**1** 범칙금 납부 통고서를 받은 사람이 2차 납부 경과기간을 초과한 경우에 대한 설명으로 맞는 2가지는?

① 지체 없이 즉결심판을 청구하여야 한다.
② 즉결심판을 받지 아니한 때 운전면허를 40일 정지한다.
③ 과태료 부과한다.
④ 범칙금액에 100분의 30을 더한 금액을 납부하면 즉결심판을 청구하지 않는다.

범칙금 납부 통고서를 받은 사람이 2차 납부 경과기간을 초과한 경우 지체 없이 즉결심판을 청구하여야 한다. 즉결심판을 받지 아니한 때 운전면허를 40일 정지한다. 범칙금액에 100분의 50을 더한 금액을 납부하면 즉결심판을 청구하지 않는다.

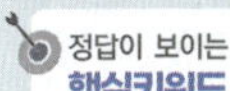
정답이 보이는 **핵심키워드**
범칙금 2차 납부 경과기간 초과 →
① 지체없이 즉결심판 청구
② 즉결심판 안 받으면 40일 정지

**2** 다음 중 연습운전면허 취소사유로 맞는 것 2가지는?

① 단속하는 경찰공무원등 및 시·군·구 공무원을 폭행한 때
② 도로에서 자동차의 운행으로 물적 피해만 발생한 교통사고를 일으킨 때
③ 다른 사람에게 연습운전면허증을 대여하여 운전하게 한 때
④ 난폭운전으로 2회 형사입건된 때

도로에서 자동차등의 운행으로 인한 교통사고를 일으킨 때 연습운전면허를 취소한다. 다만, 물적 피해만 발생한 경우를 제외한다. 난폭운전으로 3회 이상 형사입건된 때 연습운전면허를 취소한다.

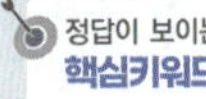
정답이 보이는 **핵심키워드**
연습운전면허 취소사유 →
① 공무원 폭행, ③ 면허증 대여

**3** 교통사고처리특례법상 형사 처벌되는 경우로 맞는 2가지는?

① 종합보험에 가입하지 않은 차가 물적 피해가 있는 교통사고를 일으키고 피해자와 합의한 때
② 택시공제조합에 가입한 택시가 중앙선을 침범하여 인적 피해가 있는 교통사고를 일으킨 때
③ 종합보험에 가입한 차가 신호를 위반하여 인적 피해가 있는 교통사고를 일으킨 때
④ 화물공제조합에 가입한 화물차가 안전운전 불이행으로 물적 피해가 있는 교통사고를 일으킨 때

중앙선을 침범하거나 신호를 위반하여 인적 피해가 있는 교통사고를 일으킨 때는 종합보험 또는 공제조합에 가입되어 있어도 처벌된다.

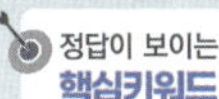
정답이 보이는 **핵심키워드**
특례법상 형사 처벌 →
② 택시 중앙선 침범으로 인적 피해
③ 종합보험 가입 차 신호위반으로 인적 피해

**4** 도로교통법상 자동차등(개인형 이동장치 제외)을 운전한 사람에 대한 처벌기준에 대한 내용이다. 잘못 연결된 2가지는?

① 혈중알콜농도 0.2% 이상으로 음주운전한 사람 – 1년 이상 2년 이하의 징역이나 1천만 원 이하의 벌금
② 공동위험행위를 한 사람 – 2년 이하의 징역이나 500만 원 이하의 벌금
③ 난폭운전한 사람 – 1년 이하의 징역이나 500만 원 이하의 벌금
④ 원동기장치자전거 무면허운전 – 50만 원 이하의 벌금이나 구류

① 혈중알콜농도 0.2% 이상으로 음주운전 – 2년 이상 5년 이하의 징역이나 1천만 원 이상 2천만 원 이하의 벌금
④ 원동기장치자전거 무면허운전 – 30만 원 이하의 벌금이나 구류

정답이 보이는 **핵심키워드**
처벌기준 틀린 것 →
① 혈중알콜농도 0.2%
④ 원동기장치자전거 무면허

**1** 자전거 통행방법에 대한 설명으로 맞는 2가지는?

① 자전거 운전자는 안전표지로 통행이 허용된 경우를 제외하고는 2대 이상이 나란히 차도를 통행하여서는 아니 된다.

② 자전거 운전자가 횡단보도를 이용하여 도로를 횡단할 때에는 자전거를 끌고 통행하여야 한다.

③ 자전거 운전자는 도로의 파손, 도로 공사나 그 밖의 장애 등으로 도로를 통행할 수 없는 경우에도 보도를 통행할 수 없다.

④ 자전거 운전자는 자전거 도로가 설치되지 아니한 곳에서는 도로 중앙으로 붙어서 통행하여야 한다.

> 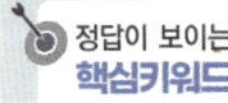 **정답이 보이는 핵심키워드**
> 자전거 통행 방법 →
> ① 2대 이상 나란히 차도 통행 금지
> ② 횡단보도 건널 때 자전거 끌고 통행

**2** 도로교통법령상 자전거가 통행할 수 있는 도로의 명칭에 해당하지 않는 2가지는?

① 자전거 전용도로

② 자전거 우선차로

③ 자전거·원동기장치자전거 겸용도로

④ 자전거 우선도로

> **정답이 보이는 핵심키워드**
> 자전거 통행 아닌 것 →
> ② 자전거 우선차로
> ③ 자전거 · 원동기장치자전거 겸용도로

**3** 자전거도로의 이용과 관련한 내용으로 적절치 않은 2가지는?

① 노인이 자전거를 타는 경우 보도로 통행할 수 있다.

② 자전거전용도로에는 원동기장치자전거가 통행할 수 없다.

③ 자전거도로는 개인형 이동장치가 통행할 수 없다.

④ 자전거전용도로는 도로교통법상 도로에 포함되지 않는다.

> **정답이 보이는 핵심키워드**
> 자전거도로 틀린 것 →
> ③ 개인형 이동장치 통행
> ④ 도로 아님



**1** 다음 중 친환경운전과 관련된 내용으로 맞는 것 2가지는?

① 온실가스 감축 목표치를 규정한 교토 의정서와 관련이 있다.

② 대기오염을 일으키는 물질에는 탄화수소, 일산화탄소, 이산화탄소, 질소산화물 등이 있다.

③ 자동차 실내 온도를 높이기 위해 엔진 시동 후 장시간 공회전을 한다.

④ 수시로 자동차 검사를 하고, 주행거리 2,000킬로미터마다 엔진오일을 무조건 교환해야 한다.

> 공회전을 하지 말아야 하며 수시로 자동차 점검을 하고 엔진오일의 오염정도(약10,000km주행)에 따라 교환하는 것이 경제적이다. 교토 의정서는 선진국의 온실가스 감축 목표치를 규정한 국제협약으로 2005년 2월 16일 공식 발효되었다.

> 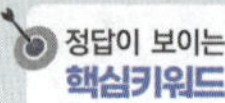 **정답이 보이는 핵심키워드**
> 친환경 운전 →
> ① 교토 의정서, ② 탄화수소

문제유형

# 03

4문제 2점

# 안전표지형

**4지 1답** | 4개의 보기 중에 1개의 답을 찾는 문제

안전표지형 문제는 총 100문제 중 4문제가 출제되며, 문제당 2점씩 총 8점을 획득할 수 있습니다. 안전표지의 명칭, 의미, 설치되는 장소 및 올바른 운전 방법에 대해 묻는 문제들이 출제되는데, 평소에 알지 못했던 안전표지들도 이번 기회에 알고 넘어갈 수 있도록 하고 5문제 모두 맞출 수 있도록 합니다.

★★
**1** 다음의 횡단보도 표지가 설치되는 장소로 가장 알맞은 곳은?

① 횡단보도가 있는 도로로서 포장도로의 교차로에 신호기가 있을 때
② 횡단보도가 있는 도로로서 포장도로의 단일로에 신호기가 있을 때
③ 횡단보도가 있는 도로로서 보행자의 횡단이 금지되는 곳
④ 횡단보도가 있는 도로로서 신호가 없는 포장도로의 교차로나 단일로

정답이 보이는 **핵심키워드** | 횡단보도 표지 → ④ 신호 없는 포장도로 교차로

★★
**2** 다음 안전표지에 대한 설명으로 맞는 것은?

① 유치원 통원로이므로 자동차가 통행할 수 없음을 나타낸다.
② 어린이 또는 유아의 통행로나 횡단보도가 있음을 알린다.
③ 학교의 출입구로부터 2킬로미터 이후 구역에 설치한다.
④ 어린이 또는 유아가 도로를 횡단할 수 없음을 알린다.

어린이 또는 유아의 통행로나 횡단보도가 있음을 알리는 것
학교, 유치원 등의 통학, 통원로 및 어린이놀이터가 부근에 있음을 알리는 것

정답이 보이는 **핵심키워드** | 어린이 2명 → ② 어린이 통행로

★★
**3** 다음 안전표지가 뜻하는 것은?

① 노면이 고르지 못함을 알리는 것
② 터널이 있음을 알리는 것
③ 과속방지턱이 있음을 알리는 것
④ 미끄러운 도로가 있음을 알리는 것

과속방지턱, 고원식 횡단보도, 고원식 교차로가 있음을 알림
※ 고원식 : 도로면보다 높게 하고, 적색 미끄럼방지 포장재를 설치하여 운전자의 주의 환기를 시킨다.

정답이 보이는 **핵심키워드** | ③ 과속방지턱

★★
**4** 다음 안전표지가 의미하는 것은?

① 중앙분리대 시작
② 양측방 통행
③ 중앙분리대 끝남
④ 노상 장애물 있음

중앙분리대가 시작됨을 알리는 것

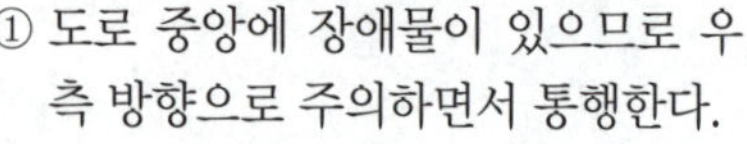
정답이 보이는 **핵심키워드** | ① 중앙분리대 시작

★★
**5** 다음 안전표지가 있는 경우 안전 운전방법은?

① 도로 중앙에 장애물이 있으므로 우측 방향으로 주의하면서 통행한다.
② 중앙 분리대가 시작되므로 주의하며 통행한다.
③ 중앙 분리대가 끝나는 지점이므로 주의하면서 통행한다.
④ 터널이 있으므로 전조등을 켜고 주의하면서 통행한다.

정답이 보이는 **핵심키워드** | ① 우측 방향으로 통행

★★
**6** 도로교통법령상 다음 안전표지에 대한 내용으로 맞는 것은?

① 규제표지이다.
② 직진차량 우선표지이다.
③ 좌합류 도로표지이다.
④ 좌회전 금지표지이다.

정답이 보이는 **핵심키워드** | ③ 좌합류 도로

★★
**7** 다음 안전표지가 의미하는 것은?

① 편도 2차로의 터널
② 연속 과속방지턱
③ 노면이 고르지 못함
④ 굴곡이 있는 잠수교

터널과 혼동하지 말 것

정답이 보이는 **핵심키워드** | ③ 노면이 고르지 못함

**8** 다음 교통안내표지에 대한 설명으로 맞는 것은?

① 소통확보가 필요한 도심부 도로 안내표지이다.
② 자동차 전용도로임을 알리는 표지이다.
③ 최고속도 매시 70킬로미터 규제표지이다.
④ 최저속도 매시 70킬로미터 안내표지이다.

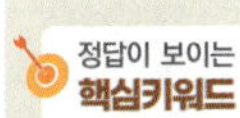
정답이 보이는 **핵심키워드** | ② 자동차 전용도로

**9** 도로교통법령상 그림의 안전표지와 같이 주의표지에 해당되는 것을 나열한 것은?

① 오르막경사표지, 상습정체구간표지
② 차폭제한표지, 차간거리확보표지
③ 노면전차전용도로표지, 우회로표지
④ 비보호좌회전표지, 좌회전 및 유턴표지

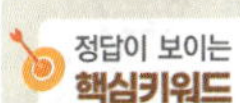
정답이 보이는 **핵심키워드** | ① 오르막경사표지, 상습정체구간표지

**10** 다음 안전표지의 뜻으로 맞는 것은?

① 철길표지
② 교량표지
③ 높이제한표지
④ 문화재보호표지

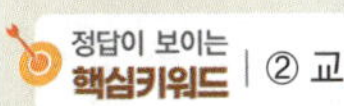
정답이 보이는 **핵심키워드** | ② 교량

**11** 다음 안전표지가 의미하는 것은?

① 자전거 통행이 많은 지점
② 자전거 횡단도
③ 자전거 주차장
④ 자전거 전용도로

정답이 보이는 **핵심키워드** | ① 자전거 통행

**12** 다음 안전표지의 뜻으로 맞는 것은?

① 전방에 양측방 통행 도로가 있으므로 감속 운행
② 전방에 장애물이 있으므로 감속 운행
③ 전방에 중앙 분리대가 시작되는 도로가 있으므로 감속 운행
④ 전방에 두 방향 통행 도로가 있으므로 감속 운행

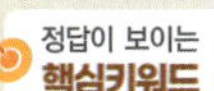
정답이 보이는 **핵심키워드** | ③ 중앙분리대 감속

**13** 다음 안전표지의 뜻으로 맞는 것은?

① 전방 100미터 앞부터 낭떠러지 위험 구간이므로 주의
② 전방 100미터 앞부터 공사 구간이므로 주의
③ 전방 100미터 앞부터 강변도로이므로 주의
④ 전방 100미터 앞부터 낙석 우려가 있는 도로이므로 주의

낙석 우려 지점 전 30미터 내지 200미터의 도로 우측에 설치

정답이 보이는 **핵심키워드** | ④ 100미터 앞부터 낙석 주의

**14** 다음 안전표지가 있는 도로에서 올바른 운전방법은?

① 눈길인 경우 고단 변속기를 사용한다.
② 눈길인 경우 가급적 중간에 정지하지 않는다.
③ 평지에서 보다 고단 변속기를 사용한다.
④ 짐이 많은 차를 가까이 따라간다.

오르막경사가 있음을 알리는 것

정답이 보이는 **핵심키워드** | 오르막 경사 → ② 눈길 무정지

**15** 다음 안전표지가 뜻하는 것은?

① 우선도로에서 우선도로가 아닌 도로와 교차함을 알리는 표지이다.
② 일방통행 교차로를 나타내는 표지이다.
③ 동일방향통행도로에서 양측방으로 통행하여야 할 지점이 있음을 알리는 표지이다.
④ 2방향 통행이 실시됨을 알리는 표지이다.

우선도로에서 우선도로가 아닌 도로와 교차함을 알리는 것

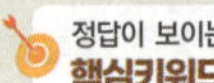
정답이 보이는 **핵심키워드** | ① 우선도로

**★★**

**16** 다음 안전표지에 대한 설명으로 맞는 것은?

① 도로의 일변이 계곡 등 추락위험지역임을 알리는 보조표지
② 도로의 일변이 강변 등 추락위험지역임을 알리는 규제표지
③ 도로의 일변이 계곡 등 추락위험지역임을 알리는 주의표지
④ 도로의 일변이 강변 등 추락위험지역임을 알리는 지시표지

정답이 보이는 **핵심키워드** | ③ 추락위험 주의표지

**★**

**17** 다음 안전표지가 있는 도로에서의 안전운전 방법은?

① 신호기의 진행신호가 있을 때 서서히 진입 통과한다.
② 차단기가 내려가고 있을 때 신속히 진입 통과한다.
③ 철도건널목 진입 전에 경보기가 울리면 가속하여 통과한다.
④ 차단기가 올라가고 있을 때 기어를 자주 바꿔가며 통과한다.

철길건널목을 나타내는 안전표지로 진행신호가 있을 때 서서히 진입하면서 통과해야 한다.

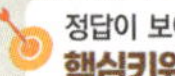
정답이 보이는 **핵심키워드** | 철길건널목 안전표지 → ① 진행신호에 서서히 진입

**★★**

**18** 다음 안전표지에 대한 설명으로 맞는 것은?

① 2방향 통행 표지이다.
② 중앙분리대 끝남 표지이다.
③ 양측방통행 표지이다.
④ 중앙분리대 시작 표지이다.

동일방향 통행도로에서 양측방으로 통행하여야 할 지점이 있음을 알리는것(중앙분리대 시작 표지와 혼동하지 말 것)

정답이 보이는 **핵심키워드** | ③ 양측방통행

**★★**

**19** 다음 안전표지가 의미하는 것은?

① 좌측방 통행
② 우합류 도로
③ 도로폭 좁아짐
④ 우측차로 없어짐

편도 2차로 이상의 도로에서 우측차로가 없어질 때 설치

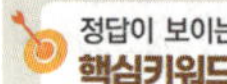
정답이 보이는 **핵심키워드** | ④ 우측차로 없어짐

**★★**

**20** 다음 안전표지에 대한 설명으로 맞는 것은?

① 회전형 교차로 표지
② 유턴 및 좌회전 차량 주의표지
③ 비신호 교차로 표지
④ 좌로 굽은 도로

회전형교차로표지로 교차로 전 30미터에서 120미터의 도로 우측에 설치한다.(※최근 원활한 교통흐름을 위해 회전형 교차로가 활성화됨)

정답이 보이는 **핵심키워드** | ① 회전형 교차로

**★★**

**21** 다음 안전표지의 뜻으로 맞는 것은?

① 일렬주차표지
② 상습정체구간표지
③ 야간통행주의표지
④ 차선변경구간표지

상습정체구간으로 구간 진입 전에 설치하여 안전거리 확보를 알림(※법규 개정에 따른 신규 표지판)

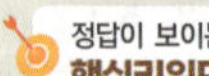
정답이 보이는 **핵심키워드** | ② 상습정체구간표지

## 22 다음 안전표지가 설치되는 장소로 가장 알맞은 곳은?

① 도로가 좌로 굽어 차로이탈이 발생할 수 있는 도로
② 눈·비 등의 원인으로 자동차등이 미끄러지기 쉬운 도로
③ 도로가 이중으로 굽어 차로이탈이 발생할 수 있는 도로
④ 내리막경사가 심하여 속도를 줄여야 하는 도로

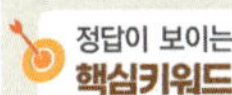
**정답이 보이는 핵심키워드** | ② 미끄러지기 쉬운 도로

## 23 다음 안전표지에 대한 설명으로 맞는 것은?

① 차의 우회전 할 것을 지시하는 표지이다.
② 차의 직진을 금지하게 하는 주의표지이다.
③ 전방 우로 굽은 도로에 대한 주의표지이다.
④ 차의 우회전을 금지하는 주의표지이다.

**정답이 보이는 핵심키워드** | ③ 우로 굽은 도로

## 24 도로교통법령상 다음의 안전표지에 대한 설명으로 맞는 것은?

① 지시표지이며, 자동차의 통행속도가 평균 매시 50킬로미터를 초과해서는 아니 된다.
② 규제표지이며, 자동차의 통행속도가 평균 매시 50킬로미터를 초과해서는 아니 된다.
③ 지시표지이며, 자동차의 최고속도가 매시 50킬로미터를 초과해서는 아니 된다.
④ 규제표지이며, 자동차의 최고속도가 매시 50킬로미터를 초과해서는 아니 된다.

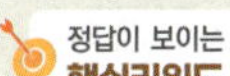
**정답이 보이는 핵심키워드** | ④ 규제표지, 최고속도 50

## 25 다음 안전표지에 대한 설명으로 맞는 것은?

① 보행자는 통행할 수 있다.
② 보행자뿐만 아니라 모든 차마는 통행할 수 없다.
③ 도로의 중앙 또는 좌측에 설치한다.
④ 통행금지 기간은 함께 표시할 수 없다.

**정답이 보이는 핵심키워드** | 통행금지 표지 → ② 보행자, 모든 차마 통행금지

## 26 다음 안전표지가 설치된 곳에서의 운전 방법으로 맞는 것은?

① 자동차전용도로에 설치되며 차간거리를 50미터 이상 확보한다.
② 일방통행 도로에 설치되며 차간거리를 50미터 이상 확보한다.
③ 자동차전용도로에 설치되며 50미터 전방 교통정체 구간이므로 서행한다.
④ 일방통행 도로에 설치되며 50미터 전방 교통정체 구간이므로 서행한다.

**정답이 보이는 핵심키워드** | ① 자동차전용도로 50미터 이상

## 27 다음 안전표지에 대한 설명으로 가장 옳은 것은?

① 이륜자동차 및 자전거의 통행을 금지한다.
② 이륜자동차 및 원동기장치자전거의 통행을 금지한다.
③ 이륜자동차와 자전거 이외의 차마는 언제나 통행할 수 있다.
④ 이륜자동차와 원동기장치자전거 이외의 차마는 언제나 통행할 수 있다.

이륜자동차 및 원동기장치 자전거의 통행을 금지하는 구역, 도로의 구간 또는 장소의 전면이나 도로의 중앙 또는 우측에 설치

**정답이 보이는 핵심키워드** | ② 이륜차 및 원동기자전거 통행금지

**28** 다음 안전표지에 대한 설명으로 맞는 것은?

① 차의 진입을 금지한다.
② 모든 차와 보행자의 진입을 금지한다.
③ 위험물 적재 화물차 진입을 금지한다.
④ 진입 금지 기간 등을 알리는 보조표지는 설치할 수 없다.

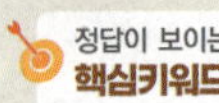
정답이 보이는 **핵심키워드** | 진입금지 표지 → ① 차 진입 금지

---

**29** 다음 안전표지가 뜻하는 것은?

① 차마의 유턴을 금지하는 규제표지이다.
② 차마(노면전차는 제외한다.)의 유턴을 금지하는 지시표지이다.
③ 개인형 이동장치의 유턴을 금지하는 주의표지이다.
④ 자동차등(개인형 이동장치는 제외한다.)의 유턴을 금지하는 지시표지이다.

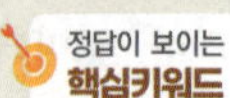
정답이 보이는 **핵심키워드** | ① 유턴금지

---

**30** 다음 안전표지가 뜻하는 것은?

① 차폭 제한
② 차 높이 제한
③ 차간거리 확보
④ 터널의 높이

정답이 보이는 **핵심키워드** | 위아래 화살표 → ② 차 높이

---

**31** 다음 안전표지가 뜻하는 것은?

① 차 높이 제한
② 차간거리 확보
③ 차폭 제한
④ 차 길이 제한

정답이 보이는 **핵심키워드** | 좌우 화살표 → ③ 차폭

---

**32** 다음 안전표지에 관한 설명으로 맞는 것은?

① 화물을 싣기 위해 잠시 주차할 수 있다.
② 승객을 내려주기 위해 일시적으로 정차할 수 있다.
③ 주차 및 정차를 금지하는 구간에 설치한다.
④ 이륜자동차는 주차할 수 있다.

차의 주차를 금지하는 구역, 도로의 구간이나 장소의 전면 또는 필요한 지점의 도로우측에 설치

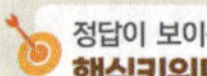
정답이 보이는 **핵심키워드** | 주차금지 표지 → ② 일시 정차

---

**33** 다음 안전표지에 대한 설명으로 가장 옳은 것은?

① 직진하는 차량이 많은 도로에 설치한다.
② 금지해야 할 지점의 도로 좌측에 설치한다.
③ 이런 지점에서는 반드시 유턴하여 되돌아가야 한다.
④ 좌·우측 도로를 이용하는 등 다른 도로를 이용해야 한다.

차의 직진을 금지하므로 다른 도로를 이용

정답이 보이는 **핵심키워드** | 직진금지 표지 → ④ 다른 도로 이용

---

**34** 다음 안전표지가 있는 도로에서의 운전 방법으로 맞는 것은?

① 다가오는 차량이 있을 때에만 정지하면 된다.
② 도로에 차량이 없을 때에도 정지해야 한다.
③ 어린이들이 길을 건널 때에만 정지한다.
④ 적색등이 켜진 때에만 정지하면 된다.

주변 교통 여건에 상관없이 반드시 정지해야 한다.

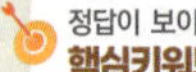
정답이 보이는 **핵심키워드** | 정지 표지 → ② 차량 없을 때도 정지

**★★**
**35** 다음 규제표지를 설치할 수 있는 장소는?

① 교통정리를 하고 있지 아니하고 교통이 빈번한 교차로
② 비탈길 고갯마루 부근
③ 교통정리를 하고 있지 아니하고 좌우를 확인할 수 없는 교차로
④ 신호기가 없는 철길 건널목

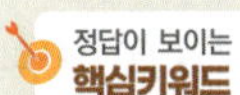
정답이 보이는 **핵심키워드** | 천천히 표지판 → ② 비탈길

**★★**
**36** 다음 안전표지에 대한 설명으로 맞는 것은?

① 승용자동차의 통행을 금지하는 것이다.
② 위험물 운반 자동차의 통행을 금지하는 것이다.
③ 승합자동차의 통행을 금지하는 것이다.
④ 화물자동차의 통행을 금지하는 것이다.

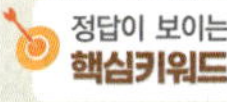
정답이 보이는 **핵심키워드** | ④ 화물차 금지

**★★**
**37** 다음 규제표지가 의미하는 것은?

① 위험물을 실은 차량 통행금지
② 전방에 차량 화재로 인한 교통 통제 중
③ 차량화재가 빈발하는 곳
④ 산불 발생 지역으로 차량 통행금지

위험물을 적재한 차의 통행을 금지하는 도로의 구간 우측에 설치
정답이 보이는 **핵심키워드** | ① 위험물 금지

**★★**
**38** 다음 규제표지가 의미하는 것은?

① 커브길 주의
② 자동차 진입금지
③ 앞지르기 금지
④ 과속방지턱 설치 지역

정답이 보이는 **핵심키워드** | ③ 앞지르기 금지

**★★**
**39** 다음에서 "차량경고등" 표시내용으로 <u>틀린</u> 것은?

① ② ③ ①

① 그림①은 엔진 제어 장치 및 배기가스 제어와 관련 센서 이상을 알리는 경고등
② 그림②는 워셔액 부족 시 보충을 알리는 경고등
③ 그림③은 타이어 공기압이 낮을시 표준공기압으로 보충 또는 타이어 파손상태를 알리는 경고등
④ 그림④는 ABS 브레이크 기능과 관련 경고등

정답이 보이는 **핵심키워드** | ④ ABS 경고등

**★★**
**40** 다음 안전표지에 대한 설명으로 맞는 것은?

① 중량 5.5t 이상 차의 횡단을 제한하는 것
② 중량 5.5t 초과 차의 횡단을 제한하는 것
③ 중량 5.5t 이상 차의 통행을 제한하는 것
④ 중량 5.5t 초과 차의 통행을 제한하는 것

정답이 보이는 **핵심키워드** | ④ 5.5t 초과 차의 통행 제한

**★★**
**41** 다음 규제표지가 설치된 지역에서 운행이 금지된 차량은?

① 이륜자동차
② 승합자동차
③ 승용자동차
④ 원동기장치자전거

승합자동차(승차정원 30명 이상인 것)의 통행을 금지하는 것
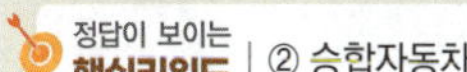
정답이 보이는 **핵심키워드** | ② 승합자동차

## 42 다음 규제표지가 설치된 지역에서 운행이 허가되는 차량은?

① 화물자동차
② 경운기
③ 트랙터
④ 손수레

경운기·트랙터 및 손수레의 통행을 규제하는 표지이다.

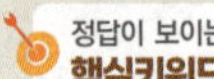
정답이 보이는
**핵심키워드** | ① 화물차 허용

## 43 다음 규제표지에 대한 설명으로 맞는 것은?

① 최저속도 제한표지
② 최고속도 제한표지
③ 차간 거리 확보표지
④ 안전속도 유지표지

언더바로 최저속도 제한을 표시(숫자만 있으면 최고속도 제한)

정답이 보이는
**핵심키워드** | ① 최저속도 제한

## 44 다음 안전표지의 명칭으로 맞는 것은?

① 양측방 통행 표지
② 양측방 통행금지 표지
③ 중앙 분리대 시작 표지
④ 중앙 분리대 종료 표지

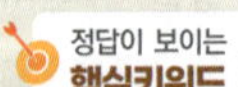
정답이 보이는
**핵심키워드** | ① 양측방 통행

## 45 다음 안전표지의 명칭은?

① 양측방 통행표지
② 좌·우회전표지
③ 중앙 분리대 시작표지
④ 중앙 분리대 종료표지

양측방 통행 표지와 혼동하지 않도록 주의

정답이 보이는
**핵심키워드** | ② 좌·우회전

## 46 다음 안전표지에 대한 설명으로 맞는 것은?

① 신호에 관계없이 차량 통행이 없을 때 좌회전할 수 있다.
② 적색신호에 다른 교통에 방해가 되지 않을 때에는 좌회전할 수 있다.
③ 비보호이므로 좌회전신호가 없으면 좌회전할 수 없다.
④ 녹색신호에서 다른 교통에 방해가 되지 않을 때에는 좌회전할 수 있다.

진행신호 시 반대방면에서 오는 차량에 방해가 되지 아니하도록 좌회전을 할 수 있다는 것

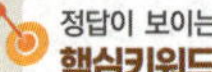
정답이 보이는
**핵심키워드** | 비보호 → ④ 방해되지 않게 좌회전

## 47 다음 안전표지에 대한 설명으로 맞는 것은?

① 차가 좌회전 후 유턴할 것을 지시하는 안전표지이다.
② 차가 좌회전 또는 유턴할 것을 지시하는 안전표지이다.
③ 좌회전 차가 유턴차 보다 우선임을 지시하는 안전표지이다.
④ 좌회전 차보다 유턴차가 우선임을 지시하는 안전표지이다.

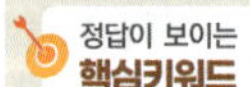
정답이 보이는
**핵심키워드** | ② 좌회전 또는 유턴표지

## 48 다음 안전표지가 설치된 차로 통행방법으로 올바른 것은?

① 전동킥보드는 이 표지가 설치된 차로를 통행할 수 있다.
② 전기자전거는 이 표지가 설치된 차로를 통행할 수 없다.
③ 자전거인 경우만 이 표지가 설치된 차로를 통행할 수 있다.
④ 자동차는 이 표지가 설치된 차로를 통행할 수 있다.

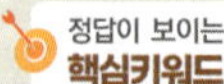
정답이 보이는
**핵심키워드** | ① 전동킥보드 통행

**49** 다음 안전표지가 의미하는 것은?

① 자전거 횡단이 가능한 자전거횡단도가 있다.
② 자전거 횡단이 불가능한 것을 알리거나 지시하고 있다.
③ 자전거와 보행자가 횡단할 수 있다.
④ 자전거와 보행자의 횡단에 주의한다.

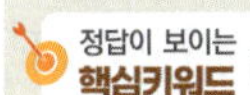
정답이 보이는 **핵심키워드** | ① 자전거 횡단

**50** 다음 안전표지에 대한 설명으로 맞는 것은?

① 주차장에 진입할 때 화살표 방향으로 통행할 것을 지시하는 것
② 좌회전이 금지된 지역에서 우회 도로로 통행할 것을 지시하는 것
③ 회전형 교차로이므로 주의하여 회전할 것을 지시하는 것
④ 좌측면으로 통행할 것을 지시하는 것

차의 좌회전이 금지된 지역에서 우회하여 통행하도록 한다.

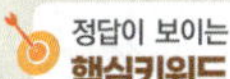
정답이 보이는 **핵심키워드** | ② 우회도로

**51** 다음 안전표지가 의미하는 것은?

① 백색화살표 방향으로 진행하는 차량이 우선 통행할 수 있다.
② 적색화살표 방향으로 진행하는 차량이 우선 통행할 수 있다.
③ 백색화살표 방향의 차량은 통행할 수 없다.
④ 적색화살표 방향의 차량은 통행할 수 없다.

백색 화살표 방향으로 진행하는 차량이 우선 통행할 수 있도록 표시하는 것

정답이 보이는 **핵심키워드** | ① 백색 우선

**52** 다음 안전표지가 설치된 도로를 통행할 수 없는 차로 맞는 것은?

① 전기자전거
② 전동이륜평행차
③ 개인형 이동장치
④ 원동기장치자전거(개인형 이동장치 제외)

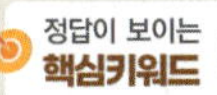
정답이 보이는 **핵심키워드** | ④ 원동기장치자전거

**53** 다음 안전표지에 대한 설명으로 맞는 것은?

① 자전거도로에서 2대 이상 자전거의 나란히 통행을 허용한다.
② 자전거의 횡단도임을 지시한다.
③ 자전거만 통행하도록 지시한다.
④ 자전거 주차장이 있음을 알린다.

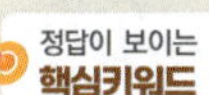
정답이 보이는 **핵심키워드** | ① 자전거 2대 나란히 통행

**54** 다음 안전표지가 설치된 교차로의 설명 및 통행 방법으로 올바른 것은?

① 중앙교통섬의 가장자리에는 화물차 턱(Truck Apron)을 설치할 수 없다.
② 교차로에 진입 및 진출 시에는 반드시 방향지시등을 작동해야 한다.
③ 방향지시등은 진입 시에 작동해야 하며 진출 시는 작동하지 않아도 된다.
④ 교차로 안에 진입하려는 차가 화살표방향으로 회전하는 차보다 우선이다.

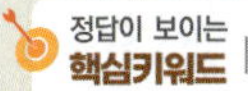
정답이 보이는 **핵심키워드** | ② 방향지시등 작동

## 55 다음 안전표지에 대한 설명으로 맞는 것은?

① 자전거횡단도 표지이다.
② 자전거우선도로 표지이다.
③ 자전거 및 보행자 겸용도로 표지이다.
④ 자전거 및 보행자 통행구분 표지이다.

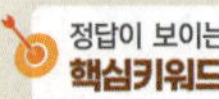
정답이 보이는 **핵심키워드** | ④ 자전거, 보행자 구분

## 56 다음 안전표지가 의미하는 것은?

① 좌측 도로는 일방통행 도로이다.
② 우측 도로는 일방통행 도로이다.
③ 모든 도로는 일방통행 도로이다.
④ 직진 도로는 일방통행 도로이다.

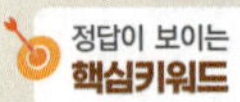
정답이 보이는 **핵심키워드** | ④ 직진도로 일방

## 57 다음 안전표지에 대한 설명으로 바르지 <u>않은</u> 것은?

① 국토의 계획 및 이용에 관한 법률에 따른 주거지역에 설치한다.
② 도시부 도로임을 알리는 것으로 시작지점과 그 밖의 필요한 구간에 설치한다.
③ 국토의 계획 및 이용에 관한 법률에 따른 계획관리구역에 설치한다.
④ 국토의 계획 및 이용에 관한 법률에 따른 공업지역에 설치한다.

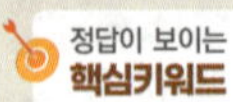
정답이 보이는 **핵심키워드** | ③ 계획관리구역

## 58 다음 안전표지의 의미와 이 표지가 설치된 도로에서 운전행동에 대한 설명으로 맞는 것은?

① 진행방향별 통행구분 표지이며 규제표지이다.
② 차가 좌회전·직진 또는 우회전할 것을 안내하는 주의표지이다.
③ 차가 좌회전을 하려는 경우 교차로의 중심 바깥쪽을 이용한다.
④ 차가 좌회전을 하려는 경우 미리 도로의 중앙선을 따라 서행한다.

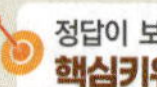
정답이 보이는 **핵심키워드** | ④ 좌회전 시 중앙선 따라 서행

## 59 다음 안전표지에 대한 설명으로 맞는 것은?

① 차가 회전 진행할 것을 지시한다.
② 차가 좌측면으로 통행할 것을 지시한다.
③ 차가 우측면으로 통행할 것을 지시한다.
④ 차가 유턴할 것을 지시한다.

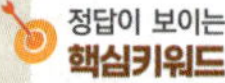
정답이 보이는 **핵심키워드** | ③ 우측면 통행

## 60 다음 안전표지 중 도로교통법령에 따른 규제표지는 몇 개인가?

① 1개
② 2개
③ 3개
④ 4개

규제표지 3개, 보조표지 1개이다.

정답이 보이는 **핵심키워드** | ③ 3개

## 61 다음의 지시표지가 설치된 도로의 통행방법으로 맞는 것은?

① 특수자동차는 이 도로를 통행할 수 없다.
② 화물자동차는 이 도로를 통행할 수 없다.
③ 이륜자동차는 긴급자동차인 경우만 이 도로를 통행할 수 있다.
④ 원동기장치자전거는 긴급자동차인 경우만 이 도로를 통행할 수 있다.

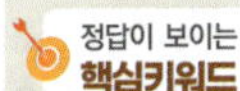
정답이 보이는 **핵심키워드** | ③ 이륜자동차는 긴급인 경우만 통행



## 62 다음 안전표지에 대한 설명으로 맞는 것은?

① 어린이 보호구역 안에서 어린이 또는 유아의 보호를 지시한다.
② 보행자가 횡단보도로 통행할 것을 지시한다.
③ 보행자 전용도로임을 지시한다.
④ 노인 보호구역 안에서 노인의 보호를 지시한다.

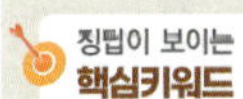
정답이 보이는 **핵심키워드** | ③ 보행자 전용



## 63 다음 안전표지에 대한 설명으로 맞는 것은?

① 차가 직진 후 좌회전할 것을 지시한다.
② 차가 좌회전 후 직진할 것을 지시한다.
③ 차가 직진 또는 좌회전할 것을 지시한다.
④ 좌회전하는 차보다 직진하는 차가 우선임을 지시한다.

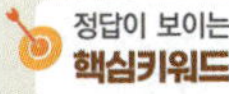
정답이 보이는 **핵심키워드** | ③ 직진 또는 좌회전



## 64 다음 안전표지에 대한 설명으로 맞는 것은?

① 노약자 보호를 우선하라는 지시를 하고 있다.
② 보행자 전용도로임을 지시하고 있다.
③ 어린이보호를 지시하고 있다.
④ 보행자가 횡단보도로 통행할 것을 지시하고 있다.

보행자가 횡단보도로 통행할 것을 지시하고 있다.

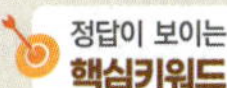
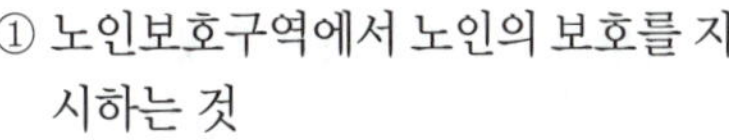
정답이 보이는 **핵심키워드** | 횡단보도 표지 → ④ 횡단보도 통행



## 65 다음의 안전표지에 대한 설명으로 맞는 것은?

① 노인보호구역에서 노인의 보호를 지시하는 것
② 노인보호구역에서 노인이 나란히 걸어갈 것을 지시하는 것
③ 노인보호구역에서 노인이 나란히 걸어가면 정지할 것을 지시하는 것
④ 노인보호구역에서 남성노인과 여성노인을 차별하지 않을 것을 지시하는 것

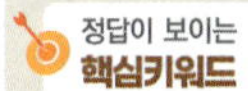
정답이 보이는 **핵심키워드** | ① 노인 보호



## 66 다음 안전표지의 종류로 맞는 것은?

① 우회전 표지
② 우로 굽은 도로 표지
③ 우회전 우선 표지
④ 우측방 우선 표지

정답이 보이는 **핵심키워드** | ① 우회전

★

**67** 다음과 같은 교통안전 시설이 설치된 교차로에서의 통행방법 중 맞는 것은?

① 좌회전 녹색 화살표시가 등화된 경우에만 좌회전할 수 있다.
② 좌회전 신호 시 좌회전하거나 진행신호 시 반대 방면에서 오는 차량에 방해가 되지 아니하도록 좌회전할 수 있다.
③ 신호등과 관계없이 반대 방면에서 오는 차량에 방해가 되지 아니하도록 좌회전할 수 있다.
④ 황색등화 시 반대 방면에서 오는 차량에 방해가 되지 아니하도록 좌회전할 수 있다.

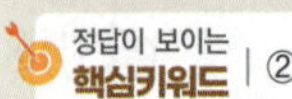
정답이 보이는 **핵심키워드** | ② 비보호 좌회전

★★

**68** 중앙선표시 위에 설치된 도로안전시설에 대한 설명으로 <u>틀린</u> 것은?

① 중앙선 노면표시에 설치된 도로안전시설물은 중앙분리봉이다.
② 교통사고 발생의 위험이 높은 곳으로 위험구간을 예고하는 목적으로 설치한다.
③ 운전자의 주의가 요구되는 장소에 노면표시를 보조하여 시선을 유도하는 시설물이다.
④ 동일 및 반대방향 교통흐름을 공간적으로 분리하기 위해 설치한다.

문제의 도로안전시설은 시선유도봉이다. 시선유도봉은 교통사고 발생의 위험이 높은 곳으로서, 운전자의 주의가 현저히 요구되는 장소에 노면표시를 보조하여 동일 및 반대방향 교통류를 공간적으로 분리하고 위험 구간을 예고할 목적으로 설치하는 시설이다.

정답이 보이는 **핵심키워드** | ① 중앙분리봉

★★

**69** 다음 노면표시가 표시하는 뜻은?

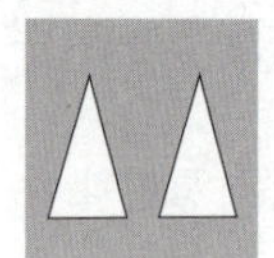

① 전방에 과속방지턱 또는 교차로에 오르막 경사면이 있다.
② 전방 도로가 좁아지고 있다.
③ 차량 두 대가 동시에 통행할 수 있다.
④ 산악지역 도로이다.

정답이 보이는 **핵심키워드** | ① 오르막 경사면

★★

**70** 다음의 노면표시가 설치되는 장소로 맞는 것은?

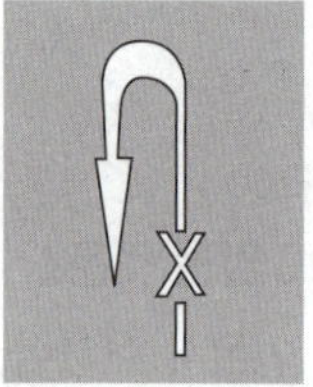

① 차마의 역주행을 금지하는 도로의 구간에 설치
② 차마의 유턴을 금지하는 도로의 구간에 설치
③ 회전교차로 내에서 역주행을 금지하는 도로의 구간에 설치
④ 회전교차로 내에서 유턴을 금지하는 도로의 구간에 설치

정답이 보이는 **핵심키워드** | ② 유턴금지

★★

**71** 다음 상황에서 적색 노면표시에 대한 설명으로 맞는 것은?

① 차도와 보도를 구획하는 길가장자리 구역을 표시하는 것
② 차의 차로변경을 제한하는 것
③ 보행자를 보호해야 하는 구역을 표시하는 것
④ 소방시설 등이 설치된 구역을 표시하는 것

## 72 도로교통법령상 다음과 같은 노면표시에 따른 운전행동으로 맞는 것은?

① 어린이 보호구역으로 주차는 불가하나 정차는 가능하므로 짧은 시간 길가장자리에 정차하여 어린이를 태운다.
② 어린이 보호구역 내 횡단보도 예고표시가 있으므로 미리 서행해야 한다.
③ 어린이 보호구역으로 어린이 및 영유아 안전에 유의해야 하며 지그재그 노면표시에 의하여 서행하여야 한다.
④ 어린이 보호구역은 시간제 운영 여부와 관계없이 잠시 정차는 가능하다.



## 73 다음 안전표지에 대한 설명으로 <u>틀린</u> 것은?

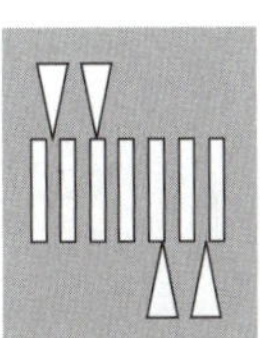

① 고원식횡단보도 표시이다.
② 볼록사다리꼴과 과속방지턱 형태로 하며 높이는 10cm로 한다.
③ 운전자의 주의를 환기시킬 필요가 있는 지점에 설치한다.
④ 모든 도로에 설치할 수 있다.

제한속도를 시속 30킬로미터 이하로 제한할 필요가 있는 도로에서 횡단보도임을 표시하는 것



## 74 다음 안전표지에 대한 설명으로 맞는 것은?

① 자전거만 통행하도록 지시한다.
② 자전거 및 보행자 겸용 도로임을 지시한다.
③ 어린이보호구역 안에서 어린이 또는 유아의 보호를 지시한다.
④ 자전거횡단도임을 지시한다.



## 75 다음 안전표지에 대한 설명으로 맞는 것은?

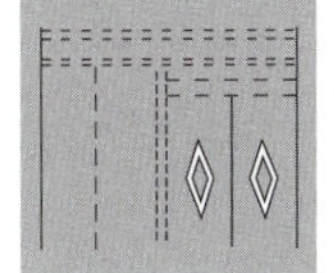

① 전방에 안전지대가 있음을 알리는 것이다.
② 차가 양보하여야 할 장소임을 표시하는 것이다.
③ 전방에 횡단보도가 있음을 알리는 것이다.
④ 주차할 수 있는 장소임을 표시하는 것이다.

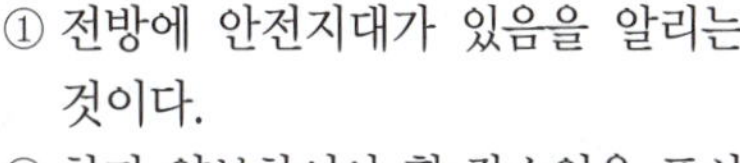

횡단보도 전 50~60미터 노상에 설치



## 76 다음 노면표시의 의미로 맞는 것은?

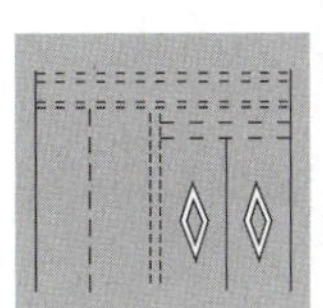

① 전방에 교차로가 있음을 알리는 것
② 전방에 횡단보도가 있음을 알리는 것
③ 전방에 노상장애물이 있음을 알리는 것
④ 전방에 주차금지를 알리는 것

**77** 다음 안전표지에 대한 설명으로 맞는 것은?

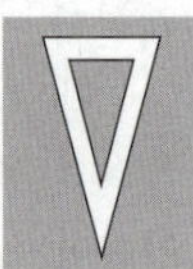

① 횡단보도임을 표시하는 것이다.
② 차가 들어가 정차하는 것을 금지하는 표시이다.
③ 차가 양보하여야 할 장소임을 표시하는 것이다.
④ 교차로에 오르막 경사면이 있음을 표시하는 것이다.

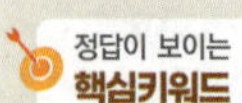
정답이 보이는 **핵심키워드** | ③ 양보


**78** 다음 안전표지에 대한 설명으로 맞는 것은?

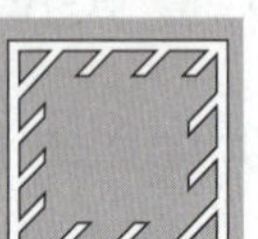

① 차가 양보하여야 할 장소임을 표시하는 것이다.
② 노상에 장애물이 있음을 표시하는 것이다.
③ 차가 들어가 정차하는 것을 금지하는 것을 표시이다.
④ 주차할 수 있는 장소임을 표시하는 것이다.

광장이나 교차로 중앙지점 등에 설치된 구획부분에 차가 들어가 정차하는 것을 금지하는 표시이다.

정답이 보이는 **핵심키워드** | ③ 정차 금지


**79** 다음 안전표지에 대한 설명으로 맞는 것은?

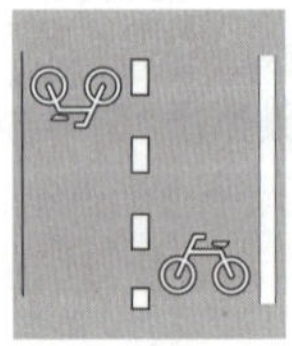

① 자전거 전용도로임을 표시하는 것이다.
② 자전거의 횡단도임을 표시하는 것이다.
③ 자전거주차장에 주차하도록 지시하는 것이다.
④ 자전거도로에서 2대 이상 자전거의 나란히 통행을 허용하는 것이다.

도로에 자전거 횡단이 필요한 지점에 설치, 횡단보도가 있는 교차로에서는 횡단보도 측면에 설치

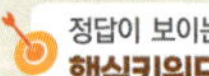
정답이 보이는 **핵심키워드** | ② 자전거 횡단도


**80** 다음 안전표지의 의미로 맞는 것은?

① 자전거 우선도로 표시
② 자전거 전용도로 표시
③ 자전거 횡단도 표시
④ 자전거 보호구역 표시

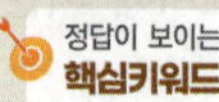
정답이 보이는 **핵심키워드** | ① 자전거 우선


**81** 다음 차도 부문의 가장자리에 설치된 노면표시의 설명으로 맞는 것은?

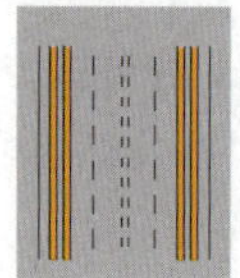

① 정차를 금지하고 주차를 허용한 곳을 표시하는 것
② 정차 및 주차금지를 표시하는 것
③ 정차를 허용하고 주차금지를 표시하는 것
④ 구역·시간·장소 및 차의 종류를 정하여 주차를 허용할 수 있음을 표시하는 것

**도로가의 차선 구분**
- 노란 실선 : 주·정차 금지구역
- 노란 실선 2개 : 주·정차 금지구역를 강조
- 노란 점선 : 주차 금지 구역(정차 가능)
- 흰색 실선 : 주·정차 가능구역

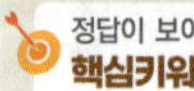
정답이 보이는 **핵심키워드** | ② 주 · 정차 금지


**82** 다음 안전표지의 의미로 맞는 것은?

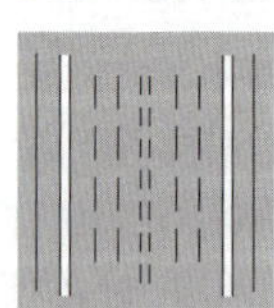

① 갓길 표시
② 진로변경 제한선 표시
③ 유턴 구역선 표시
④ 길 가장자리 구역선 표시

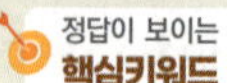
정답이 보이는 **핵심키워드** | ④ 길 가장자리

 다음 방향표지와 관련된 설명으로 맞는 것은?

① 150m 앞에서 6번 일반국도와 합류한다.
② 나들목(IC)의 명칭은 군포다.
③ 고속도로 기점에서 47번째 나들목(IC)이라는 의미이다.
④ 고속도로와 고속도로를 연결해 주는 분기점(JCT) 표지이다.

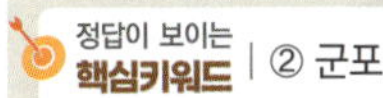
정답이 보이는 **핵심키워드** | ② 군포

 고속도로에 설치된 표지판 속의 대전 143㎞가 의미하는 것은?

① 대전광역시청까지의 잔여거리
② 대전광역시 행정구역 경계선까지의 잔여거리
③ 위도상 대전광역시 중간지점까지의 잔여거리
④ 가장 먼저 닿게 되는 대전 지역 나들목까지의 잔여거리

정답이 보이는 **핵심키워드** | ④ 대전 나들목

 다음 안전표지의 뜻으로 가장 옳은 것은?

① 자동차와이륜자동차는08:00~20:00 통행을 금지
② 자동차와 이륜자동차 및 원동기장치자전거는 08:00~20:00 통행을 금지
③ 자동차와 원동기장치자전거는 08:00~20:00 통행을 금지
④ 자동차와 자전거는 08:00~20:00 통행을 금지

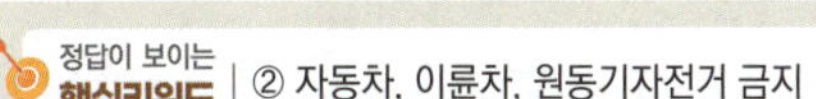
정답이 보이는 **핵심키워드** | ② 자동차, 이륜차, 원동기자전거 금지

 다음 안전표지의 설치장소에 대한 기준으로 바르지 않은 것은?

A 　　B 

C 　　D 

① A 표지는 노면전차 교차로 전 50미터에서 120미터 사이의 도로 중앙 또는 우측에 설치한다.
② B 표지는 회전교차로 전 30미터 내지 120미터의 도로 우측에 설치한다.
③ C 표지는 내리막 경사가 시작되는 지점 전 30미터 내지 200미터의 도로 우측에 설치한다.
④ D 표지는 도로 폭이 좁아지는 지점 전 30미터 내지 200미터의 도로 우측에 설치한다.

A. 노면전차 주의표지 – 노면전차 교차로 전 50~120m 사이의 도로 중앙 또는 우측
B. 회전형교차로 표지 – 교차로 전 30~120m의 도로 우측
C. 내리막 경사 표지 – 내리막 경사가 시작되는 지점 전 30~200m의 도로 우측
D. 도로 폭이 좁아짐 표지 – 도로 폭이 좁아지는 지점 전 50~200m의 도로 우측

정답이 보이는 **핵심키워드** | ④ D 표지

 다음 중 도로교통법의 지시표지로 맞는 것은?

① 　　② 

③ 　　④ 

정답이 보이는 **핵심키워드** | ③ 지시표지



안전표지형

## 88 다음 안전표지의 의미로 맞는 것은?

① 교차로에서 좌회전하려는 차량이 다른 교통에 방해가 되지 않도록 적색등화 동안 교차로 안에서 대기하는 지점을 표시하는 것
② 교차로에서 좌회전하려는 차량이 다른 교통에 방해가 되지 않도록 황색등화 동안 교차로 안에서 대기하는 지점을 표시하는 것
③ 교차로에서 좌회전하려는 차량이 다른 교통에 방해가 되지 않도록 녹색등화 동안 교차로 안에서 대기하는 지점을 표시하는 것
④ 교차로에서 좌회전하려는 차량이 다른 교통에 방해가 되지 않도록 적색 점멸등화 동안 교차로 안에서 대기하는 지점을 표시하는 것

> **정답이 보이는 핵심키워드** | 좌회전 유도차로 표시 →
> ③ 녹색 등화 동안 교차로 안에서 대기

## 89 도로교통법령상 다음의 안전표지에 따라 견인되는 경우가 아닌 것은?

① 운전자가 차에서 떠나 4분 동안 화장실에 다녀오는 경우
② 운전자가 차에서 떠나 10분 동안 짐을 배달하고 오는 경우
③ 운전자가 차를 정지시키고 운전석에 10분 동안 앉아 있는 경우
④ 운전자가 차를 정지시키고 운전석에 4분 동안 앉아 있는 경우

정차와 주차의 개념 이해) 정차란 운전석에 운전자가 있고 5분 미만으로 즉시 출발할 수 있는 상태를 말하며, 5분을 초과하거나 5분 이내라고 하더라도 운전자가 없으면 주차에 해당한다. (※ 주의할 것)

> **정답이 보이는 핵심키워드** | ④ 정지시키고 4분

## 90 다음 그림에 대한 설명 중 적절하지 <u>않은</u> 것은?

① 건물이 없는 도로변이나 공터에 설치하는 주소정보시설(기초번호판)이다.
② 녹색로의 시작 지점으로부터 4.73 km 지점의 오른쪽 도로변에 설치된 기초번호판이다.
③ 녹색로의 시작 지점으로부터 40.73 km 지점의 왼쪽 도로변에 설치된 기초번호판이다.
④ 기초번호판에 표기된 도로명과 기초번호로 해당 지점의 정확한 위치를 알 수 있다.다.

> **정답이 보이는 핵심키워드** | 녹색로 → ② 4.73km

## 91 다음 안전표지에 대한 설명으로 맞는 것은?

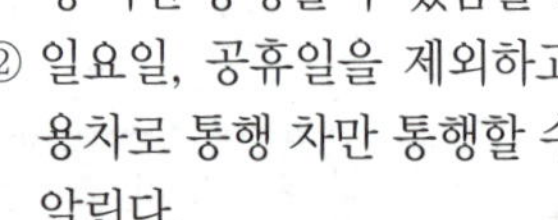


① 일요일, 공휴일만 버스전용차로 통행 차만 통행할 수 있음을 알린다.
② 일요일, 공휴일을 제외하고 버스전용차로 통행 차만 통행할 수 있음을 알린다.
③ 모든 요일에 버스전용차로 통행 차만 통행할 수 있음을 알린다.
④ 일요일, 공휴일을 제외하고 모든 차가 통행할 수 있음을 알린다.

> **정답이 보이는 핵심키워드** | ② 일요일 · 공휴일 제외, 버스전용차로 통행

**★★★**

## 92 다음 사진 속의 유턴표지에 대한 설명으로 틀린 것은?

① 차마가 유턴할 지점의 도로의 우측에 설치할 수 있다.
② 차마가 유턴할 지점의 도로의 중앙에 설치할 수 있다.
③ 지시표지이므로 녹색등화 시에만 유턴할 수 있다.
④ 지시표지이며 신호등화와 관계없이 유턴할 수 있다.

> 유턴 지시표지만 있고 '좌회전시'와 같은 보조표지가 없으므로 신호에 관계없이 맞은편 대향차량 및 주위 교통에 예의주시하며 유턴할 수 있다. (※ 틀리기 쉬운 문제이니 주의할 것)

> 정답이 보이는
> **핵심키워드** | ③ 녹색등화 시에만 유턴

**★★**

## 93 도로교통법령상 다음 안전표지에 대한 설명으로 바르지 않은 것은?

① 어린이 보호구역에서 어린이통학버스가 어린이 승하차를 위해 표지판에 표시된 시간동안 정차를 할 수 있다.
② 어린이 보호구역에서 어린이통학버스가 어린이 승하차를 위해 표지판에 표시된 시간동안 정차와 주차 모두 할 수 있다.
③ 어린이 보호구역에서 자동차등이 어린이의 승하차를 위해 정차를 할 수 있다.
④ 어린이 보호구역에서 자동차등이 어린이의 승하차를 위해 정차는 할 수 있으나 주차는 할 수 없다.

> 정답이 보이는
> **핵심키워드** | ④ 어린이 보호구역 → 정차 ○ 주차 ×

**★★**

## 94 다음과 같은 기점 표지판의 의미는?

① 국도와 고속도로 IC까지의 거리를 알려주는 표지
② 고속도로가 시작되는 기점에서 현재 위치까지 거리를 알려주는 표지
③ 고속도로 휴게소까지 거리를 알려주는 표지
④ 톨게이트까지의 거리안내 표지

> 고속도로가 시작되는 기점에서 현재 위치까지 거리를 알려주는 표지
> • 초록색 바탕 숫자 : 기점으로 부터의 거리(km)
> • 흰색 바탕 숫자 : 소수점 거리(km)

> 정답이 보이는
> **핵심키워드** | ② 현재 위치까지 거리

**★★**

## 95 다음 안전표지에 대한 설명으로 잘못된 것은?

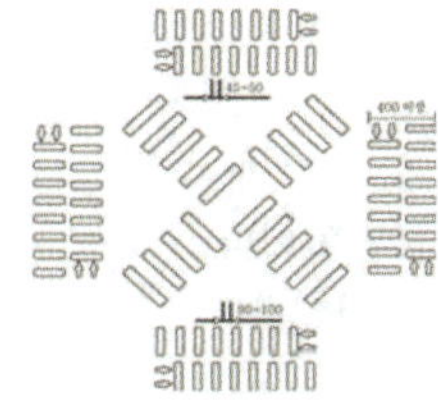

① 대각선횡단보도표시를 나타낸다.
② 모든 방향으로 통행이 가능한 횡단보도이다.
③ 보도 통행량이 많거나 어린이 보호구역 등 보행자 안전과 편리를 확보할 수 있는 지점에 설치한다.
④ 횡단보도 표시 사이 빈 공간은 횡단보도에 포함되지 않는다.

> 정답이 보이는
> **핵심키워드** | ④ 빈 공간 미포함

## 96 도로표지규칙상 다음 도로표지의 명칭으로 맞는 것은?

① 위험구간 예고표지
② 속도제한 해제표지
③ 합류지점 유도표지
④ 출구감속 유도표지

출구감속유도표지 : 첫 번째 출구감속차로의 시점부터 전방 300m, 200m, 100m 지점에 각각 설치한다.

정답이 보이는 **핵심키워드** | ④ 출구감속

## 97 다음 도로명판에 대한 설명으로 맞는 것은?

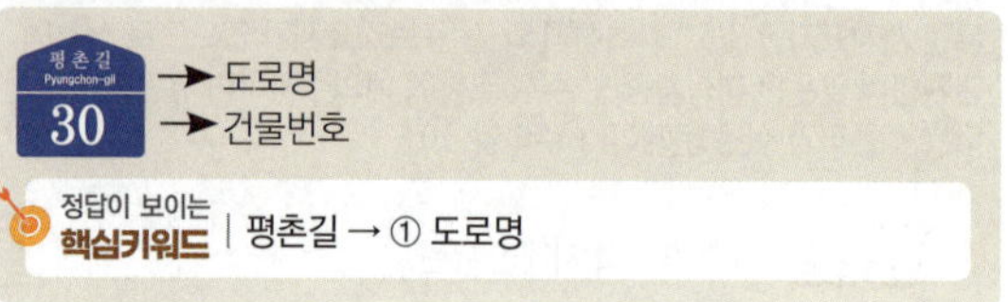


① 왼쪽과 오른쪽 양 방향용 도로명판이다.
② "1→"이 위치는 도로 끝나는 지점이다.
③ 강남대로는 699미터이다.
④ "강남대로"는 도로이름을 나타낸다.

강남대로의 넓은 길 시작점을 의미한다. "1→"이 위치는 도로의 시작점을 의미하고 강남대로는 6.99킬로미터를 의미한다.

정답이 보이는 **핵심키워드** | 강남대로 → ④ 도로이름

## 98 다음 중 관공서용 건물번호판은?

① 
② 
③ 
④ 

① ,② 일반용 건물번호판, ③ 문화재 및 관광용 건물번호판,
④ 관공서용 건물번호판

정답이 보이는 **핵심키워드** | 관공서 → ④ 문연로

## 99 다음 건물번호판에 대한 설명으로 맞는 것은?

① 평촌길은 도로명, 30은 건물번호이다.
② 평촌길은 주 출입구, 30은 기초번호이다.
③ 평촌길은 도로시작점, 30은 건물주소이다.
④ 평촌길은 도로별 구분기준, 30은 상세주소이다.

평 촌 길 Pyungchon-gil → 도로명
30 → 건물번호

정답이 보이는 **핵심키워드** | 평촌길 → ① 도로명

## 100 다음 3방향 도로명 예고표지에 대한 설명으로 맞는 것은?

① 좌회전하면 300미터 전방에 시청이 나온다.
② '관평로'는 북에서 남으로 도로구간이 설정되어 있다.
③ 우회전하면 300미터 전방에 평촌역이 나온다.
④ 직진하면 300미터 전방에 '관평로'가 나온다.

도로구간은 서→동, 남→북으로 설정되며, 도로의 시작지점에서 끝지점으로 갈수록 건물번호가 커진다.

정답이 보이는 **핵심키워드** | ④ 300미터 관평로

문 제 유 형

# 04

6문제 3점

# 사진형

**5지 2답** | 5개의 보기 중에 2개의 답을 찾는 문제

핵심 포인트

사진형 문제는 총 100문제 중 6문제가 출제되며, 문제당 3점씩 총 18점을 획득할 수 있습니다. 주어진 사진 속의 상황에서 가장 안전한 운전 방법 2가지를 고르는 문제입니다. 감속, 서행, 안전거리, 일시정지, 주의라는 단어가 들어간 문장이 정답일 확률이 높으며, 빨리 출발, 빠르게 통과, 경음기 사용 등의 단어가 들어가면 오답으로 생각 하면 됩니다. 크게 어려운 문제는 없으므로 가능하면 모두 맞출 수 있도록 연습합니다.

## 1 다음과 같은 상황에서 잘못된 통행방법 2가지는?

- 편도 2차로의 교차로
- 신호등은 적색등화
- 비보호 좌회전 표지
- 교차로 진입 전

① 직진하려는 경우 녹색등화에 진행한다.
② 좌회전하려는 경우 맞은편 통행에 주의하면서 녹색 등화에 진행한다.
③ 좌회전하려는 경우 녹색 좌회전 화살표 등화에 진행한다.
④ 1차로에서 우회전하려는 경우 정지선 직전에 일시정지한 후 서행으로 진행한다.
⑤ 우회전하려면 미리 도로 우측 가장자리로 서행하면서 진행하여야 한다.

사진의 신호등은 가로형 삼색등으로 좌회전 화살표 등화는 포함되어 있지 않다. 이러한 가로형 삼색등과 비보호 좌회전 표지가 설치되어 있다면 맞은편 통행을 주의하면서 좌회전할 수 있다.

> **정답이 보이는 핵심키워드**
> 적색등화 비보호좌회전 틀린 것 →
> ③ 좌회전하려는 경우 녹색 좌회전 화살표 등화
> ④ 1차로 우회전 일시정지 후 서행

## 2 다음과 같은 상황에서 잘못된 통행방법 2가지는?

- 도로 우측은 택시정차대
- 연달아 신호등이 설치된 도로
- 30m 전방에는 ＋자형 교차로이고, 신호등은 녹색등화
- 50m 전방에는 T자형 교차로이고, 신호등은 적색등화

① 신호가 바뀌기 전에 교차로를 통과하기 위해 최대한 가속한다.
② ＋자형 교차로에서 우회전하기 위해 계속 1차로로 통행한다.
③ 녹색등화에는 직진 또는 우회전할 수 있다.
④ 적색등화에는 정지선 직전에 정지해야 한다.
⑤ 적색등화에는 정지선 직전에 일시정지한 후 우회전할 수 있다.

택시정차대 인근에서는 타고 내리는 택시승객이나 무단횡단하려는 보행자가 있을 가능성이 높기 때문에 주위를 살피며 속도를 감속하여 운전하는 것이 안전하다.

> **정답이 보이는 핵심키워드**
> 택시정차대 틀린 것 →
> ① 최대한 가속  ② 1차로에서 우회전

## 3 다음과 같은 상황에서 잘못된 통행방법 2가지는?

- 편도 3차로 도로
- 1차로는 좌회전, 2차로는 직진, 3차로는 직진 및 우회전 노면표시 있음.
- 교차로를 통과하려는 상황
- 교차로 건너편 3, 4차로는 작업 중

① 1차로에서는 녹색등화에 우회전할 수 있다.
② 1차로에서는 좌회전 화살표 등화에 좌회전할 수 있다.
③ 2차로에서는 녹색등화에 직진할 수 있다.
④ 3차로에서는 적색등화에 정지선 직전에서 일시정지한 후 우회전할 수 있다.
⑤ 3차로에서는 녹색등화에 직진하여 교차로 내에 설치된 안전지대에 정차한다.

3차로로 운전 중인데 전방에 공사현장이 3, 4차로에 있다면, 속도를 줄이면서 방향지시기를 켜고 미리 2차로로 진로를 변경해야 한다. 모든 차는 안전지대 등 진입이 금지된 장소에 들어가서는 안 된다.

> **정답이 보이는 핵심키워드**
> 3, 4차로 공사현장 틀린 것 →
> ① 1차로에서 우회전  ⑤ 안전지대에 정차

① 전방에 횡단보도가 있다.
② 전방 차량신호등은 녹색등화이다.
③ 도로 우측에는 자전거전용도로가 설치되어 있다.
④ 이 도로의 제한속도는 시속 30 킬로미터 이다.
⑤ 앞선 자동차들은 브레이크 페달을 조작하고 있다.

어린이 보호구역에서는 시속 30킬로미터 이내로 제한할 수 있다. 하지
만 시속 30 킬로미터 기준과 다른 통행속도로 설정된 어린이 보호구역
도 다수 존재한다. 브레이크 페달을 조작하면 자동차의 후면에 설치된
제동등이 켜진다. 사진의 상황에서는 최고 제한속도를 확인할 수 있는
표시가 보이지 않으며 앞선 차량 2대 모두는 제동등이 켜지지 않았다.

> **정답이 보이는 핵심키워드** | 어린이보호구역 전방 화물차 틀린 것 →
> ④ 제한속도 30  ⑤ 브레이크 페달 조작

**5** 다음 상황을 통해 알 수 있는 정보와 이에 따른 올
바른 운전방법을 연결한 것으로 바르지 <u>않은</u> 것 2가
지는?

■ 가장 우측에 있는 자동차들은 주차된 상태

① 횡단보도 – 좌우를 잘 살펴 보행자에 주의한다.
② 차도에 있는 사람 – 속도를 감속하는 등 안전에 유
　의한다.
③ 가로형 이색등 – 적색 X표가 있는 차로로 진행한다.
④ 가변차로 – 상황에 따라 진행차로가 바뀔 수 있다.

⑤ 중앙에 설치된 황색 점선 – 앞지르기하려고 할 때도
　절대 넘을 수 없는 선이다.

가변차로로 지정된 도로구간의 입구, 중간 및 출구에 가로형 이색등
을 설치한다. 적색 X표 표시의 등화일 때는 그 차로로 진행할 수 없
다. 중앙선에 설치된 황색점선은 반대방향의 교통에 주의하면서 일시
적으로 반대편 차로로 넘어갈 수 있으나 진행방향 차로로 다시 돌아
와야 함을 표시한다.

> **정답이 보이는 핵심키워드** | 가로변도로 ×표 틀린 것 →
> ③ 가로형 이색등  ⑤ 중앙에 설치된 황색 점선

**6** 다음 상황을 통해 알 수 있는 정보와 이에 따른 올
바른 운전방법을 연결한 것으로 바르지 <u>않은</u> 것 2가
지는?

■ 직전까지 눈이 내렸고, 노면이 얼어붙은 상태
■ 바로 앞에 진행하는 차량은 제설작업 차량으로 도로에 모
　래를 뿌리면서 주행중
■ 전방 우측 화물차는 우측 방향지시등을 켠 채 정차 중

① 횡단보도예고표시 – 전방에 곧 횡단보도가 나타나
　므로 주의하며 운전한다.
② 차로 우측에 설치된 황색실선의 복선구간 – 보도에
　걸치는 방식의 정차는 허용된다.
③ 노면이 얼어있는 상태 – 최고 제한속도의 100분의
　20을 줄인 속도로 운행한다.
④ 전방 제설작업 차량 – 작업차량과 안전거리를 충분
　히 유지하면서 주행한다.
⑤ 전방 우측에 정차 중인 화물차 – 사람이 차도로 갑
　자기 뛰어나올 수 있으므로 주의하며 운전한다.

황색복선은 정차·주차금지표시이다. 아울러 보도에는 정차 및 주차
가 금지된다.
• 노면상태가 얼어붙은 경우 : 최고속도의 100분의 50 감속
• 비가 내려 노면이 젖어있는 경우나 눈이 20mm 미만 쌓인 경우 : 최
　고속도의 100분의 20 감속

> **정답이 보이는 핵심키워드** | 전방 제설 차량 틀린 것 →
> ② 보도 정차 허용  ③ 100분의 20 감속

**7** 다음과 같은 상황에서의 운전방법으로 바르지 못한 것 2가지는?

- 편도 5차로 도로
- 차도 우측에는 보도
- 1, 2차로는 좌회전 차로

① 자전거 운전자가 좌회전하고자 하는 경우 1차로에서 좌회전 신호를 기다린다.
② 개인형이동장치 운전자가 좌회전하고자 하는 경우 2차로에서 좌회전 신호를 기다린다.
③ 이륜차 운전자가 좌회전하고자 하는 경우 2차로에서 좌회전 신호를 기다린다.
④ 승용차 운전자가 우회전하고자 하는 경우 보행자에 주의하면서 우회전한다.
⑤ 화물차 운전자가 우회전하고자 하는 경우 미리 우측 가장자리 도로를 이용하여 우회전한다.

> 자전거 또는 개인형 이동장치의 운전자는 교차로에서 좌회전할 때 미리 도로의 우측 가장자리로 붙어 서행하면서 교차로의 가장자리 부분을 이용하여 좌회전하여야 한다.

> **정답이 보이는 핵심키워드** │ 천안역 5차로 틀린 것 →
> ① 자전거 1차로 ② 개인형이동장치 2차로

******

**8** 다음과 같은 상황에서 가장 안전한 운전방법 2가지는?

- 시내지역 사거리 교차로
- 편도 1차로 도로
- 약 10 미터 전방 좌측과 우측에 상가 지하주차장 입구가 각각 있음

① 시속 30 킬로미터 이내의 속도로 운전한다.
② 전방 10 미터 우측 상가 지하주차장으로 진입할 때에는 일시정지한 후에 안전한지 확인하면서 서행한다.
③ 전방 10 미터 좌측 상가 지하주차장으로 진입할 때에는 일단정지한 후에 안전한지 확인하면서 서행한다.
④ 좌회전하고자 하는 때에는 미리 방향지시등을 켜고 서행하면서 교차로의 중심 바깥쪽을 이용하여 좌회전한다.
⑤ 시내지역에서 개인형 이동장치를 운전할 때에는 보도로 주행한다.

> 전방 10미터 좌측 상가 지하주차장으로 진입하려면 중앙선을 침범하며 좌회전해야 한다. 미리 도로의 중앙선을 따라 서행하면서 교차로의 중심 안쪽을 이용하여 좌회전하여야 한다. 개인형 이동장치를 운전할 때에는 전용도로가 없는 경우 차도로 주행해야 한다.

> **정답이 보이는 핵심키워드** │ 시내지역 사거리 교차로 →
> ① 시속 30 ② 일시정지 후 서행

******

**9** 다음 상황을 통해 알 수 있는 정보와 이에 대한 해석을 연결한 것으로 바르지 <u>않은</u> 것 2가지는?

- 사거리 교차로
- 전방 신호등은 적색등화의 점멸
- 도로 우측의 자동차는 주차된 상태

① 어린이보호표지 – 어린이 보호구역으로써 어린이가 특별히 보호되는 구역이다.
② 최고속도 제한표지 – 시속 30 킬로미터 이내의 속도로 운전해야 한다.
③ 횡단보도 표지 – 보행자에 주의하면서 운전해야 한다.
④ 적색등화의 점멸 – 서행하면서 운전해야 한다.
⑤ 도로 우측에 주차된 자동차들 – 주차된 차량 사이로 보행자가 튀어나올 수 있음에 유념한다.

어린이보호표지는 어린이통학버스 후면에 부착하여 어린이나 영유아를 태우고 운행중임을 표시한다. 사진에는 어린이 보호구역에 설치되는 어린이보호표지가 없다. 적색등화의 점멸의 의미는 차마는 정지선이나 횡단보도가 있을 때에는 그 직전이나 교차로의 전에 일시정지한 후 다른 교통에 주의하면서 진행할 수 있다는 것이다.

> **정답이 보이는 핵심키워드**
> 사거리 교차로 적색 신호등 틀린 것 →
> ① 어린이 특별 보호  ④ 적색등화 점멸 서행

## ★★
## 10 다음과 같은 상황에서 가장 안전한 운전방법 2가지는?

- 어린이 보호구역
- 과속방지턱과 도로횡단방지 울타리가 설치되어 있음

① 어린이 보호구역에서도 잠깐 주차할 수 있다.
② 차량신호등이 녹색등화라 하더라도 도로를 횡단하는 어린이가 있는지 주의하면서 진행한다.
③ 차량신호등이 녹색등화인 경우 아직 횡단 중인 어린이가 있더라도 속도를 높여 진행한다.
④ 어린이의 하차를 위해서 이곳에서는 정차는 할 수 있다.
⑤ 어린이 보호구역에 설정된 제한속도보다 느린 속도로 운전한다.

어린이 보호구역에서 주정차는 금지된다. 차량신호등이 바뀐 경우라도 횡단보도에 횡단 중인 보행자가 있다면 보호할 의무가 있다. 자동차의 운전자는 제한속도보다 빠르게 운전해서는 안된다.

> **정답이 보이는 핵심키워드**
> 어린이보호구역 과속방지턱 →
> ② 주의하면서 진행  ⑤ 느린 속도로 운전

## ★★
## 11 다음 상황에서 적절한 운전행태로 옳은 것 2가지는?

- 좌우측 아파트 진출입로
- 전방 차량신호등 황색점멸
- 1차로 좌회전, 2차로 직진차로

① 주정차 금지 노면표시가 없으므로 교차로 부근이나 횡단보도 부근에 주정차할 수 있다.
② 좌우측 아파트 진출입로가 있으므로 주변 차량을 잘 살피고 서행하며 진행한다.
③ 전방 교차로 내에서 다른 차량에 방해가 되지 않는다면 유턴할 수 있다.
④ 교차로를 지나 차로가 줄어들기 때문에 직진하려는 경우 미리 직진 차로로 변경한다.
⑤ 횡단보도에 보행자가 없으므로 가속하여 신속히 통과한다.

신호등이 황색점멸인 경우 안전표지에 주의하며 진행할 수 있고, 좌우측 아파트 진입로가 있으므로 진출입하는 차량이 있는 경우 잘 살펴 운행하여야 하며, 교차로와 횡단보도 5m는 주정차 금지구간이므로 노면표시와 관계없이 주정차하면 안 된다. 차로가 줄어드는 경우 미리 차로 안내를 잘 살펴 진로변경하는 것이 안전하다.

> **정답이 보이는 핵심키워드**
> 아파트 진출입로 →
> ② 서행  ④ 미리 차로 변경

**★★**

**12** 다음 상황에서 가장 안전한 운전방법 2가지는?

① 보행자가 있으므로 안전하게 보행할 수 있도록 서행하거나 일시정지하여 안전을 확인하고 진행한다.
② 주변 주정차 차량 사이에서 보행자가 나타날 수 있으므로 주의하며 진행한다.
③ 어린이 보호구역이 아니므로 운전자는 보행자를 보호해야 할 의무가 없다.
④ 좌측 상점에 가는 경우 교차로 모퉁이에 잠시 주정차하는 것은 가능하다.
⑤ 주택가 이면도로에서는 주차된 차량과 보행자가 많아 경음기를 계속 울리며 통과한다.

어린이 보호구역이 아니더라도 보행자와 자전거를 타고 등교하는 학생들이 많은 주택가 이면도로이므로 정당한 사유 없이 경음기를 계속 울리는 것은 지양해야 한다. 교차로 모퉁이는 주정차 금지장소이므로 주정차를 해서는 안 된다.

**정답이 보이는 핵심키워드** 편의점 앞 자전거 →
① 서행 ② 주의하며 진행

**★★**

**13** 다음 상황에서 가장 안전한 운전방법 2가지는?

- 편도 4차로 도로
- 전방 차량신호등 녹색 및 좌회전 등화
- 우회전 전용차로 진행 중
- 우회전 삼색등 적색등화

① 우회전 차로를 진행하던 중 직진하려는 경우 백색실선 구간에서 차로를 변경할 수 있다.
② 우회전 삼색등이 적색등화라도 횡단보도를 횡단하는 보행자가 없으면 우회전할 수 있다.



③ 우회전 삼색등이 적색등화이므로 정지해야 하며 녹색등화로 바뀐 후 우회전할 수 있다.
④ 직진차로 진행 중 녹색등화인 경우라도 보행자가 있을 수 있으므로 안전을 확인하며 우회전한다.
⑤ 우회전 삼색등이 녹색등화인 경우라도 보행자가 있을 수 있으므로 안전을 확인하며 우회전한다.

우회전 차로가 있는 경우 그 차로를 따라 우회전하여야 하며, 백색실선 구간에서는 진로변경이 제한된다.

**정답이 보이는 핵심키워드** 4차로 도로 녹색 및 좌회전 등화 →
③ 우회전 삼색등 적색등화 정지
⑤ 안전 확인하며 우회전

**★★**

**14** 다음 상황에서 교통안전표지에 대한 설명 중 가장 바르게 된 것 2가지는?

- 우측 자동차 전용도로 입구
- 편도 4차로 도로
- 우회전 전용차로 있음
- 전방 차량신호등 녹색등화

① 자동차 전용도로 표지는 자동차를 이용하는 경우 외에는 진입하면 안 된다는 의미이다.
② 비보호 좌회전 표지가 있으므로 차량신호등 등화와 관계없이 안전하게 좌회전할 수 있다.
③ 우측의 황색복선은 잠시 주차하는 것은 가능하다는 표시이다.
④ 전방 우측의 자동차를 표현한 파란색 표지판은 교통안전표지 중 지시표지이다.
⑤ 교차로 정지선 이전의 백색실선은 전방에 교차로가 있다는 것을 알려주는 표시이다.

• 노란색 표지 : 도로법에 의한 표지
• 파란색 자동차 표지 : 교통안전표지 중 자동차 전용도로(지시표지)
• 백색실선 : 진로변경제한선
• 비보호 좌회전 : 차량 신호가 녹색등화인 경우에 좌회전해야 함
• 실선의 황색복선 : 주정차를 금지하는 의미

**정답이 보이는 핵심키워드** 자동차 전용도로 입구 →
① 자동차 이용 외에는 진입 금지
④ 파란색 표지판은 지시표지

## ★★
## 15  다음 상황에서 가장 안전한 운전방법 2가지는?

- 편도 1차로 좌로 굽은 내리막 도로
- 우측 아파트 진출입로
- 신호기 없는 삼거리 교차로

① 진행하는 방향의 전방에 차량이 없으므로 빠르게 진행한다.
② 좌로 굽은 내리막 도로는 전방 상황을 확인하기 어렵기 때문에 미리 속도를 줄여 교차로에 진입한다.
③ 아파트에서 도로로 나오는 차량이 있을 수 있으므로 미리 대비하며 주행한다.
④ 맞은편 차량이 좌회전하려는 경우 직진 차량이 무조건 우선이므로 경음기를 울려 경고하며 진행한다.
⑤ 아파트 진출입로의 경우 보행자의 통행이 잦은 곳이긴 하나 시야에 보이지 않으므로 경음기를 울리고 속도를 높여 신속히 주행한다.

> 신호기가 없는 교차로의 경우 직진 차량이 무조건 우선하는 것은 아니다.

> **정답이 보이는 핵심키워드**  아파트 진출입로 → ② 미리 속노 줄여 교차로 진입
> ③ 미리 대비하여 주행

## ★★
## 16  다음 상황에서 가장 안전한 운전방법 2가지는?

- 중앙선 없는 우로 굽은 오르막 도로
- 좌측 골목길

① 도로 우측에 보행자가 있으므로 빠른 속도로 통과한다.
② 주변을 살피기 어려운 곳은 도로반사경을 통해 교통상황을 확인한다.

③ 좌측 골목길에 차량이 있으므로 교차로 진입 전 잘 살피고 서행하며 교차로에 진입한다.
④ 우로 굽은 오르막 도로는 전방 상황 확인이 곤란하므로 경음기를 계속 울리며 진행한다.
⑤ 맞은편에서 내려오는 차량이 있어도 올라가는 차량이 우선권을 가지므로 속도를 줄이지 않고 진행한다.

> **정답이 보이는 핵심키워드**  우로 굽은 오르막 도로 →
> ② 도로반사경으로 교통상황을 확인
> ③ 서행하며 교차로 진입

## ★★
## 17  다음 상황에서 가장 안전한 운전방법 2가지는?

- 전방 차량신호등 적색등화
- 좌측 어린이 보호구역 해제 표지
- 1차로 유턴 및 좌회전 차로
- 3차로 직진 및 우회전 차로

① 전방 차량신호등이 적색등화이므로 정지선 전에 미리 속도를 줄이고 안전하게 정차한다.
② 전방 좌측 어린이 보호구역 해제 표지가 있어 현재 진행하는 도로에서는 특별히 어린이의 안전에 주의할 필요는 없다.
③ 좌회전하려는 경우 미리 1차로로 진행하는 후행차량을 잘 살피고 안전하게 차로를 변경한다.
④ 우회전하려는 경우 3차로에 신호대기 중인 차량을 피해 보도를 통해 우회전 한다.
⑤ 도로 우측의 황색실선은 정차는 허용하나 주차는 금지하는 표지이므로 잠시 정차하는 것은 가능하다.

> • 어린이 보호구역 해제 표지가 있는 경우 그곳까지는 어린이 보호구역으로 인정된다.
> • 도로 우측의 황색실선은 주정차 금지구역을 표시하는 것이므로 정차도 금지된다.

> **정답이 보이는 핵심키워드**  좌측 어린이 보호구역 해제 표지 →
> ① 안전하게 정차  ③ 안전하게 차로 변경

 다음 상황에서 가장 안전한 운전방법 2가지는?

■ 전방 "ㅏ"형 삼거리 교차로

① 삼색신호등이 있는 교차로에서는 유턴표지가 없어도 다른 차마에 방해가 되지 않는다면 유턴할 수 있다.
② 지그재그 형태의 백색실선은 진로변경제한선이므로 진로변경하면 안 된다.
③ 지그재그 형태의 백색실선은 서행의 의미를 나타내므로 속도를 줄여 서행한다.
④ 1차로 진행 중 우회전하고자 하는 경우 후행 차량이 없다면 방향지시등을 점등하고 3차로로 한 번에 진로변경한다.
⑤ 전방 삼색신호등이 적색등화로 바뀔 수 있으므로 녹색등화라 하더라도 정지선 앞에 미리 급정지하여 대기한다.

> 삼색신호등이 설치된 교차로에서는 유턴표지가 없으면 차마의 방해 여부를 불문하고 유턴이 허용되지 않으며, 지그재그 형태의 백색실선은 진로변경제한선과 서행의 의미를 동시에 지니고 있으며, 우회전하고자 하는 경우 1개 차로씩 미리 진로를 변경하는 것이 안전하며, 불가한 경우 P턴을 이용하여 진행하는 것이 안전하다.

정답이 보이는 **핵심키워드**
전방 "ㅏ"형 삼거리 →
② 지그재그 백색실선 진로변경 금지
③ 지그재그 백색실선 서행

★★
**19** 다음 상황에서 가장 안전한 운전방법 2가지는?

■ 전방 차량신호등 황색점멸
■ 우측 지하차도

① 우회전하려는 경우 도로가 한산하므로 직진차로에

서 바로 우회전할 수 있다.
② 전방에 농기계가 진행하고 있으므로 경음기를 계속 울리며 속도를 올려 교차로를 통과한다.
③ 우측 지하차도에서 진입하는 차량에 대한 확인이 어려우므로 속도를 줄이고 교차로에 진입한다.
④ 교통량이 적은 도로이므로 도로 우측에 주차할 수 있다.
⑤ 횡단하려는 보행자가 있는 경우 일시정지를 하여 보행자의 안전을 확인한 후 진행한다.

정답이 보이는 **핵심키워드**
우측 지하차도 →
③ 속도 줄이고 교차로 진입  ⑤ 보행자 안전 확인

★
**20** 다음 상황에서 가장 안전한 운전방법 2가지는?

■ 신호기 없는 사거리 교차로
■ 왕복 2차로 중앙선이 있는 도로
■ 횡단보도 신호기 없음
■ 전방 도로반사경에 좌회전 대기 차량이 보임

① 좌회전하려는 경우 방향지시등을 켜고 맞은편 차량이 통과한 후 안전하게 진입한다.
② 좌우측 확인이 안 되는 교차로이므로 일시정지 한 후 안전하게 교차로에 진입한다.
③ 좌회전하고자 하는 경우 맞은편에서 주행하는 차량 사이로 속도를 높여 좌회전한다.
④ 도로반사경에 보이는 좌회전 대기 차량보다 먼저 좌회전하기 위해 재빨리 진입한다.
⑤ 뒤따르는 차량이 있는 경우 상향등과 경음기를 조작하면서 무리하더라도 좌회전을 시도한다.

> 좌우측 확인이 불가한 교차로는 진입 전 일시정지하여 안전을 확인하고 진입하여야 하고, 좌회전하는 경우 맞은편에서 진행하는 차량이 통과하고 안전하게 좌회전하는 것이 좋다. 후행차량이 대기하고 있더라도 무리하게 좌회전을 시도하는 것은 안전한 운전방법이 아니다.

정답이 보이는 **핵심키워드**
반사경 대기차량 →
① 안전하게 진입  ② 안전하게 진입

## 21 다음 상황에서 잘못된 운전방법 2가지는?

- 편도 2차로 도로
- 가로형 삼색 차량신호등 적색등화

① 직진하려면 정지선의 직전에 정지한다.
② 유턴하려면 전방에 차가 없는 경우 안전하게 2차로에서 교차로를 통해 유턴한다.
③ 탑승자를 하차시키려면 횡단보도 앞에 잠시 정차한다.
④ 우회전하려면 정지선의 직전에 일시정지한 후 서행하며 우회전한다.
⑤ 횡단보도를 이용하는 경우 자전거에서 내려 끌고 간다.

> 교차로에 녹색, 황색 및 적색의 삼색 등화만이 나오는 신호기가 설치되어 있고 달리 비보호좌회전 표시나 유턴을 허용하는 표시가 없다면 차마의 좌회전 또는 유턴은 원칙적으로 허용되지 않는다. 자전거 운전자는 자전거 횡단도로 통행하거나, 자전거에서 내려 보행자로서 보행자 신호에 따라 횡단보도로 이동할 수 있다. 횡단보도 5m 구간은 주정차 금지장소이다.

정답이 보이는 **핵심키워드** | 가로형 삼색 신호등 적색등화 틀린 것 →
② 2차로에서 유턴  ③ 횡단보도 앞에 정차

## 22 다음 상황에서 알 수 있는 정보와 이에 대한 해석을 연결한 것으로 바르지 <u>않은</u> 것 2가지는?

- 도로 우측에는 주차 차량
- 현재 시각 16:00

① 도로 우측 주차된 자동차 – 주차위반에 해당한다.
② 횡단보도예고표시 – 전방에 곧 횡단보도가 나타난다.
③ 차도 우측 황색실선 – 주차는 금지되나 정차는 허용된다.
④ 보도 – 자전거 운전자는 보도로 통행해야 한다.
⑤ 과속방지턱 – 감속운전하는 것이 바람직하다.

> 황색실선은 정차·주차금지표시이다. 주정차 허용시간을 제외하고는 주정차는 금지된다. 자전거등의 운전자는 자전거도로가 설치되지 아니한 곳에서는 도로 우측 가장자리에 붙어서 통행하여야 한다.

정답이 보이는 **핵심키워드** | 16:00 우측 주차 차량 틀린 것 →
③ 정차 허용  ④ 자전거 보도로 통행

## 23 다음 상황에 대한 설명 중 옳은 것 2가지는?

- 자율주행시스템 미장착 차량

① 서행 중에는 운전자가 휴대전화를 사용할 수 있다.
② 정차 중에는 운전자가 휴대전화를 사용할 수 있다.
③ 서행 중에는 휴대전화는 사용할 수 없지만 영상표시장치는 조작해도 된다.
④ 시내도로에서 운전자는 안전띠를 매어야 할 의무가 있다.
⑤ 시내도로에서 동승자는 안전띠를 매어야 할 의무가 없다.

> • 자동차 정지 상황(정차 중)에서는 휴대전화 사용이 가능하나 자동차 이동 중에는 금지한다.
> • 지리안내 영상 또는 교통정보안내 영상이 표시되는 영상표시장치(네비게이션)은 운전자가 운전 중 볼 수 있는 위치에 영상이 표시되도록 하여도 된다.
> • 도로의 구분과 상관없이 동승자도 안전띠를 매어야 한다.

정답이 보이는 **핵심키워드** | 운전중 휴대폰 →
② 정차 중 휴대전화 사용  ④ 시내도로 안전띠

사진형

## 24 다음 상황에서 운전자별 잘못된 운전방법 2가지는?

- 정체중인 도로
- 중앙버스전용차로가 설치된 도로

① 자전거 운전자 – 차도의 가장 우측으로 다른 차량들을 앞지르기 할 수 있다.
② 전동킥보드 운전자 – 운전자와 동승자 모두 안전모를 착용하여야 운행할 수 있다.
③ 이륜차 운전자 – 정체를 피해 중앙버스전용차로로 운전할 수 있다.
④ 승용차 운전자 – 정체 상황에 따른 추돌에 주의하며 운전한다.
⑤ 버스 운전자 – 전용차로가 아닌 차로로 운전 중일 때에는 중앙버스신호등이 아닌 차량신호등의 신호에 따라야 한다.

- 전동킥보드의 승차정원은 1명이다.
- 전용차로로 통행할 수 있는 차가 아니면 전용차로로 통행하여서는 아니 된다.

정답이 보이는 **핵심키워드** | 야간 정체도로 틀린 것 →
② 전동킥보드 동승자　③ 이륜차 버스전용차로

*

## 25 다음 상황에서 가장 안전한 운전방법 2가지는?

- 주택가 오르막 골목길

---

① 주차된 차량 뒤편에서 보행자가 나타날 수 있다는 점을 유념하면서 운전한다.
② 우측에 있는 보행자와 거리를 두고 일시정지 하거나 서행하여 지나간다.
③ 눈이 쌓여 도로가 미끄러우므로 속도를 높여 빠르게 진행한다.
④ 눈이 쌓인 도로에서는 최고속도의 20 퍼센트를 가속한다.
⑤ 보행자의 돌발행동을 방지하기 위하여 경음기를 계속 울리며 주행한다.

정답이 보이는 **핵심키워드** | 눈 내린 주택가 보행자 →
① 보행자 유념
② 보행자와 거리를 두고 일시정지

*

## 26 다음 상황에서 가장 안전한 운전방법 2가지는?

- 편도 2차로 도로
- 2차로를 진행 중
- 전방에 마을버스 정차 중

① 버스 후방에서 경음기를 계속 울려 진행을 재촉한다.
② 주위 상황을 확인 후 1차로로 차로변경 한다.
③ 비상점멸등을 켜고 속도를 높여 1차로로 차로변경 한다.
④ 1차로로 차로변경 하려는 경우 버스 앞에서 나타나는 보행자는 주의할 필요가 없다.
⑤ 1차로 후방에 차량이 있으면 무리해서 차로변경하지 않고 버스 뒤에 대기한다.

정답이 보이는 **핵심키워드** | 전방 요양원 버스 →
② 주위 상황 확인 후 차로변경
⑤ 무리해서 차로변경하지 않고 대기

## 27 다음 상황에서 가장 안전한 운전방법 2가지는?

- 주택가 편도 1차로 도로
- 도로 좌우측 주차 차량

① 경음기를 계속 울리며 보행자에게 경고하고 속도를 높여 빠르게 진행한다.
② 중앙선 좌측 보행자의 돌발행동은 대비할 필요가 없다.
③ 주차된 차량 중에서 갑자기 출발하는 차가 있을 수 있으므로 전방 및 좌우를 살피며 서행한다.
④ 우측 보행자와 거리를 두고 안전에 주의하며 천천히 주행한다.
⑤ 주택가에서는 일반적으로 중앙선 좌측을 이용하는 것이 안전하다.

정당한 사유 없이 계속하여 경음기를 울리는 행위는 지양해야 하고, 보행자의 옆을 지나는 경우에는 안전한 거리를 두고 서행하여 보행자가 안전하게 통행할 수 있도록 하여야 한다. 중앙선을 넘어 좌측으로 통행하는 행위는 특별한 상황을 제외하고 금지된다.

정답이 보이는 **핵심키워드** │ 주택가 좌우측 주차 차량 →
③ 전방 및 좌우를 살피며 서행
④ 보행자와 거리를 두고 안전에 주의



## 28 다음 상황에서 가장 안전한 운전방법 2가지는?

- 주택가 이면도로
- 우측 차량 출발하려는 상황

① 안전을 위해 경음기를 계속 울리며 진행한다.
② 좌측 보도를 걸어가는 보행자를 주의할 필요는 없다.
③ 비상점멸등을 켜고 속도를 높여 신속하게 진행한다.
④ 우측 출발하는 승용차와의 안전거리를 충분히 유지하며 서행한다.
⑤ 주택가 이면도로이므로 보행자가 나올 것을 대비하여 속도를 줄인다.

정답이 보이는 **핵심키워드** │ 주택가 이면도로 우측 차량 출발 →
④ 안전거리 유지 ⑤ 감속



## 29 다음 상황에서 가장 안전한 운전방법 2가지는?

- 좌우측 주차 차량

① 안전하게 서행하거나 일시정지하여 횡단하는 보행자를 보호한다.
② 도로를 횡단하는 보행자는 보호할 의무가 없으므로 신속하게 진행한다.
③ 우측 주차된 차량의 문이 열릴 수 있으므로 대비하며 진행한다.
④ 주차공간이 부족한 경우 전방 좌측의 적색 연석 구간에 주차할 수 있다.
⑤ 주차된 차량 뒤에서 사람이 나오는 것까지 주의할 필요는 없으므로 속도를 높여 진행해도 된다.

보행자가 횡단보도가 설치되어 있지 아니한 도로를 횡단하고 있을 때에는 안전거리를 두고 서행 또는 일시 정지하여 보행자가 안전하게 횡단할 수 있도록 하여야 한다. 주차된 차량에서 문이 열릴 경우를 대비하여 운전하는 것이 안전하다. 소화전 앞 적색 연석 구간에서는 주정차가 모두 금지된다.

정답이 보이는 **핵심키워드** │ 전방 자율방범대 →
① 보행자 보호 ③ 차량 문 열림 대비

★
## 30 다음 상황에서 가장 안전한 운전방법 2가지는?

- 보도가 없는 주택가 오르막 이면도로
- 우측에 골목길이 있는 "ㅏ"형 교차로

① 우측 골목길에서 차량 또는 보행자가 진입할 수 있으므로 주의하며 진행한다.
② 중앙선이 없으므로 보행자와 최대한 가까이 우측으로 진행한다.
③ 최고 제한속도 표지가 없으므로 속도를 높여 빠르게 진행한다.
④ 도로의 우측 부분을 주행하면서 보행자에게 계속 경음기를 울려 보행자가 길을 비켜주도록 유도한다.
⑤ 보행자의 통행에 방해가 될 때에는 서행하거나 일시정지한다.

정답이 보이는 **핵심키워드** | 주택가 오르막 보행자 →
① 주의하며 진행 ⑤ 서행 일시정지

★
## 31 다음 상황에서 가장 안전한 운전방법 2가지는?

- 눈이 내리는 상황

① 도로가 한산하기 때문에 속도를 높여 진행한다.
② 기상상황에 따라 규정된 속도 이내로 진행한다.
③ 전방 공사 중이므로 교통상황을 잘 주시하며 진행한다.

④ 노면이 미끄러우므로 2개 차로를 걸쳐 주행한다.
⑤ 전방에 저속으로 진행하는 화물차를 뒤에서 바싹 붙어 진행한다.

정답이 보이는 **핵심키워드** | 젖은 눈길 →
② 규정 속도 이내로 진행 ③ 교통상황 잘 주시

★★
## 32 다음 상황에서 가장 안전한 운전방법 2가지는?

① 전방에 보행자가 있으므로 일시정지 후 보행자의 안전을 확인 후 진행한다.
② 도로를 횡단하는 보행자는 보호할 의무가 없으므로 그대로 진행한다.
③ 우측 주차된 흰색 차량 뒤편의 보행자를 주의하며 진행한다.
④ 경음기를 크게 울려 도로를 횡단하는 보행자가 횡단하지 못하도록 한다.
⑤ 보행자 앞에서 급정지하여 보행자에게 주의를 준다.

보행자가 횡단보도가 설치되어 있지 아니한 도로를 횡단하고 있을 때에는 안전거리를 두고 일시정지한다. 보행자가 안전하게 횡단할 수 있도록 하여야 한다.

정답이 보이는 **핵심키워드** | 보행자 도로 횡단 →
① 일시정지 ③ 보행자 주의

## 33 다음 상황에서 가장 안전한 운전방법 2가지는?

- 전방 도로 공사현장
- 우측 백색 길가장자리 구역선
- 전방에서 저속화물차를 앞지르기하는 승용차

① 공사 중 안내표지판이 있으므로 속도를 줄이고 진행한다.
② 전방에 중앙선을 넘은 차량에 경각심을 주기위해 속도를 높이고 상향등을 켜서 운전한다.
③ 비상점멸등을 켜고 속도를 높여 빠르게 진행한다.
④ 사고 방지를 위해 후방에서 진행하는 차량을 주의하며 속도를 줄이고 진행한다.
⑤ 우측 길가장자리 구역선은 정차가 허용되지 않는 장소이다.

길가장자리 구역선 중 흰색실선은 주정차가 허용되나 공사구간인 경우 주차는 금지되고 정차는 허용된다.

정답이 보이는
**핵심키워드** | 전방 공사중 →
① 서행 ④ 서행

★★

## 34 다음 상황에서 가장 안전한 운전방법 2가지는?

- 겨울철 다리 위
- 선행 화물차 1차로에서 2차로로 차로변경 중

① 겨울철에는 노면 살얼음에 주의하며 운전한다.
② 도로 상황이 한적하므로 주차해도 된다.
③ 차로를 변경하여 진행할 수 있다.
④ 다리 위를 진행할 때에는 앞지르기를 할 수 없다.
⑤ 차로변경하는 화물차에게 주의를 주기위해 화물차 뒤를 바싹 붙어 진행한다.

- 모든 차의 운전자는 다리 위에서는 다른 차를 앞지르기 못한다.
- 모든 차의 운전자는 터널 안 및 다리 위에서 주차해서는 아니된다.

정답이 보이는
**핵심키워드** | 겨울철 다리 위 화물차 →
① 살얼음 주의 ④ 다리 위 앞지르기 금지

★★

## 35 다음 상황에서 가장 안전한 운전방법 2가지는?

① 앞서 가는 이륜차가 갑자기 도로 중앙 쪽으로 들어올 수 있으므로 주의하며 진행한다.
② 한적한 도로이므로 속도를 높여 진행한다.
③ 이륜자와의 안전서리를 충분히 유지힌다.
④ 경음기를 반복적으로 울리며 속도를 올려 앞지른다.
⑤ 중앙선을 넘지 않도록 이륜차에 바싹 붙어 진행한다.

이륜차가 도로의 중앙 쪽으로 이동할 수 있으므로 안전거리를 충분히 유지하며 감속하여야 한다.

정답이 보이는
**핵심키워드** | 전방 이륜차 →
① 주의하며 진행 ③ 안전거리 유지

**36** 다음 상황에서 통행방법으로 잘못된 2가지는?

① 회전교차로에서는 시계방향으로 통행하여야 안전하다.
② 회전교차로에 진입하려는 경우에는 진입하기에 앞서 서행하거나 일시정지하여야 한다.
③ 회전교차로 안에서 진행하고 있는 차가 회전교차로에 진입하려는 차에게 진로를 양보해야 한다.
④ 회전교차로 진입을 위하여 방향지시등을 켠 차가 있으면 그 뒤차는 앞차의 진행을 방해하여서는 아니 된다.
⑤ 회전교차로 내에서는 주차나 정차를 하여서는 아니 된다.

> 회전교차로에서는 반시계방향으로 통행하여야 하며, 회전교차로에 진입하려는 경우에는 이미 진행하고 있는 다른 차가 있는 때에는 그 차에 진로를 양보하여야 한다.

> **정답이 보이는 핵심키워드**
> 회전교차로 틀린 것 →
> ① 시계방향으로 통행
> ③ 진행 차가 진입 차에게 양보

**37** 다음 상황에서 가장 안전한 운전방법 2가지는?

① 우측의 양보표지는 진입하는 차량이 준수해야 하는 표지이다.
② 회전교차로 안에서 앞지르기 하고자 할 때는 앞 차의 좌측으로 앞지르기해야 한다.
③ 모든 차량은 제한없이 1시 방향 출구를 이용할 수 있다.
④ 회전교차로 통행중인 차량보다 진입하는 차량이 우선하므로 그대로 진입하여 통과한다.
⑤ 회전교차로 안에서 밖으로 진출하려고 할 때에는 방향지시등을 켜야 한다.

> • 교차로에서의 앞지르기는 금지된다.
> • 차의 운전자는 회전교차로에 진입하려는 경우에는 이미 진행하고 있는 다른 차가 있는 때에는 그 차에 진로를 양보하여야 한다. 이때 이미 회전하는 차가 진로를 양보할 의무는 없다.
> • 교차로에서는 주차와 정차가 금지된다.
> • 회전교차로에서 진출하려는 경우는 방향지시등을 점등한다.
> • 다리를 통행할 경우 운행제한표지 내용을 준수하여야 한다.

> **정답이 보이는 핵심키워드**
> 회전교차로 →
> ① 양보표지는 진입 차량이 준수
> ⑤ 밖으로 진출 시 방향지시등

**38** 다음 상황에서 확인할 수 없는 교통안전표지 2가지는?

① 횡단보도 표지
② 좌회전 금지 표지
③ 회전형 교차로 표지
④ 정차·주차금지표지
⑤ 통행금지표지

> **정답이 보이는 핵심키워드**
> 확인할 수 없는 교통안전표지 →
> ③ 회전형 교차로 표지  ⑤ 통행금지표지

 **다음 상황에서 가장 안전한 운전방법 2가지는?**

① 어린이 보호구역이므로 최고 제한속도 이내로 진행하여 갑작스러운 위험에 대비한다.
② 공사 현장이더라도 작업차량이 없으면 신속하게 진행한다.
③ 안전을 위해 비상점멸등을 켜고 속도를 높여 진행한다.
④ 한적한 도로이기에 도로 상황을 주의할 필요는 없다.
⑤ 횡단보도 앞에서는 보행자가 없더라도 반드시 일시정지 후 진행한다.

공사 중인 도로이므로 안전을 확인한 후 주의하면서 서행하여야 한다. 또한 주변 상황의 안전을 확인하며 진행한다. 어린이 보호구역 내 횡단보도에서는 보행자 유무와 관계없이 일시정지 후 진행해야 한다.

정답이 보이는 **핵심키워드** │ 어린이보호구역 공사중 →
① 갑작스러운 위험에 대비 ⑤ 일시정지

---

**40** **다음 상황에서 가장 안전한 운전방법 2가지는?**

- 중앙선이 없는 이면도로
- 보행자가 도로를 횡단하려는 상황

① 전방에 보행자가 도로를 횡단하려 하므로 일시정지 후 보행자의 안전을 확인하고 진행한다.
② 이면도로이므로 보행자를 보호할 의무가 없어 속도를 올려 진행한다.

---

③ 뒤따르는 차량이 있다면 비상점멸등을 켜서 위험상황을 알려준다.
④ 경음기를 반복하여 울려 보행자가 횡단하지 못하도록 한다.
⑤ 보행자 바로 앞에서 급정지하여 보행자에게 주의를 준다.

보행자가 중앙선이 없는 이면도로를 보행하고 있는 경우 안전거리를 두고 서행 또는 일시 정지하여 보행자가 안전하게 보행할 수 있도록 하여야 한다. 또한, 후방 차량에 위험을 알리기 위해 비상점멸등을 켜는 것이 안전하다.

정답이 보이는 **핵심키워드** │ 할머니 이면도로 횡단 →
① 일시정지 ③ 비상점멸등

---

**41** **다음 상황에서 가장 안전한 운전방법 2가지는?**

- 통행량이 많은 상가 앞 도로
- 전방에 무단횡단하는 보행자

① 보행자가 무단횡단을 하더라도 전방의 보행지 안전을 확인하며 진행한다.
② 무단횡단하는 보행자에 대해서는 보호할 필요가 없으므로 그대로 진행한다.
③ 경음기를 크게 울려 무단횡단자가 도로를 횡단하지 못하도록 한다.
④ 비상점멸등을 켜서 뒤따라오는 차량들에게 위험상황을 알려준다.
⑤ 무단횡단하는 보행자 바로 앞에서 급정지하여 보행자에게 훈계한다.

무단횡단을 하는 보행자라고 해도 안전거리를 두고 사고가 발생하지 않도록 주의해야 한다. 또한, 뒤따라오는 차량에게 위험을 알리기 위해 비상점멸등을 켜는 것이 안전하다.

정답이 보이는 **핵심키워드** │ 상가 앞 도로 무단횡단 →
① 보행자 안전 확인 ④ 비상점멸등

**42 다음 상황에서 가장 안전한 운전방법 2가지는?**

- 다리 위 편도 2차로 도로

① 앞지르기를 하려면 좌측 차로에서 진행하는 승용차가 지나간 후 안전하게 좌측 차로로 앞지르기한다.
② 다리 위 도로에서는 주차할 수 없다.
③ 2차로에서 1차로로 차로를 변경하여 진행할 수 있다.
④ 다리 위 도로에서는 앞지르기할 수 없다.
⑤ 전방 차량이 저속으로 진행하는 경우 앞 차량의 뒤쪽에 바싹 붙어 진행한다.

다리 위 백색실선 구간에서는 다른 차량을 앞지르기하거나 진로변경할 수 없으며, 자동차전용도로에서는 주차가 금지된다.

정답이 보이는 **핵심키워드**
다리 위 편도 2차로 →
② 주차 금지 ④ 앞지르기 금지

**43 다음 상황에서 가장 안전한 운전방법 2가지는?**

- 전방에 횡단보도
- 좌측에 횡단보도를 횡단하기 위해 서있는 보행자
- 신호기 없는 "ㅏ"형 교차로

① 좌측에 서 있는 보행자에게 경음기를 계속 울려 경고하며 빠르게 진행한다.
② 위험 상황을 예측할 필요 없이 그대로 진행한다.
③ 전방 우측 도로에서 차량이 진입할 경우를 대비하여 서행한다.

④ 신호기가 없는 교차로이므로 속도를 높여 신속하게 통과한다.
⑤ 횡단보도 앞 정지선에서 일시정지한다.

정답이 보이는 **핵심키워드**
신호기 없는 "ㅏ"형 교차로 앞 보행자 →
③ 서행 ⑤ 일시정지

**44 다음 상황에서 가장 안전한 운전방법 2가지는?**

- 공사 중인 도로
- 맞은편에서 진행해오는 차량
- 길 우측에 주차시켜 놓은 공사 차량

① 도로 공사 중이므로 전방 상황을 잘 주시하며 운전한다.
② 노면이 고르지 않으므로 속도를 줄이지 않고 빠르게 진행하는 것이 안전하다.
③ 맞은편에서 진행하는 차량에 주의하며 서행한다.
④ 경음기를 계속 사용하며 우측의 주차되어 있는 공사 차량에 경고하고 속도를 높여 신속하게 진행한다.
⑤ 맞은편에서 진행하는 차량이 가까워질 때까지 속도를 유지하다가 급정지한다.

공사 중인 이면도로에서는 돌발 상황에 대비하여 속도를 줄이고 예측·방어·양보 운전한다.

정답이 보이는 **핵심키워드**
공사 중인 이면도로 →
① 전방 주시 ③ 맞은편 차 주의

**45 다음 상황에서 가장 안전한 운전방법 2가지는?**

■ 회전교차로

① 회전교차로에서는 시계방향으로 통행하여야 안전하다.
② 회전교차로에 진입하려는 경우에는 진입하기에 앞서 서행하거나 일시정지하여야 한다.
③ 회전교차로 안에서 진행하고 있는 차는 회전교차로에 진입하려는 차에게 진로를 양보해야 한다.
④ 회전교차로에서 나가고자 하는 경우 방향지시등을 점등하지 않고 그대로 진출한다.
⑤ 회전교차로 진입을 위하여 방향지시등을 켠 차가 있으면 그 뒤차는 앞차의 진행을 방해하여서는 아니 된다.

• 회전교차로에서는 반시계방향으로 통행하여야 한다.
• 회전교차로에 진입한 차가 우선이므로, 회전교차로 내에 진입하고자 하는 자는 이미 진행하고 있는 다른 차가 있는 때에는 그 차에 진로를 양보하여야 한다.
• 회전교차로에서 나가고자 하는 경우 방향지시등을 점등한 후 서서히 빠져나간다.

정답이 보이는 **핵심키워드** │ 회전교차로 →
② 서행 일시정지  ⑤ 앞차 진행 방해 금지

**46 다음 상황에서 차로변경에 대한 설명으로 옳은 것 2가지는?**

■ 길 우측의 진입차로에서 본선 차로로 진입하는 상황

① 2차로를 주행 중인 승용차는 1차로로 차로변경을 할 수 있다.
② 1차로를 주행 중인 승용차는 2차로로 차로변경을 할 수 없다.
③ 진입차로에서 바로 1차로로 차로변경을 할 수 있다.
④ 2차로를 주행 중인 승용차는 진입차로로 차로변경을 할 수 없다.
⑤ 모든 차로에서 차로변경을 할 수 있다.

안전표지가 설치되어 특별히 진로 변경이 금지된 곳에서는 차마의 진로를 변경하여서는 아니 된다.
백색 점선 구간에서는 차로 변경이 가능하지만 백색 실선 구간에서는 차로 변경을 하면 안 된다. 또한 점선과 실선이 복선일 때도 점선이 있는 쪽에서만 차로 변경이 가능하다.

정답이 보이는 **핵심키워드** │ 백색 실선 차로 변경 →
② 1차로 → 2차로 변경 금지
④ 2차로 → 진입차로로 변경 금지

**47 다음 상황에서 가장 안전한 운전방법 2가지는?**

■ 자동차 전용도로
■ 눈이 와서 노면이 미끄러운 상황
■ 2차로에서 길 우측의 진출로로 차로 변경하려는 상황

① 갓길에 일시정지한 후 진출한다.
② 백색점선과 실선의 복선 구간에서 진출한다.
③ 진출로를 지나치면 차량을 후진해서라도 원래 가려던 곳으로 진출을 시도한다.
④ 노면이 미끄러우므로 충분히 감속하여 차로를 변경한다.
⑤ 진출 시 정체되면 끼어들기를 해서라도 빠르게 진출을 시도한다.

정답이 보이는 **핵심키워드** │ 자동차 전용도로에서 진출 →
② 점선과 실선의 복선 구간에서 진출  ④ 감속

**48** 다음 상황에서 가장 안전한 운전방법 2가지는?

- 앞서 진행하는 화물차에서 눈이 흩날리는 상황
- 눈이 내리고 있어 도로가 미끄러운 상태

① 속도를 줄이며 전방 상황의 안전을 확인하며 진행한다.
② 2차로 진행 중 우측에 있는 차로로 차로변경한 후 화물차를 앞지르기 하여 진행한다.
③ 눈이 오는 상황이므로 최고 제한속도의 10퍼센트를 감속하여 진행한다.
④ 백색 점선 구간이기에 차로 변경을 할 수 없다.
⑤ 도로의 결빙 상태를 확인하고 후방의 상황도 살피면서 진행한다.

눈이 내려 20밀리미터 이하로 쌓였을 경우에는 도로 최고제한속도의 20퍼센트를 감속하여 운전한다.

정답이 보이는
**핵심키워드** | 눈이 흩날리는 고속도로 →
① 안전 확인  ⑤ 도로 결빙 확인

**49** 다음 상황에서 가장 안전한 운전방법 2가지는?

- 눈이 내리고 있어 도로가 미끄러운 상태
- 자동차 전용도로
- 우측의 진출차로로 진행하는 상황

① 좌측 방향지시등을 켜고 안전거리를 확보하며 상황에 맞게 우측으로 진출한다.
② 전후방 교통상황을 살피면서 진출로로 나간다.

③ 진출로를 지나친 경우 후진을 하여 돌아온 후에 원래 가려고 했던 길로 간다.
④ 진출로에 주행하는 차량이 보이지 않으면 굳이 방향지시등을 켤 필요가 없다.
⑤ 미끄러짐 방지를 위해 평소보다 앞차와의 거리를 넓혀 진행한다.

운전자는 진로를 바꾸려고 하는 경우에는 방향지시등으로써 그 행위가 끝날 때까지 신호를 하여야 한다.

정답이 보이는
**핵심키워드** | 눈 내리는 진출 차로 →
② 전후방 살피면서  ⑤ 앞차와 거리 넓혀 진행

**50** 다음 상황에서 가장 안전한 운전방법 2가지는?

- 눈이 내리고 있어 도로가 미끄러운 상태
- 같은 차로 앞서 진행 중인 화물차가 저속으로 진행 중
- 2차로 선행 화물자동차를 앞지르려고 하는 상황

① 3차로에 진행하는 차량이 없으므로 3차로로 차로변경하여 신속하게 앞지르기 한다.
② 전방 화물차에 상향등을 연속적으로 사용하여 화물차가 양보하게 한다.
③ 전방의 저속주행하는 화물차 뒤를 바싹 붙어서 따라간다.
④ 터널 안에서는 앞지르기를 할 수 없다.
⑤ 좌측 차로에 차량이 많으므로 무리하게 앞지르기를 시도하지 않는다.

교차로, 터널 안, 다리 위 등은 앞지르기 금지장소이다.

정답이 보이는
**핵심키워드** | 눈 내리는 터널 →
④ 앞지르기 금지  ⑤ 무리한 앞지르기 금지

**51** 다음 상황에서 가장 안전한 운전방법 2가지는?

■ 터널 밖은 눈이 내리고 있어 도로가 미끄러운 상태

① 도로가 미끄러우므로 터널을 나가기 전에 3차로로 차로변경 후 감속하며 주행한다.
② 터널 밖의 상황을 알 수 없으므로 터널을 빠져나오면서 가속하며 주행한다.
③ 터널 안에서는 차로변경이 가능한 구간이기에 1차로로 차로변경 후 가속하며 신속하게 주행한다.
④ 터널 밖의 도로는 미끄러울 수 있으니 감속하며 주행한다.
⑤ 터널에서 진출 시 명순응 현상이 나타날 수 있으니 주의한다.

어두운 곳에서 밝은 곳으로 갑자기 나오면 눈이 밝은 빛에 적응하는 데 시간이 걸리는 명순응 현상이 나타날 수 있으므로, 감속하여 돌발 상황을 대비해야 한다.

정답이 보이는 **핵심키워드** | 터널 밖 눈 →
④ 감속 ⑤ 명순응 주의

★★

**52** 사진에 나타난 교통안전시설과 이에 따른 해석으로 잘못된 것 2가지는?

■ 사거리 교차로 및 자동차전용도로 입구
■ 차량 신호등은 적색등화의 점멸

① 차폭제한 표지 – 표지판에 표시한 폭이 초과된 차 (적재한 화물의 폭을 포함)의 통행을 제한

② 이륜자동차 및 원동기장치자전거 통행금지 표지 – 이륜자동차 및 원동기장치자전거의 통행을 금지
③ 자동차 전용도로 표지 – 자동차 전용도로 또는 전용구역임을 지시하는 것
④ 차량신호등(적색등화의 점멸) – 다른 교통 또는 안전표지의 표시에 주의하면서 서행할 수 있다.
⑤ 중앙선 – 설치된 곳의 우측으로 통행할 것을 나타내는 선

차높이제한표지 – 표지판에 표시한 높이를 초과하는 차(적재한 화물의 높이를 포함)의 통행을 제한한다.
차량 신호등 중 적색등화의 점멸의 뜻은, 차마는 정지선이나 횡단보도가 있을 때에는 그 직전이나 교차로의 직전에 일시정지한 후 다른 교통에 주의하면서 진행할 수 있다.

정답이 보이는 **핵심키워드** | 차 높이 4.8 틀린 것 →
① 차폭제한 ④ 적색등화 서행

★★★

**53** 다음 상황에서 가장 안전한 운전방법 2가지는?

■ 자동차 전용도로
■ 우측의 진입로에서 본선 차로로 진입하는 상황

① 차로변경이 가능한 차로에서는 방향지시등을 켜지 않고 차로변경해도 된다.
② 1차로에서 주행 중인 승용차는 2차로로 차로변경 할 수 있다.
③ 진입차로에서 바로 1차로로 차로변경 할 수 있다.
④ 2차로에서 주행 중인 승용차는 1차로로 차로변경 할 수 있다.
⑤ 2차로에서 진입차로로 차로변경 할 수 있다.

안전표지가 설치되어 특별히 진로 변경이 금지된 곳에서는 차량의 진로를 변경하여서는 안 된다. 백색점선 구간에서는 진로변경이 가능하지만 백색실선 구간에서는 진로변경 하면 안 된다. 백색실선과 점선의 복선 구간에서는 점선이 있는 쪽에서만 진로변경이 가능하다. 진로변경 시 반드시 방향지시등을 켜야 하고, 1개 차로씩 진로 변경한다.

정답이 보이는 **핵심키워드** | 본선차로로 진입 →
② 1차로 → 2차로 변경 ④ 2차로 → 1차로 변경

- 자동차 전용도로
- 좌측 진출로로 나가는 상황

① 백색실선과 점선의 복선 구간이므로 점선이 있는 쪽에서 차로변경하여 진출한다.
② 좌측 갓길에 일시정지한 후 진출한다.
③ 진출로를 지나치면 차량을 후진해서라도 원래의 진출로에서 진출을 시도한다.
④ 후방 교통상황을 감안하여 좌측 진출로로 주행한다.
⑤ 진출로에 들어선 후 다시 우측 차로로 차로변경할 수 있다.

> 정답이 보이는
> **핵심키워드** | 전용도로 진출 →
> ① 점선 쪽에서 차로변경
> ④ 후방 교통상황을 감안

★★
**55** 다음 상황에서 가장 안전한 운전방법 2가지는?

- 자동차 전용도로
- 2차로에서 우측 진출로로 진로를 변경하려는 상황

① 진출로에 차량이 정체되면 안전지대를 통과하여 빠르게 진출한다.
② 진출로로 진로를 변경한 후에는 다른 차가 앞으로 끼어들지 못하도록 앞 차량에 바싹 붙어 진행한다.
③ 백색실선과 점선의 복선 구간이므로 점선이 있는 쪽

에서 진로변경하여 진출한다.
④ 우측의 진출로로 진로변경 후에 길을 잘못 들었다고 판단되면 다시 좌측의 본선 차로로 진로변경하여 주행한다.
⑤ 진출로로 진로변경 시에 우측 방향지시등을 작동한다.

> 진로변경 시 방향지시등을 켜고 전후방의 진행하는 차량들의 안전을 확인하며 진행해야 하며, 안전지대 진입은 금지된다.

> 정답이 보이는
> **핵심키워드** | 전용도로 진출 →
> ③ 점선 쪽에서 진로변경
> ⑤ 우측 방향지시등 작동

★★
**56** 다음 상황에서 가장 안전한 운전방법 2가지는?

- 자동차 전용도로
- 지하차도 입구

① 지하차도 진입 전 백색실선 구간에서 2차로로 차로변경 할 수 있다.
② 지하차도 안에서는 전조등을 켜고 전방 상황을 주의하며 안전한 속도로 진행한다.
③ 지하차도 안에서는 백색실선 구간이더라도 속도가 느린 다른 차를 앞지르기할 수 있다.
④ 지하차도 안에서는 앞차와 안전거리를 유지한다.
⑤ 자동차 전용도로에 잘못 진입한 경우 안전하게 후진하여 진행한다.

> 지하차도는 주간이라도 등화를 켜는 것이 안전하고, 앞차와의 안전거리를 유지하며 진행한다. 자동차 전용도로에서의 후진은 금지된다.

> 정답이 보이는
> **핵심키워드** | 전용도로 지하차도 입구 →
> ② 안전한 속도로 진행  ④ 안전거리 유지

**57** 다음 상황에서 가장 안전한 운전방법 2가지는?

- 자동차 전용도로
- 저속으로 진행하던 1차로의 화물차가 2차로로
  차로 변경 중
- 2차로에서 진행 중

① 경음기나 상향등을 연속적으로 사용하여 화물차의
  차로변경을 방해한다.
② 화물차가 안전하게 차로변경 할 수 있도록 양보한다.
③ 속도를 높여 화물차의 뒤쪽에 바싹 붙어 진행한다.
④ 3차로를 진행하는 후행차량에 관계없이 3차로 급
  차로 변경하여 빠르게 화물차 주변을 벗어난다.
⑤ 실내외 후사경 등을 통해 후방의 상황을 확인하고 주
  의하며 속도를 줄여 주행한다.

정답이 보이는 **핵심키워드** | 화물차 차로변경 →
② 양보 ⑤ 후방 확인

★★

**58** 다음 상황에서 가장 안전한 운전방법 2가지는?

- 자동차 전용도로
- 전방 화물차가 저속으로 진행
- 3차로에서 진행 중

① 전방 화물차를 앞지르기하려면 경음기나 상향등을
  연속적으로 사용하여 화물차가 양보하게 한다.

② 4차로를 이용하여 신속하게 앞지르기한다.
③ 전방 화물차에 최대한 가깝게 진행한 후 앞지르기
  한다.
④ 좌측 방향지시등을 미리 켜고 안전거리를 확보 후 2
  차로를 이용하여 앞지르기한다.
⑤ 차로변경시 좌측차로에서 진행하는 차량을 살피고
  무리하게 앞지르기를 시도하지 않는다.

좌측 방향지시등을 미리 켜고 안전거리를 확보 후 좌측차선으로 진입
후 앞지르기를 시도해야 한다.

정답이 보이는 **핵심키워드** | 전방 화물차 앞지르기 →
④ 안전거리 확보 ⑤ 무리한 앞지르기 금지

★★

**59** 다음 상황에서 가장 안전한 운전방법 2가지는?

- 자동차 전용도로
- 2차로에서 3차로로 차로변경하려는 상황

① 3차로에서 주행하는 차량의 위치나 속도를 확인 후
  안전이 확인되면 차로변경한다.
② 3차로에 진입할 때에는 무조건 속도를 최대한 줄
  인다.
③ 3차로에 충분한 거리가 확보되지 않더라도 신속하게
  급차로 변경을 한다.
④ 차로를 변경하기 전 미리 방향지시등을 켜고 안전을
  확인 후 주행한다.
⑤ 방향지시등을 미리 켜면 양보해주지 않으므로 차로
  변경을 시작함과 동시에 방향지시등을 작동시키면
  서 진입한다.

차의 진로를 변경하려는 경우에 그 변경하려는 방향으로 오고 있는
다른 차의 정상적인 통행에 장애를 줄 우려가 있을 때에는 진로를 변
경하여서는 아니 된다. 고속도로와 자동차 전용도로에서는 진로변경
전 100m 전방에서 방향지시등을 미리 켜고 안전거리를 확보 후 진로
변경해야 한다.

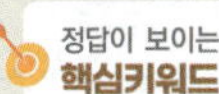
정답이 보이는 **핵심키워드** | 3차로로 차로변경 →
① 안전 확인 ④ 안전 확인

## 60 다음 상황에서 가장 안전한 운전방법 2가지는?

- 자동차 전용도로
- 전방 2차로에서 3차로로 차로변경 하는 화물차
- 2차로 진행 중

① 차로변경하려는 화물차를 피하여 1차로로 차로변경한다.
② 화물차와의 추돌을 피하기 위해 후방 교통상황을 확인하고 감속하여 주행한다.
③ 터널이 짧아 전방의 터널 밖 상황을 확인할 수 있으므로 터널을 빠져나올 때 가속하며 주행한다.
④ 터널에 진입하면 전조등을 점등한다.
⑤ 화물차가 3차로로 차로변경하여 앞 승용차와의 거리가 멀어지면 최대한 앞 승용차의 뒤를 바싹 뒤따라간다.

안전표지가 설치되어 특별히 진로 변경이 금지된 곳에서는 차량의 진로를 변경하여서는 안 된다. 백색점선 구간에서는 진로변경이 가능하지만 백색실선 구간에서는 진로변경을 하면 안 된다. 터널 내에서는 앞차와의 안전거리를 유지하여 사고를 방지할 필요가 있다.

정답이 보이는 **핵심키워드** | 터널 안 차로변경 →
② 감속 주행  ④ 전조등 점등



## 61 다음과 같은 상황에서 잘못된 운전방법 2가지는?

① 하이패스 이용자는 미리 하이패스 전용차로로 차로를 변경한다.
② 하이패스 차로에서는 정차하지 않으므로 전방 진행차량의 상황에 주의를 기울이며 운전하지 않아도 된다.

③ 현금이나 카드로 요금을 계산하려면 미리 해당 차로로 진로를 변경한다.
④ 현금으로 요금을 계산하려 했으나 다른 차로로 진입하게 된 때에는 후진하여 차로를 찾아간다.
⑤ 톨게이트를 통행할 때에는 시속 30 킬로미터 이내의 속도로 통과한다.

자동차의 운전자는 그 차를 운전하여 고속도로 등을 횡단하거나 유턴 또는 후진하여서는 아니 된다.

정답이 보이는 **핵심키워드** | 아산 현충사 톨게이트 틀린 것 →
② 주의를 기울이며 운전하지 않아도  ④ 후진



## 62 다음과 같은 상황에서 알 수 있는 정보와 이에 따른 안전한 운전방법을 연결한 것으로 바르지 <u>않은</u> 것 2가지는?

- 평일 오후 경부고속도로 청주 휴게소 인근
- 편도 3차로 고속도로
- 사진 상의 모든 자동차는 90~100km/h의 속도로 진행 중

① 도로상 낙하물 – 비상점멸등을 켜 후행 차량에 위험 상황을 알린다.
② 1차로 – 평일에는 승용차 운전자가 앞지르기를 위해 진행할 수 있다.
③ 3차로의 노면 색깔 유도선 – 평일에는 버스전용으로 운용되는 차로이다.
④ 휴게소 표지 – 전방 우측에 곧 휴게소가 있음을 알리는 표지이다.
⑤ 편도 3차로 도로 – 화물자동차 운전자는 앞지르기를 위해 1차로로 진행할 수 있다.

3차로에 설치된 녹색선은 차선이 아니고 노면 색깔 유도선이다.(노면 색깔 유도선은 자동차의 주행 방향을 안내하기 위하여 차로 한가운데에 이어 그린 선이다.)
고속도로 편도 3차로 도로에서 오른쪽 차로(3차로)로 통행해야 하고 앞지르기를 할 때에는 왼쪽 바로 옆차로로 통행할 수 있다.

정답이 보이는 **핵심키워드** | 청주 휴게소 틀린 것 →
③ 노면 색깔 유도선 버스전용
⑤ 화물차 1차로 앞지르기

## 63 다음과 같은 상황에서 가장 잘못된 운전방식 2가지는?

- 편도 3차로 고속도로
- 평일 오후 경부고속도로 서울방면 청주 옥산 IC 인근
- 도로의 가장 우측은 가변차로
- 사진상의 모든 자동차는 90~100km/h의 속도로 진행 중

① 버스전용차로는 버스만 통행할 수 있다.

② 승용차는 앞선 화물차를 앞지르기 위해서 1차로로 통행할 수 있다.

③ 전방 화물차와 안전거리를 유지하며 낙하물에 주의한다.

④ 가변차로로 통행하던 차량은 3차로로 진로를 변경해야 한다.

⑤ 5t 화물차는 옥산IC로 진출할 수 없다.

평일 경부고속도로의 버스전용차로는 오산IC부터 한남대교남단까지만 운영된다. 평일에 이 구간 외의 경부고속도로 1차로는 버스전용차로가 아니고 고속도로의 1차로가 된다. 승용차는 앞지르기를 하려는 경우 1차로를 통행할 수 있지만, 다리 위에서의 앞지르기는 금지되어 있다.

정답이 보이는 **핵심키워드** | 옥산 IC 틀린 것 →
① 버스전용차로는 버스만  ② 1차로 앞지르기

## 64 다음과 같은 상황에서 잘못된 운전방법 2가지는?

- 감속차로 제외 편도 3개차로가 설치된 도로
- 고속도로 휴게소 진입로로 완전히 들어선 상황

① 서서히 감속한다.

② 전방 공사안내차량을 주시한다.

③ 앞선 차량과 안전거리를 유지한다.

④ 휴대전화 사용을 위해 공사안내차량 뒤편에 잠시 정차한다.

⑤ 휴게소에 들르지 않기로 했다면 좌측 후사경을 주시하면서 방향지시등을 켠 채 3차로로 즉시 차로를 변경한다.

- 고속도로에서 급제동이나 급감속을 하게 되면 사고의 우려가 크다. 가급적 서서히 속도를 줄여 제한속도를 준수해야 한다.
- 백색실선은 진로변경을 제한하는 의미이다.

정답이 보이는 **핵심키워드** | 휴게소 진입로 틀린 것 →
④ 공사안내차량 뒤편에 정차
⑤ 휴게소 진입차로에서 다시 주행차로로 변경

## 65 다음과 같은 상황에서 안전한 운행방법이 아닌 것 2가지는?

- 가변차로 포함 편도 4개 차로가 설치된 고속도로

① 가변차로로 통행할 수 없다.

② 1km 앞에 안개 잦은 지역이므로 주의하며 운전한다.

③ 곧 구간단속 시점이므로 단속 카메라를 피해 갓길로 주행한다.

④ 화물차가 앞지르기 하려면 2차로로 통행할 수 있다.

⑤ 고속도로에서 화물차 동승자는 안전띠를 매어야 할 의무가 없다.

도로에 관계 없이 모든 좌석의 운전자 및 동승자는 좌석안전띠를 매야 한다.

정답이 보이는 **핵심키워드** | 옥산IC 가변차로 틀린 것 →
③ 단속 카메라 피해 주행
⑤ 안전띠 의무 없음

**66** 다음과 같은 상황에서 가장 안전한 운전방법 2가지는?

- 고속도로 통과 중
- 하이패스 차로에서 진행 중

① 하이패스 차로 진입 후 다른 차로로 진행하려면 후진하여 해당 차로를 찾아간다.
② 하이패스 단말기를 장착하지 않으면 하이패스 차로에서 반드시 정차하여 결제 후 통과해야 한다.
③ 현금이나 카드로 요금을 계산하려면 미리 해당 차로로 진로를 변경한다.
④ 하이패스 차로에서는 정차하지 않으므로 전방 진행차량의 상황에 주의를 기울이며 운전하지 않아도 된다.
⑤ 하이패스 차로를 통행할 때에는 시속 30 킬로미터 이내의 속도로 통과하는 것이 안전하다.

하이패스 단말기를 장착하지 않아도 하이패스 차로에서 무정차 통과 후 사후 정산이 가능하다. 하이패스 차로를 통행할 때에는 시속 30 킬로미터 이내로 통과하는 것이 안전하다.

정답이 보이는 **핵심키워드** | 하이패스 통과 →
③ 미리 진로 변경 ⑤ 30 킬로미터



**67** 다음과 같은 상황에서 가장 안전한 운전방법 2가지는?

- 편도 3차로 고속도로
- 1차로에 공사안내차량 정차 중
- 2차로로 주행 중

① 1차로에 공사안내차량이 있으므로 속도를 높여 빠르게 진행한다.
② 서서히 속도를 줄이고 전방 상황에 주의하며 진행한다.
③ 비상 점멸등을 점등하여 뒤따라오는 차량에 위험 상황을 알린다.
④ 공사안내차량을 피하여 3차로로 급차로 변경한다.
⑤ 공사안내차량보다는 고속도로를 통행하는 차가 우선권이 있으므로 계속 경음기를 울려 주의를 주고 그대로 통과한다.

정답이 보이는 **핵심키워드** | 1차로 공사안내차량 →
② 주의하며 진행 ③ 비상점멸등 점등



**68** 다음 상황에서 가장 안전한 운전방법 2가지는?

- 편도 3차로 고속도로
- 3차로에 화물차 진행 중
- 2차로 진행 중 3차로로 차로변경 하려는 상황

① 화물차는 저속으로 주행하므로 차간 거리에 상관없이 차로를 변경하면 된다.
② 화물차의 정상적인 통행에 장애를 줄 수 있으므로 안전거리를 유지하며 차로를 변경한다.
③ 차로변경 시에는 무조건 속도를 최대한 높여 주행한다.
④ 화물차의 위치나 속도를 확인 후에 주의하여 차로를 변경한다.
⑤ 충분한 안전거리가 확보되면 방향지시등은 안 켜도 된다.

차의 진로를 변경하려는 경우에 그 변경하려는 방향으로 오고 있는 다른 차의 정상적인 통행에 장애를 줄 우려가 있을 때에는 차로를 변경하여서는 안 된다. 차로변경 시 방향지시등을 점등해야 한다.

정답이 보이는 **핵심키워드** | 사이드미러 화물차 →
② 안전거리 유지 ④ 주의하여 차로 변경

**69** 다음과 같은 상황에서 가장 안전한 운전방법 2 가지는?

■ 편도 3차로 고속도로　　■ 터널 입구

① 터널 안에서는 주차는 금지되나 일정한 장소에 비상 정차는 가능하다.
② 터널 내부가 어둡더라도 선글라스를 착용한 채로 그대로 진행한다.
③ 터널 내 백색실선 구간이더라도 좌우차로의 소통이 원활하면 차로변경 할 수 있다.
④ 터널 내에서는 최고 제한속도가 적용되지 않아 속도를 높여 빠르게 통과한다.
⑤ 터널 주변에서는 바람이 불 수 있으니 주의하며 속도를 줄인다.

터널 내부는 주차는 금지되어 있으나, 일정한 장소에서 정차가 가능하다. 터널 내부가 어두우면 선글라스는 착용하지 않는 것이 바람직하다.

정답이 보이는 **핵심키워드** ｜ 고속도로 터널 입구 →
① 비상정차 가능　⑤ 감속

★★

**70** 다음 상황에서 가장 안전한 운전방법 2가지는?

■ 고속도로 진출입로 부근

① 전방에 무인 과속 단속 중이므로 급제동하여 감속한다.
② 미리 속도를 줄이고 안전하게 진행한다.
③ 차로를 착각하였다면 안전지대를 이용하여 진로를 변경할 수 있다.
④ 무인 단속 장비를 피하여 우측 차로로 급차로 변경한다.
⑤ 주행 속도를 시속 50 킬로미터 이내로 유지한다.

급제동이나 급감속, 급진로변경을 하게 되면 사고의 우려가 크므로 미리 감속하여 안전하게 운행한다.

정답이 보이는 **핵심키워드** ｜ 안녕IC 진출입로 →
② 미리 감속　⑤ 시속 50 이내로 유지

★★

**71** 가속페달이 운전석 매트에 끼여 되돌아오지 않아 가속될 경우, 운전자가 안전하게 정차 또는 감속할 수 있는 방법 2가지는?

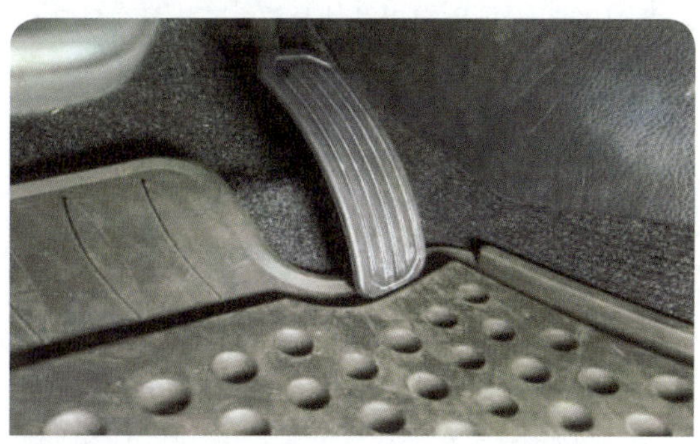

① 제동페달을 힘껏 세게 밟는다.
② 비상점멸표시등 버튼을 지속 조작한다.
③ 경음기를 강하게 누르며 주행한다.
④ 전자식 주차브레이크(EPB)를 지속 조작한다.
⑤ 조향핸들을 강하게 좌우로 조작한다.

가속페달이 물체(매트, 이물질 등)에 끼어 지속적으로 조작되더라도 제동페달을 조작할 경우 제동신호를 우선하여 감속 및 정차 가능 전자식 주차브레이크(EPB)는 비상제동기능이 포함되어 있으므로 지속 조작할 경우 감속 또는 조작이 가능하다.
즉, 의도하지 않는 가속상황에서도 제동페달을 밟으면 정차 또는 감속이 가능하다.

정답이 보이는 **핵심키워드** ｜ 가속페달 매트에 끼임 →
① 세게 밟는다.
④ 전자식 주차브레이크(EPB) 지속 조작

**72** 다음과 같은 구간에 대한 설명으로 가장 옳은 것 2가지는?

■ 어린이 보호구역

① 어린이 보호구역에서는 주정차를 할 수 있다.
② 어린이 보호구역에 설치된 울타리가 있다면 어린이가 차도에 진입할 수 없으므로 주의하지 않아도 된다.
③ 교통사고의 위험으로부터 어린이를 보호하기 위해 어린이 보호구역을 지정할 수 있다.
④ 눈이 쌓인 상황을 고려하여 통행속도를 준수하고 어린이의 안전에 주의하면서 운행하여야 한다.
⑤ 어린이 보호구역에서는 어린이들이 주의하기 때문에 사고가 발생할 우려가 없다.

어린이 보호구역 내이므로 최고 제한속도를 준수하고, 어린이의 움직임에 주의해야 한다. 어린이 보호구역 내 사고는 안전운전 불이행, 보행자 보호의무위반, 불법 주·정차, 신호위반 등 법규를 지키지 않는 것이 원인이다. 그리고 보행자가 횡단할 때에는 반드시 일시정지한 후 보행자의 횡단이 끝나면 안전을 확인하고 통과하여야 한다.

정답이 보이는 **핵심키워드** │ 어린이 보호구역 →
③ 어린이 보호  ④ 통행속도 준수

******

**73** 다음 중 장애인·노인·임산부 등의 편의증진 보장에 관한 법령상 '장애인전용주차구역 주차 방해 행위'로 바르지 <u>않은</u> 2가지는?

① 장애인전용주차구역 내에 물건 등을 쌓아 주차를 방해하는 행위
② 장애인전용주차구역 앞이나 뒤, 양 측면에 물건 등을 쌓거나 주차하는 행위
③ 장애인전용주차구역 주차표지가 붙어 있지 아니한 자동차를 장애인전용주차구역에 주차하는 행위
④ 장애인전용주차구역 선과 장애인전용표시 등을 지우거나 훼손하여 주차를 방해하는 행위
⑤ 장애인전용주차구역 주차표지가 붙어 있지만 보행에 장애가 있는 사람이 타지 아니한 자동차를 장애인전용주차구역에 주차하는 행위

• 장애인전용주차구역 주차표지가 붙어 있지 아니한 자동차를 장애인전용주차구역에 주차하여서는 아니 된다.
• 장애인전용주차구역 주차표지가 붙어 있지만 장애인이 탑승하지 않은 경우 장애인전용주차구역에 주차하여서는 아니 된다.

정답이 보이는 **핵심키워드** │ 장애인전용주차구역 주차방해 아닌 것 →
③ 주차표지  ⑤ 주차표지

******

**74** 다음 상황에서 가장 안전한 운전방법 2가지는?

■ 어린이 보호구역

① 진행방향에 차량이 없으므로 도로 우측에 정차할 수 있다.
② 어린이 보호구역이라도 어린이가 없을 경우에는 최고 제한속도를 준수하지 않아도 된다.
③ 안전표지가 표시하는 최고 제한속도를 준수하며 진행한다.
④ 어린이가 갑자기 나올 수 있으므로 주위를 잘 살피며 진행한다.
⑤ 어린이 보호구역으로 지정된 구간은 최대한 속도를 내어 신속하게 통과한다.

정답이 보이는 **핵심키워드** │ 어린이 보호구역 →
③ 제한속도 준수  ④ 주위 살피며 진행

## 75 다음 상황에서 가장 안전한 운전방법 2가지는?

■ 노인 보호구역

① 경음기를 계속 울리며 빠르게 주행한다.
② 미리 충분히 감속하여 안전에 주의한다.
③ 보행하는 노인이 보이지 않더라도 서행으로 주행한다.
④ 가급적 앞 차의 후미를 바싹 따라 주행한다.
⑤ 전방에 횡단보도가 있으므로 속도를 높여 신속히 노인보호구역을 벗어난다.

노인보호구역은 노인이 없어 보이더라도 서행으로 통과한다.

정답이 보이는 **핵심키워드** │ 노인보호구역 →
② 미리 감속 ③ 서행

★★

## 76 다음 상황에서 가장 안전한 운전방법 2가지는?

■ 어린이 보호구역 내 주행 중

① 시속 30 킬로미터 이내로 서행한다.
② 전방에 진행하는 앞차가 없으므로 빠르게 주행한다.
③ 주차는 할 수 없으나 정차는 할 수 있다.
④ 횡단보도를 통행할 때에는 어린이 유무와 상관없이 경음기를 사용하며 빠르게 주행한다.

⑤ 무단횡단 방지 울타리가 설치되어 있다 하더라도 갑자기 나타날 수 있는 어린이에 주의하며 운전한다.

정답이 보이는 **핵심키워드** │ 어린이보호구역 →
① 시속 30 ⑤ 어린이 주의

★★

## 77 다음과 같은 상황에서 운전자나 동승자가 범칙금 또는 과태료 부과처분을 받지 않는 행위 2가지는?

■ 도로 좌측은 보도
■ 모범운전자가 지시 중

① 승용차는 미리 시속 30 킬로미터 이내로 감속한다.
② 시동을 끈 이륜차를 끌고 보도로 통행하였다.
③ 개인형 이동장치 운전자가 모범운전자의 지시에 따르지 아니하였다.
④ 승용차 운전자가 어린이 보호구역에 주차하였다.
⑤ 보호자가 지켜보는 가운데 안전모를 쓰지 않은 어린이가 자전거를 타고 보도를 통행하였다.

이륜자동차, 원동기장치자전거 또는 자전거로서 운전자가 내려서 끌거나 들고 통행하는 경우는 보행자로 간주하므로 보도로 통행할 수 있다.

정답이 보이는 **핵심키워드** │ 어린이보호구역 과태료 아닌 것 →
① 미리 감속 ② 시동 끈 이륜차 보도 통행

**★★**
**78** 다음과 같은 상황에서 교통안전표지에 대한 설명으로 맞는 것 2가지는?

■ 어린이 보호구역

① 노면에 표시된 30은 도로의 최고 제한속도가 시속 30 킬로미터임을 의미한다.
② 횡단보도는 백색으로만 표시해야 하므로 황색 횡단보도 표시는 잘못된 시설물이다.
③ 지그재그 형태의 백색실선은 서행을 뜻하며 그 구간에서 진로변경이 가능하다.
④ 차량신호기에 부착된 지시표지는 횡단보도가 있다는 의미이다.
⑤ 적색으로 포장된 아스팔트는 어린이 보호구역에만 쓰인다.

- 노면의 30은 최고 제한속도를 의미
- 지그재그 형태의 백색실선 표시는 진로변경 제한과 서행의 의미
- 적색 아스팔트는 어린이 보호구역뿐만 아니라 노인 보호구역, 장애인 보호구역에도 사용되고 있다.

정답이 보이는 **핵심키워드** │ 어린이보호구역 안전표지 → ① 제한속도 30  ④ 지시표지 횡단보도

**★★**
**79** 다음 상황에서 가장 안전한 운전방법 2가지는?

■ 어린이 보호구역  ■ 좌로 굽은 오르막 도로
■ 왕복 2차로 도로

① 좌로 굽은 도로이므로 우측에 설치된 도로반사경을 이용해서 전방 상황을 확인하며 진행하는 것이 안전하다.
② 오르막 도로이므로 최고 제한속도를 조금 넘더라도 속도를 올려 진행하는 것이 좋다.
③ 우측 길가장자리에 황색실선이 표시되어 있으므로 주차는 불가하나 정차는 가능하다.
④ 신호기가 없는 횡단보도에서는 보행자가 없더라도 횡단보도 앞에서 반드시 일시정지 후 진행한다.
⑤ 좌로 굽은 도로에서는 중앙선을 넘더라도 좌측으로 붙어 진행하는 것이 안전하다.

어린이 보호구역은 30km/h 이내로 속도를 규정할 수 있고, 어린이 보호구역 내의 신호기가 없는 횡단보도에서는 보행자 보호를 위해 보행자 유무와 관계없이 반드시 일시정지 후 진행하여야 한다. 좌로 굽은 도로에서는 도로 좌측으로 진행할 우려가 있어 주의해야 한다.

정답이 보이는 **핵심키워드** │ 좌로 굽은 어린이보호구역 → ① 도로반사경 이용  ④ 일시정지

**★★**
**80** 다음 상황에서 가장 안전한 운전 방법 2가지는?

■ 어린이 보호구역  ■ 중앙선이 없는 이면도로

① 어린이 보호구역 해제지점 전부터 미리 속도를 높여 진행한다.
② 중앙선이 없는 이면도로에서는 보행자의 안전에 특히 주의하며 운전한다.
③ 어린이 보호구역이 해제된 구역의 횡단보도라도 보행자가 있는지 확인하며 서행한다.
④ 일몰 상황이므로 전방의 안전을 살피기 위해 상향등을 켜고, 경음기를 계속 울리며 운전한다.
⑤ 도로 우측의 황색점선은 주차는 허용하나 정차는 불가하다는 뜻이므로 주차는 가능하다.

일몰 상황이긴 하나 상향등을 계속 켜고 운전하는 것은 맞은편 차량과 보행자에게 눈부심이 발생할 수 있어 지양하고, 황색점선은 정차는 허용하나 주차는 금지하는 뜻이다.

정답이 보이는 **핵심키워드** │ 어린이보호구역 해제 → ② 보행자 안전에 주의  ③ 보행자 확인

## 81 다음 상황에서 가장 안전한 운전방법 2가지는?

- 어린이 보호구역
- 좌우측 주거지역
- 진입로가 많은 오르막 도로
- 편도 1차로 도로

① 어린이 보호구역이므로 보행자가 없더라도 경음기를 계속 울리며 진행한다.
② 중앙선을 넘어 진행하는 차량이 있으므로 속도를 낮춰 사고의 위험을 줄인다.
③ 좌측 건물 주차장으로 들어가는 진입로가 있으므로 중앙선을 넘어 진입하는 것이 가능하다.
④ 맞은편에서 진행 중인 버스로 인해 시야 확보가 어려워 교행 전 속도를 더욱 줄여 보행자가 있는지 살핀다.
⑤ 어린이 보호구역 내 과속방지턱에서는 주차는 금지되지만 정차는 가능하다.

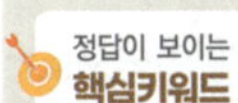 정답이 보이는 **핵심키워드** | 어린이보호구역 → ② 감속 ④ 감속

## 82 다음 상황에서 가장 안전한 운전방법 2가지는?

- 어린이 보호구역
- 전방 차량 삼색신호등 적색등화
- 우측 횡단보도 보행신호
- "T"자형 교차로(삼거리)

① 전방 차량신호등 적색등화에서 우회전하려는 경우 일시정지 없이 전방 횡단보도를 통과할 수 있다.

② 우측 보행신호가 녹색등화이고 보행자가 있으므로 우회전하려는 경우 횡단보도 전에 일시정지한다.
③ 보행신호가 적색등화로 바뀐 후에도 보행자가 횡단보도를 보행 중인 경우 경음기를 울려 보행을 재촉한다.
④ 우측 보행신호가 녹색등화이므로 차량신호등 등화와 관계없이 좌회전할 수 있다.
⑤ 뒤늦게 횡단하는 보행자가 있을 수 있으므로 안전에 더욱 주의하며 운전한다.

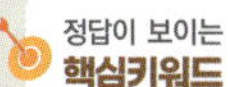 정답이 보이는 **핵심키워드** | 어린이보호구역 삼거리 → ② 일시정지 ⑤ 안전에 주의

## 83 다음 상황에서 가장 안전한 운전방법 2가지는?

- 어린이 보호구역
- 신호기 없는 횡단보도
- 우측 골목으로 이어지는 교차로
- 고임목을 괴고 주차 중인 소방차
- 좌로 굽은 오르막 편도 1차로 도로

① 우측 골목길에서 나타나는 차량이 있을 수 있으므로 빠르게 교차로를 통과한다.
② 전방 좌측에 주차된 소방차로 인하여 시야 확보가 곤란한 상황이므로 속도를 낮추고 전방 상황을 잘 살핀다.
③ 어린이 보호구역 내에서는 횡단보도에 보행자가 있는 경우에만 일시정지 후 진행한다.
④ 우회전하려는 경우 우측 골목길에서 나오는 차량이나 보행자를 잘 살피며 진행한다.
⑤ 어린이 보호구역은 모두 최고 제한속도가 시속 30 킬로미터 이므로 최고 제한속도 이내로 주행하면 된다.

정답이 보이는 **핵심키워드** | 어린이보호구역 소방차 → ② 감속 ④ 보행자 주의

 **다음 상황에서 가장 안전한 운전방법 2가지는?**

- 비 오는 날 등굣길
- 중앙선이 없는 이면도로
- 교통안전 활동 중인 봉사자
- 신호기 없는 교차로
- 우측 학교 정문

① 우산을 쓴 보행자 안전에 더욱 주의하며 운전한다.
② 주위에 보행자가 많으므로 속도를 높여 빠르게 통과한다.
③ 어린이 보호구역이 아닌 곳이라 하더라도 학교 앞이므로 보행자의 안전에 주의하며 진행한다.
④ 신호기 없는 교차로가 전방에 있고 좌우측 시야 확보가 불가한 상황이므로 서행하며 진행한다.
⑤ 주차된 차량 사이로 보행자가 나타날 수 있으므로 경음기를 계속 울리고 경고하며 진행한다.

> 정답이 보이는 **핵심키워드**
> 비 오는 날 등굣길→
> ① 우산 쓴 보행자 주의 ③ 보행자 안전에 주의

85 **다음 상황에서 가장 안전한 운전방법 2가지는?**

- 어린이 보호구역
- 좌측 도로 진입로 및 우측 골목길
- 전방 신호기 없는 횡단보도

① 보행자가 없더라도 경음기를 계속 울리며 진행한다.
② 우측 주차된 화물차량 뒤로 골목길이 있어 보행자나 차량의 상황을 잘 살피기 위해 일시정지 후 교차로에 진입한다.

③ 횡단보도에 신호기가 없으므로 보행자가 없는 경우 서행하며 그대로 진행한다.
④ 전방에 중앙선을 넘어 진행하는 차량이 있으므로 속도를 낮춰 사고의 위험을 줄인다.
⑤ 우회전하려는 경우 우측 "정지" 표지가 있으나 차량신호기가 없으므로 일시정지하지 않고 그대로 우회전한다.

> 좌우 확인이 불가한 신호기 없는 교차로는 일시정지 후 진입하여야 하고, 어린이 보호구역 내 신호기 없는 횡단보도는 보행자 유무와 관계없이 일시정지하여야 한다.

> 정답이 보이는 **핵심키워드**
> 어린이보호구역 →
> ② 일시정지 ④ 감속

86 **다음 중 소방기본법령상 소방자동차 전용구역에 대한 설명으로 옳지 <u>않은</u> 2가지는?**

- 출입구 차단막이 있는 공동주택

① 소방활동의 원활한 수행을 위하여 공동주택에 설치한다.
② 누구든지 전용구역에 차를 주차하거나 전용구역에의 진입을 가로막는 등 방해행위를 하여서는 아니 된다.
③ 공동주택의 건축주는 예외 없이 각 동별로 1개소 이상 설치해야 한다.
④ 사진과 같이 주차하였을 경우 과태료 부과대상이다.
⑤ 전용구역 표지를 지우거나 훼손하는 행위는 전용구역 방해행위에 해당되지 않는다.

> 정답이 보이는 **핵심키워드**
> 소방자동차 전용구역 틀린 것 →
> ③ 1개소 이상 설치
> ⑤ 훼손 행위는 방해행위 아님

- 주택가 이면도로
- 화재 진압을 위해 출동 중인 소방차
- 불법 주차된 차량들

① 소방활동에 방해가 되는 불법 주차된 차량을 이동할 수 있다.
② 소방활동에 방해가 되는 주차 구획선 내에 주차한 차량을 제거할 수 있다.
③ 소방자동차의 통행에 방해가 되는 물건을 제거하거나 이동시킬 수 있다.
④ 강제처분된 불법 주차한 차량 운전자는 손실보상을 청구할 수 있다.
⑤ 강제처분된 주차 구획선 내에 주차한 차량 운전자는 손해배상을 청구할 수 있다.

법령을 위반하여 소방자동차의 통행과 소방활동에 방해가 된 경우는 손실보상이나 손해배상을 하지 않는다.

**정답이 보이는 핵심키워드** | 소방차 긴급출동 틀린 것 →
④ 손실보상  ⑤ 손해배상

**88** 다음 상황에서 법령을 위반한 운전방법 2가지는?

- A – 촬영차, B – 소방차
- 뒤 차 A의 앞 유리를 통해 소방차 B를 촬영
- 빗방울 떨어지며 노면 젖음
- 전방 300 미터에 사거리 교차로 및 신호기
- 1차로로 소방차가 경광등과 사이렌을 켠 채 진행

① B 운전자 – 시속 100 킬로미터로 주행한다.
② A 운전자 – 시속 70 킬로미터로 주행한다.
③ B 운전자 – 교차로에서 앞지르기한다.
④ A 운전자 – 교차로에서 앞지르기한다.
⑤ B 운전자 – 앞차와 안전거리를 확보하지 않는다.

- 긴급자동차는 속도 제한을 적용하지 아니하나 일반 차량의 경우 속도 제한을 지켜야 한다.
- 긴급자동차를 앞지르기하면 위험하다.

**정답이 보이는 핵심키워드** | 촬영차 소방차 법령위반 →
② A 촬영차  ④ A 촬영차

**89** 다음 상황에서 가장 안전한 운전방법 2가지는?

- 편도 2차로 도로
- 우천으로 노면이 젖어있음
- 2차로 소방차량 출동 중

① 긴급자동차가 접근하는 경우 일반 차량은 도로 좌우측으로 피양하여 진로를 양보해야 한다.
② 긴급자동차의 뒤를 따라 진행하면 더욱 빨리 운행할 수 있으므로 뒤따라 진행한다.
③ 우측의 긴급자동차가 진로변경 할 수 없도록 속도를 더욱 높여 진행한다.
④ 긴급자동차가 긴급한 용무를 마치고 돌아가는 경우 경광등이나 사이렌을 작동하지 않으므로 피양할 필요는 없다.
⑤ 긴급자동차가 후행하여 따라오는 것을 발견하면 앞지르기 할 수 없도록 속도를 높여 진행한다.

긴급자동차를 발견한 경우 교차로에서는 교차로를 피해서 정차하고, 이외 구역은 긴급자동차가 우선 통행할 수 있도록 진로를 양보하며, 긴급자동차를 뒤따르거나 추월당하지 않도록 속도를 높여 진행하는 것은 안전하지 않는 운전방법이다.

**정답이 보이는 핵심키워드** | 2차로 소방차 →
① 좌우측으로 피양
④ 사이렌 미작동 시 피양할 필요 없다

- 편도 2차로 도로
- 우측 사이드미러로 2차로에 출동 중인 긴급자동차 발견
- 차량 통행량이 많아 정체 상황

① 진로 양보는 2차로만 가능하므로 1차로에서 진행 중인 경우는 후방의 긴급자동차를 주의할 필요는 없다.
② 전방에 교차로가 있는 경우 교차로를 피해 진로를 양보한다.
③ 2차로로 빠르게 차로변경하여 비상등을 켜고 긴급자동차 보다 앞서서 주행한다.
④ 긴급자동차의 앞에 진행하는 경우라면 도로 좌우측으로 피양하여 진로를 양보한다.
⑤ 긴급자동차의 뒤를 따라 진행하면 더욱 빨리 운행할 수 있으므로 긴급자동차가 지나간 뒤 2차로로 차로변경하여 바싹 뒤따른다.

> 정답이 보이는 **핵심키워드**
> 사이드미러 긴급자동차 →
> ② 교차로 피해 진로 양보
> ④ 도로 좌우측으로 피양

★★
**91** 다음 상황에서 교통안전시설과 이에 따른 행동으로 가장 올바른 2가지는?

- 사거리 교차로 인근
- 자전거 신호등은 설치되지 않음
- 횡단보도에서 자전거를 타고 진행하고 있는 상황

① 횡단보도 – 자전거를 타고 이용할 수 있다.
② 자전거횡단도 – 자전거횡단도가 있는 도로를 횡단할 때에는 자전거를 타고 자전거횡단도를 이용한다.
③ 보행신호등 – 녹색등화의 점멸 상태라면 보행자는 횡단을 빠르게 시작하여야 한다.
④ 보행신호등 – 자전거 신호등이 설치되지 않은 경우 자전거는 보행신호등의 지시에 따른다.
⑤ 차량신호등 – 자전거 신호등이 설치되지 않은 경우 자전거는 차량신호등의 지시에 따른다.

> • 횡단보도 내에서는 자전거에서 내려 횡단해야 하며, 횡단보도 옆에 자전거 횡단도가 있을 경우 자전거를 타고 횡단할 수 있다.
> • 자전거 횡단도에 자전거횡단신호등이 설치되지 않은 경우 자전거 등은 보행신호등의 지시에 따른다.

> 정답이 보이는 **핵심키워드**
> 야간 횡단보도 자전거 →
> ② 자전거횡단도 자전거 타고 이용
> ④ 보행신호등 지시에 따른다

★
**92** 다음 상황에서 가장 잘못된 운전방법 2가지는?

- 사거리 교차로
- 편도 3차로 도로
- 보도에서 개인형 이동장치를 타는 사람

① 우회전하려면 정지선의 직전에 일시정지한 후 우회전한다.
② 우회전할 때에는 미리 도로의 우측 가장자리를 서행하면서 우회전하여야 한다.
③ 우회전하는 차의 운전자는 신호에 따라 정지하거나 진행하는 보행자 또는 자전거등에 주의하여야 한다.
④ 동승자가 하차할 때에는 잠시 정차하는 것이므로 소화전 앞에 정차할 수 있다.
⑤ 시내도로에서는 야간이라도 주변이 밝기 때문에 전조등을 켤 필요는 없다.

> • 소화전 근처에는 주·정차 금지 구간이다.
> • 해가 진 후부터 해가 뜨기 전까지 모든 차 또는 노면전차의 운전자는 대통령령으로 정하는 바에 따라 전조등, 차폭등, 미등과 그 밖의 등화를 켜야 한다.

> 정답이 보이는 **핵심키워드**
> 소화전 틀린 것 →
> ④ 소화전 앞에 정차  ⑤ 전조등 켤 필요 없다

## ★★
**93** 다음 상황에서 가장 잘못된 운전방법 2가지는?

- 자전거 운전자
- 주차 중인 어린이통학버스

① 자전거 운전자는 자전거를 타고 횡단보도를 통행할 수 있다.
② 자전거 운전자가 어린이라면 보도를 통행할 수 있다.
③ 자전거 운전자는 안전모를 착용해야 한다.
④ 자전거 운전자는 밤에 도로를 통행하는 때에는 전조등과 미등을 켜거나 야광띠 등 발광장치를 착용하여야 한다.
⑤ 어린이통학버스는 어린이의 승하차 편의를 위해 도로의 좌측에 주차하거나 정차할 수 있다.

- 자전거 운전자는 횡단보도를 통행할 경우 자전거에서 내려야 한다.
- 횡단보도 근처는 주·정차 금지 구간이다.

정답이 보이는 **핵심키워드** | 학원 앞 운전 틀린 것 →
① 자전기 횡단보도 통행
⑤ 어린이통학버스 도로 좌측에 주차

## ★★
**94** 다음 상황에서 가장 안전한 운전방법 2가지는?

- 농어촌도로

① 농기계가 주행 중이 아니라면 운전자는 특별히 주의할 것은 없다.

② 농어촌도로는 제한속도 규정이 없으므로 가속하여 운전한다.
③ 노면에 모래와 먼지가 많으므로 이를 주의하면서 운전한다.
④ 농기계에 이르기 전부터 일시정지하거나 감속하는 등 농기계와 안전거리를 확보한다.
⑤ 농기계 운전자에게 방해가 되지 않도록 경음기는 절대 작동하지 않는다.

제한속도 표지가 없더라도 일반도로의 최고속도는 시속 60 킬로미터이다.

정답이 보이는 **핵심키워드** | 농어촌도로 트랙터 →
③ 주의 운전  ④ 일시정지

## ★★
**95** 다음 상황에서 가장 안전한 운전방법 2가지는?

- 농어촌도로
- 흰색 자동차 주행 중

① 농어촌노로는 세한속도 규정이 없으므로 가속하여 진행한다.
② 승용차와 농기계 사이에 진행공간이 있다 하더라도 경운기에 탑승하는 사람의 안전을 위해 일시정지 한다.
③ 농기계에 이르기 전부터 일시정지하거나 감속하는 등 농기계와 안전거리를 확보한다.
④ 농기계 운전자에게 방해가 되지 않도록 경음기는 절대 작동하지 않는다.
⑤ 도로 좌우측 길가장자리구역은 정차는 금지되나 주차는 허용되므로 주차할 수 있다.

정답이 보이는 **핵심키워드** | 농어촌도로 경운기 →
② 일시정지  ③ 일시정지

 다음 상황에서 가장 안전한 운전 방법 2가지는?

- 편도 3차로 도로
- 신호기가 작동하지 않는 교차로
- 전방에서 진행하는 경운기

① 신호기가 작동하지 않기 때문에 교차로 진입 시 교차로 상황을 잘 살피고 진입한다.
② 우회전하려는 경우 경운기 좌측으로 경음기를 울리며 경운기를 앞지르기한다.
③ 경운기는 운행속도가 느리기 때문에 속도를 올려 먼저 우회전한다.
④ 3차로에서 직진하려는 경우 경운기의 진행상태를 정확히 확인하고 진행한다.
⑤ 경운기가 직진할 수 있으므로 미리 예상하고 2차로로 급히 차로변경하여 직진한다.

전방에 속도가 느린 경운기와 같은 농기계가 있는 경우 속도가 자동차에 비해 느리므로 경운기의 상태를 잘 살펴 운전하여야 한다. 미리 예상하고 급차로 변경하여 운전하거나 앞지르기하려는 것은 위험하다.

정답이 보이는
**핵심키워드** | 교차로 경운기 →
① 교차로 상황 잘 살피고
④ 경운기 진행상태 확인

★★
**97** 다음 상황에서 가장 안전한 운전 방법 2가지는?

- 편도 2차로 도로
- 2차로 주차 중인 차량
- 맞은편 진행하는 차량 없음

① 경운기를 앞지르기하기 위해 중앙선을 넘어 주행해

도 된다.
② 경운기가 주차된 차량을 통과하면 우측 공간을 이용하여 빠른 속도로 앞지르기한다.
③ 경운기 운전자가 먼저 가라는 손짓을 하더라도 안전거리를 유지하며 안전하게 뒤따른다.
④ 경운기가 2차로로 차로변경하며 양보하는 경우 중앙선을 넘지 않는 범위에서 경운기 좌측으로 진행한다.
⑤ 주차된 차량 앞으로 보행자가 나타날 것까지 예상하며 진행할 필요는 없다.

정답이 보이는
**핵심키워드** | 편도 2차로 전방 경운기 →
③ 안전거리 유지  ④ 중앙선 넘지 않게

★★
**98** 다음 상황에서 가장 안전한 운전방법 2가지는?

- 편도 4차로 도로
- 차량신호등 적색등화
- 1차로 좌회전 및 유턴, 2·3차로 직진, 4차로 우회전 차로

① 직진하려는 경우 전방 차량신호등이 적색등화이므로 서행하며 안전하게 선행차량 뒤편에 정차한다.
② 차량신호등이 녹색등화로 바뀌면 일단 현재 차로에서 진행하다가 충분한 거리가 확보된 후 안전하게 차로변경한다.
③ 좌회전차로로 차로를 변경하여 차량신호등이 녹색등화로 바뀌면 재빨리 맞은편 차로를 이용하여 진행한다.
④ 트랙터를 따라 후행하는 경우 트랙터의 우측으로 앞지르기할 수 있다.
⑤ 유턴하려는 경우 차량 신호등이 적색등화에 유턴이 가능하다.

정답이 보이는
**핵심키워드** | 1차로 트랙터 →
① 서행  ② 안전하게 차로변경

- 편도 1차로 우로 굽은 도로
- 우천으로 노면 젖은 상태
- 우측 화물차량 정차 중
- 트랙터가 정차하여 우측 화물차 운전자와 대화 중

① 트랙터가 정차하고 있으므로 경음기를 계속 울려 진행할 것을 재촉한다.
② 맞은편 차량이 통과하면 바로 중앙선을 넘어 좌측으로 앞지르기한다.
③ 우측 화물차량이 정차 중 갑자기 출발할 수 있으므로 대비하여 운전한다.
④ 트랙터 우측에 공간이 있으면 그 공간을 이용하여 앞지르기한다.
⑤ 자동차에 비해 트랙터의 속도가 느리므로 무리하게 앞지르기하기보다는 안전한 거리를 유지하며 진행한다.

> 정답이 보이는 **핵심키워드** | 트랙터 도로에 징자 →
> ③ 갑자기 출발 대비  ⑤ 안전거리 유지

- 편도 1차로 도로
- 전방 우측 보행보조용 의자차 진행
- 전방 화물차 앞지르기 중

① 보행보조용 의자차는 보행자로 간주하므로 충분한 거리를 두고 진행한다.
② 전방 화물차의 앞지르기가 완료되면 바로 뒤따라 앞지르기한다.
③ 전방 상황에 대한 확인이 불가하므로 화물차를 바싹 뒤따르며 진행한다.
④ 보행보조용 의자차는 보도로 통행하여야 하므로 경음기를 울리고 좌측 보도로 통행할 것을 요구한다.
⑤ 비상점멸등을 켜고 서행하여 후행차량에 전방의 위험상황을 알려준다.

> 정답이 보이는 **핵심키워드** | 전방 의자차 →
> ① 충분한 거리  ⑤ 서행

Driver's License Computer Base Test

8문제 3점

# 일러스트형

**5지 2답** | 5개의 보기 중에 2개의 답을 찾는 문제

일러스트형 문제는 총 85문제 중 8문제가 출제되며, 문제당 3점씩 총 24점을 획득할 수 있습니다. 사진형 문제와 유사하지만, 그림과 도로 상황에 대한 설명이 주어지고 그 상황에 맞는 가장 안전한 운전 방법, 위험 요인, 위험 상황, 적절한 행동 등을 고르는 문제가 출제됩니다. 상식으로 풀 수 있는 문제도 있지만, 초보운전자들에게는 다소 어려운 문제도 있으므로 그림과 핵심 키워드를 잘 매치시켜 연습하도록 합니다.

**1 다음 상황에서 직진하려는 경우 가장 안전한 운전 방법 2가지는?**

**도로 상황**
- 교차로 모퉁이에 정차중인 어린이통학버스
- 뒷차에 손짓을 하는 어린이통학버스 운전자

① 어린이통학버스가 출발할 때까지 교차로에 진입하지 않는다.
② 어린이통학버스가 정차하고 있으므로 좌측으로 통행한다.
③ 어린이통학버스 운전자의 손짓에 따라 좌측으로 통행한다.
④ 교차로에 진입하여 어린이통학버스 뒤에서 기다린다.
⑤ 반대편 화물자동차 뒤에서 나타날 수 있는 보행자에 대비한다.

> **정답이 보이는 핵심키워드**  교차로 모퉁이에 정차중인 어린이통학버스 안전운전 방법 → ① 교차로에 미진입, ⑤ 보행자에 대비


**2 다음 상황에서 가장 안전한 운전방법 2가지는?**

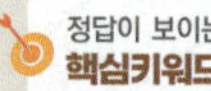
**도로 상황**
- 자전거 탄 사람이 차도에 진입한 상태
- 전방 차의 등화 녹색등화
- 진행속도 시속 40킬로미터

① 자전거 운전자에게 상향등으로 경고하며 빠르게 통과한다.
② 자전거 운전자가 무단 횡단할 가능성이 있으므로 주의하며 서행으로 통과한다.
③ 자전거는 차이므로 현재 그 자리에 멈춰있을 것으로 예측하며 교차로를 통과한다.
④ 자전거 운전자가 위험한 행동을 하지 못하도록 경음기를 반복사용하며 신속히 통과한다.
⑤ 자전거 운전자가 차도 위에 있으므로 옆쪽으로도 안전한 거리를 확보할 수 있도록 통행한다.

> **정답이 보이는 핵심키워드**  전방 자전거 안전운전 → ② 서행 ⑤ 안전거리 확보


**3 다음 상황에서 교차로를 통과하려는 경우 예상되는 위험 2가지는?**

**도로 상황**
- 교각이 설치되어있는 도로
- 정지해있던 차량들이 녹색신호에 따라 출발하려는 상황
- 3지 신호교차로

① 3차로의 하얀색 차량이 우회전 할 수 있다.
② 2차로의 하얀색 차량이 1차로 쪽으로 급차로 변경할 수 있다.
③ 교각으로부터 무단횡단 하는 보행자가 나타날 수 있다.
④ 횡단보도를 뒤 늦게 건너려는 보행자를 위해 일시정지 한다.
⑤ 뒤차가 내 앞으로 앞지르기를 할 수 있다.

> 
> **정답이 보이는 핵심키워드**  교각 아래 교차로 → ② 2차로 하얀색 차량 급차로 변경 ③ 무단횡단

## 4 다음 상황에서 가장 안전한 운전 방법 2가지는?

<table>
<tr><td>도로<br>상황</td><td>■ + 형 교차로<br>■ 1차로(좌회전), 2차로(직진), 3차로(직진·우회전)<br>■ 2차로 주행 중<br>■ 4색 등화 중 적색신호에서 녹색 신호로 바뀜</td></tr>
</table>

① 녹색 신호이므로 가속하여 빠르게 직진으로 교차로를 통과한다.
② 비상 점멸등을 켜고 주변 차량에 알리며 2차로에서 우회전한다.
③ 앞쪽 3차로에서 왼쪽으로 갑자기 진로 변경을 하는 차가 있을 수 있는 위험에 대비하면서 운전한다.
④ 뒤쪽 차가 너무 가까이 따라오므로 안전거리 확보를 위해 속도를 빨리 높여 신속히 교차로를 통과한다.
⑤ 교차로 주변 상황을 눈으로 확인하면서 서서히 속도를 높여 통과한다.

정답이 보이는 **핵심키워드** 3차로 +형 교차로 안전운전 →
③ 위험에 대비 ⑤ 서서히 속도 높여 통과

## 5 다음 상황에서 가장 안전한 운전 방법 2가지는?

<table>
<tr><td>도로<br>상황</td><td>■ +형 교차로<br>■ 1차로(좌회전), 2차로(직진), 3차로(직진·우회전)<br>■ 4색 등화 중 적색신호에서 녹색·좌회전 동시 신호로 바뀜<br>■ 2차로에서 출발하는 상황</td></tr>
</table>

① 신호가 바뀐 직후에 빠르게 가속하여 신속히 교차로를 통과한다.
② 왼쪽 방향지시등을 켜고 다른 차량에 주의하면서 좌회전한다.
③ 교차로 내에서 급가속하여 오른쪽으로 진로변경하며 통과한다.
④ 좌회전하는 흰색 승용차가 멈추는 이유를 생각하고 서행하면서 위험에 대비한다.
⑤ 신호위반 차량이 있는지 좌·우를 확인하면서 서서히 속도를 높여 통과한다.

정답이 보이는 **핵심키워드** +형 교차로 안전운전 →
④ 서행
⑤ 서서히 속도 높여 통과

## 6 다음 상황에서 가장 안전한 운전방법 2가지는?

<table>
<tr><td>도로<br>상황</td><td>■ + 형 교차로<br>■ 1차로(좌회전), 3차로(직진), 4차로(직진·우회전)<br>■ 왼쪽도로 횡단보도 넘어 신호 대기 중인 이륜차<br>■ 1차로에서 신호 대기 중<br>■ 4색 등화 중 적색신호에서 직진·좌회선 동시 신호로 바뀜</td></tr>
</table>

① 소통을 원활하게 하기 위해 적색 신호에 미리 정지선을 넘어 대기하다가 좌회전한다.
② 반대편 도로에서 우회전하는 빨간색 차량은 좌회전 차량이 우선이기 때문에 주의할 필요가 없다.
③ 차량의 사각지대로 인해 이륜차를 순간적으로 못 볼 수 있기 때문에 주의해야 한다.
④ 교차로 노면에 표시된 흰색 통행 유도선을 따라 좌회전한다.
⑤ 좌회전하면서 오른쪽 방향지시등을 켜고 왼쪽 도로의 3차로로 바로 진입한다.

정답이 보이는 **핵심키워드** 4차로 +형 교차로 안전운전 →
③ 주의
④ 유도선 따라 좌회전

**7** 다음 상황에서 가장 안전한 운전방법 2가지는?

<table>
<tr><td rowspan="5">도로<br>상황</td></tr>
<tr><td>■ +형 교차로</td></tr>
<tr><td>■ 1차로(좌회전), 2차로(직진), 3차로(직진·우회전)</td></tr>
<tr><td>■ 4색 등화 중 녹색 신호</td></tr>
<tr><td>■ 앞쪽에 차량이 정체되어 있는 도로 상황</td></tr>
</table>

■ 2차로 주행 중

① 많은 차량의 교차로 통과를 위해 앞 차와 최대한 붙어서 주행한다.
② 앞쪽 3차로에서 왼쪽으로 갑자기 진로 변경하는 차량에 대비할 필요가 있다.
③ 앞쪽 차량의 정체 여부와 관계없이 교차로에 진입하여 소통을 원활하게 한다.
④ 비상 점멸등을 켜고 차량이 없는 반대편 1차로로 안전하게 앞질러 직진한다.
⑤ 정체로 인해 녹색 신호에 교차로를 통과 못 할 것 같으면 정지선 직전에 정지한다.

> 정답이 보이는 **핵심키워드** | +형 교차로 안전운전 →
> ② 갑자기 진로 변경 차량에 대비
> ⑤ 정지선 직전에 정지



**8** 다음과 같은 상황에서 좌회전하려고 한다. 가장 위험한 운전방법 2가지는?

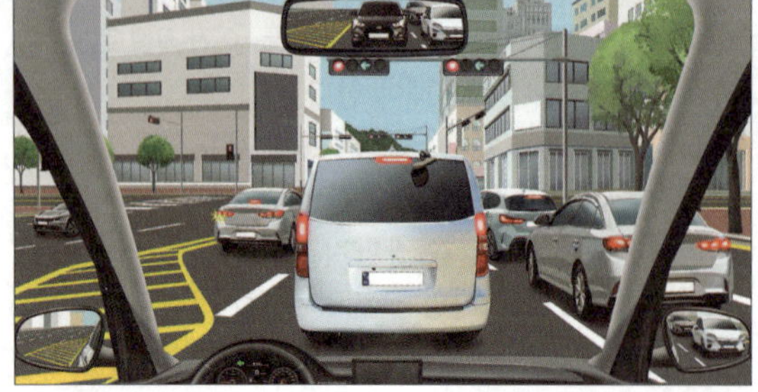

<table>
<tr><td rowspan="3">도로<br>상황</td><td>■ + 교차로</td></tr>
<tr><td>■ 1차로(좌회전·유턴), 2차로(직진), 4차로(직진·우회전)</td></tr>
<tr><td>■ 2차로 정차 중 좌회전 신호로 바뀜</td></tr>
</table>

① 비상 점멸등을 켜고 안전지대를 통과하여 1차로로 진입한 후 좌회전한다.
② 좌회전 차로에 진입 후에는 앞 차량에 최대한 붙어서 신속히 좌회전한다.
③ 1차로로 진로 변경할 때는 뒤따르는 뒤쪽 차량에 주의해야 한다.
④ 흰색 점선 차선에서 1차로로 진로 변경한 후에 좌회전한다.
⑤ 좌회전 차로로 진로 변경할 때는 바로 앞 차량을 주의할 필요가 있다.

안전지대 표시는 노상에 장애물이 있거나 안전 확보가 필요한 안전지대로서 이 지대에 들어가지 못함을 표시하는 것이다. 그래서 안전지대를 통과해서 운전해서는 안된다.

> 정답이 보이는 **핵심키워드** | +형 교차로 위험운전 → ① 안전지대 통과
> ② 앞 차량에 최대한 붙어 좌회전



**9** 다음 상황에서 가장 안전한 운전방법 2가지는?

<table>
<tr><td>도로<br>상황</td><td>■ 아파트(APT) 단지 주차장입구 접근 중</td></tr>
</table>

① 차의 통행에 방해되지 않도록 지속적으로 경음기를 사용한다.
② B는 차의 왼쪽으로 통행할 것으로 예상하여 그대로 주행한다.
③ B의 횡단에 방해되지 않도록 횡단이 끝날 때까지 정지한다.
④ 도로가 아닌 장소는 차의 통행이 우선이므로 B가 횡단하지 못하도록 경음기를 울린다.
⑤ B의 옆을 지나는 경우 안전한 거리를 두고 서행해야 한다.

> 정답이 보이는 **핵심키워드** | 아파트 주차장 입구 →
> ③ 횡단 끝날 때까지 정지 ⑤ 서행

**10** 다음과 같은 상황에서 가장 안전하게 유턴할 수 있는 방법 2가지는?

① 유턴이 가능한 신호에 흰색 점선의 유턴구역 내에서 앞차부터 순서대로 유턴한다.
② 왼쪽 부도로에서 주도로로 합류하는 우회전하는 차량은 조심할 필요가 없다.
③ 반대편 도로의 차량에 방해를 주지 않는다면 신호에 관계없이 언제든 유턴할 수 있다.
④ 내 차량 바로 뒤에서 먼저 유턴하는 차량은 주의할 필요가 없다.
⑤ 반대편 도로에서 신호위반으로 직진하는 차량이 있을 수 있기에 눈으로 확인하고 유턴한다.



**11** 다음과 같은 교차로에서 우회전하려고 한다. 가장 안전한 운전방법 2가지는?

① 교차로 정지선 전에 일시정지 없이 서행하면서 우회전한다.
② 교차로 직전 신호등 있는 횡단보도에 보행자가 있는지 반드시 확인한다.
③ 왼쪽 도로에서 오른쪽 도로로 직진하는 차량은 반드시 확인할 필요는 없다.
④ 오른쪽 사이드미러에 보이는 뒤따르는 이륜차를 주의해야 한다.
⑤ 우회전 직후 신호등이 있는 횡단보도의 보행자는 반드시 확인할 필요는 없다.



**12** 다음과 같은 상황에서 우회전할 때 가장 위험한 운전 방법 2가지는?

① 정지선 전에 정지한 후 우회전 삼색등이 진행 신호로 바뀔 때까지 대기한다.
② 우회전 삼색등에 녹색 화살표 신호로 변경된 후에도 앞쪽의 상황을 확인하고 우회전한다.
③ 우회전 삼색등이 적색 신호라도 보행자가 없다면 일시정지 후 천천히 우회전한다.
④ 우회전하고 바로 나타나는 오른쪽 도로의 횡단보도는 주의할 필요가 없다.
⑤ 오른쪽 보도에서 갑자기 횡단보도로 뛰어나올 수 있는 보행자에 주의한다.

**13** 다음의 도로를 통행하려는 경우 가장 올바른 운전방법 2가지는?

| 도로<br>상황 | ■ 어린이를 태운 어린이통학버스 시속 35킬로미터<br>■ 어린이통학버스 방향지시기 미작동<br>■ 어린이통학버스 황색점멸등, 제동등 켜짐<br>■ 3차로 전동킥보드 통행 |
|---|---|

① 어린이통학버스가 오른쪽으로 진로 변경할 가능성이 있으므로 속도를 줄이며 안전한 거리를 유지한다.
② 어린이통학버스가 제동하며 감속하는 상황이므로 앞지르기 방법에 따라 안전하게 앞지르기한다.
③ 3차로 전동킥보드를 주의하며 진로를 변경하고 우측으로 앞지르기한다.
④ 어린이통학버스 앞쪽이 보이지 않는 상황이므로 진로변경하지 않고 감속하며 안전한 거리를 유지한다.
⑤ 어린이통학버스 운전자에게 최저속도 위반임을 알려주기 위하여 경음기를 사용한다.

> **정답이 보이는 핵심키워드**　전방 어린이통학버스 안전운전 →
> ① 안전거리　④ 안전거리

**14** 다음 상황에서 비보호 좌회전할 때 가장 큰 위험요인 2가지는?

| 도로<br>상황 | ■ + 형 교차로<br>■ 1차로(좌회전·직진), 2차로(직진·우회전)<br>■ 1차로 신호대기 중<br>■ 3색 등화 중 녹색 신호로 바뀜 |
|---|---|

① 반대편 2차로에서 빠르게 직진해 오는 차량이 있을 수 있다.
② 반대편 1차로 화물차 뒤에 차량이 좌회전하기 위해 정지해 있을 수 있다.
③ 뒤따르는 뒤쪽 차량이 갑자기 2차로로 진로 변경할 수 있다.
④ 왼쪽 도로의 보행자가 횡단보도를 건너갈 수 있다.
⑤ 반대편 1차로에서 화물차가 비보호 좌회전을 할 수 있다.

> 비보호 좌회전하는 때에는 반대편 도로에서 녹색 신호에 주행하는 직진 차량에 주의해야 한다.

> **정답이 보이는 핵심키워드**　+형 교차로 좌회전 위험요인 →
> ① 빠르게 직진해 오는 차량
> ④ 보행자

**15** 다음 도로 상황에서 가장 위험한 요인 2가지는?

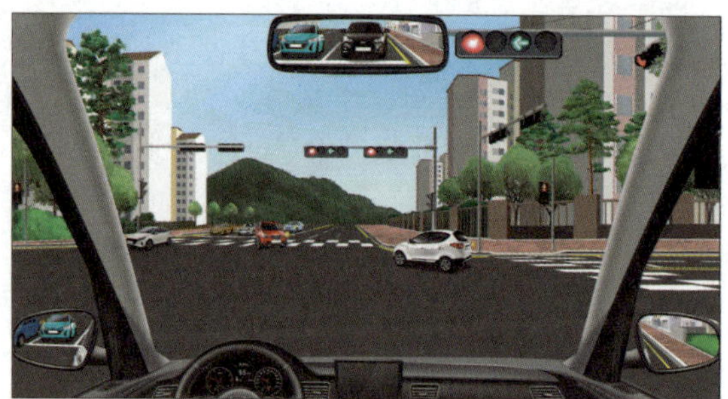

| 도로<br>상황 | ■ + 형 교차로<br>■ 1차로(좌회전 및 유턴), 2차로(직진), 3차로(직진·우회전)<br>■ 3차로를 시속 55킬로미터로 직진 주행 중<br>■ 교차로 진입 직후에 좌회전 신호로 바뀜 |
|---|---|

① 진행 방향 1차로에서 신속하게 좌회전하는 차와 충돌할 수 있다.
② 오른쪽 도로에서 우회전하는 차와 충돌할 수 있다.
③ 반대편 도로에서 우회전하는 차와 충돌할 수 있다.
④ 반대편 도로에서 유턴하는 차와 충돌할 수 있다.
⑤ 진행 방향 3차로 뒤쪽에서 우회전하려는 차와 충돌할 수 있다.

> 신호가 황색이나 적색으로 바뀌면 운전자는 빨리 교차로를 빠져나가려고 속도를 높이게 되는데, 이때 오른쪽 도로에서 무리하게 우회전하는 차와 사고의 가능성이 있다. 또한 반대편 도로에서 좌회전 신호가 켜질 것을 생각하고 미리 교차로에 진입하거나 좌회전 신호 변경 후 급출발하는 좌회전 차와도 충돌할 수도 있고, 반대편 도로에서 유턴하는 차량하고도 충돌할 수 있다.

> **정답이 보이는 핵심키워드**　+형 교차로 위험요인 →
> ② 우회전 차와 충돌　④ 유턴 차와 충돌

**16** 다음 사진과 같은 "차로축소형 회전교차로"에서 우회전 통행방법에 대한 설명으로 올바른 2가지는?

■ 차로축소형 회전교차로

① 회전교차로 진입 후 안전하게 우회전방향으로 빠져나간다.
② 회전교차로 내로 진입하지 않고 미리 도로의 우측 가장자리 차로를 이용하여 서행하면서 우회전한다.
③ 회전교차로 진입 후 바로 우회전을 할 경우 "교차로 통행방법위반"이다.
④ 우회전 차로에 있는 횡단보도는 보행자 여부와 관계없이 일시 정지해야 한다.
⑤ 회전교차로 진입 후 시계방향으로 크게 회전하여 우회전하여야 한다.

차로축소형 회전교차로는 우회전차량과 직진, 좌회전 차량 동선을 분류하여 회전교차로 내에서 차로변경이 일어나지 않는 형식이다.

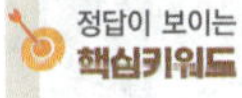 정답이 보이는 **핵심키워드**
차로축소형 회전교차로 우회전 →
② 회전교차로 내 미진입
③ 진입 후 우회전은 통행위반

---

**17** 다음 상황에서 가장 안전한 운전방법 2가지는?

 도로
상황
■ 어린이보호구역의 'ㅏ'자형 교차로
■ 교통정리가 이루어지지 않는 교차로
■ 좌우가 확인되지 않는 교차로
■ 통행하려는 보행자가 없는 횡단보도

---

① 우회전하려는 경우 서행으로 횡단보도를 통행한다.
② 우회전하려는 경우 횡단보도 앞에서 반드시 일시정지한다.
③ 직진하려는 경우 다른 차보다 우선이므로 서행하며 진입한다.
④ 직진 및 우회전하려는 경우 모두 일시정지한 후 진입한다.
⑤ 우회전하려는 경우만 일시정지한 후 진입한다.

정답이 보이는 **핵심키워드**
어린이보호구역 ㅏ자형 교차로 →
② 우회전 일시정지
④ 직진 및 우회전 모두 일시정지

---

**18** 다음 상황에서 12시 방향으로 진출하려는 경우 가장 안전한 운전방법 2가지는?

도로
상황
■ 회전교차로 안에서 회전 중
■ 우측에서 회전교차로에 진입하려는 상황

① 회전교차로에 진입하려는 승용자동차에 양보하기 위해 정차한다.
② 좌측방향지시기를 작동하며 화물차턱으로 진입한다.
③ 우측방향지시기를 작동하며 12시 방향으로 통행한다.
④ 진출 시기를 놓친 경우 한 바퀴 회전하여 진출한다.
⑤ 12시 방향으로 직진하려는 경우이므로 방향지시기를 작동하지 아니 한다.

정답이 보이는 **핵심키워드**
회전교차로 12시 방향 진출 →
③ 우측방향지시기 작동
④ 한 바퀴 회전

**★★**
**19** 다음 상황에서 우회전하려는 경우 가장 안전한 운전방법 2가지는?

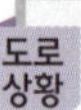
■ 편도 1차로
■ 불법주차된 차들

① 오른쪽 시야확보가 어려우므로 정지한 후 우회전한다.
② 횡단보도 위에 보행자가 없으므로 그대로 신속하게 통과한다.
③ 반대방향 자동차 진행에 방해되지 않게 정지선 전에서 정지한다.
④ 먼저 교차로에 진입한 상태이므로 그대로 진행한다.
⑤ 보행자가 횡단보도에 진입하지 못하도록 경음기를 울린다.

우회전 시 오른쪽에 정차 및 주차방법을 위반한 차들로 인해 오른쪽의 횡단보도가 가려지는 사각지대에 존재할 수 있는 보행자를 예측하여 정지한 후 주의를 살피고 나서 우회전 행동을 해야 한다.

정답이 보이는 **핵심키워드** | 편도 1차로 우회전 방법 →
① 정지 후 우회전, ③ 정지선 전 정지

**★★**
**20** 왼쪽차로(1차로)에서 직진하며 교차로에 접근하고 있는 상황이다. 안전한 운전방법 2가지는?

■ 교통정리가 없는 교차로
■ 양방향 주차된 차들
■ 오른쪽 후사경에 접근 중인 승용차

① 반대쪽 방향에 차가 없으므로 왼쪽으로 앞지르기하여 통과한다.
② 감속하며 1차로 택시와 안전한 거리를 두고 접근한다.
③ 경음기를 사용하여 택시를 멈추게 하고 택시의 오른쪽으로 빠르게 통행한다.
④ 3차로로 연속 진로변경하여 정차한다.
⑤ 2차로로 진로변경하는 경우 택시와 보행자에 접근 시 감속한다.

1차로에 통행중인 택시가 오른쪽 보행자를 확인하고 제동하며 조향장치를 오른쪽으로 작동시킨 상태이다. 따라서 뒤를 따르는 운전자는 택시의 갑작스런 급감속을 주의하며 안전거리를 유지해야 한다. 또 오른쪽으로 진로변경하는 경우에도 주차된 차들을 피해 2차로에서 정차한 후 승객을 탑승시킬 것이 예견되므로 감속하여 교차로로 접근해야 한다.

정답이 보이는 **핵심키워드** | 교차로 접근 안전 운전 →
② 안전한 거리를 두고 접근
⑤ 보행자에 접근 시 감속

**★★**
**21** 직진으로 통행하는 중이다. 안전한 운전방법 2가지는?

■ 도로유지 보수하고 있는 상황
■ 흰색 자동차는 오른쪽에서 왼쪽으로 진행 중

① 흰색 자동차가 진입하지 못하도록 가속하여 통행한다.
② 흰색 자동차가 직진할 수 있으므로 서행하며 주의를 살핀다.
③ 도로유지 보수 중에 좌측을 통행할 수 있으므로 그대로 통행한다.
④ 흰색 승용차가 멈출 것이라 예측하고 반대방향 차에 주의하며 통행한다.
⑤ 반대방향 빨강색 승용차가 좌회전차로로 진입할 수 있으므로 필요한 경우 정차하여 상황을 살핀다.

정답이 보이는 **핵심키워드** | 직진 통행 안전운전 →
② 서행 ⑤ 필요한 경우 정차

## 22  도심지 이면 도로를 주행하는 상황에서 가장 안전한 운전방법 2가지는?

**도로 상황**
- 어린이들이 도로를 횡단하려는 중
- 자전거 운전자는 애완견과 산책 중

① 자전거와 산책하는 애완견이 갑자기 도로 중앙으로 나올 수 있으므로 주의한다.
② 경음기를 사용해서 내 차의 진행을 알리고 자전거에게 양보하도록 한다.
③ 어린이가 갑자기 도로 중앙으로 나올 수 있으므로 속도를 줄인다.
④ 속도를 높여 자전거를 피해 신속히 통과한다.
⑤ 전조등 불빛을 번쩍이면서 마주 오는 차에 주의를 준다.

어린이와 애완견은 흥미를 나타내는 방향으로 갑작스러운 행동을 할 수 있고, 한 손으로 자전거 핸들을 잡고 있어 비틀거릴 수 있으며 애완견에 이끌려서 갑자기 도로 중앙으로 달릴 수 있기 때문에 충분한 안전거리를 유지하고, 서행하거나 일시정지하여 자전거와 어린이의 움직임을 주시하면서 전방 상황에 대비하여야 한다.


도심지 이면도로 안전운전 →
① 애완견 주의, ③ 어린이 주의

## 23  다음 상황에서 가장 안전한 운전방법 2가지는?

**도로 상황**
- 지하주차장
- 지하주차장에 보행중인 보행자

① 주차된 차량사이에서 보행자가 나타날 수 있기 때문에 서행으로 운전한다.
② 주차중인 차량이 갑자기 출발할 수 있으므로 주의하며 운전한다.
③ 지하주차장 노면표시는 반드시 지키며 운전할 필요가 없다.
④ 내 차량을 주차할 수 있는 주차구역만 살펴보며 운전한다.
⑤ 지하주차장 기둥은 운전시야를 방해하는 시설물이므로 경음기를 계속 울리면서 운전한다.


지하주차장 보행자 →
① 서행 ② 주의

## 24  시속 30킬로미터로 직진하는 상황이다. 안전한 운전방법 2가지는?

**도로 상황**
- 반대방면에 통행중인 자동차들
- 진행방면 오른쪽에 주차한 자동차들
- 도로에 진입하기 위해 정차한 자동차

① 주차된 차들과 충돌하지 않도록 시속 30킬로미터 이하로 횡단보도를 통과한다.
② 감속하며 접근하고 횡단보도 직전 정지선에 정지한다.
③ 횡단보도에 사람이 없으므로 시속 30킬로미터로 서행한다.
④ 횡단보도에 사람이 없으므로 그대로 통과한다.
⑤ 오른쪽에서 도로에 진입하려는 차를 주의하며 서행한다.

어린이 보호구역의 신호등 없는 횡단보도를 진입하려는 경우 정지한 후에 진입해야 한다.


시속 30 안전 운전 →
② 횡단보도 직전 정지  ⑤ 오른쪽 주의

**★★**

**25** 공동주택 주차장에서 좌회전 하려는 중이다. 대비해야 할 위험요소와 거리가 먼 2가지는?

<table><tr><td>도로<br>상황</td><td>■ 왼쪽에서 재활용품 정리를 하는 사람<br>■ 오른쪽 흰색자동차에 켜져 있는 흰색등화<br>■ 실내후사경에 확인되는 자동차</td></tr></table>

① 공작물에 가려져 확인되지 않는 A 지역
② 후진하려는 흰색 자동차
③ 재활용수거용 마대와 충돌할 가능성
④ 놀이하고 있는 어린이의 차도 진입
⑤ 뒤쪽 자동차와의 충돌 가능성

제시된 상황에서 마대와 충돌할 가능성 및 뒤차와의 충돌 가능성은 아주 낮다.

> **정답이 보이는 핵심키워드** | 공동주택 주차장 좌회전 위험성 아닌 것 →
> ③ 재활용수거용 마대와 충돌
> ⑤ 뒤쪽 자동차와 충돌

**★**

**26** 교차로 접근하고 있으며 우회전하려는 상황이다. 가장 안전한 통행방법 2가지는?

<table><tr><td>도로<br>상황</td><td>■ 오른쪽에서 왼쪽으로 통행 중인 승용차<br>■ 반대방면에서 직진하고 있는 자동차<br>■ 적색점멸이 등화된 신호등</td></tr></table>

① 어린이가 왼쪽으로 횡단하고 있으므로 우측공간을 이용하여 그대로 진입하여 우회전한다.
② 반대방면에서 진입해 오는 자동차가 좌회전하려는

---

지를 살핀다.
③ 횡단보도 직전 정지선에서 정지하여 어린이가 횡단을 완료할 때까지 대기한다.
④ 반대방면 승용차보다 교차로에 선진입하기 위해 가속하여 정지선을 통과한다.
⑤ 신호에 따라 주의하여 서행으로 진입하고 우회전한다.

> **정답이 보이는 핵심키워드** | 교차로 우회전 통행방법 →
> ② 반대방면 자동차 좌회전 살핀다
> ③ 어린이가 횡단 완료할 때까지 대기

**★★**

**27** T자형 교차로에서 좌회전을 하려는 상황이다. 가장 안전한 운전방법 2가지는?

<table><tr><td>도로<br>상황</td><td>■ 좌회전하려는 상황<br>■ 앞쪽 횡단보도는 신호등이 없음</td></tr></table>

① 좌회전 신호에 따라 신속하게 좌회전한다.
② 횡단보도 정지선 전에서 정지한다.
③ 서행으로 횡단보도에 진입한 후 왼쪽 차에 주의하며 좌회전한다.
④ 오른쪽 사람과 옆으로 안전한 거리를 두고 좌회전한다.
⑤ 횡단보도를 이용하는 보행자와 자전거가 횡단을 완료할 때까지 기다린다.

신호등이 없는 횡단보도에 횡단하는 사람이 있고 횡단하려는 사람이 있으므로 이런 상황에서는 정지선 앞쪽에서 대기하며 횡단보도의 보행자가 안전하게 횡단할 때까지 대기하여야 한다.

> **정답이 보이는 핵심키워드** | T자형 교차로 좌회전 안전운전 →
> ② 횡단보도 정지선 전 정지
> ⑤ 횡단 완료 때까지 대기

## 28 다음 도로상황에서 가장 주의해야 할 위험상황 2가지는?

| 도로<br>상황 | ■ 다수의 보행자들 차도 통행<br>■ 우측 후방 뒤따르는 자동차들 |
| --- | --- |

① 전동킥보드 운전자는 앞쪽 보행자를 피해서 갑자기 왼쪽으로 이동할 수 있다.
② 오른쪽 보행자들이 왼쪽으로 횡단할 수 있다.
③ 서행으로 통행하여 뒤차들과 충돌할 수 있다.
④ 반대방면 흰색 자동차와 충돌할 수 있다.
⑤ 전동킥보드가 버스승강장에 있는 보행자를 충돌할 수 있다.

주어진 상황에서 가장 위험한 상황으로는 첫째, 동일방향 전방 오른쪽으로 치우쳐 통행중인 전동킥보드 운전자는 앞쪽 보행자와 충돌을 피하기 위하여 왼쪽으로 이동하여 통행할 수 있다. 둘째, 오른쪽으로 통행하고 있는 보행자는 횡단시설이 없는 곳에서 쉽게 횡단을 하는 경향이 있다.

> **정답이 보이는 핵심키워드**
> 다수의 보행자들 차도 통행 위험 상황 →
> ① 전동킥보드 갑자기 왼쪽으로 이동
> ② 보행자들 왼쪽으로 횡단

## 29 다음 상황에서 가장 안전한 운전방법 2가지는?

| 도로<br>상황 | ■ 현재 속도 시속 25킬로미터<br>■ 후행하는 4대의 자동차들 |
| --- | --- |

① 왼쪽 방향지시기와 전조등을 작동하며 안전하게 추월한다.
② 경운기 운전자의 수신호에 따라 주의하며 안전하게 추월한다.
③ 경운기 운전자의 수신호가 끝나면 앞지른다.
④ 경운기 운전자의 손짓을 무시하고 그 뒤를 따른다.
⑤ 경운기와 충분한 안전거리를 유지한다.

농기계 운전자는 수신호를 할 수 있는 사람이 아니다. 도로를 통행하는 경우 느린 속도로 통행하고 있는 화물자동차, 특수자동차, 농기계 등의 운전자가 '그냥 앞질러서 가세요'라는 의미로 손짓을 하는 경우가 있으나, 이 때의 손짓은 수신호가 아니다.

> **정답이 보이는 핵심키워드**
> 전방 경운기 안전운전 →
> ④ 뒤를 따른다, ⑤ 안전거리 유지

## 30 다음 상황에서 가장 안전한 운전방법 2가지는?

| 도로<br>상황 | ■ 회전교차로<br>■ 진입과 회전하는 차량 |
| --- | --- |

① 진입하려는 차량은 진행하고 있는 회전차량에 진로를 양보하여야 한다.
② 회전교차로에 진입하려는 경우에는 서행하거나 일시정지 하여야 한다.
③ 진입차량이 우선이므로 신속히 진입하여 가고자 하는 목적지로 진행한다.
④ 회전교차로에 진입할 때는 회전차량보다 먼저 진입한다.
⑤ 주변 차량의 움직임에 주의할 필요가 없다.

> **정답이 보이는 핵심키워드**
> 회전교차로 안전운전 →
> ① 회전차량에 진로 양보
> ② 서행 또는 일시정지

## 31 교차로에 진입하여 직진하려는 상황이다. 가장 안전한 운전방법 2가지는?

| 도로 상황 | ■ 신호등 없는 교차로<br>■ 오른쪽 3차로에 주차된 자동차들<br>■ 유턴하는 과정에 정차중인 검은색 자동차 |
| --- | --- |

① 검은색 자동차가 후진할 수 있으므로 감속하며 대비한다.
② 이륜차가 검은색 승용차의 왼쪽으로 진로변경할 수 있으므로 주의한다.
③ 반대방향에 비어있는 직진차로를 이용하여 직진하다가 원래 차로로 되돌아 온다.
④ 정차한 검은색 자동차의 옆으로 가속하며 직진으로 통과한다.
⑤ 이륜차가 나의 앞으로 진로변경할 수 없도록 가속하며 통과한다.

> **정답이 보이는 핵심키워드** │ 교차로 직진 안전운전 →
> ① 감속하며 대비 ② 이륜차 주의

★

## 32 다음과 같은 상황에서 안전한 운전방법 2가지는?

| 도로 상황 | ■ 통행하고 있는 검은색, 흰색 자동차<br>■ 정차하고 있는 어린이통학버스 |
| --- | --- |

① 검은색 자동차 운전자는 P공간을 이용하여 신속하게 통행한다.

② 검은색 자동차 운전자는 어린이통학버스 뒤에서 정지한다.
③ 흰색 자동차 운전자는 어린이통학버스에 주의하며 서행으로 직진한다.
④ 흰색 자동차 운전자는 어린이통학버스에 이르기 전에 정지한 후 서행한다.
⑤ 흰색 자동차 운전자는 지속적으로 경음기를 작동하여 본인이 직진할 것을 알린다.

> **정답이 보이는 핵심키워드** │ 정차하고 있는 어린이통학버스 안전운전 →
> ② 통학버스 뒤 정지  ④ 정지 후 서행

★★

## 33 다음과 같은 교차로에서 가장 안전한 통행방법 2가지를 설명한 것은?

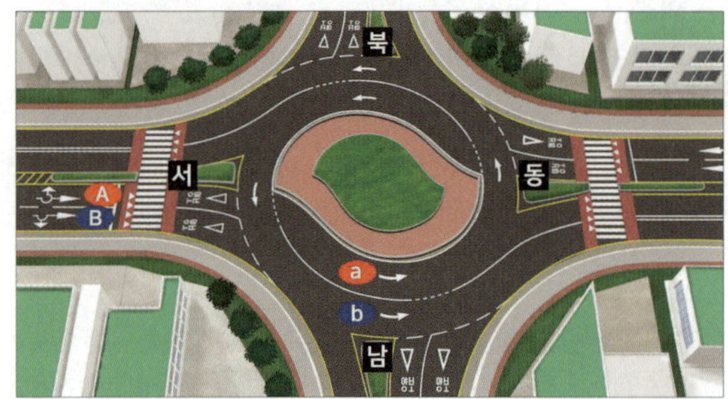


| 도로 상황 | ■ 나선형 회전교차로 |
| --- | --- |

① A차로에서 진입하려는 때에 왼쪽 방향지시기를 작동하였다.
② A차로에서 진입한 운전자가 즉시 a차로에 진입하여 회전하다가 북쪽으로 진출하였다.
③ B차로에서 진입하려는 때에 오른쪽 방향지시기를 작동하였다.
④ B차로에서 진입한 운전자가 즉시 b차로로 진입하여 회전하다가 a차로로 진로변경하여 북쪽방향으로 진출하였다.
⑤ 안쪽에서 회전하다가 진출하려는 때에 왼쪽 방향지시기를 작동하였다.

A차로에서 진입하는 운전자는 백색점선을 이용하여 즉시 a차로로 진입해야 한다. A차로의 진출방향은 동쪽과 북쪽이다. B차로에서 진입하는 운전자는 즉시 b차로로 진입해서 남쪽 또는 동쪽으로 진출해야 한다. 또 회전교차로에서 진입하려는 때는 왼쪽, 진출하려는 때에는 오른쪽 방향지시기를 작동해야 한다.

> **정답이 보이는 핵심키워드** │ 나선형 회전교차로 통행방법 →
> ① A차로에서 진입 시 왼쪽 방향지시기
> ② A차로에서 진입 후 북쪽으로 진출

## 34 다음 상황에서 우회전하고자 할 때 가장 안전한 운전방법 2가지는?

<table>
<tr><td>도로<br>상황</td><td>■ 우회전 전용신호등 설치 교차로</td></tr>
</table>

① 전방 녹색 진행신호에 따라 신속히 우회전한다.
② 우측 보행자가 횡단보도를 통행 할 수 있으므로 일시 정지 후 안전을 확인하며 우회전한다.
③ 우회전전용신호가 적색이므로 정지한다.
④ 우회전전용신호가 적색이어도 보행자 통행에 방해를 주지 않는 경우 우회전 가능하다.
⑤ 정지선에 정지하여 우회전 화살표등화로 바뀔 때까지 기다린다.

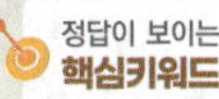

정답이 보이는 **핵심키워드** | 교차로 우회전 신호등 적색 안전운전 →
③ 적색이므로 정지 ⑤ 정지선에 정지

★★

## 35 다음 상황에서 좌회전하려는 경우 가장 안전한 운전방법 2가지는?

<table>
<tr><td>도로<br>상황</td><td>■ 좌회전 방향 통행량 증가로 정체<br>■ 2차로 좌회전차로 주행 중</td></tr>
</table>

① 녹색 진행신호에 따라 교차로에 그대로 빠르게 진입한다.
② 앞차에 바짝 붙어 따라간다.
③ 좌회전 차로가 정체상황이기 때문에 3차로를 이용해 좌회전한다.
④ 꼬리물기로 다른 차의 통행에 방해를 줄 수 있으므

---

로 진입하지 않는다.
⑤ 교차로에 진입하려는 후행차량이 있을 수 있으므로 미리 속도를 줄여 추돌사고를 예방한다.

정답이 보이는 **핵심키워드** | 2차로 좌회전 안전운전 →
④ 꼬리물기 통행에 방해 ⑤ 추돌사고 예방

★★

## 36 사고발생 가능성이 가장 높은 요인 2가지는?

<table>
<tr><td>도로<br>상황</td><td>■ 신호등 없는 교차로<br>■ 이면도로에서 직진하기 위해 멈춰있는 상황</td></tr>
</table>

① 후진하려는 A화물차
② 화물차 뒤에서 횡단하는 B보행자
③ 후방에서 진행중인 C차량
④ 보도 통행중인 D보행자
⑤ 좌측에서 우회전하려는 E차량

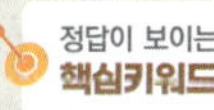

정답이 보이는 **핵심키워드** | 신호등 없는 교차로 사고발생 요인 →
① 후진하려는 A화불자
② 화물차 뒤에서 횡단하는 B보행자

**37** 다음 상황에서 가장 안전한 운전방법 2가지는?

| 도로<br>상황 | ■ 회전교차로<br>■ 회전교차로 진입하려는 하얀색 화물차 |
| --- | --- |

① 교차로에 먼저 진입하는 것이 중요하다.
② 전방만 주시하며 운전해야 한다.
③ 1차로 화물차가 교차로 진입하던 중 2차로 쪽으로 차로변경 할 수 있으므로 대비해야 한다.
④ 좌측의 회전차량과 우측도로에서 진입하는 차량에 주의하며 운전해야 한다.
⑤ 진입차량이 회전차량보다 우선이라는 생각으로 운전한다.

정답이 보이는 **핵심키워드**
회전교차로 하얀색 화물차 →
③ 1차로 화물차 차로변경 대비
④ 주의 운전

★★
**38** 다음 상황에서 가장 안전한 운전방법 2가지는?

| 도로<br>상황 | ■ 1·2차로: 좌회전차로  3·4차로 : 직진차로<br>■ 차와 차 사이에서 무단횡단하려는 보행자 |
| --- | --- |

① 직진 신호 대기차량 사이에서 갑자기 횡단하려는 보행자를 주의한다.
② 전방 좌회전신호가 바뀌기 전 통과하기 위해 빠르게 진입한다.
③ 무단횡단 보행자를 위협하기 위해 오히려 속도를 높인다.

④ 횡단하려는 보행자를 보호하기 위해 비상등을 켜고 감속한다.
⑤ 보행자와의 충돌을 피하기 위해 1차로로 급 진로 변경한다.

정답이 보이는 **핵심키워드**
차 사이 무단횡단 안전운전 →
① 보행자 주의  ④ 비상등 켜고 감속

★
**39** 오른쪽으로 갔어야 하는데 길을 잘못 들었다. 이때 가장 안전한 운전방법 2가지는?

| 도로<br>상황 | ■ 울산·양산 방면으로 가야 하는 상황<br>■ 분기점에서 오른쪽으로 진입하려는 상황 |
| --- | --- |

① 안전지대로 진입하여 비상점멸등을 작동한 후 오른쪽으로 진입한다.
② 오른쪽 방향지시기를 작동하며 안전지대로 진입하여 오른쪽으로 진입한다.
③ 신속하게 가속하여 오른쪽으로 진입한다.
④ 대구방향으로 그대로 진행한다.
⑤ 다음에서 만나는 나들목 또는 갈림목을 이용한다.

일부 운전자들은 나들목이나 갈림목의 직전에서 어느쪽으로 진입할지를 결정하기 위해 급감속하거나 진입이 금지된 안전지대에 진입하여 대기하다가 무리하게 진입하기도 한다. 이와 같은 행동은 다른 운전자들이 예측할 수 없는 행동을 직접적인 사고의 원인이 될 수 있으므로 진입을 포기하고 다음 갈림목 또는 나들목을 이용하여 안전을 도모해야 한다.

정답이 보이는 **핵심키워드**
분기점 잘못 진입 →
④ 그대로 진행, ⑤ 다음 나들목 이용

## 40 다음 상황에서 가장 안전한 운전방법 2가지는?

| 도로<br>상황 | ■ 눈이 쌓인 도로<br>■ 전방 터널에 진입하려고 함 |

① 차간 거리를 평소보다 충분히 확보한다.
② 터널 진입 전 브레이크를 아주 강하게 밟아 속도를 미리 줄인다.
③ 터널 안은 눈이 쌓이지 않았기 때문에 가속 운행한다.
④ 눈길은 매우 미끄럽기 때문에 앞차의 바퀴자국을 따라 주행한다.
⑤ 미끄럼 방지를 위해 기어를 중립으로 변경하여 진행한다.

눈길 안전운행을 위해서는 급제동, 급가속, 급핸들 조작을 삼가고 충분한 안전거리를 확보해야 한다. 또한 미끄러짐 방지를 위해 앞차의 바퀴자국을 따라 운행하는 것이 바람직하다.

> **정답이 보이는 핵심키워드** | 눈 쌓인 도로 터널 진입 안전 운전 →
> ① 차간 거리 확보 ④ 바퀴자국 따라 주행

## 41 기업도시, 터미널 방향으로 좌회전 하려고 한다. 가장 안전한 운전방법 2가지는?

| 도로<br>상황 | ■ 2차로에서 시속 50km로 주행 중<br>■ 네비게이션에서 전방 좌회전 안내<br>■ 3차로에서 시속 60km로 주행 중인 후행 차 |

① 네비게이션 안내에 따라 전방에서 좌회전해야 하므로 1차로로 미리 진로를 변경한다.

② 1,2차로는 지하차도로 진입하므로 3차로로 진로를 변경한다.
③ 정확한 길안내를 위해 네비게이션을 조작한다.
④ 3차로에 후행 차량이 있으므로 우측 방향지시등을 켜 그 앞으로 빠르게 진로를 변경한다.
⑤ 선행차가 급제동 할 수 있으므로 안전거리를 확보한다.

> **정답이 보이는 핵심키워드** | 터미널 방향 좌회전 안전 운전 →
> ② 3차로로 진로 변경 ⑤ 안전거리 확보

## 42 다음에서 사고발생 가능성이 가장 높은 상황 2가지는?

| 도로<br>상황 | ■ 농번기 교외도로<br>■ 시속 60km로 주행 중 |

① 전방 주행중인 자동차
② 좌측으로 진입하기 위해 갑자기 회전하는 전동스쿠터
③ 우측에서 출발하려는 화물차
④ 우측에서 작업중인 사람
⑤ 전방 좌측 이륜차

> **정답이 보이는 핵심키워드** | 농번기 교외도로 사고 가능성 높은 상황 →
> ② 회전하는 전동스쿠터 ③ 우측 화물차

일러스트형

**도로 상황** ■ 보행자우선도로

① 보행자우선도로는 어린이에게만 적용되므로 성인 보행자 쪽으로 붙어 주행한다.
② 보행자와 안전한 거리를 두고 진행한다.
③ 나란히 통행중인 보행자 일행이 일렬로 통행하도록 경음기를 울린다.
④ 보행자 통행에 방해를 주지 않도록 서행 또는 일시정지한다.
⑤ 보행자 통행에 방해를 주지 않으면 시속 20km 이상 주행할 수 있다.

> **정답이 보이는 핵심키워드** │ 보행자우선도로 안전 통행 →
> ② 보행자와 안전 거리  ④ 서행

★★
**44** 다음 상황에서 가장 안전한 운전방법 2가지는?

**도로 상황** ■ 빗길 자동차전용도로
■ 시청방향 진출 차량들로 인해 1차로 지정체

① 진로변경 차량을 피하기 위해 3차로로 급히 진로를 변경한다.
② 1차로 차량이 진입하지 못하도록 속도를 높여 운전한다.
③ 경음기와 상향등을 사용해 진로변경을 방해한다.
④ 감속을 통해 진로변경차량에게 양보한다.

⑤ 빗길에서는 평소보다 제동거리가 길어지므로 미리 감속한다.

> **정답이 보이는 핵심키워드** │ 빗길 자동차전용도로 안전 운전 →
> ④ 감속 양보  ⑤ 미리 감속

★★
**45** 사고발생 가능성이 가장 높은 상황 2가지는?

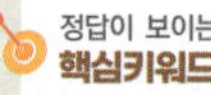
**도로 상황** ■ 도로변 건물에서 좌회전 진입하려고 함

① 보도 우측에서 진행 중인 자전거
② 건물로 진입하기 위해 좌회전 대기 중인 자동차
③ 도로 좌측에서 우측으로 주행 중인 자동차
④ 반대편 공터에 주차된 자동차
⑤ 반사경에 비친 자동차

> **정답이 보이는 핵심키워드** │ 도로변 건물에서 좌회전 진입 사고 발생 높은 상황
> → ① 보도 우측 자전거
> ② 좌회전 대기 중인 자동차

⑤ 왼쪽으로 핸들을 돌리며 급제동한다.

정답이 보이는 **핵심키워드** | 1,2차로 지하차도 안전 운전 →
② 감속 ③ 추돌 피해 진로 변경

---

## ★★ 46 다음 상황에서 가장 올바른 운전방법 2가지는?

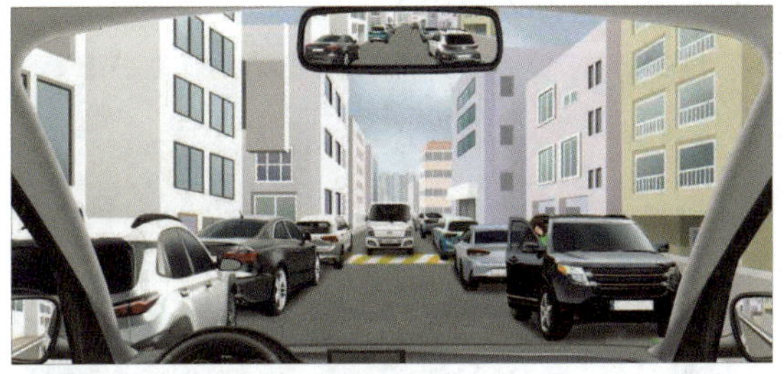

**도로 상황**
- 양방향 통행가능한 중앙선이 없는 도로
- 반대방향에서 진행중인 택배차량
- 승용차 탑승인원 1명

① 마주 오는 택배차량에게 진로를 양보한다.

② 승용차 운전자에게 우선권이 있으므로 그대로 진행한다.

③ 상향등을 반복 조작하여 상대운전자가 진행하지 못하도록 한다.

④ 주정차 된 차량에서 내리려는 사람을 주의한다.

⑤ 정지하여 상대운전자가 진로를 양보 때까지 기다린다.

정답이 보이는 **핵심키워드** | 반대편 택배차 올바른 운전 →
① 진로 양보 ④ 사람 주의

## ★★ 47 다음 상황에서 가장 안전한 운전방법 2가지는?

**도로 상황**
- 1,2차로 지하차도로 연결
- 3차로에서 시속 50km 주행 중

① 흰색차 앞에서 브레이크를 밟아 급진로변경에 항의한다.

② 감속으로 흰색차량이 진로변경 할 수 있도록 안전거리를 확보한다.

③ 추돌사고를 피하기 위해 4차로로 진로변경한다.

④ 급가속을 통해 흰색차와의 추돌을 피한다.

## ★★ 48 다음 상황에서 가장 바람직한 운전방법 2가지는?

**도로 상황**
- 편도 3차로 고속도로
- 기후상황 : 가시거리 50미터인 안개낀 날

① 1차로로 진로변경하여 빠르게 통행한다.

② 등화장치를 작동하여 내 차의 존재를 다른 운전자에게 알린다.

③ 노면이 습한 상태이므로 속도를 줄이고 서행한다.

④ 앞차가 통행하고 있는 속도에 맞추어 앞차를 보며 통행한다.

⑤ 갓길로 진로변경하여 앞쪽 차들보다 앞서간다.

안개가 있는 도로를 통행하는 경우 속도를 감속하고, 노면에 습기가 많은 상태이므로 제동시 필요한 거리가 맑은 날보다 길어진다. 따라서 운전자는 급제동하는 상황이 없도록 하는 것이 중요하다.

정답이 보이는 **핵심키워드** | 안개 낀 고속도로 →
② 등화장치 작동, ③ 서행

**49** 고속도로 휴게소에서 휴식을 취하고 고속도로로 합류하려고 한다. 가장 안전한 운전방법 2가지는?

① 일시정지 후 주행 중인 차량이 없을 때 도로로 합류한다.
② 가속을 통해 한번에 1차로까지 가로 지른다.
③ 충분한 가속을 통해 좌측을 확인한 후 합류한다.
④ 갓길로 계속 주행한다.
⑤ 다른 차량의 통행을 방해하지 않도록 한다.

> **정답이 보이는 핵심키워드**
> 휴게소에서 고속도로 합류 안전 운전 →
> ③ 충분한 가속으로 좌측 확인 후 합류
> ⑤ 통행 방해하지 않도록

**50** 다음과 상황에서 가장 올바른 운전방법 2가지는?

**도로 상황**
- 눈이 20mm 미만으로 쌓인 고속도로 주행 중

① 눈이 많이 쌓이지 않았으므로 평소대로 운전한다.
② 화물차가 눈길에 미끄러져 회전할 수 있으므로 이에 대비한다.
③ 최고 속도의 100분의 10을 줄인 속도로 운행한다.
④ 비상점멸등을 작동시키며 서행한다.
⑤ 지그재그 운전으로 속도를 줄인다.

> **정답이 보이는 핵심키워드**
> 눈 쌓인 고속도로 올바른 운전 →
> ② 화물차 미끄러짐 대비  ④ 비상점멸등 서행

**51** 다음 상황과 같이 화재 발생구간을 통과 할 경우 올바른 운전방법 2가지는?

**도로 상황**
- 고속도로 인근 지역 화재발생
- 화재연기가 도로를 가득 메우고 있는 상황

① 도로에 갇힐 수 있으므로 과속을 해서라도 빠져나간다.
② 전방 시야 확보가 어려우므로 비상등을 켜고 운전한다.
③ 라디오 등을 통해 우회도로에 대한 정보를 파악한다.
④ 신선한 공기순환을 위해 공조기를 외부순환 모드로 둔다.
⑤ 갓길에 주차한 후 우측 가드레일을 넘어 도로를 벗어난다.

> **정답이 보이는 핵심키워드**
> 화재 구간 통과 올바른 운전 →
> ② 비상등 켜고 운전  ③ 라디오로 정보 파악

## ★★ 52 다음 상황에서 가장 안전한 운전방법 2가지는?

① 저속주행 중인 트레일러를 향해 경음기 눌러 가속을 재촉한다.
② 1차로를 이용하여 전방 트레일러를 안전하게 앞지르기 한다.
③ 진로를 변경할 때는 미리 방향지시등을 작동한다.
④ 주행차로인 1차로로 진입하여 정속주행한다.
⑤ 1차로는 최고속도 제한이 없기 때문에 속도를 높여 주행한다.

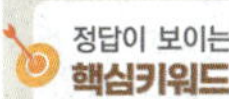


## ★★ 53 다음 상황에서 발생 가능한 위험 2가지는?

① 전방에 공사 중임을 알리는 화물차가 정차 중일 수 있다.
② 2차로의 버스가 안전운전을 위해 속도를 낮출 수 있다.
③ 4차로로 진로 변경한 버스가 계속 진행할 수 있다.
④ 1차로 차량이 속도를 높여 주행할 수 있다.
⑤ 다른 차량이 내 앞으로 앞지르기 할 수 있다.

## ★★ 54 다음 상황에서 가장 안전한 운전 방법 2가지는?

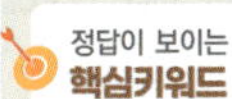

① 진로변경제한선 표시와 상관없이 우측차로로 진로변경 한다.
② 우측 방향지시기를 켜서 주변 운전자에게 알린다.
③ 급가속하며 우측으로 진로변경 한다.
④ 진로변경은 진출로 바로 직전에서 속도를 낮춰 시도한다.
⑤ 다른 차량 통행에 장애를 줄 우려가 있을 때에는 진로변경을 해서는 안 된다.

## 55 고속도로를 운행중인 차량 중 지정차로를 위반한 차량 2대는?

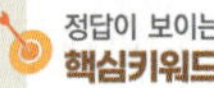
**도로 상황** ■ 편도4차로 고속도로

① A (앞지르기 중인 승용차)
② B (36인승 대형승합차)
③ C (1톤 화물차)
④ D (26인승 대형승합차)
⑤ E (주행중인 승용차)

편도 3차로 이상일 경우 1차로는 앞지르기를 하려는 승용자동차 및 경형·소형·중형 승합자동차, 왼쪽차로는 승용자동차 및 경형·소형·중형 승합자동차, 오른쪽 차로는 대형승합자동차, 화물자동차, 특수자동차, 건설기계가 통행 가능하다.

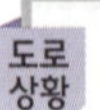
**정답이 보이는 핵심키워드** | 지정차로 위반 차량 →
② B (36인승 대형승합차)  ③ C (1톤 화물차)


## 56 다음 상황에서 가장 안전한 운전방법 2가지는?

**도로 상황** ■ 최고속도 100km/h 고속도로
■ 폭우로 가시거리가 100미터 이내임

① 비로 인해 노면이 젖어 있어 시속 80km/h 이하로 주행한다.
② 우측 대형버스가 물웅덩이를 지나갈 때 물이 튀면서 시야를 가릴 수 있음을 주의하며 운전한다.

③ 뒷 차량 운전자에게 나의 위치를 알려주기 위해 비상등을 점등하고 주행한다.
④ 우측 전방 차량이 진로변경 할 가능성이 있기에 1차로로 진로 변경 후 지속하여 주행한다.
⑤ 물웅덩이가 갑자기 튀어 시야확보가 어려울 경우 안전확보를 위해 급정지를 한다.

**정답이 보이는 핵심키워드** | 폭우 안전 운전 →
② 우측 대형버스 주의
③ 비상등 점등하고 주행


## 57 다음 눈길 교통상황에서 안전한 운전방법 2가지는?

**도로 상황** ■ 터널을 막 통과하여 전방상황을 확인함
■ 폭설이 내려 시야확보가 어려운 상황

① 폭설로 인해 차선이 보이지 않을 경우 앞 차의 바퀴자국을 따라서 주행한다.
② 눈길이나 빙판길에서는 제동거리가 짧아지므로 평소보다 안전거리를 더 유지한다.
③ 폭설 시 터널 진·출입구는 상습결빙구간으로 미끄러짐 사고로 인한 연쇄추돌사고를 대비한다.
④ 노면이 얼어붙은 도로에서는 최고속도의 100분의 20을 줄여야 한다.
⑤ 터널을 통과 후 암순응으로 인해 일시적 시력상실을 겪을 수 있어 주의해야 한다.

**정답이 보이는 핵심키워드** | 폭설 안전 운전 →
① 바퀴자국 따라 주행
③ 연쇄추돌사고 대비

## 58 다음 도로상황에서 가장 안전한 운전방법 2가지는?

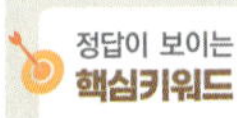

- 터널 밖은 야간 폭설이 내리는 중
- 전방 차량과 안전거리를 유지한 상태
- 전방 트럭에 제동등과 비상등이 점등됨

① 터널 내부는 눈이 쌓여있지 않으므로 최고속도를 낮춰서 주행할 필요가 없다.
② 터널 밖에 돌발상황이 발생하였음을 알 수 있어, 이에 대비해야 한다.
③ 전방 차량과의 추돌사고를 막기 위해 3차로로 급차로변경을 실시한다.
④ 터널을 통과할 경우, 명순응으로 인해 일시적 시력상실을 겪을 수 있어 주의해야 한다.
⑤ 터널내부와 터널외부의 갑작스런 도로환경 변화에 미리 대비 하여야 한다.

> **정답이 보이는 핵심키워드**
> 터널 안 안전 운전 →
> ② 터널 밖 돌발상황이 대비
> ⑤ 갑작스런 도로환경 변화에 대비

## 59 다음의 도로를 통행하려는 경우 가장 올바른 운전방법 2가지는?

도로
상황
- 중앙선이 없는 도로
- 도로 좌우측 불법주정차된 차들

① 자전거에 이르기 전 일시정지한다.
② 횡단보도를 통행할 때는 정지선에 일시정지한다.
③ 뒤차와의 거리가 가까우므로 가속하여 거리를 벌린다.
④ 횡단보도 위에 사람이 없으므로 그대로 통과한다.
⑤ 경음기를 반복하여 작동하며 서행으로 통행한다.

> 어린이보호구역을 통행하는 운전자는 어린이의 신체적 특성 중 '작은 키'로 정차 및 주차를 위반한 자동차에 가려져 보이지 않는 점을 항시 기억해야 한다. 문제의 그림에서는 왼쪽 회색자동차 앞으로 자전거가 차도쪽으로 횡단을 하려는 상황이다. 이러한 때에는 횡단보도가 아니라고 하더라도 정지하여야 한다.

> **정답이 보이는 핵심키워드**
> 중앙선 없는 도로 좌우 불법 주차 →
> ① 일시정지, ② 일시정지

## 60 도로교통법상 다음 교통안전시설에 대한 설명으로 맞는 2가지는?

도로
상황
- 어린이보호구역
- 좌·우측에 좁은 도로
- 비보호좌회전 표지
- 신호 및 과속 단속 카메라

① 제한속도는 매시 50킬로미터이며 속도 초과 시 단속될 수 있다.
② 전방의 신호가 녹색화살표일 경우에만 좌회전할 수 있다.
③ 모든 어린이보호구역의 제한속도는 매시 50킬로미터이다.
④ 신호순서는 적색-황색-녹색-녹색화살표이다.
⑤ 전방의 신호가 녹색일 경우 반대편 차로에서 차가 오지 않을 때 좌회전할 수 있다.

> **정답이 보이는 핵심키워드**
> 
> 어린이보호구역 비보호좌회전 →
> ① 50킬로미터 초과 시 단속
> ⑤ 녹색신호 시 좌회전

## 61 어린이보호구역을 안전하게 통행하는 운전방법 2가지는?

**도로 상황**
- 어린이보호구역 교차로 직진하려는 상황
- 신호등 없는 횡단보도 및 교차로
- 실내후사경 속의 후행 차량 존재

① 앞쪽 자동차를 따라 서행으로 A횡단보도를 통과한다.

② 뒤쪽 자동차와 충돌을 피하기 위해 속도를 유지하고 앞쪽 차를 따라간다.

③ A횡단보도 정지선 앞에서 일시정지한 후 통행한다.

④ B횡단보도에 보행자가 없으므로 서행하며 통행한다.

⑤ B횡단보도 앞에서 일시정지한 후 통행한다.

> **정답이 보이는 핵심키워드** | 어린이보호구역 교차로 통행방법 → ③, ⑤ 일시정지 후 통행

## 62 다음 상황에서 가장 안전한 운전방법 2가지는?

**도로 상황**
- 편도 1차로
- 오른쪽 보행보조용 의자차

① 전동휠체어와 옆쪽으로 안전한 거리를 유지하기 위해 좌측통행한다.

② 전동휠체어에 이르기 전에 감속하여 행동을 살핀다.

③ 전동휠체어가 차로에 진입하기 전이므로 가속하여 통행한다.

④ 전동휠체어가 차로에 진입하지 않고 멈추도록 경음기를 작동한다.

⑤ 전동휠체어가 차도에 진입했으므로 일시정지한다.

전동휠체어 또는 노인 보행자가 확인되는 경우 우측통행을 유지하며 그 전동휠체어 또는 노인 보행자에 이르기 전 감속을 해야 하며, 그 대상들이 어떤 행동을 하는 지 자세히 살펴야 한다. 또 그림의 상황에서 전동휠체어가 이미 차도에 진입하여 횡단하려고 하는 때이므로 횡단시설 여부 관계없이 일시정지하여 보행자를 보호해야 한다.

> **정답이 보이는 핵심키워드** | 오른쪽 보행보조용 의자차 → ② 감속, ⑤ 일시정지

## 63 다음 도로상황에서 가장 안전한 운전방법 2가지는?

**도로 상황**
- 어린이 보호구역
- 어린이 통학버스 뒤 초등학교 정문

① 어린이 통학버스 뒤에서 갑자기 뛰어나오는 어린이가 있을 수 있으므로 주의한다.

② 전방 신호등이 없는 횡단보도에 보행자가 없으므로 서행하여 통과한다.

③ 우측의 뛰어가고 있는 아이들이 갑자기 횡단보도로 뛰어나올 수 있기에 횡단보도 앞에서 일시정지 하여야 한다.

④ 해당 구역의 경우, 어린이통학버스에 한해 주·정차를 할 수 있도록 허용한 곳이다.

⑤ 전방 우측의 어린이 통학버스에서 아이들이 승·하차하고 있기 때문에 통학버스 옆을 통과 전 일시정지 후 통과하여야 한다.

> **정답이 보이는 핵심키워드** | 어린이 보호구역 안전 운전 → ① 어린이 주의 ③ 일시정지

## 64 다음 도로상황에서 가장 안전한 운전행동 2가지는?

> **도로상황**
> - 어린이 보호구역 주행 중
> - 신호등이 없는 교차로 입구 주·정차 차량 존재

① 교차로 진입 전 일시정지 후 통과한다.
② 경음기를 사용하며 속도를 높여 통과한다.
③ 전동보장구를 탄 고령보행자가 차량의 통행을 기다리고 있기에 신속히 교차로를 통과한다.
④ 주·정차 차량 사이에 어린이 보행자가 있을 수 있어 주의한다.
⑤ 직진하려는 차량이 우선이므로 좌측으로 붙어 그대로 통과한다.

> **정답이 보이는 핵심키워드**  어린이 보호구역 안전 운전 →
> ① 일시정지  ④ 어린이 주의

## 65 다음 도로상황에서 가장 안전한 운전행동 2가지는?

> **도로상황**
> - 어린이 보호구역 주행 중
> - 어린이 통학버스 앞 횡단보도

① 전방 어린이 통학버스가 정지할 수 있어 안전거리를 유지한다.
② 속도를 줄이면 뒤차에게 추돌사고를 당할 수 있어 통학버스를 앞지른다.

③ 좌측 어린이가 횡단보도로 진입할 수 있으므로 어린이 행동을 살핀다.
④ 전방 좌측 주·정차된 이륜차와의 사고를 주의하며, 천천히 어린이 통학버스를 앞지른다.
⑤ 전방 어린이 통학버스에서 어린이가 승·하차하고 있으므로 서서히 앞질러 주행한다.

> **정답이 보이는 핵심키워드**  어린이 보호구역 안전 운전 →
> ① 안전거리 유지  ③ 어린이 주의

## 66 다음 도로상황에서 가장 안전한 운전방법 2가지는?

> **도로상황**
> - 어린이 보호구역 주행 중
> - 반대방향 어린이 통학버스 적색점멸등 작동

① 지속적으로 경음기를 사용하여 위험을 알리며 지나간다.
② 전조등으로 어린이통학버스 운전자에게 위험을 알리며 지나간다.
③ 우측 불법 주·정차 차량 앞으로 어린이가 뛰어나올 수 있음을 주의하며 통과한다.
④ 좌측 어린이통학버스에 이르기 전에 일시정지 하였다가 서행으로 지나간다.
⑤ 우측 통학버스 차량이 어린이 승·하차를 위해 정차 중이므로 신속히 앞질러 골목길을 벗어난다.

> **정답이 보이는 핵심키워드**  어린이 보호구역 안전 운전 →
> ③ 어린이 주의  ④ 일시정지

## 67 다음 도로상황에서 가장 안전한 운전방법 2가지는?

> **도로 상황**
> - 우회전 후 횡단보도
> - 횡단보도는 신호는 녹색점멸, 5초 남음
> - 횡단보도 우측에 초등학교 정문

① 횡단보도에 있는 어린이와 충돌 가능성이 없으므로 우회전한다.
② 갑작스레 튀어나올 수 있는 아이들의 행동에 대비한다.
③ 횡단보도 위 어린이가 횡단을 완료한 후 우회전한다.
④ 어린이의 횡단을 재촉하기 위해 경음기를 사용한다.
⑤ 횡단보도 위에 정지하여 다른 아이들의 진입을 막는다.

> **정답이 보이는 핵심키워드**
> 어린이 보호구역 안전 운전 →
> ② 아이들 행동에 대비
> ③ 어린이 횡단 완료 후 우회전

## 68 다음 도로상황에서 가장 올바른 운전방법 2가지는?

> **도로 상황**
> - 어린이 보호구역
> - 전방 적색점멸등 등화

① 시속 20km 이내로 주행한다.
② 횡단보도 앞에서 서행하고 그대로 통과한다.

③ 학교 정문을 피해 우측 길가에 정차한다.
④ 아이들이 도로로 튀어나올 수 있어 주의하며 통과한다.
⑤ 학교 정문 앞 차량을 주차 후 자녀를 기다린다.

> **정답이 보이는 핵심키워드**
> 어린이 보호구역 적색점멸등 올바른 운전 →
> ① 시속 20km 이내로 주행
> ④ 주의하며 통과

## 69 다음 상황에서 가장 올바른 운전방법 2가지로 맞는 것은?

> **도로 상황**
> - 긴급차 싸이렌 및 경광등 작동
> - 긴급차가 역주행 하려는 상황

① 긴급차가 도로교통법 위반을 하므로 무시하고 통행한다.
② 긴급차가 위반행동을 하지 못하도록 상향등을 수회 작동한다.
③ 뒤 따르는 운전자에게 알리기 위해 브레이크페달을 여러 번 나누어 밟는다.
④ 긴급차가 역주행할 수 있도록 거리를 두고 정지한다.
⑤ 긴급차가 진행할 수 없도록 그 앞에 정차한다.

> 모든 차는 긴급자동차가 우선통행할 수 있도록 진로를 양보해야 한다. 그리고 이 때 뒤따르는 자동차 운전자들에게 정보제공을 하기 위해 브레이크페달을 여러 번 짧게 반복하여 작동하는 등의 정차를 예고하는 행동이 필요할 수 있다.

> **정답이 보이는 핵심키워드**
> 긴급차 역주행 →
> ③ 브레이크페달 여러 번, ④ 거리를 두고 정지

## 70 다음 도로상황에서 가장 올바른 운전방법 2가지는?

<table>
<tr><td>도로<br>상황</td><td>■ 전방 차량신호는 녹색<br>■ 교차로 통과 중인 구급차</td></tr>
</table>

① 구급차가 지나갈 수 있도록 3차로로 속도를 높여 통과한다.
② 전방 차량신호가 녹색이라도 구급차에게 통행을 양보한다.
③ 구급차가 통과한 뒤 후행 긴급자동차가 있는지 확인한다.
④ 빨간색 차량을 따라 가속하여 주행한다.
⑤ 구급차 운전자에게 경음기를 사용하며 그대로 통과한다.

> 정답이 보이는 **핵심키워드**
> 교차로 구급차 올바른 운전 →
> ② 구급차에게 통행을 양보
> ③ 후행 긴급차 확인

## 71 다음 도로상황에서 가장 올바른 운전방법 2가지는?

<table>
<tr><td>도로<br>상황</td><td>■ 전방 좌측에 산불 발생<br>■ 산불로 인해 시야확보가 어려운 상황임</td></tr>
</table>

① 화재여부와 상관없이 직진한다.
② 공조기를 외부순환 모드로 신속하게 전환한다.

③ 주행 중인 차로에 주차 후 문을 잠그고 도망간다.
④ 차량 창문을 닫고 유독가스 흡입을 차단한다.
⑤ 불길이 심한 곳으로 진입하지 않고, 경찰관의 수신호에 따른다.

> 정답이 보이는 **핵심키워드**
> 산불 올바른 운전 →
> ④ 유독가스 차단
> ⑤ 경찰 수신호

## 72 다음 상황에서 가장 바람직한 운전방법 2가지는?

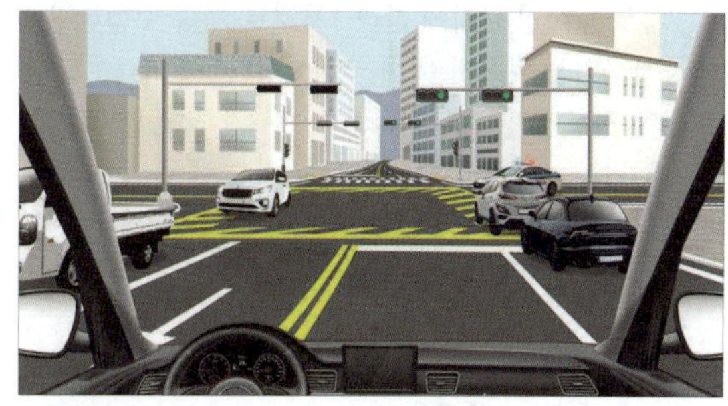

<table>
<tr><td>도로<br>상황</td><td>■ 편도 2차로 도로<br>■ 경찰차 긴급출동 상황(경광등, 싸이렌 작동)</td></tr>
</table>

① 차의 등화가 녹색이므로 교차로에 그대로 진입한다.
② 긴급차가 우선 통행할 교차로이므로 교차로 진입 전에 정지하여야 한다.
③ 2차로에 있는 차가 갑자기 좌측으로 변경할 수도 있으므로 미리 충분히 속도를 감속한다.
④ 긴급차보다 차의 신호가 우선이므로 그대로 진입한다.
⑤ 긴급차보다 먼저 통과할 수 있도록 가속하며 진입한다.

> 정답이 보이는 **핵심키워드**
> 편도 2차로 경찰차 →
> ② 교차로 진입 전에 정지
> ③ 감속

일러스트형

**73** 다음 상황에서 가장 안전한 운전방법 2가지는?

도로 상황
- 1차로 전방 공사 중인 도로
- 좌측에 가벽이 설치되어 있음

① '2차로 없어짐'표지에 따라 1차로로 계속 주행한다.
② 공사구역을 피하기 위해 급정지한다.
③ 전방 차로 폭이 좁아지므로 미리 2차로로 진로를 변경한다.
④ 공사 중임을 알리기 위해 비상점멸등을 켠다.
⑤ 1차로로 주행하다 공사구간 직전에 2차로로 끼어든다.

정답이 보이는 **핵심키워드** | 전방 공사 안전 운전 →
③ 미리 진로 변경
④ 비상점멸등

**74** 다음 상황에서 가장 안전한 운전방법 2가지로 맞는 것은?

도로 상황
- 편도 1차로
- (실내후사경)뒤에서 후행하는 차

① 자전거와의 충돌을 피하기 위해 좌측차로로 통행한다.
② 자전거 위치에 이르기 전 충분히 감속한다.
③ 뒤 따르는 자동차의 소통을 위해 가속한다.
④ 보행자의 차도진입을 대비하여 감속하고 보행자를 살핀다.

⑤ 보행자를 보호하기 위해 길가장자리구역을 통행한다.

길가장자리 구역에 보행자와 자전거가 있는 경우 미리 속도를 줄이고 보행자와 자전거의 차도진입을 예측하여 정지할 준비를 하는 것이 바람직하다. 또 이때 보행자와 자전거를 피하기 위해 중앙선을 넘어 좌측통행하는 경우도 빈번하게 나타나는데 이는 바람직한 행동이라 할 수 없다.

정답이 보이는 **핵심키워드** | 편도 1차로 우측 자전거 → ② 감속, ④ 감속

**75** 다음 상황에서 가장 안전한 운전방법 2가지는?

도로 상황
- 횡단보도 진입 전
- 왼쪽에 비상점멸하며 정차하고 있는 차

① 원활한 소통을 위해 앞차를 따라 그대로 통행한다.
② 자전거의 횡단보도 진입속도보다 빠르므로 가속하여 통행한다.
③ 횡단보도 직전 정지선에서 정지한다.
④ 보행자가 횡단을 완료했으므로 신속히 통행한다.
⑤ 정차한 자동차의 갑작스러운 출발을 대비하여 감속한다.

문제의 그림 상황에서 왼쪽에 정차한 자동차 운전자는 조급한 상황이거나 오른쪽을 확인하지 않은 채 본래 차로로 갑자기 진입할 수 있으므로 특별히 주의해야 한다. 그리고 왼쪽에 정차한 자동차의 뒤편에 자전거 운전자는 횡단보도를 진입하려는 상황인데, 자전거의 진입속도와 자신의 자동차의 통행속도는 고려하지 않고 횡단보도 직전 정지선에 정지하여야 한다.

정답이 보이는 **핵심키워드** | 왼쪽 비상점멸 → ③ 정지선에서 정지, ⑤ 감속

## 76 다음 상황에서 가장 안전한 운전방법 2가지는?

**도로상황**
- 한적한 시골길
- 노인보호구역

① 자전거의 좌측으로 주행하여 좌회전하지 못하도록 위협한다.
② 중앙선을 넘어 자전거를 앞지르기한다.
③ 자전거가 안전하게 도로를 벗어날 때까지 서행하며 기다려준다.
④ 자전거가 좌회전할 수 있기 때문에 안전거리를 유지한다.
⑤ 자전거 통행을 재촉하기 위해 경음기를 사용한다.

**정답이 보이는 핵심키워드**
시골길 노인보호구역 안전 운전 →
③ 서행 ④ 안전거리 유지

## 77 다음 상황에서 가장 안전한 운전방법 2가지는?

**도로상황**
- 차량 신호등은 황색에서 적색으로 바뀌려는 순간

① 차량신호가 적색으로 바뀌기 전에 신속히 통과한다.
② 횡단보도 직전 정지선에 정지한다.
③ 자전거 횡단이 가능한 고원식 횡단보도가 있어 주의하며 통과한다.
④ 안전지대를 경유하여 신속히 진행한다.
⑤ 트럭 뒤 어린이가 뛰어나올 수 있으므로 주의한다.

**정답이 보이는 핵심키워드** 
어린이보호구역 황색 신호등 안전 운전 →
② 횡단보도 직전 정지
⑤ 어린이 주의

## 78 다음 중 대비해야 할 가장 위험한 상황 2가지는?

**도로상황**
- 이면 도로
- 대형버스 주차중
- 거주자우선주차구역에 주차중
- 자전거 운전자가 도로를 횡단 중

① 주차중인 버스가 출발할 수 있으므로 주의하면서 통과한다.
② 왼쪽에 주차중인 차량사이에서 보행자가 나타날 수 있다.
③ 좌측 후사경을 통해 도로의 주행상황을 확인한다.
④ 대형버스 옆을 통과하는 경우 서행으로 주행한다.
⑤ 몇몇 자전거가 도로를 횡단한 이후에도 뒤따르는 자전거가 나타날 수 있다.

**정답이 보이는 핵심키워드** 
이면도로 노랑버스 자전거 위험상황 →
② 차량 사이 보행자
⑤ 뒤따르는 자전거

일러스트형

 다음 중 가장 안전한 운전방법 2가지는?

| 도로<br>상황 | ■ 검정색 차량 저속주행<br>■ 이륜차 고양방향 주행<br>■ 전방 300m 앞에 진·출입로가 존재함 |
|---|---|

① 검정색 차량 우측으로 앞지르기한다.
② 검정색 차량과 같은 차로에서 나란히 주행한다.
③ 고양방향으로 진출할 수 있도록 즉시 3차로로 차로변경을 한다.
④ 흰색차량이 진로변경 할 수 있으므로 감속하여 안전거리를 확보한다.
⑤ 차로변경이 가능한 백색점선 구간까지 주행하여 3차로로 진입한다.

정답이 보이는 **핵심키워드** │ 김포 고양 방향 안전 운전 →
④ 감속  ⑤ 백색점선 구간 3차로 진입

**80** 다음 상황에서 1차로로 진로변경 하려 할 때 가장 안전한 운전방법 2가지는?

| 도로<br>상황 | ■ 좌로 굽은 언덕길<br>■ 전방을 향해 이륜차 운전 중<br>■ 도로로 진입하려는 농기계 |
|---|---|

① 좌측 후사경을 통하여 1차로에 주행 중인 차량을 확인한다.
② 전방의 승용차가 1차로로 진로변경을 못하도록 상향등을 미리 켜서 경고한다.

③ 농기계가 도로로 진입할 수 있어 1차로로 신속히 차로변경 한다.
④ 오르막차로이기 때문에 속도를 높여 운전한다.
⑤ 전방의 이륜차가 1차로로 진로 변경할 수 있어 안전거리를 유지한다.

안전거리를 확보하지 않았을 경우에는 전방 차량의 급제동이나 급차로 변경 시에 적절한 대처하기 어렵다. 특히 언덕길의 경우 고갯마루 너머의 상황이 보이지 않아 더욱 위험하므로 속도를 줄이고 앞 차량과의 안전거리를 충분히 둔다.

정답이 보이는 **핵심키워드** │ 언덕길 우측 경운기 안전운전 →
① 좌측 후사경으로 1차로 확인
⑤ 전방 이륜차 안전거리 유지

**81** 다음 중 가장 안전한 운전방법 2가지는?

| 도로<br>상황 | ■ 자전거 우선도로 진입 중 |
|---|---|

① 자전거의 통행을 방해하지 않고 우측 길가에 정차한다.
② 전방에 횡단보도가 있어 보행자를 주의하며 서행으로 주행한다.
③ 앞지르기 시 과속이 허용되므로 시속 50km로 주행한다.
④ 1차로로 차로변경 후 자전거와의 안전거리를 확보한다.
⑤ 경음기를 사용하여 자전거의 길가장자리 주행을 재촉한다.

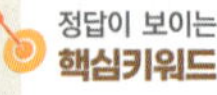
정답이 보이는 **핵심키워드** │ 자전거 우선도로 안전 운전 →
② 보행자 주의  ④ 자전거와 안전거리 확보

① 전방 보행자 앞에서 정지한다.
② 자전거가 우선권이 있어 경적을 눌러 앞지르기 한다.
③ 전방 보행자와 충돌 위험이 높아 보행자 구역으로 주행한다.
④ 우측 보행자와의 충돌가능성이 있어 자전거를 끌고 간다.
⑤ 자전거의 경우 속도제한이 없어 위험구간을 신속히 통과한다.

> 정답이 보이는 **핵심키워드**
> 자전거 안전 운전 →
> ① 보행자 앞 정지 ④ 보행자와 충돌가능성

**83** 다음 장소에서 자전거 운전자가 안전하게 횡단하는 방법 2가지는?

① 자전거에 탄 상태로 횡단보도 녹색등화를 기다리다가 자전거를 운전하여 횡단한다.
② 다른 자전거 운전자가 횡단하고 있으므로 신속히 횡단한다.
③ 다른 자전거와 충돌가능성이 있으므로 자전거에서

내려 보도의 안전한 장소에서 기다린다.
④ 자전거 운전자가 어린이 또는 노인인 경우 보행자 신호등이 녹색일 때 운전하여 횡단한다.
⑤ 횡단보도 신호등이 녹색등화 일 때 자전거를 끌고 횡단한다.

> 정답이 보이는 **핵심키워드**
> 횡단보도 자전거 안전횡단 →
> ③ 안전한 장소에서 대기
> ⑤ 녹색등화 시 끌고 횡단

**84** 다음 상황에서 가장 안전한 운전방법 2가지는?

① 전방 보행자의 급작스러운 좌측횡단을 예측하며 정지를 준비한다.
② 직진하려는 경우 전방 교차로에는 차가 없으므로 서행으로 통과한다.
③ 교차로 진입 전 일시정지하여 좌우측에서 접근하는 차를 확인해야 한다.
④ 주변 자전거 및 보행자에게 경음기를 반복적으로 작동하여 차의 통행을 알려준다.
⑤ 전방 보행자를 길가장자리구역으로 유도하기 위해 우측으로 붙어 통행해야 한다.

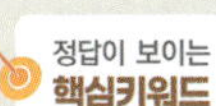

> 정답이 보이는 **핵심키워드**
> 전방 보행자 안전운전 →
> ① 정지 준비 ③ 일시정지

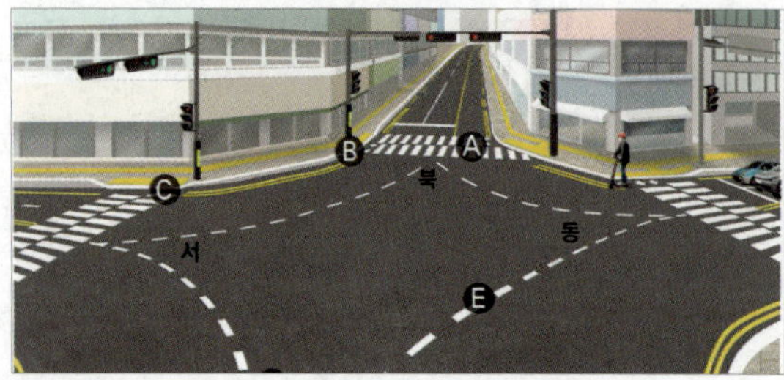


## 85 다음 상황에서 전동킥보드 운전자가 좌회전하려는 경우 안전한 방법 2가지는?

 **도로상황**
- 동쪽에서 서쪽 신호등 : 직진 및 좌회전 신호
- 동쪽에서 서쪽 a횡단보도 보행자 신호등 녹색

① A횡단보도로 전동킥보드를 운전하여 진입한 후 B지점에서 D방향의 녹색등화를 기다린다.

② A횡단보도로 전동킥보드를 끌고 진입한 후 B지점에서 D방향의 녹색등화를 기다린다.

③ 전동킥보드를 운전하여 E방향으로 주행하기 위해 교차로 중심안쪽으로 좌회전한다.

④ 전동킥보드를 운전하여 B지점으로 직진한 후 D방향의 녹색등화를 기다린다.

⑤ 전동킥보드를 운전하여 C지점으로 직진한 후 즉시 B지점에서 D방향으로 직진한다.

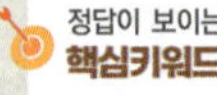 **정답이 보이는 핵심키워드** | 전동킥보드 좌회전 방법 →
② 전동킥보드 끌고 진입 ④ B지점 직진

# 동영상형

**4지 1답** | 4개의 보기 중에 1개의 답을 찾는 문제

동영상형 문제는 총 35문제 중 1문제가 출제되며, 5점을 획득할 수 있습니다. 20~40초의 동영상을 보고 예측되는 가장 위험한 상황을 고르는 문제입니다. 전체 영상을 모두 볼 필요없이 앞부분 핵심 장면만 캡처해서 정답과 연관시키면 어렵지 않게 5점을 얻을 수 있습니다.

**★★**

**1** 다음 영상을 보고 확인되는 가장 위험한 상황은?

① 우측 정차 중인 대형차량이 출발 하려고 하는 상황
② 반대방향 노란색 승용차가 신호위반을 하는 상황
③ 우측도로에서 우회전하는 검은색 승용차가 1차로로 진입하는 상황
④ 반대방향 하얀색 승용차가 외륜차를 고려하지 않고 우회전하는 상황

우회전하려는 자동차가 직진하는 차의 속도를 느림으로 추정하는 경우 주차된 차들을 피해서 1차로로 한 번에 진입하는 사례가 많다. 따라서 우회전하는 자동차가 있는 경우 직진이 우선이라는 절대적 판단을 삼가고 우회전 자동차 운전자가 무리하게 진입하는 경우를 예측하며 운전할 필요성이 있다.

**정답이 보이는 핵심키워드** | 빗길 위험상황 → ③ 우회전 검은색 승용차

**★★**

**2** 다음 영상을 보고 확인되는 가장 위험한 상황은?

① 앞쪽에서 선행하는 회색 승용차가 급정지 하는 상황
② 반대방향 노란색 승용차가 중앙선 침범하여 유턴하려는 상황
③ 좌회전 대기 중인 버스가 직진하기 위해 갑자기 출발하는 상황
④ 오른쪽 차로에서 흰색 승용차가 내 차 앞으로 진입하는 상황

교차로에 진입하여 통행하는 차마의 운전자는 진입한 위치를 기준으로 진출하기 위한 진행 경로를 따라 안전하게 교차로를 통과해야 한다. 그러나 문제의 영상처럼 교차로의 유도선이 없는 경우 또는 유도선이 있는 경우라 하더라도 예상되는 경로를 벗어나는 경우가 빈번하다. 따라서 교차로를 통과하는 경우 앞쪽 자동차는 물로 옆쪽 자동차의 진행경로에 주의하며 운전할 필요성이 있다.

**정답이 보이는 핵심키워드** | 교차로 위험상황 → ④ 오른쪽 흰색 승용차

**★★**

**3** 다음 영상을 보고 확인되는 가장 위험한 상황은?

① 반대방향 1차로를 통행하는 자동차가 중앙선을 침범하는 상황
② 우측의 보행자가 갑자기 차도로 진입하려는 상황
③ 반대방향 자동차가 전조등을 켜서 경고하는 상황
④ 교차로 우측도로의 자동차가 신호위반을 하면서 교차로에 진입하는 상황

교차로 좌우측의 교통상황이 건조물 등에 의해 확인이 불가한 상황이다. 이 경우 좌우측의 자동차들은 황색등화나 적색등화가 확인되어도 정지하지 못하고 신호 및 지시위반으로 연결되어 교통사고를 일으킬 가능성이 농후하다. 따라서 진행방향 신호가 녹색등화라 할지라도 교차로 접근 시에는 감속하는 운전태도가 필요하다.

**정답이 보이는 핵심키워드** | 교차로 좌우 건조물 위험상황 →
④ 우측도로 자동차 신호위반

**★★**

**4** 다음 중 어린이보호구역에서 횡단하는 어린이를 보호하기 위해 도로교통법규를 준수하는 차는?

① 붉은색 승용차
② 흰색 화물차
③ 청색 화물차
④ 주황색 택시

어린이보호구역에서는 어린이가 언제 어느 순간에 나타날지 몰라 속도를 줄이고 서행하여야 한다. 갑자기 나타난 어린이로 인해 앞차 급제동하면 뒤따르는 차가 추돌할 수 있기 때문에 안전거리를 확보하여야 한다. 어린이 옆을 통과할 때에는 충분한 간격을 유지하면서 반드시 서행하여야 한다.

정답이 보이는
**핵심키워드** | 어린이보호구역 → ③ 청색 화물차

**★★**

**5** 다음 영상을 보고 확인되는 가장 위험한 상황은?

① 교차로에 대기 중이던 1차로의 승용자동차가 좌회전하는 상황
② 2차로로 진로변경 하는 중 2차로로 주행하는 자동차와 부딪치게 될 상황
③ 입간판 뒤에서 보행자가 무단횡단하기 위해 갑자기 도로로 나오는 상황
④ 횡단보도에 대기 중이던 보행자가 신호등 없는 횡단보도 진입하려는 상황

입간판이나 표지판 뒤에 있는 보행자는 장애물에 의한 사각지대에 있으므로 운전자가 확인하기 어렵다. 이 때 보행자는 멀리에서 오는 자동차의 존재에 관심이 없거나 또는 그 자동차를 발견했을지라도 상당히 먼 거리이므로 횡단을 할 수 있다고 오판하여 무단횡단을 할 가능성이 있다. 또한 횡단보도의 앞뒤에서 무단횡단이 많다는 점도 방어운전을 위해 유의해야 한다.

정답이 보이는
**핵심키워드** | 무단횡단 위험상황 → ③ 입간판 뒤 무단횡단

**★★**

**6** 다음 영상을 보고 확인되는 가장 위험한 상황은?

① 주차금지 장소에 주차된 차가 1차로에서 통행하는 상황
② 역방향으로 주차한 차의 문이 열리는 상황
③ 진행방향에서 역방향으로 통행하는 자전거를 충돌하는 상황
④ 횡단 중인 보행자가 넘어지는 상황

편도 1차로의 도로에 불법으로 주차된 차량들로 인해 중앙선을 넘어 주행할 수밖에 없다. 이 경우 운전자는 진행방향이나 반대방향에서 주행하는 차마에 주의하면서 운전하여야 한다. 특히 어린이보호구역에서는 도로교통법을 위반하는 어린이 및 청소년이 운전자하는 자전거 등에 유의할 필요성이 있다.

정답이 보이는
**핵심키워드** | 1차로 불법주차 위험상황 → ③ 역방향 자전거

① 앞쪽 자동차 운전자에게 상향등을 작동하여 대응한다.
② 비상점멸등을 작동하며 갓길에 정차한 후 시시비비를 다툰다.
③ 경음기와 방향지시기를 작동하여 앞지르기 한 후 급제동한다.
④ 고속도로 밖으로 진출하여 안전한 장소에 도착한 후 경찰관서에 신고한다.

불특정 운전자가 지그재그 운전을 하거나, 내가 통행하는 차로에서 고의로 제동을 하면서 진로를 막는 행위를 하는 경우 그 운전자에게 직접 대응하지 않고 도로의 진출로로 회피 및 우회하거나, 휴게소 등으로 진입하여 자동차 문을 잠그고 즉시 신고하여 대응하는 것이 바람직하다.

> 정답이 보이는 **핵심키워드**　검정차 지그재그 운전 →
> ④ 고속도로 밖으로 진출하여 경찰에 신고

**8** 다음 영상에서 운전자가 해야 할 행동으로 맞는 것은?

① 경찰차 뒤에서 서행으로 통행한다.
② 경찰차 운전자의 위반행동을 즉시 신고한다.

③ 왼쪽 차로에 안전한 공간이 있는 경우 앞지르기 한다.
④ 오른쪽 차로에 안전한 공간이 있는 경우 앞지르기 한다.

영상에서 경찰차가 지그재그 형태로 차도를 운전하는 경우 가상의 정체를 유발하는 신호 및 지시를 하고 있다. 이때 다른 자동차 운전자는 속도를 줄이고 서행하며, 경찰차 운전자의 행동을 위반행동으로 오인하지 않아야 하며, 신호와 지시를 따라야 한다.

> 정답이 보이는 **핵심키워드**　경찰 오토바이 지그재그 → ① 경찰차 뒤에서 서행

**9** 다음 영상에서 나타난 가장 위험한 상황은?

① 안전지대에 진입한 자동차의 갑작스러운 오른쪽 차로 진입
② 내 차의 오른쪽에 직진하는 자동차와 충돌 가능성
③ 안전지대에 정차한 자동차의 후진으로 인한 교통사고
④ 진로변경 금지장소에서 진로변경으로 인한 접촉사고

안전지대는 도로교통법에 따라 진입금지 장소에 설치되므로 운전자는 안전지대에 진입해서는 안 된다. 안전지대에서 비상점멸등을 작동하며 느린 속도로 통행하거나 정차한 차를 확인한 경우 그 차가 나의 진행하는 차로로 갑작스러운 진입을 예측하고 주의하며 대비해야 한다.

> 정답이 보이는 **핵심키워드**　안전지대 자동차 →
> ① 갑작스러운 오른쪽 차로 진입

**10** 다음 영상에서 나타난 가장 위험한 상황은?

① 오른쪽 가장자리에서 우회전하려는 이륜차와 충돌 가능성
② 오른쪽 검은색 승용차와 충돌 가능성
③ 반대편에서 좌회전대기 중인 흰색 승용차와 충돌 가능성
④ 횡단보도 좌측에 서있는 보행자와 충돌 가능성

우회전을 하려는 차의 운전자는 우회전 시 앞바퀴가 진행하는 궤적과 뒷바퀴가 진행하는 궤적의 차이(내륜차)로 인해 다소 넓게 회전하는 경향이 있다. 이때 오른쪽에 공간이 있는 경우 이륜차 운전자는 방향지시등을 등화하지 않고 우회전 하려는 앞쪽 차를 확인하며 그대로 직진운동을 할 것이라는 판단을 하게 되고 이는 곧 교통사고의 직접적인 원인이 되기도 한다.

 정답이 보이는 **핵심키워드** | 백미러 오토바이 → ① 우회전 이륜차와 충돌

**11** 다음 영상에서 나타난 상황 중 가장 위험한 경우는?

① 좌회전할 때 왼쪽 차도에서 우회전하는 차와 충돌 가능성
② 좌회전 할 때 맞은편에서 직진하는 차와 충돌 가능성
③ 횡단보도를 횡단하는 보행자와 충돌 가능성
④ 오른쪽에 직진하는 검은색 승용차와 접촉사고

녹색등화에 좌회전을 하려는 상황에서 왼쪽에서 만나는 횡단보도의 신호등이 녹색이 점등된 상태였으므로 보횡단 보도 진입 전에 정지했어야 했다. 이때 좌회전을 한 행동은 도로교통법에 따라 녹색등화였으므로 신호를 준수한 상황이다. 그러나 횡단보도 보행자를 보호하지 않은 행동이었다. 교차로에서 비보호좌회전을 하려는 운전자는 왼쪽에서 만나는 횡단보도에 특히 주의할 필요성이 있음을 인식하고 운전하는 마음가짐이 중요하다.

정답이 보이는 **핵심키워드** | 야간 비보호 좌회전 → ③ 보행자와 충돌

**12** 다음 영상에서 확인되는 위험상황으로 **틀린** 것은? (버스감속하며 중앙선 침범하는 영상)

① 반대방면 자동차의 통행
② 앞쪽 도로 상황이 가려진 시야 제한
③ 횡단하려는 보행자의 횡단보도 진입
④ 버스에서 하차하게 될 승객의 보도 통행

신호등 없는 횡난보도와 연결된 보도에서 횡단을 대기하는 보행자는 운전자의 판단과 다르게 갑자기 진입할 수 있으므로 횡단보도 접근 시에는 서행하며 횡단보도를 횡단하는 보행자 또는 횡단하려는 보행자가 있는 경우 정지하여야 한다.
오른쪽으로 굽어진 도로형태에서 감속하는 앞쪽 자동차 때문에 중앙선을 침범하는 것은 도로교통법 제13조를 위반하는 것이며, 이 행위는 교통사고를 일으키는 직접적인 원인 된다. 따라서 중앙선이 황색 실선으로 설치된 경우 우측통행으로 앞차와의 안전거리를 유지하며 통행해야만 한다.
높이가 높은 대형승합자동차 또는 대형화물자동차를 뒤따라가는 운전자는 앞쪽 도로상황이 확인되지 않으므로 서행으로 차간거리를 넓게 유지하여 제동 또는 정지할 수 있는 공간을 유지하는 태도를 가져야만 한다.
버스에서 하차하게 될 승객의 보도 통행까지는 위험한 상황이라 할 수 없다.

정답이 보이는 **핵심키워드** | 중앙선 침범 → ④ 버스에서 하차하게 될 승객의 보도 통행

**13** 다음 중 교차로에서 횡단하는 보행자 보호를 위해 도로교통법규를 준수하는 차는?

① 갈색 SUV차
② 노란색 승용차
③ 주홍색 택시
④ 검정색 승용차

보행 녹색신호를 지키지 않거나 신호를 예측하여 미리 출발하는 보행자에 주의하여야 한다. 보행 녹색신호가 점멸 할 때 갑자기 뛰기 시작하여 횡단하는 보행자에 주의하여야 한다. 우회전할 때에는 횡단보도에 내려서서 대기하는 보행자가 말려드는 현상에 주의하여야 한다. 우회전할 때 반대편에서 직진하는 차량에 주의하여야 한다.

정답이 보이는 **핵심키워드** | 교차로 횡단 → ④ 검정색 승용차

**14** 다음 영상에서 운전자가 운전 중 예측되는 위험한 상황으로 발생 가능성이 낮은 것은?

① 골목길 주정차 차량사이에 어린이가 뛰어 나올 수 있다.
② 파란색 승용차의 운전자가 차문을 열고 나올 수 있다.
③ 마주 오는 개인형 이동장치 운전자가 일시정지 할 수 있다.
④ 전방의 이륜차 운전자가 마주하는 승용차 운전자에게 양보하던 중에 넘어질 수 있다.

---

항상 보이지 않는 곳에 위험이 있을 것이라는 대비하는 운전자세가 필요하다. 단순히 위험의 실마리라는 생각이 아니라 최악의 상황을 대비하는 자세이다. 운전자는 충분히 예측할 수 있는 위험이 나타났을 때에는 쉽게 대비할 수 있으나 한번도 학습하고 경험하지 않은 위험은 소홀히 하는 경향이 있다. 특히 주택지역 교통사고는 위험을 등한히 할 때 발생된다.

정답이 보이는 **핵심키워드** | 전방 파란색 오토바이 →
③ 개인형 이동장치 일시정지

**15** 다음 영상에서 예측되는 가장 위험한 상황으로 맞는 것은?

① 전방의 화물차량이 속도를 높일 수 있다.
② 1차로와 3차로에서 주행하던 차량이 화물차량 앞으로 동시에 급차로 변경하여 화물차량이 급제동 할 수 있다.
③ 4차로 차량이 진출램프에 진출하고자 5차로로 차로 변경할 수 있다.
④ 3차로로 주행하던 승용차가 4차로로 차로 변경할 수 있다.

위험예측은 위험에 대한 인식을 갖고 사고예방에 관심을 갖다보면 도로에 어떤 위험이 있는지 관찰하게 된다. 위험에 대한 지식은 관찰을 통해 도로에 일반적이지 않은 교통행동을 알고 대비하는 능력을 갖추어야 하는데 대부분 경험을 통해서 위험을 배우는 것이 전부이다. 경험을 통해서 위험을 인식하는 것은 위험에 대한 한정된 지식만을 얻게 되어 위험에 노출될 가능성이 높다.

정답이 보이는 **핵심키워드** | 전방 흰색 화물차 위험상황 → ② 화물차 급제동

## 16 운전자의 행위 중 도로교통법 위반은?

① 횡단보도 예고 노면표시를 확인하고 서행했다.
② 횡단보도를 횡단하려는 보행자를 보호하기 위해 정지했다.
③ 우회전차로에서 방향지시등 점등을 했다.
④ 우회전과 동시에 왼쪽 직진차로로 신속하게 진입했다.

우회전 후 진입하려는 차로에 뒤에서 접근해 오는 차량이 있어 안전거리가 확보되지 않았음에도, 이를 확인하지 않고 신속하게 진입한 것은 도로교통법의 안전운전 의무를 위반한 것이다. 이러한 행위는 진로변경 시 다른 차량의 정상적인 주행을 방해하고 사고를 유발할 위험이 있다.

정답이 보이는 **핵심키워드** | 우회전 시 도로교통법 위반 → ④ 신속하게 진입

★★
## 17 운전자의 행위 중 도로교통법 위반은?

① 방향지시등을 켜서 진행방향을 알렸다.
② 미리 도로의 우측 가장자리를 통행하여 우회전을 진입하였다.
③ 앞쪽 자동차와 추돌을 피하기 위하여 주의를 하였다.
④ 전방 신호기 등화에 따라 우회전 하였다.

운전자는 차의 신호기 적색등화에서 횡단보도 직전 정지선에서 정지해야 했으나, 앞쪽에서 먼저 우회전하는 차를 그대로 뒤따랐다. 이는 도로교통법 제5조 신호 및 지시에 따를 의무를 위반한 것이다.

정답이 보이는 **핵심키워드** | 파란색 옷 여성 보행자 →
④ 전방 신호기 등화에 따라 우회전

★★
## 18 운전자의 행위 중 도로교통법 위반은?

① 도로구간의 제한최고속도를 준수하였다.
② 진로변경이 가능한 장소에서 안전하게 진로변경하였다.
③ 횡단보도를 통행하는 보행자를 보호하기 위해 정지하였다.
④ 횡단보도 신호등이 적색등화로 변경되어 교차로 직전 정지선으로 이동하여 정지하였다.

횡단보도 신호등이 녹색등화에서 적색등화로 바뀌어도 차의 신호기는 적색등화이므로 횡단보도 직전의 정지선에서 멈춰야 한다.

정답이 보이는 **핵심키워드** | 횡단보도 적색등화 →
④ 교차로 직전 정지선으로 이동하여 정지

 다음 중 도로교통법을 준수한 차로 짝지어진 것은?

① 검은색 이륜차, 흰색 승용차
② 주인공 차, 흰색 승용차
③ 검은색 이륜차, 검은색 승용차
④ 주인공 차, 검은색 이륜차

운전자는 녹색등화가 점등되어 유지되어 있는 시간이 길수록 곧 황색등화로 바뀔 것을 예상하여 교차로 접근 시 속도를 줄이고 황색등화 시 정지할 수 있도록 준비해야 한다.

정답이 보이는 **핵심키워드** | 오토바이 유턴 →
③ 검은색 이륜차, 검은색 승용차

★★
**20** 영상에서 확인되는 주인공 운전자의 도로교통법 위반으로 바르게 짝지어진 것은??

① 보행자보호의무위반, 신호 위반, 지정차로 위반, 주정차금지위반
② 주정차금지위반, 신호 위반, 지정차로 위반, 보행자보호의무위반
③ 진로변경금지장소 위반, 앞지르기 방법위반, 보행자보호의무위반, 신호 위반
④ 진로변경금지장소 위반, 주정차금지위반, 보행자보호의무위반, 신호 위반

정답이 보이는 **핵심키워드** | 황색복선 불법정차 →
④ 진로변경, 주정차, 보행자보호, 신호 위반

★★
**21** 주거지역을 통행중이다. 운전 중 주의해야 할 대상 및 장소와 가장 거리가 먼 것은? (윤창호 사건)

① 불법으로 주차된 자동차
② 반대편 도로에서 통행하는 자동차
③ 신호등 없는 횡단보도
④ 왼쪽 보도에서 대화하는 보행자

정답이 보이는 **핵심키워드** | 주거지역 통행 →
④ 왼쪽 보도에서 대화하는 보행자

★★
**22** 다음 영상에서 가장 올바른 운전행동으로 맞는 것은?

① 1차로로 주행 중인 승용차 운전자는 직진할 수 있다.
② 2차로로 주행 중인 화물차 운전자는 좌회전 할 수 있다.
③ 3차로 승용차 운전자는 우회전 시 일시정지하고 우측 후사경을 보면서 위험에 대비하여야 한다.
④ 3차로 승용차 운전자는 보행자가 횡단보도를 건너고 있을 때에도 우회전할 수 있다.

## 23 영상에서 확인되는 교통사고를 예방하는 방법과 거리가 먼 것은?

① 미리 속도를 줄이고 정지선 직전에 정지해야 한다.
② 오른쪽에서 진입하려는 자동차에게 양보해야 하므로 미리 서행하면서 교차로에 접근해야 한다.
③ 노면이 얼었으므로 브레이크 페달을 강하게 밟는다.
④ 눈이 내리는 경우 타이어에 스노우 체인을 결속하여 운전하는 것이 바람직하다.

눈길을 통행하는 운전자는 정지하게 될 가능성이 있는 장소를 접근하려는 때에는 미리 엔진브레이크 방식으로 서행하며 브레이크 조작 시 미끄러짐을 방지해야 한다.



## 24 교차로에 접근하여 통과중이다. 도로교통법상 위반으로 맞는 것은?(홍보성 문제_회전교차로 통과)

① 진출 시 올바른 방향지시기 켰다.
② 진입 시 올바른 방향지시기 켰다.
③ 진출 시 교차로 내에서 진로변경없이 안쪽 차로에서 그대로 진출했다.
④ 진입 시 교차로 내에서 진로변경없이 안쪽 차로로 즉시 진입했다.

동영상의 교차로를 회전교차로(roundabout) 중 2개 차로로 진입하는 종류이다. 회전 교차로에 진입 또는 진출하려는 경우 미리 방향지시기를 작동하여야 한다. 이 때 켜야 하는 등화는 도로교통법 시행령 별표에 따라 진입 시에는 왼쪽을, 진출 시에는 오른쪽을 등화해야 한다. 2개 차로로 운영되는 회전교차로에 진입할 때는 노면표시에 따라 왼쪽 차로(1차로)에서는 교차로 내부의 안쪽 차로로, 오른쪽차로(2차로)에서는 교차로 내부의 바깥 차로로 진입하여 회전하여야 한다.



## 25 교차로에 좌회전으로 진입하여 통행하려 한다. 확인되는 상황으로 맞는 설명은?

① 주인공 운전자는 교차로의 신호에 따라 좌회전하였다.
② 주인공 운전자가 서행하여 다른 운전자의 앞지르기를 유발하였다.
③ 앞지르기를 한 운전자가 교차로 진입 시 우선순위를 이행하였다.
④ 앞지르기를 한 운전자는 신호기의 적색점멸등화에 따라 교차로에 진입하였다.

**26** 영상과 같은 하이패스차로 통행에 대한 설명이다. 잘못된 것은?

① 단차로 하이패스이므로 시속 30킬로미터 이하로 서행하면서 통과하여야 한다.
② 통행료를 납부하지 아니하고 유료도로를 통행한 경우에는 통행료의 5배에 해당하는 부가통행료를 부과할 수 있다.
③ 하이패스카드 잔액이 부족한 경우에는 한국도로공사의 홈페이지에서 납부할 수 있다.
④ 하이패스차로를 이용하는 군작전용차량은 통행료의 100%를 감면받는다.

통행료를 납부하지 아니하고 유료도로를 통행한 경우에는 통행료의 10배에 해당하는 부가통행료를 부과, 수납할 수 있다.

정답이 보이는
**핵심키워드** | 하이패스 틀린 것 → ② 통행료 5배

★★

**27** 다음 중 이면도로에서 위험을 예측할 때 가장 주의하여야 하는 것은?

① 정체 중인 차 사이에서 뛰어나올 수 있는 어린이
② 실내 후사경 속 청색 화물차의 좌회전
③ 오른쪽 자전거 운전자의 우회전
④ 전방 승용차의 급제동

정답이 보이는
**핵심키워드** | 이면도로 주의 → ① 뛰어나올 수 있는 어린이

★★

**28** 편도1차로를 통행중이다. 위험한 상황으로 맞는 것은?

① 앞쪽 농기계와 안전거리를 유지했기 때문에 뒤따르는 자동차의 앞지르기를 유발했다.
② 급감속하여 서행했기 때문에 뒤따르고 있던 자동차의 앞지르기를 유발했다.
③ 지방도로에서는 통행하거나 횡단하는 농기계의 발견이 지연될 수 있다.
④ 뒤따르는 자동차의 안전한 앞지르기를 방해하였다.

해당 운전자는 중앙선 우측을 통행하고 있고, 그 뒤를 따르는 차마의 운전자도 이에 따라야 한다. 따라서 운전자가 도로교통법을 준수하며 통행하고 있으므로 그 운전자의 안전거리 확보와 서행이 뒤따르는 자동차 운전자의 중앙선 침범을 유발했다고 할 수 없다. 뒤따르는 자동차 운전자들은 도로교통법을 미준수하고, 중앙선을 침범하였으며, 원칙적으로 금지된 앞지르기 행위를 하였다. 굽은도로나 고갯마루 등의 장소가 있는 지방도로에서 통행하는 경우, 농기계는 쉽게 발견되지 않을 수 있으므로 감속한다.

정답이 보이는
**핵심키워드** | 편도1차로 위험 상황 → ③ 지방도로 농기계

★★

**29** 다음 영상에서 우회전하고자 경운기를 앞지르기하는 상황에서 예측되는 가장 위험한 상황은?

① 우측도로의 화물차가 교차로를 통과하기 위하여 속도를 낮출 수 있다.
② 좌측도로의 빨간색 승용차가 우회전을 하기 위하여 속도를 낮출 수 있다.

③ 경운기가 우회전 하는 도중 우측도로의 하얀색 승
   용차가 화물차를 교차로에서 앞지르기 할 수 있다.
④ 경운기가 우회전하기 위하여 정지선에 일시정지 할
   수 있다.

우측에서 진입하려는 차가 있는데 뒤차가 이미 앞지르기 차로로 진
로를 변경하려 하고 있어, 좌측으로 진로를 변경하는 것은 위험하다.
가속차로의 차가 진입하기 쉽도록 속도를 일정하게 유지하여 주행
하도록 한다.

정답이 보이는
**핵심키워드** | 우측도로 빨간 화물차 위험상황 →
③ 화물차 앞지르기

## ★★
## 30 고속도로에서 진출하려고 한다. 올바른 방법으로 가장 적절한 것은?

① 신속한 진출을 위해서 지체없이 연속으로 차로를
   횡단한다.
② 급감속으로 신속히 차로를 변경한다.
③ 감속차로에서부터 속도계를 보면서 속두를 줄인다.
④ 감속차로 전방에 차가 없으면 속도를 높여 신속히 진
   출로를 통과한다.

고속도로 주행은 빠른 속도로 인해 긴장된 운행을 할 수 밖에 없다. 따
라서 본선차로에서 진출로로 빠져나올 때 뒤따르는 차가 있으므로 급
히 감속하게 되면 뒤차와의 추돌이 우려도 있어 주의하여야 한다. 본
선차로에서 나와 감속차로에 들어가면 감각에 의존하지 말고 속도계
를 보면서 속도를 확실히 줄여야 한다.

정답이 보이는
**핵심키워드** | 고속도로 진출 방법 →
③ 감속차로에서부터 감속

## ★★
## 31 영상에서 확인된 위험한 요소 및 상황으로 볼 수 없는 것은?

① 터널 진입 시 잘 보이지 않는 상황
② 터널 진출 시 잘 보이지 않는 상황
③ 터널 입출구 또는 교량의 얇은 살얼음(일명 블랙아이스)
④ 터널 통행 시 앞지르기 위반 차들

영상에서 터널 및 교량 구간에서 앞지르기 위반행위를 한 차는 없
었다.

정답이 보이는
**핵심키워드** | 눈길 터널 위험요소 아닌 것 →
④ 터널 통행 시 앞지르기 위반

## ★★
## 32 동영상에서 확인되는 운전자의 준법운전을 설명한 것으로 맞는 것은?

① 전조등을 작동하였다.
② 안전한 앞지르기를 하였다.
③ 이상기후 시 감속기준을 준수하였다.
④ 옆쪽 보행자에 물이 튀지 않도록 서행하였다.

운전자는 빗길에서 과속으로 운전하였다. 또 도로교통법에 따라 우측
통행해야 하나 중앙선의 좌측으로 통행하는 행동을 하였다. 더불어 빗
길에는 고인물이 보행자에게 튀지 않도록 운전자의 준수사항을 준수
하여야 했으나 위반하는 행동이 나타났다.

정답이 보이는
**핵심키워드** | 빗길 운전 준법운전 → ① 전조등 작동

## 33 야간에 커브 길을 주행할 때 운전자의 눈이 부실 수 있다. 어떻게 해야 하나?

① 도로의 우측가장자리를 본다.
② 불빛을 벗어나기 위해 가속한다.
③ 급제동하여 속도를 줄인다.
④ 도로의 좌측가장자리를 본다.

외곽지역 야간에서 대향차의 전조등에 의해 눈이 부실 경우 급제동하면 후속차량과의 추돌 위험이 있으므로 도로의 우측가장자리를 보며 서행하며 주행한다.

> 정답이 보이는
> **핵심키워드** | 야간 눈부실 때 →
> ① 도로의 우측가장자리를 본다


## 34 다음 중 신호없는 횡단보도를 횡단하는 보행자를 보호하기 위해 도로교통법규를 준수하는 차는?

① 흰색 승용차
② 흰색 화물차
③ 갈색 승용차
④ 적색 승용차

신호등이 없는 횡단보도에서는 보행자가 있음에도 불구하고 보행자들 사이로 지나가는 차량에 주의하여야 한다. 특히 횡단보도 내 불법주차된 차량으로 인해 갑자기 횡단하는 보행자에 주의하여야 한다.

> 정답이 보이는
> **핵심키워드** | 신호없는 횡단보도 → ① 흰색 승용차


## 35 동영상에서 확인되는 도로교통법 위반으로 맞는 것은?(실외이동로봇 포함)

① 보행자보호의무 위반, 신호 및 지시 위반, 중앙선 침범
② 보행자보호의무 위반, 신호 및 지시 위반, 속도위반
③ 신호 및 지시 위반, 어린이통학버스 특별보호의무 위반, 속도 위반
④ 신호 및 지시 위반, 어린이통학버스 특별보호의무 위반, 보행자보호의무위반

문제에 제시된 영상에서 운전자는 다음과 같은 도로교통법을 위반한 것으로 확인된다. − 신호 및 지시에 따를 의무, 보행자의 보호, 자동차등과 노면전차의 속도

> 정답이 보이는
> **핵심키워드** | 실외이동로봇 도로교통법 위반 →
> ② 보행자보호의무, 신호 및 지시, 속도위반

# 07

# 평가모의고사

앞의 100% 공개문제 중 각 수험생 개인마다 유형별로 문제를 랜덤으로 선별하여 시험을 치르게 됩니다. 이 장에서는 실제 출제되는 방식으로 임의 문제를 나열했으니 평가로만 한번 풀어보시기 바랍니다.

**1** 도로교통법령상 한쪽 눈을 보지 못하는 사람이 제1종 보통면허를 취득하려는 경우 다른 쪽 눈의 시력이 ( ) 이상, 수평시야가 ( )도 이상, 수직시야가 20도 이상, 중심시야 20도 내 암점과 반맹이 없어야 한다. ( ) 안에 기준으로 맞는 것은?

① 0.5, 50
② 0.6, 80
③ 0.7, 100
④ 0.8, 120

**2** 도로교통법상 운전면허증 갱신기간의 연기를 받은 사람은 그 사유가 없어진 날부터 ( ) 이내에 운전면허증을 갱신하여 발급받아야 한다. ( )에 기준으로 맞는 것은?

① 1개월
② 3개월
③ 6개월
④ 12개월

**3** 다음은 도로교통법상 운전면허증을 발급 받으려는 사람의 본인여부 확인 절차에 대한 설명이다. 틀린 것은?

① 주민등록증을 분실한 경우 주민등록증 발급신청 확인서로 가능하다.
② 신분증명서 또는 지문정보로 본인여부를 확인 할 수 없으면 시험에 응시할 수 없다.
③ 신청인의 동의 없이 전자적 방법으로 지문정보를 대조하여 확인할 수 있다.
④ 본인여부 확인을 거부하는 경우 운전면허증 발급을 거부할 수 있다.

**4** 자동차관리법령상 비사업용 소형 승합자동차(2001년 이후 등록된 차령이 4년 초과)의 검사 유효기간으로 맞는 것은?

① 6개월
② 1년
③ 2년
④ 4년

**5** 밤에 자동차(이륜자동차 제외)의 운전자가 고장 그 밖의 부득이한 사유로 도로에 정차할 경우 켜야 하는 등화로 맞는 것은?

① 전조등 및 미등
② 실내 조명등 및 차폭등
③ 번호등 및 전조등
④ 미등 및 차폭등

**6** 도로교통법령상 개인형 이동장치의 승차정원에 대한 설명으로 틀린 것은?

① 전동킥보드의 승차정원은 1인이다.
② 전동이륜평행차의 승차정원은 1인이다.
③ 전동기의 동력만으로 움직일 수 있는 자전거의 경우 승차정원은 1인이다.
④ 승차정원을 위반한 경우 범칙금 4만원을 부과한다.

**7** 도로교통법상 연습운전면허의 유효 기간은?

① 받은 날부터 6개월
② 받은 날부터 1년
③ 받은 날부터 2년
④ 받은 날부터 3년

**8** 도로교통법상 어린이 통학버스 안전교육 대상자의 교육시간 기준으로 맞는 것은?

① 1시간 이상
② 3시간 이상
③ 5시간 이상
④ 6시간 이상

**9** 시장 등이 노인 보호구역으로 지정할 수 있는 곳이 아닌 곳은?

① 고등학교
② 노인복지시설
③ 도시공원
④ 생활체육시설

**10** 교통정리가 없는 교차로 통행 방법으로 알맞은 것은?

① 좌우를 확인할 수 없는 경우에는 서행하여야 한다.
② 좌회전하려는 차는 직진차량보다 우선 통행해야 한다.
③ 우회전하려는 차는 직진차량보다 우선 통행해야 한다.
④ 통행하고 있는 도로의 폭보다 교차하는 도로의 폭이 넓은 경우 서행하여야 한다.

**11** 운전자가 좌회전 시 정확하게 진행할 수 있도록 교차로 내에 백색점선으로 한 노면표시는 무엇인가?

① 유도선
② 연장선
③ 지시선
④ 규제선

**12** 회전교차로에 대한 설명으로 맞는 것은?

① 회전교차로는 신호교차로에 비해 상충지점 수가 많다.
② 진입 시 회전교차로 내에 여유 공간이 있을 때까지 양보선에서 대기하여야 한다.
③ 신호등 설치로 진입차량을 유도하여 교차로 내의 교통량을 처리한다.
④ 회전 중에 있는 차는 진입하는 차량에게 양보해야 한다.

**13** 자동차등을 이용하여 형법상 특수폭행을 행하여 (보복운전) 입건되었다. 운전면허 행정처분은?

① 면허 취소
② 면허 정지 100일
③ 면허 정지 60일
④ 행정처분 없음

**14** 도로교통법상 긴급출동 중인 긴급차의 법규위반으로 맞는 것은?

① 편도 2차로 일반도로에서 매시 100킬로미터로 주행하였다.
② 백색 실선으로 차선이 설치된 터널 안에서 앞지르기하였다.
③ 우회전하기 위해 교차로에서 끼어들기를 하였다.
④ 인명 피해 교통사고가 발생하여도 긴급출동 중이므로 필요한 신고나 조치 없이 계속 운전하였다.

**15** 도로교통법상 편도 2차로 자동차전용도로에 비가 내려 노면이 젖어있는 경우 감속운행 속도로 맞는 것은?

① 매시 80킬로미터
② 매시 90킬로미터
③ 매시 72킬로미터
④ 매시 100킬로미터

**16** 야간에 마주 오는 차의 전조등 불빛으로 인한 눈부심을 피하는 방법으로 올바른 것은?

① 전조등 불빛을 정면으로 보지 말고 자기 차로의 바로 아래쪽을 본다.
② 전조등 불빛을 정면으로 보지 말고 도로 우측의 가장자리 쪽을 본다.
③ 눈을 가늘게 뜨고 자기 차로 바로 아래쪽을 본다.
④ 눈을 가늘게 뜨고 좌측의 가장자리 쪽을 본다.

**17**  LPG 차량의 연료특성에 대한 설명으로 적당하지 않은 것은?

① 일반적인 상온에서는 기체로 존재한다.
② 차량용 LPG는 독특한 냄새가 있다.
③ 일반적으로 공기보다 가볍다.
④ 폭발 위험성이 크다.

**18**  승용차가 자전거 전용차로를 통행하다 단속되는 경우 도로교통법상 처벌은?

① 1년 이하 징역에 처한다.
② 300만 원 이하 벌금에 처한다.
③ 범칙금 4만원의 통고처분에 처한다.
④ 처벌할 수 없다.

**19**  고속도로를 주행할 때 옳은 2가지는?

① 모든 좌석에서 안전띠를 착용하여야 한다.
② 고속도로를 주행하는 차는 진입하는 차에 대해 차로를 양보하여야 한다.
③ 고속도로를 주행하고 있다면 긴급자동차가 진입한다 하여도 양보할 필요는 없다.
④ 고장자동차의 표지(안전삼각대 포함)를 가지고 다녀야 한다.

**20**  회전교차로 통행방법으로 가장 알맞은 2가지는?

① 교차로 진입 전 일시정지 후 교차로 내 왼쪽에서 다가오는 차량이 없으면 진입한다.
② 회전교차로에서의 회전은 시계방향으로 회전해야 한다.
③ 회전교차로 진출 때에는 좌측 방향지시등을 작동해야 한다.
④ 회전교차로 내에 진입한 후에도 다른 차량에 주의하면서 진행해야 한다.

**21**  다음 중 장거리 운행 전에 반드시 점검해야 할 우선순위 2가지는?

① 차량 청결 상태 점검
② DMB(영상표시장치) 작동여부 점검
③ 각종 오일류 점검
④ 타이어 상태 점검

**22**  다음 안전 표지가 뜻하는 것은?

① 노면이 고르지 못함을 알리는 것
② 터널이 있음을 알리는 것
③ 과속방지턱이 있음을 알리는 것
④ 미끄러운 도로가 있음을 알리는 것

**23**  다음 안전표지가 의미하는 것은?

① 좌측방 통행
② 우합류 도로
③ 도로폭 좁아짐
④ 우측차로 없어짐

**24**  다음 안전표지에 대한 설명으로 가장 옳은 것은?

① 이륜자동차 및 자전거의 통행을 금지한다.
② 이륜자동차 및 원동기장치자전거의 통행을 금지한다.
③ 이륜자동차와 자전거 이외의 차마는 언제나 통행할 수 있다.
④ 이륜자동차와 원동기장치자전거 이외의 차마는 언제나 통행 할 수 있다.

**25** 다음 상황에서 가장 안전한 운전방법 2가지는?

- 사거리 교차로
- 편도 3차로 도로
- 보도에서 개인형 이동장치를 타는 사람

① 우회전하려면 정지선의 직전에 일시정지한 후 우회전한다.
② 우회전할 때에는 미리 도로의 우측 가장자리를 서행하면서 우회전하여야 한다.
③ 우회전하는 차의 운전자는 신호에 따라 정지하거나 진행하는 보행자 또는 자전거등에 주의하여야 한다.
④ 동승자가 하차할 때에는 잠시 정차하는 것이므로 소화전 앞에 정차할 수 있다.
⑤ 시내도로에서는 야간이라도 주변이 밝기 때문에 전조등을 켤 필요는 없다.

**26** 다음 상황을 통해 알 수 있는 정보로 바르지 않은 것 2가지는?

① 전방에 횡단보도가 있다.
② 전방 차량신호등은 녹색등화이다.
③ 도로 우측에는 자전거전용도로가 설치되어 있다.
④ 이 도로의 제한속도는 시속 30 킬로미터 이다.
⑤ 앞선 자동차들은 브레이크 페달을 조작하고 있다.

**27** 다음 상황을 통해 알 수 있는 정보와 이에 따른 올바른 운전방법을 연결한 것으로 바르지 <u>않은</u> 것 2가지는?

- 직전까지 눈이 내렸고, 노면이 얼어붙은 상태
- 바로 앞에 진행하는 차량은 제설작업 차량으로 도로에 모래를 뿌리면서 주행중
- 전방 우측 화물차는 우측 방향지시등을 켠 채 정차 중

① 횡단보도예고표시 – 전방에 곧 횡단보도가 나타나므로 주의하며 운전한다.
② 차로 우측에 설치된 황색실선의 복선구간 – 보도에 걸치는 방식의 정차는 허용된다.
③ 노면이 얼어있는 상태 – 최고 제한속도의 100분의 20을 줄인 속도로 운행한다.
④ 전방 제설작업 차량 – 작업차량과 안전거리를 충분히 유지하면서 주행한다.
⑤ 전방 우측에 정차 중인 화물차 – 사람이 차도로 갑자기 튀어나올 수 있으므로 주의하며 운전한다.

## 28 다음 상황에서 가장 안전한 운전방법 2가지는?

- 전방 차량신호등 적색등화
- 좌측 어린이 보호구역 해제 표지
- 1차로 유턴 및 좌회전 차로
- 3차로 직진 및 우회전 차로

① 전방 차량신호등이 적색등화이므로 정지선 전에 미리 속도를 줄이고 안전하게 정차한다.
② 전방 좌측 어린이 보호구역 해제 표지가 있어 현재 진행하는 도로에서는 특별히 어린이의 안전에 주의할 필요는 없다.
③ 좌회전하려는 경우 미리 1차로로 진행하는 후행차량을 잘 살피고 안전하게 차로를 변경한다.
④ 우회전하려는 경우 3차로에 신호대기 중인 차량을 피해 보도를 통해 우회전 한다.
⑤ 도로 우측의 황색실선은 정차는 허용하나 주차는 금지하는 표지이므로 잠시 정차하는 것은 가능하다.

## 29 다음과 같은 상황에서 교통안전표지에 대한 설명으로 맞는 것 2가지는?

- 어린이 보호구역

① 노면에 표시된 30은 도로의 최고 제한속도가 시속 30킬로미터임을 의미한다.
② 횡단보도는 백색으로만 표시해야 하므로 황색 횡단보도 표시는 잘못된 시설물이다.
③ 지그재그 형태의 백색실선은 서행을 뜻하며 그 구간에서 진로변경이 가능하다.
④ 차량신호기에 부착된 지시표지는 횡단보도가 있다는 의미이다.
⑤ 적색으로 포장된 아스팔트는 어린이 보호구역에만 쓰인다.

## 30 다음 상황에서 가장 안전한 운전방법 2가지는?

- 터널 밖은 눈이 내리고 있어 도로가 미끄러운 상태

① 도로가 미끄러우므로 터널을 나가기 전에 3차로로 차로변경 후 감속하며 주행한다.
② 터널 밖의 상황을 알 수 없으므로 터널을 빠져나오면서 가속하며 주행한다.
③ 터널 안에서는 차로변경이 가능한 구간이기에 1차로 차로변경 후 가속하며 신속하게 주행한다.
④ 터널 밖의 도로는 미끄러울 수 있으니 감속하며 주행한다.
⑤ 터널에서 진출 시 명순응 현상이 나타날 수 있으니 주의한다.

## 31 다음 상황에서 가장 안전한 운전방법 2가지는?

- 농어촌도로
- 흰색 자동차 주행 중

① 농어촌도로는 제한속도 규정이 없으므로 가속하여 진행한다.
② 승용차와 농기계 사이에 진행공간이 있다 하더라도 경운기에 탑승하는 사람의 안전을 위해 일시정지 한다.
③ 농기계에 이르기 전부터 일시정지하거나 감속하는 등 농기계와 안전거리를 확보한다.
④ 농기계 운전자에게 방해가 되지 않도록 경음기는 절대 작동하지 않는다.
⑤ 도로 좌우측 길가장자리구역은 정차는 금지되나 주차는 허용되므로 주차할 수 있다.

## 32 다음 상황에서 교차로를 통과하려는 경우 예상되는 위험 2가지는?

도로
상황
- 교각이 설치되어있는 도로
- 정지해있던 차량들이 녹색신호에 따라 출발하려는 상황
- 3지 신호교차로

① 3차로의 하얀색 차량이 우회전 할 수 있다.
② 2차로의 하얀색 차량이 1차로 쪽으로 급차로 변경할 수 있다.
③ 교각으로부터 무단횡단 하는 보행자가 나타날 수 있다.
④ 횡단보도를 뒤 늦게 건너려는 보행자를 위해 일시정지 한다.
⑤ 뒤차가 내 앞으로 앞지르기를 할 수 있다.

## 33 사고발생 가능성이 가장 높은 상황 2가지는?

도로
상황
- 도로변 건물에서 좌회전 진입하려고 함

① 보도 우측에서 진행 중인 자전거
② 건물로 진입하기 위해 좌회전 대기 중인 자동차
③ 도로 좌측에서 우측으로 주행 중인 자동차
④ 반대편 공터에 주차된 자동차
⑤ 반사경에 비친 자동차

**34** 고속도로 휴게소에서 휴식을 취하고 고속도로로 합류하려고 한다. 가장 안전한 운전방법 2가지는?

① 일시정지 후 주행 중인 차량이 없을 때 도로로 합류한다.
② 가속을 통해 한번에 1차로까지 가로 지른다.
③ 충분한 가속을 통해 좌측을 확인한 후 합류한다.
④ 갓길로 계속 주행한다.
⑤ 다른 차량의 통행을 방해하지 않도록 한다.

**35** 다음 상황에서 가장 바람직한 운전방법 2가지는?

| 도로<br>상황 | ■ 편도 3차로 고속도로<br>■ 기후상황 : 가시거리 50미터인 안개낀 날 |
| --- | --- |

① 1차로로 진로변경하여 빠르게 통행한다.
② 등화장치를 작동하여 내 차의 존재를 다른 운전자에게 알린다.
③ 노면이 습한 상태이므로 속도를 줄이고 서행한다.
④ 앞차가 통행하고 있는 속도에 맞추어 앞차를 보며 통행한다.
⑤ 갓길로 진로변경하여 앞쪽 차들보다 앞서간다.

**36** 다음의 도로를 통행하려는 경우 가장 올바른 운전방법 2가지는?

| 도로<br>상황 | ■ 중앙선이 없는 도로<br>■ 도로 좌우측 불법주정차된 차들 |
| --- | --- |

① 자전거에 이르기 전 일시정지한다.
② 횡단보도를 통행할 때는 정지선에 일시정지한다.
③ 뒤차와의 거리가 가까우므로 가속하여 거리를 벌린다.
④ 횡단보도 위에 사람이 없으므로 그대로 통과한다.
⑤ 경음기를 반복하여 작동하며 서행으로 통행한다.

**37** 다음 도로상황에서 가장 안전한 운전행동 2가지는?

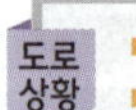

| 도로<br>상황 | ■ 어린이 보호구역 주행 중<br>■ 신호등이 없는 교차로 입구 주·정차 차량 존재 |
| --- | --- |

① 교차로 진입 전 일시정지 후 통과한다.
② 경음기를 사용하며 속도를 높여 통과한다.
③ 전동보장구를 탄 고령보행자가 차량의 통행을 기다리고 있기에 신속히 교차로를 통과한다.
④ 주·정차 차량 사이에 어린이 보행자가 있을 수 있어 주의한다.
⑤ 직진하려는 차량이 우선이므로 좌측으로 붙어 그대로 통과한다.

| 도로<br>상황 | ■ 1차로 전방 공사 중인 도로<br>■ 좌측에 가벽이 설치되어 있음 |
| --- | --- |

① '2차로 없어짐'표지에 따라 1차로로 계속 주행한다.
② 공사구역을 피하기 위해 급정지한다.
③ 전방 차로 폭이 좁아지므로 미리 2차로로 진로를 변경한다.
④ 공사 중임을 알리기 위해 비상점멸등을 켠다.
⑤ 1차로로 주행하다 공사구간 직전에 2차로로 끼어든다.

**39** 다음 도로상황에서 가장 올바른 운전방법 2가지는?

| 도로<br>상황 | ■ 전방 좌측에 산불 발생<br>■ 산불로 인해 시야확보가 어려운 상황임 |
| --- | --- |

① 화재여부와 상관없이 직진한다.
② 공조기를 외부순환 모드로 신속하게 전환한다.
③ 주행 중인 차로에 주차 후 문을 잠그고 도망간다.
④ 차량 창문을 닫고 유독가스 흡입을 차단한다.
⑤ 불길이 심한 곳으로 진입하지 않고, 경찰관의 수신호에 따른다.

**40** 다음 영상을 보고 확인되는 가장 위험한 상황은?

① 우측 정차 중인 대형차량이 출발 하려고 하는 상황
② 반대방향 노란색 승용차가 신호위반을 하는 상황
③ 우측도로에서 우회전하는 검은색 승용차가 1차로로 진입하는 상황
④ 반대방향 하얀색 승용차가 외륜차를 고려하지 않고 우회전하는 상황

【 평가모의고사 1회 】

| 정답 | | | | |
| --- | --- | --- | --- | --- |
| 01 ④ | 02 ② | 03 ③ | 04 ② | 05 ④ |
| 06 ③ | 07 ② | 08 ② | 09 ① | 10 ④ |
| 11 ① | 12 ② | 13 ② | 14 ④ | 15 ③ |
| 16 ② | 17 ② | 18 ② | 19 ①④ | 20 ①④ |
| 21 ③④ | 22 ③ | 23 ④ | 24 ② | 25 ④⑤ |
| 26 ④⑤ | 27 ②③ | 28 ①③ | 29 ①④ | 30 ④⑤ |
| 31 ②③ | 32 ②③ | 33 ①② | 34 ③⑤ | 35 ②③ |
| 36 ①② | 37 ①④ | 38 ③④ | 39 ④⑤ | 40 ③ |

**1** 제1종 운전면허를 발급받은 65세 이상 75세 미만인 사람(한쪽 눈만 보지 못하는 사람은 제외)은 몇 년마다 정기적 성검사를 받아야 하나?

① 3년마다
② 5년마다
③ 10년마다
④ 15년마다

**2** 자동차관리법령상 승용자동차는 몇 인 이하를 운송하기에 적합하게 제작된 자동차인가?

① 10인
② 12인
③ 15인
④ 18인

**3** 다음 중 도로교통법상 운전면허증 갱신발급이나 정기 적성검사의 연기 사유가 아닌 것은?

① 해외 체류 중인 경우
② 질병으로 인하여 거동이 불가능한 경우
③ 군인사법에 따른 육·해·공군 부사관 이상의 간부로 복무중인 경우
④ 재해 또는 재난을 당한 경우

**4** 보행자의 보도통행 원칙으로 맞는 것은?

① 보도 내 우측통행
② 보도 내 좌측통행
③ 보도 내 중앙통행
④ 보도 내에서는 어느 곳이든

**5** 도로교통법상 반드시 일시정지 하여야 할 장소로 맞는 것은?

① 교통정리를 하고 있지 아니하고 좌우를 확인할 수 없는 교차로
② 녹색등화가 켜져 있는 교차로
③ 교통이 빈번한 다리 위 또는 터널 내
④ 도로의 구부러진 부근 또는 비탈길의 고갯마루 부근

**6** 어린이통학버스 운전자 및 운영자의 의무에 대한 설명으로 맞지 않은 것은?

① 어린이통학버스 운전자는 어린이나 영유아가 타고 내리는 경우에만 점멸등을 작동하여야 한다.
② 어린이통학버스 운전자는 승차한 모든 어린이나 영유아가 좌석안전띠를 매도록 한 후 출발한다.
③ 어린이통학버스 운영자는 어린이통학버스에 보호자를 함께 태우고 운행하는 경우에는 보호자 동승표지를 부착할 수 있다.
④ 어린이통학버스 운영자는 어린이통학버스에 보호자가 동승한 경우에는 안전운행기록을 작성하지 않아도 된다.

**7** 앞지르기에 대한 설명으로 맞는 것은?

① 앞차가 다른 차를 앞지르고 있는 경우에는 앞지르기할 수 있다.
② 터널 안에서 앞지르고자 할 경우에는 반드시 우측으로 해야 한다.
③ 편도 1차로 도로에서 앞지르기는 황색실선 구간에서만 가능하다.
④ 교차로 내에서는 앞지르기가 금지되어 있다.

**8** 도로교통법령상 보행자에 대한 설명으로 틀린 것은?

① 너비 1미터 이하의 동력이 없는 손수레를 이용하여 통행하는 사람은 보행자가 아니다.
② 너비 1미터 이하의 보행보조용 의자차를 이용하여 통행하는 사람은 보행자이다.
③ 자전거를 타고 가는 사람은 보행자가 아니다.
④ 너비 1미터 이하의노약자용 보행기를 이용하여 통행하는 사람은 보행자이다.

**9** 제1종 대형면허의 취득에 필요한 청력기준은?
(단, 보청기 사용자 제외)

① 25데시벨
② 35데시벨
③ 45데시벨
④ 55데시벨

**10** 다음 중 도로교통법상 차로변경에 대한 설명으로 맞는 것은?

① 다리 위는 위험한 장소이기 때문에 백색 실선으로 차로변경을 제한하는 경우가 많다.
② 차로변경을 제한하고자 하는 장소는 백색 점선의 차선으로 표시되어 있다.
③ 차로변경 금지장소에서는 도로 공사 등으로 장애물이 있어 통행이 불가능한 경우라도 차로변경을 해서는 안 된다.
④ 차로변경 금지 장소이지만 안전하게 차로를 변경하면 법규위반이 아니다.

**11** 고속도로 진입 방법으로 옳은 것은?

① 반드시 일시정지하여 교통 흐름을 살핀 후 신속하게 진입한다.
② 진입 전 일시정지하여 주행 중인 차량이 있을 때 급진입한다.
③ 진입할 공간이 부족하더라도 뒤차를 생각하여 무리하게 진입한다.
④ 가속 차로를 이용하여 일정 속도를 유지하면서 충분한 공간을 확보한 후 진입한다.

**12** 다음 중 사용하는 사람 또는 기관등의 신청에 의하여 시·도경찰청장이 지정할 수 있는 긴급자동차로 맞는 것은?

① 혈액공급차량
② 경찰용 자동차 중 범죄수사, 교통단속, 그 밖의 긴급한 경찰업무 수행에 사용되는 자동차
③ 전파감시업무에 사용되는 자동차
④ 수사기관의 자동차 중 범죄수사를 위하여 사용되는 자동차

**13** 다음은 차간거리에 대한 설명이다. 올바르게 표현된 것은?

① 공주거리는 위험을 발견하고 브레이크 페달을 밟아 브레이크가 듣기 시작할 때까지의 거리를 말한다.
② 정지거리는 앞차가 급정지할 때 추돌하지 않을 정도의 거리를 말한다.
③ 안전거리는 브레이크를 작동시켜 완전히 정지할 때까지의 거리를 말한다.
④ 제동거리는 위험을 발견한 후 차량이 완전히 정지할 때까지의 거리를 말한다.

**14** 일반적으로 무보수(MF : Maintenance Free) 배터리 수명이 다한 경우, 점검창에 나타나는 색깔은?

① 황색
② 백색
③ 검은색
④ 녹색

**15** 도로교통법상 원동기장치자전거 운전면허를 발급받지 아니하고 개인형 이동장치를 운전한 경우 벌칙은?

① 20만원 이하 벌금이나 구류 또는 과료
② 30만원 이하 벌금이나 구류
③ 50만원 이하 벌금이나 구류
④ 6개월 이하 징역 또는 200만원 이하 벌금

**16** 다음 중 특별교통안전 의무교육을 받아야 하는 사람은?

① 처음으로 운전면허를 받으려는 사람
② 처분벌점이 30점인 사람
③ 교통참여교육을 받은 사람
④ 난폭운전으로 면허가 정지된 사람

**17** 자율주행자동차 상용화 촉진 및 지원에 관한 법령상 자율주행자동차에 대한 설명으로 잘못된 것은?

① 자율주행자동차의 종류는 완전자율주행자동차와 부분자율주행자동차로 구분할 수 있다.
② 완전 자율주행자동차는 자율주행시스템만으로 운행할 수 있어 운전자가 없거나 운전자 또는 승객의 개입이 필요하지 아니한 자동차를 말한다.
③ 부분자율주행자동차는 자율주행시스템만으로 운행할 수 없거나 운전자가 지속적으로 주시할 필요가 있는 등 운전자 또는 승객의 개입이 필요한 자동차를 말한다.
④ 자율주행자동차는 승용자동차에 한정되어 적용하고, 승합자동차나 화물자동차는 이 법이 적용되지 않는다.

**18** 다음 중 운송사업용 자동차 등 도로교통법상 운행기록계를 설치하여야 하는 자동차 운전자의 바람직한 운전행위는?

① 운행기록계가 설치되어 있지 아니한 자동차 운전행위
② 고장 등으로 사용할 수 없는 운행기록계가 설치된 자동차 운전행위
③ 운행기록계를 원래의 목적대로 사용하지 아니하고 자동차를 운전하는 행위
④ 주기적인 운행기록계 관리로 고장 등을 사전에 예방하는 행위

**19** 다음 중 신호위반이 되는 경우 2가지는?

① 적색신호 시 정지선을 초과하여 정지
② 교차로 이르기 전 황색신호 시 교차로에 진입
③ 황색 점멸 시 다른 교통 또는 안전표지의 표시에 주의하면서 진행
④ 적색 점멸 시 정지선 직전에 일시정지한 후 다른 교통에 주의하면서 진행

**20** 교차로에서 좌·우회전을 할 때 가장 안전한 운전방법 2가지는?

① 우회전 시에는 미리 도로의 우측 가장자리로 서행하면서 우회전해야 한다.
② 혼잡한 도로에서 좌회전할 때에는 좌측 유도선과 상관없이 신속히 통과해야 한다.
③ 좌회전할 때에는 미리 도로의 중앙선을 따라 서행하면서 교차로의 중심 안쪽을 이용하여 좌회전해야 한다.
④ 유도선이 있는 교차로에서 좌회전할 때에는 좌측 바퀴가 유도선 안쪽을 통과해야 한다.

**21** 자동차를 운행할 때 공주거리에 영향을 줄 수 있는 경우로 맞는 2가지는?

① 비가 오는 날 운전하는 경우
② 술에 취한 상태로 운전하는 경우
③ 차량의 브레이크액이 부족한 상태로 운전하는 경우
④ 운전자가 피로한 상태로 운전하는 경우

**22** 다음 안전표지의 뜻으로 맞는 것은?

① 철길표지
② 교량표지
③ 높이제한표지
④ 문화재보호표지

**23** 다음 3방향 도로명 예고표지에 대한 설명으로 맞는 것은?

① 좌회전하면 300미터 전방에 시청이 나온다.
② '관평로'는 북에서 남으로 도로구간이 설정되어 있다.
③ 우회전하면 300미터 전방에 평촌역이 나온다.
④ 직진하면 300미터 전방에 '관평로'가 나온다.

**24** 다음 안전표지가 의미하는 것은?

① 자전거 통행이 많은 지점
② 자전거 횡단도
③ 자전거 주차장
④ 자전거 전용도로


**25** 다음 안전표지에 대한 설명으로 맞는 것은?

① 차가 좌회전 후 유턴할 것을 지시하는 안전표지이다.
② 차가 좌회전 또는 유턴할 것을 지시하는 안전표지이다.
③ 좌회전 차가 유턴차 보다 우선임을 지시하는 안전표지이다.
④ 좌회전 차보다 유턴차가 우선임을 지시하는 안전표지이다.


**26** 다음 상황에서 가장 안전한 운전방법 2가지는?

① 전방에 보행자가 있으므로 일시정지 후 보행자의 안전을 확인 후 진행한다.
② 도로를 횡단하는 보행자는 보호할 의무가 없으므로 그대로 진행한다.
③ 우측 주차된 흰색 차량 뒤편의 보행자를 주의하며 진행한다.
④ 경음기를 크게 울려 도로를 횡단하는 보행자가 횡단하지 못하도록 한다.
⑤ 보행자 앞에서 급정지하여 보행자에게 주의를 준다.


**27** 다음 상황을 통해 알 수 있는 정보와 이에 따른 올바른 운전방법을 연결한 것으로 바르지 <u>않은</u> 것 2가지는?

- 직전까지 눈이 내렸고, 노면이 얼어붙은 상태
- 바로 앞에 진행하는 차량은 제설작업 차량으로 도로에 모래를 뿌리면서 주행중
- 전방 우측 화물차는 우측 방향지시등을 켠 채 정차 중

① 횡단보도예고표시 – 전방에 곧 횡단보도가 나타나므로 주의하며 운전한다.
② 차로 우측에 설치된 황색실선의 복선구간 – 보도에 걸치는 방식의 정차는 허용된다.
③ 노면이 얼어있는 상태 – 최고 제한속도의 100분의 20을 줄인 속도로 운행한다.
④ 전방 제설작업 차량 – 작업차량과 안전거리를 충분히 유지하면서 주행한다.
⑤ 전방 우측에 정차 중인 화물차 – 사람이 차도로 갑자기 뛰어나올 수 있으므로 주의하며 운전한다.

**28** 다음 상황을 통해 알 수 있는 정보와 이에 대한 해석을 연결한 것으로 바르지 <u>않은</u> 것 2가지는?

- 사거리 교차로
- 전방 신호등은 적색등화의 점멸
- 도로 우측의 자동차는 주차된 상태

① 어린이보호표지 – 어린이 보호구역으로써 어린이가 특별히 보호되는 구역이다.
② 최고속도 제한표지 – 시속 30 킬로미터 이내의 속도로 운전해야 한다.
③ 횡단보도 표지 – 보행자에 주의하면서 운전해야 한다.
④ 적색등화의 점멸 – 서행하면서 운전해야 한다.
⑤ 도로 우측에 주차된 자동차들 – 주차된 차량 사이로 보행자가 튀어나올 수 있음에 유념한다.

**29** 다음과 같은 상황에서 가장 안전한 운전방법 2가지는?

- 편도 3차로 고속도로
- 1차로에 공사안내차량 정차 중
- 2차로로 주행 중

① 1차로에 공사안내차량이 있으므로 속도를 높여 빠르게 진행한다.
② 서서히 속도를 줄이고 전방 상황에 주의하며 진행

한다.
③ 비상 점멸등을 점등하여 뒤따라오는 차량에 위험 상황을 알린다.
④ 공사안내차량을 피하여 3차로로 급차로 변경한다.
⑤ 공사안내차량보다는 고속도로를 통행하는 차가 우선권이 있으므로 계속 경음기를 울려 주의를 주고 그대로 통과한다.

**30** 다음 상황에서 가장 안전한 운전방법 2가지는?

- 자동차 전용도로
- 2차로에서 우측 진출로로 진로를 변경하려는 상황

① 진출로에 차량이 정체되면 안전지대를 통과하여 빠르게 진출한다.
② 진출로로 진로를 변경한 후에는 다른 차가 앞으로 끼어들지 못하도록 앞 차량에 바싹 붙어 진행한다.
③ 백색실선과 점선의 복선 구간이므로 점선이 있는 쪽에서 진로변경하여 진출한다.
④ 우측의 진출로로 진로변경 후에 길을 잘못 들었다고 판단되면 다시 좌측의 본선 차로로 진로변경하여 주행한다.
⑤ 진출로로 진로변경 시에 우측 방향지시등을 작동한다.

 다음 상황에서 가장 안전한 운전방법 2가지는?

■ 고속도로 진출입로 부근

① 전방에 무인 과속 단속 중이므로 급제동하여 감속한다.
② 미리 속도를 줄이고 안전하게 진행한다.
③ 차로를 착각하였다면 안전지대를 이용하여 진로를 변경할 수 있다.
④ 무인 단속 장비를 피하여 우측 차로로 급차로 변경한다.
⑤ 주행 속도를 시속 50 킬로미터 이내로 유지한다.

**32** 다음 상황에서 가장 안전한 운전방법 2가지는?

도로 상황
■ 횡단보도 진입 전
■ 왼쪽에 비상점멸하며 정차하고 있는 차

① 원활한 소통을 위해 앞차를 따라 그대로 통행한다.
② 자전거의 횡단보도 진입속도보다 빠르므로 가속하여 통행한다.
③ 횡단보도 직전 정지선에서 정지한다.
④ 보행자가 횡단을 완료했으므로 신속히 통행한다.
⑤ 정차한 자동차의 갑작스러운 출발을 대비하여 감속한다

**33** 고속도로를 운행중인 차량 중 지정차로를 위반한 차량 2대는?

도로 상황
■ 편도4차로 고속도로

① A (앞지르기 중인 승용차)
② B (36인승 대형승합차)
③ C (1톤 화물차)
④ D (26인승 대형승합차)
⑤ E (주행중인 승용차)

**34** 다음 중 가장 안전한 운전방법 2가지는?

도로 상황
■ 자전거 우선도로 진입 중

① 자전거의 통행을 방해하지 않고 우측 길가에 정차한다.
② 전방에 횡단보도가 있어 보행자를 주의하며 서행으로 주행한다.
③ 앞지르기 시 과속이 허용되므로 시속 50km로 주행한다.
④ 1차로로 차로변경 후 자전거와의 안전거리를 확보한다.
⑤ 경음기를 사용하여 자전거의 길가장자리 주행을 재촉한다.

**35** 자전거를 운전 중이다. 가장 안전한 운전방법 2가지는?

<table><tr><td>도로<br>상황</td><td>■ 자전거 운전 중</td></tr></table>

① 전방 보행자 앞에서 정지한다.
② 자전거가 우선권이 있어 경적을 눌러 앞지르기 한다.
③ 전방 보행자와 충돌 위험이 높아 보행자 구역으로 주행한다.
④ 우측 보행자와의 충돌가능성이 있어 자전거를 끌고 간다.
⑤ 자전거의 경우 속도제한이 없어 위험구간을 신속히 통과한다.

**36** 다음 상황에서 가장 안전한 운전방법 2가지는?

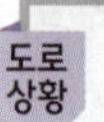


<table><tr><td>도로<br>상황</td><td>■ 차량 신호등은 황색에서 적색으로 바뀌려는 순간</td></tr></table>

① 차량신호가 적색으로 바뀌기 전에 신속히 통과한다.
② 횡단보도 직전 정지선에 정지한다.
③ 자전거 횡단이 가능한 고원식 횡단보도가 있어 주의하며 통과한다.
④ 안전지대를 경유하여 신속히 진행한다.
⑤ 트럭 뒤 어린이가 뛰어나올 수 있으므로 주의한다.

**37** 다음 상황에서 가장 안전한 운전방법 2가지는?

<table><tr><td>도로<br>상황</td><td>■ 최고속도 100km/h 고속도로<br>■ 폭우로 가시거리가 100미터 이내임</td></tr></table>

① 비로 인해 노면이 젖어 있어 시속 80km/h 이하로 주행한다.
② 우측 대형버스가 물웅덩이를 지나갈 때 물이 튀면서 시야를 가릴 수 있음을 주의하며 운전한다.
③ 뒷 차량 운전자에게 나의 위치를 알려주기 위해 비상등을 점등하고 주행한다.
④ 우측 전방 차량이 진로변경 할 가능성이 있기에 1차로로 진로 변경 후 지속하여 주행한다.
⑤ 물웅덩이가 갑자기 튀어 시야확보가 어려울 경우 안전확보를 위해 급정지를 한다.

**38** 다음 상황과 같이 화재 발생구간을 통과 할 경우 올바른 운전방법 2가지는?

도로
상황
■ 고속도로 인근 지역 화재발생
■ 화재연기가 도로를 가득 메우고 있는 상황

① 도로에 갇힐 수 있으므로 과속을 해서라도 빠져나 간다.
② 전방 시야 확보가 어려우므로 비상등을 켜고 운전 한다.
③ 라디오 등을 통해 우회도로에 대한 정보를 파악한다.
④ 신선한 공기순환을 위해 공조기를 외부순환 모드 로 둔다.
⑤ 갓길에 주차한 후 우측 가드레일을 넘어 도로를 벗 어난다.

**39** 다음 상황에서 가장 안전한 운전방법 2가지로 맞 는 것은?

도로
상황
■ 편도 1차로
■ (실내후사경)뒤에서 후행하는 차

① 자전거와의 충돌을 피하기 위해 좌측차로로 통행 한다.
② 자전거 위치에 이르기 전 충분히 감속한다.
③ 뒤 따르는 자동차의 소통을 위해 가속한다.
④ 보행자의 차도진입을 대비하여 감속하고 보행자를 살핀다.
⑤ 보행자를 보호하기 위해 길가장자리구역을 통행한 다.

**40** 다음 영상에서 예측되는 가장 위험한 상황으로 맞는 것은?

① 전방의 화물차량이 속도를 높일 수 있다.
② 1차로와 3차로에서 주행하던 차량이 화물차량 앞으 로 동시에 급차로 변경하여 화물차량이 급제동 할 수 있다.
③ 4차로 차량이 진출램프에 진출하고자 5차로로 차로 변경할 수 있다.
④ 3차로로 주행하던 승용차가 4차로로 차로 변경할 수 있다.

# 핵심 요약정리 노트

엑기스만 모았다! 짜투리 시간, 시험보기 전 마지막 정리로 유용한 써머리 포인트!

## 01  운전면허시험, 면허증

001 12명 승합자동차 : 제1종 보통면허

002 영문 면허증 발급 불가 : 연습용 운전면허증

003 운전면허증 갱신 발급 기간 : 3개월

004 운전면허시험 부정행위 시 : 2년간 시험 미응시

005 듣지 못하는 사람 제2종 면허 취득 가능

006 도로주행 불합격자 응시기간 : 3일

007 15인승 긴급 승합차 운행 시 필요한 면허 : 제1종 보통면허

008 연습면허 유효기간 : 1년

009 특별교통안전 권장교육 신청 : 경찰청장

010 제1종 대형면허 응시할 수 있는 사람 : 운전경력이 1년 이상이면서 만 19세인 사람

011 제1종 대형면허 청력기준 : 55데시벨

012 제2종 보통면허 운전 불가 : 구난자동차

013 부정한 수단으로 면허 받아 벌금 시 결격기간 : 1년

014 국제면허증
 • 유효기간 : 1년

015 무면허 운전
 • 면허 정지 기간에 운전
 • 연습면허를 받고 도로에서 연습하는 경우 무면허 운전 아님

016 면허 취소
 • 취소사유 : 폭행 형사 입건
 • 누산 점수 초과 면허취소 기준 : 3년간 271점
 • 취소처분 감경 기준 : 110점
 • 제한속도 60 초과는 면허 취소 아님

017 수소대형승합자동차 신규 운전자 특별교육 : 한국가스안전공사

018 수소자동차 특별교육 대상 : 수소대형승합

019 고령자 면허 갱신 3년 : 75세

020 제1종 65세 이상 75세 미만 정기적성검사 : 5년마다

## 02  도로, 차선, 자동차

021 연석선 : 차도와 보도를 구분하는 돌

022 도로의 중앙선 : 가변차로에서는 진행방향의 가장 왼쪽 황색 점선

023 도로 가장자리 황색 점선 : 주차 금지, 정차 가능

024 길 가장자리 구역 : 보행자의 안전을 위해 경계 표시한 곳

025 보행보조용 의자차 아닌 것 : 전기자전거

026 원동기장치자전거 : 최고정격출력 11킬로와트 이하

027 승용자동차 : 10인 이하

028 초보운전자 : 제1종 보통 2년 이내

029 도로교통법상 자동차 아닌 것 : 원동기장치자전거

## 03  자동차 검사 및 등록

030 정기검사
 • 신규등록 후 정기적으로 실시하는 검사
 • 정기검사 기간 : 31일

031 소형 승합차 검사 유효기간 : 1년

032 비사업용 신규 최초검사 : 4년

033 신차 임시운행 : 10일

034 6년 피견인차 검사기간 : 2년

035 소유권 변경될 때 하는 등록 : 이전등록

036 이전 등록 : 15일

037 정비불량차 사용정지 : 10일

038 매매 시 이전등록 기관 : 시·구·군청

039 전기차 번호판 색상 : 파란색 바탕에 검정색문자

(주)에듀웨이는 자격시험 전문출판사입니다.
에듀웨이는 독자 여러분의 자격시험 취득을 위한 교재 발간을 위해 노력하고 있습니다.

기분파
# 정답이 보이는
## 운전면허 필기 학과시험문제은행 (1·2종 공통)

2026년 03월 20일 10판 2쇄 인쇄
2026년 03월 31일 10판 2쇄 발행

문제제공 │ 한국도로교통공단
펴낸이 │ 송우혁

펴낸곳 │ (주)에듀웨이
주 소 │ 경기도 부천시 소향로13번길 28-14, 8층 808호(상동, 맘모스타워)
대표전화 │ 032) 329-8703
팩 스 │ 032) 329-8704
등 록 │ 제387-2013-000026호
홈페이지 │ www.eduway.net

기획, 진행 │ 정상일
북디자인 │ 디자인동감
교정교열 │ 김지현
인 쇄 │ 미래피앤피



ISBN 979-11-94328-26-1 (13550)

이 도서의 국립중앙도서관 출판시도서목록(CIP)은 서지정보유통지원시스템 홈페이지
(http://seoji.nl.go.kr)와 국가자료공동목록시스템(http://www.nl.go.kr/kolisnet)에서 이
용하실 수 있습니다.

Driver's License Computer Base Test

# 에듀웨이에서 펴낸 2026 시리즈

(주)에듀웨이 수험서는 시험준비를 위해 알차게 구성되어 있습니다. 여러 독자님들의 추천이 있던 바로 그 기분파~!
가까운 서점에 방문하셔서 에듀웨이 수험서의 차별화된 구성을 직접 확인하시기 바랍니다.

수많은 수험생들의 합격수기로 검증된 에듀웨이 수험서로 준비하십시오!

### 지게차 운전기능사 필기
(CBT 시험대비 실전모의고사 수록)

에듀웨이 R&D 연구소 저
336쪽 / 210×265mm / 부분컬러
값 14,000원

### 굴착기 운전기능사 필기
(CBT 상시시험 실전모의고사 수록)

에듀웨이 R&D 연구소 저
387쪽 / 210×265mm / 부분컬러
값 14,000원

### 화물운송종사 자격시험
(CBT 시험대비 실전모의고사 수록)

에듀웨이 R&D 연구소 저
316쪽 / 210×265mm / 2도
값 13,000원

### 버스운전자격시험 필기문제집
(CBT 시험대비 실전모의고사 수록)

에듀웨이 R&D 연구소 저
320쪽 / 210×265mm / 2도
값 13,000원

### 자동차정비기능사 필기
(CBT 시험대비 실전모의고사 수록)

에듀웨이 R&D 연구소 저
572쪽 / 210×265mm / 2도
값 23,000원

### 자동차정비산업기사 필기
(CBT 시험대비 실전모의고사 수록)

에듀웨이 R&D 연구소 저
612쪽 / 210×265mm / 2도
값 25,000원

### 피복아크용접기능사 필기
(CBT 시험대비 실전모의고사 수록)

에듀웨이 R&D 연구소 저
416쪽 / 188×257mm / 2도
값 23,000원

### 승강기기능사 필기
(CBT 시험대비 실전모의고사 수록)

에듀웨이 R&D 연구소 저
436쪽 / 210×265mm / 2도
값 20,000원